"十三五"国家重点出版物出版规划项目
卓越工程能力培养与工程教育专业认证系列规划教材
（电气工程及其自动化、自动化专业）
普通高等教育"十一五"国家级规划教材

控制系统数字仿真与CAD

第4版

主　编　张晓华
参　编　郭源博
主　审　薛定宇

机械工业出版社

本书以 MATLAB 语言为平台，系统地阐述了数字仿真技术的基本概念、原理及在控制系统分析与设计中的应用。全书共五章，主要包括：概述、控制系统的数学描述（系统建模方法与工程案例）、控制系统的数字仿真（直流电动机转速/电流双闭环控制系统设计）、控制系统 CAD 及数字仿真技术的综合应用等内容。

本书涉及运动控制、过程控制、电力电子与电力传动控制等系统的建模、设计与仿真分析等内容，深入浅出、案例丰富、可读性强；各章均设有“问题与探究”一节，配有练习型、分析/设计型与探究型的习题，有助于激发学生的学习兴趣，拓展知识领域，进一步领会与掌握相关领域的知识内容。

本书是高等院校自动化类专业的本科生教材，也可作为电气工程及其自动化、机械设计制造及其自动化等专业仿真技术类课程的教学用书。

图书在版编目(CIP)数据

控制系统数字仿真与 CAD/大连理工大学，张晓华主编. —4 版. —北京：机械工业出版社，2020.6（2022.2 重印）

“十三五”国家重点出版物出版规划项目 卓越工程能力培养与工程教育专业认证系列规划教材. 电气工程及其自动化、自动化专业

ISBN 978-7-111-65063-8

Ⅰ. ①控… Ⅱ. ①大… ②张… Ⅲ. ①控制系统-数字仿真-高等学校-教材 ②控制系统-计算机辅助设计-AutoCAD 软件-高等学校-教材 Ⅳ. ①TP273

中国版本图书馆 CIP 数据核字(2020)第 041570 号

机械工业出版社（北京市百万庄大街 22 号 邮政编码 100037）
策划编辑：于苏华 责任编辑：于苏华
责任校对：郑 婕 责任印制：单爱军
北京虎彩文化传播有限公司印刷
2022 年 2 月第 4 版第 4 次印刷
184mm×260mm · 19 印张 · 471 千字
标准书号：ISBN 978-7-111-65063-8
定价：49.80 元

电话服务	网络服务
客服电话：010-88361066	机 工 官 网：www.cmpbook.com
010-88379833	机 工 官 博：weibo.com/cmp1952
010-68326294	金 书 网：www.golden-book.com
封底无防伪标均为盗版	机工教育服务网：www.cmpedu.com

序

工程教育在我国高等教育中占有重要地位，高素质工程科技人才是支撑产业转型升级、实施国家重大发展战略的重要保障。当前，世界范围内新一轮科技革命和产业变革加速进行，以新技术、新业态、新产业、新模式为特点的新经济蓬勃发展，迫切需要培养、造就一大批多样化、创新型卓越工程科技人才。目前，我国高等工程教育规模世界第一。我国工科本科在校生人数约占我国本科在校生总数的1/3，近年来我国每年工科本科毕业生占世界工科本科毕业生总数的1/3以上。如何保证和提高高等工程教育质量，如何适应国家战略需求和企业需要，一直受到教育界、工程界和社会各方面的关注。多年以来，我国一直致力于提高高等教育的质量，组织实施了多项重大工程，包括卓越工程师教育培养计划（以下简称卓越计划）、工程教育专业认证和新工科建设等。

卓越计划的主要任务是探索建立高校与行业企业联合培养人才的新机制，创新工程教育人才培养模式，建设高水平工程教育教师队伍，扩大工程教育的对外开放。计划实施以来，各相关部门建立了协同育人机制。卓越计划要求试点专业要大力改革课程体系和教学形式，依据卓越计划培养标准，遵循工程的集成与创新特征，以强化工程实践能力、工程设计能力与工程创新能力为核心，重构课程体系和教学内容，加强跨专业、跨学科的复合型人才培养，着力推动基于问题的学习、基于项目的学习、基于案例的学习等多种研究性学习方法，加强学生创新能力训练，"真刀真枪"做毕业设计。卓越计划实施以来，培养了一批获得行业认可、具备很好的国际视野和创新能力、适应经济社会发展需要的各类型高质量人才，教育培养模式改革创新取得突破，教师队伍建设初见成效，为卓越计划的后续实施和最终目标达成奠定了坚实基础。各高校以卓越计划为突破口，逐渐形成各具特色的人才培养模式。

2016年6月2日，我国正式成为工程教育"华盛顿协议"第18个成员，标志着我国工程教育真正融入世界工程教育，人才培养质量开始与其他成员达到了实质等效，同时，也为以后我国参加国际工程师认证奠定了基础，为我国工程师走向世界创造了条件。专业认证把以学生为中心、以产出为导向和持续改进作为三大基本理念，与传统的内容驱动、重视投入的教育形成了鲜明对比，是一种教育范式的革新。通过专业认证，把先进的教育理念引入了我国工程教育，有力地推动了我国工程教育专业教学改革，逐步引导我国高等工程教育实现从以教师为中心向以学生为中心转变、从以课程为导向向以产出为导向转变、从质量监控向持续改进转变。

在实施卓越计划和开展工程教育专业认证的过程中，许多高校的电气工程及其自动化、自动化专业结合自身的办学特色，引入先进的教育理念，在专业建设、人才培养模式、教学内容、教学方法、课程建设等方面积极开展教学改革，取得了较好的效果，建设了一大批优质课程。为了将这些优秀的教学改革经验和教学内容推广给广大高校，中国工程教育专业认证协会电子信息与电气工程类专业认证分委员会、教育部高等学校电气类专业教学指导委员会、教育部高等学校自动化类专业教学指导委员会、中国机械工业教育协会自动化学科教学委员会、中国机械工业教育协会电气工程及其自动化学科教学委员会联合组织规划了卓越工程能力培养与工程教育专业认证系列规划教材（电气工程及其自动化、自动化专业)。本套教材通过国家新闻出版广电总局的评审，入选了“十三五”国家重点出版物出版规划项目。本套教材密切联系行业和市场需求，以学生工程能力培养为主线，以教育培养优秀工程师为目标，突出学生工程理念、工程思维和工程能力的培养。本套教材在广泛吸纳相关学校在卓越工程师教育培养计划实施和工程教育专业认证过程中的经验和成果的基础上，针对目前同类教材存在的内容滞后、与工程脱节等问题，紧密结合工程应用和行业企业需求，突出实际工程案例，强化学生工程能力的教育培养，积极进行教材内容、结构、体系和展现形式的改革。

经过全体教材编审委员会委员和编者的努力，本套教材陆续跟读者见面了。由于时间紧迫，各校相关专业教学改革推进的程度不同，本套教材还存在许多问题。希望各位老师对本套教材多提宝贵意见，以使教材内容不断完善提高。也希望通过本套教材在高校的推广使用，促进我国高等工程教育教学质量的提高，为实现高等教育的内涵式发展积极贡献一份力量。

卓越工程能力培养与工程教育专业认证系列规划教材
（电气工程及其自动化、自动化专业）
编审委员会

前　言

一、关于本书

1997 年 5 月，针对“数字仿真与 CAD 技术”的广泛应用与发展趋势，为满足本科生教学工作的需要，全国高等学校工业自动化专业教学指导委员会决定组织编写“控制系统数字仿真与 CAD”课程的本科生教材，并将其列为“九五”规划教材；1999 年，《控制系统数字仿真与 CAD》（第 1 版）由机械工业出版社出版，并于 2005 年（第 2 版）、2009 年（第 3 版）进行了两次修订。

《控制系统数字仿真与 CAD》一书出版 20 余年来，作为国内较早地将 MATLAB 语言融入数字仿真类课程的本科生教材，广泛地被读者评价为“综合应用专业课程密切、可读性强、案例式教学内容丰富、多媒体课件资料配备齐全”，先后被国内百余所院校选作仿真类课程的教材。

随着我国高等工程教育事业的发展，针对培养学生“分析与解决复杂工程问题能力”的需要，在自动化、电气工程及其自动化、机械设计制造及其自动化等本科专业相继开设了“数字仿真与 CAD”类课程。其作为综合应用“数学建模、数值计算、自动控制原理、电力电子技术、运动控制系统”等知识的仿真技术类专业课程，理应在培养学生“综合应用专业知识、使用现代工具、独立思考与解决复杂工程问题、创新意识”等方面发挥更大的作用。

二、仿真技术类课程教学所面临的问题

1. 仿真类课程的必要性

众所周知，仿真技术推动了几乎所有设计领域的革命，被誉为“20 世纪下半叶的十大工程技术成就之一”，使用现代仿真工具已成为工程技术人员应掌握的基本技能之一；同时，作为支撑培养学生“分析与解决复杂工程问题能力”的专业课程，编者认为：在电气类、自动化类专业的课程体系设计上，仿真类课程应有“必修课”。

2. 现代仿真工具与教学模式的与时俱进

随着仿真技术的不断进步与广泛应用，基于现代仿真工具的“虚拟现实仿真技术、半实物实时仿真技术”已成为产品开发与技术创新的利器；同时，对于高等工程教育的电气类、自动化类专业，仿真技术类课程的教学如果仅停留在“算法语言学习、工具软件使用、验证性仿真实验”的层面上，远未满足社会与产业对“工程技术创新型人才培养”的需求。

因此，作为支撑培养学生“分析与解决复杂工程问题能力”的仿真技术类专业课程，需从传统“被动学习、原理验证、脱离实际”的知识学习型教学模式，转到引领学生“主动思考、知识拓展、解决问题”的问题导向型教学模式上来。

3. 能力培养与思维方式的塑造

作为一类建立在若干先修课程与基础知识之上的应用型专业课程，仿真技术类课程的“课程目标”应该在培养学生“掌握利器、综合应用、解决问题”的基础上，拓展到引领学生“提高兴趣、引发思考、提出问题”的创新思维上来，为培养学生具有“独立思考的批判性思维”提供一个自由畅想与驰骋的实践平台。

三、关于本书的修订

本书在第 3 版的基础上，主要有如下内容变动：

1. 在第三章（控制系统的数字仿真）中，内容整体改写为“基于 MATLAB/SimPowerSystems 工具箱的直流电动机转速/电流双闭环控制系统建模、仿真与设计”，针对采用晶闸管整流器（半控型器件）和 PWM 变换器（IGBT 等全控型器件）的直流电动机驱动控制系统进行仿真实验与分析，以加强全书的“实践内容”；全章内容也可作为“电力传动控制系统 CAD 课程设计”教学环节的参考资料。

2. 在第四章中，增加了“电力电子系统 CAD”与“基于经典频域法的 DC/DC 变换器控制系统设计”两节，以加强“电力电子系统仿真”的内容。

3. 在第五章中，增加了“基于矢量控制的感应电动机变频调速系统设计”和“基于效率最优的永磁同步电动机驱动控制系统设计”两节，以加强“电力电子与电力传动系统设计”的内容。

4. 为任课教师配备有“多媒体课件”（内容量达1GB），其中包括：各章的电子教案PPT、音视频资料、习题解答、参考文献、教学文档（教学大纲、实验指导书、课程报告等）。

本书系编者长期教学与科研工作的凝练与总结。在高等工程技术人才培养的过程中，编者认为：“能力比知识更重要”，知识要不断地推陈出新，而“独立的思辨能力、终身的学习能力”将会使学生终身受益。因此，如何在仿真技术类课程的教学中“提出一些生动有趣、启迪思想的工程实际问题”“创造一个自由畅想、激发创新的空间”，始终是任课教师应该思考与实践的问题。

本书共分五章，其中第一、二、五章由张晓华教授编写，第三、四章由张晓华教授与郭源博副教授共同编写，郭源博副教授负责全书“电力电子与电力传动”相关内容的组织与统稿工作；全书由张晓华教授统稿，东北大学薛定宇教授主审。

四、关于本书的使用

本书按授课32学时编写。对于仿真技术类专业基础课程，可选用本书的前四章内容（具体内容可视需要灵活删减），一般学时数为“24学时授课+8学时实验”；对于控制系统数字仿真与CAD类专业课，可选用全书内容（其中第四、五章的内容可视需要灵活删减），一般学时数为“32学时授课+8学时实验”。

仿真技术类课程是一门“综合性、理论性、实践性”较强的专业课程，建议8学时的实验内容（或“课程设计”教学环节）在“直流电动机转速/电流双闭环控制系统设计”“一阶直线倒立摆系统的双闭环PID控制方案设计”“PWM整流器高功率因数控制系统设计”“基于矢量控制的交流电动机（感应电动机/永磁同步电动机）驱动控制系统设计”“基于单片机的水箱液位控制系统设计”“磁悬浮轴承位置伺服控制”“自平衡式两轮电动车直行与转向复合控制”等选题中，根据本专业的课程需要灵活选择与组合。

作为以提高学生“综合运用已有知识能力”“自主学习能力”“分析与解决复杂工程问题能力”为目的的仿真技术类课程，编者建议其考核以“平时大作业+项目设计报告+开卷考试”的“形成性评价”方式进行，重点考核学生“综合运用已有知识解决实际问题的能力、归纳总结能力与写作表达能力”。

五、致谢

在本书成稿与面世的过程中，得到以下基金、单位和同仁的热诚支持与帮助：

国家自然科学基金（51377013，51407023）；

大连理工大学教育教学改革基金（JC2016003，JG_2019010）；

大连理工大学电子信息与电气工程学部；

大连理工大学电气工程学院；

大连理工大学黄凯、李浩洋、夏金辉、李泽、程开新等研究生；

机械工业出版社。

在此，一并致以衷心的感谢。

由于编者水平有限，错误与不当之处在所难免，殷切希望广大读者批评指正。

信函请至：辽宁省大连市高新区凌工路2号 邮编：116023

大连理工大学电气工程学院（电气楼405室）张晓华 收。

E-mail：xh_zhang@ dlut. edu. cn。

编 者

2019年10月

目　录

第一章　概　　述

第一节　控制系统的实验方法

在工程设计与理论学习过程中，我们会接触到许多控制系统的分析、综合与设计问题，需要对相应的系统进行实验研究，概括起来有解析法、实验法与仿真实验法三种实验法。

一、解析法

所谓解析法，就是运用已掌握的理论知识对控制系统进行理论上的分析、计算。它是一种纯理论意义上的实验分析方法，在对系统的认识过程中具有普遍意义。

例如，在研究汽车轮子悬挂系统的减振器性能及其弹簧参数变化对汽车运动性能的影响时，可从动力学角度分析，将系统等效为图 1-1 所示模型形式，进而得出描述该系统动态过程的二阶常微分方程

$$a\frac{\mathrm{d}^2x}{\mathrm{d}t^2}+b\frac{\mathrm{d}x}{\mathrm{d}t}+cx=F(t) \tag{1-1}$$

对于式(1-1) 的分析求解显然就是一个纯数学解析问题。但是，在许多工程实际问题中，由于受到理论的不完善性以及对事物认识的不全面性等因素的影响（例如“黑箱”问题、“灰箱”问题等），所以解析法往往有很大的局限性。

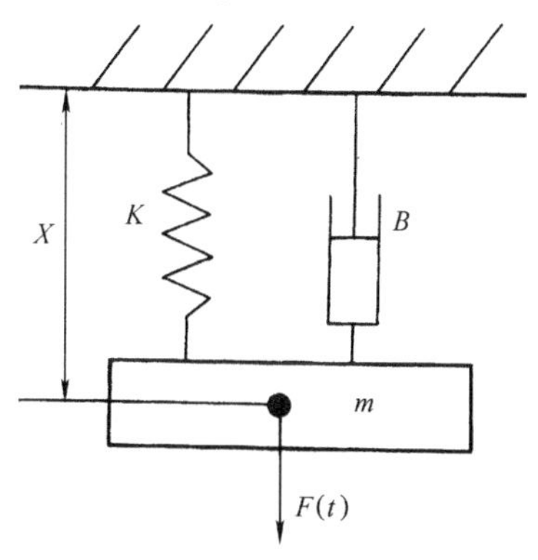

图 1-1　悬挂系统动力学模型

二、实验法

对于已经建立的（或已存在的）实际系统，利用各种仪器仪表与装置，对系统施加一定类型的信号（或利用系统中正常的工作信号），通过测取系统响应来确定系统性能的方法称之为实验法。它具有简明、直观与真实的特点，在一般的系统分析与测试中经常采用。

图 1-2 给出的是一带传动试验机转速控制系统，其动态性能 $n(t)$ 及静态性能$n(I_{\mathrm{d}})$ 均可通过实验的方法测得，图 1-3 是其静特性的测量结果。

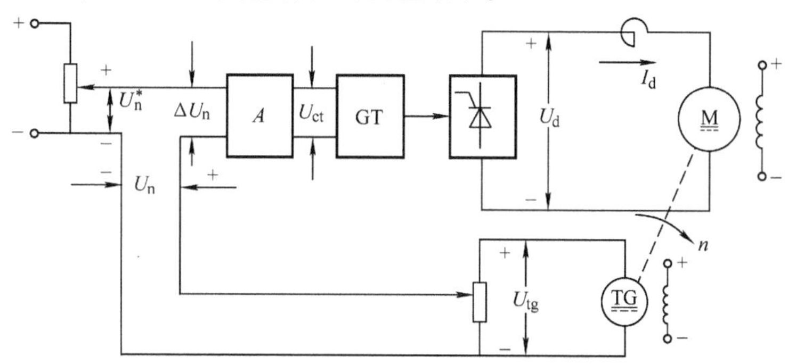

图 1-2　带传动试验机转速控制系统

但是，由于种种原因，这种实验方法在实际中常常难以实现。归纳起来有如下几方面的原因：

1）对于控制系统的设计问题，由于实际系统还没有真正建立起来，所以不可能在实际的系统上进行实验研究。

2）实际系统上不允许进行实验研究。比如在化工控制系统中，随意改变系统运行的参数，往往会导致最终成品的报废，造成巨额损失，类似的问题还有许多。

3）费用过高、具有危险性、周期较长。比如：大型加热炉、飞行器及原子能利用等问题的实验研究。

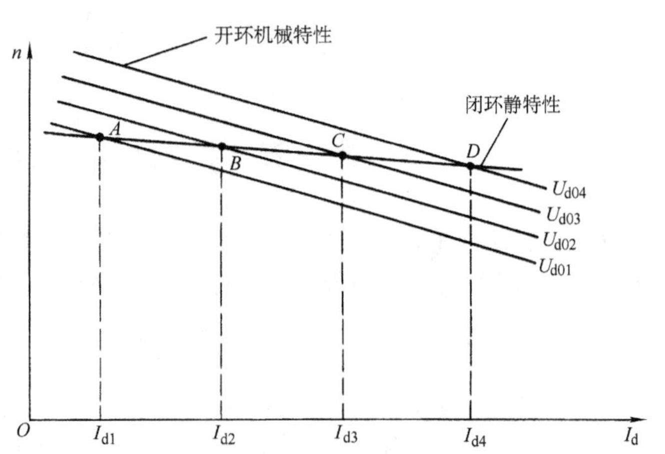

图1-3 转速控制系统静特性

鉴于上述原因，在模型上进行的仿真实验研究方法逐渐成为对控制系统进行分析、设计与研究的十分有效的方法。

三、仿真实验法

仿真实验法就是在模型上（物理的或数学的）所进行的系统性能分析与研究的实验方法，它所遵循的基本原则是相似原理。

系统模型可分为两类，一类为物理模型，另一类是数学模型。例如，在飞行器的研制中，将其放置在“风洞”之中进行的实验研究，就是模拟空中情况的物理模型的仿真实验研究，其满足“环境相似”的基本原则。又如，在船舶设计制造中，常常按一定的比例尺缩小建造一个船舶模型，然后将其放置在水池中进行各种动态性能的实验研究，其满足“几何相似”的基本原则，是模拟水中情况的物理模型的仿真实验研究。

在物理模型上所做的仿真实验研究具有效果逼真、精度高等优点；但是，其或者造价高昂，或者耗时过长，不宜为广大的研究人员所接受，大多是在一些特殊场合下（比如，导弹或卫星一类飞行器的动态仿真，发电站综合调度仿真与培训系统等）采用。

随着计算机与微电子技术的飞速发展，人们越来越多地采用数学模型在计算机（数字的或模拟的）上进行仿真实验研究。在数学模型上所进行的仿真实验是建立在“性能相似”的基本原则之上的。因此，通过适当的手段与方法建立高精度的数学模型是其前提条件。

第二节 仿真实验的分类与性能比较

由于仿真实验是利用模型（物理的或数学的）来进行系统动态性能研究的实验，其中绝大多数都要应用计算机（模拟的或数字的），因此其分类方式以及相应的称呼均有所不同。下面仅就常用的几种情况进行说明。

一、按模型分类

当仿真实验所采用的模型是物理模型时，称之为物理仿真；是数学模型时，称之为数学仿真。

事实上，人们经常根据仿真实验中有无实物介入以及与时间的对应关系将模型分类进一步地细化，其可归纳成图 1-4 所示的情况。由图可见，物理仿真总是有实物介入的，具有实时性与在线的特点。因此，仿真系统具有构成复杂、造价较高等特点。图 1-5 为某卫星姿态控制的实物仿真系统原理图，图 1-6 为基于 dSPACE 半实物仿真系统的三电平 STATCOM 快速控制原型仿真系统原理图，从中可略见一斑。数学仿真是在计算机上进行的，具有非实时性与离线的特点，是一种经济、快捷与实用的实验方法。

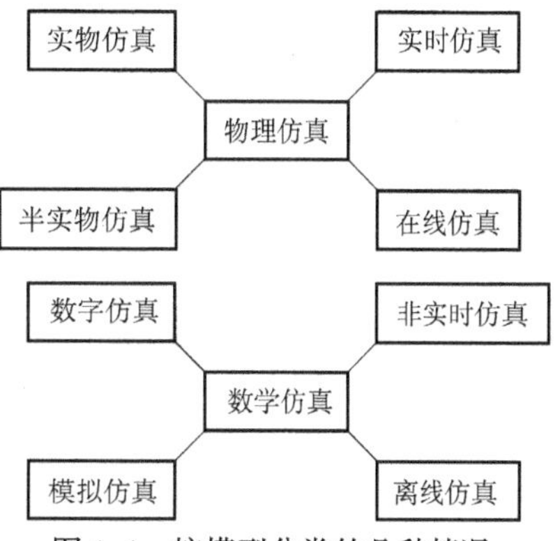

图 1-4 按模型分类的几种情况

本书重点讨论基于数学模型的数字仿真问题。

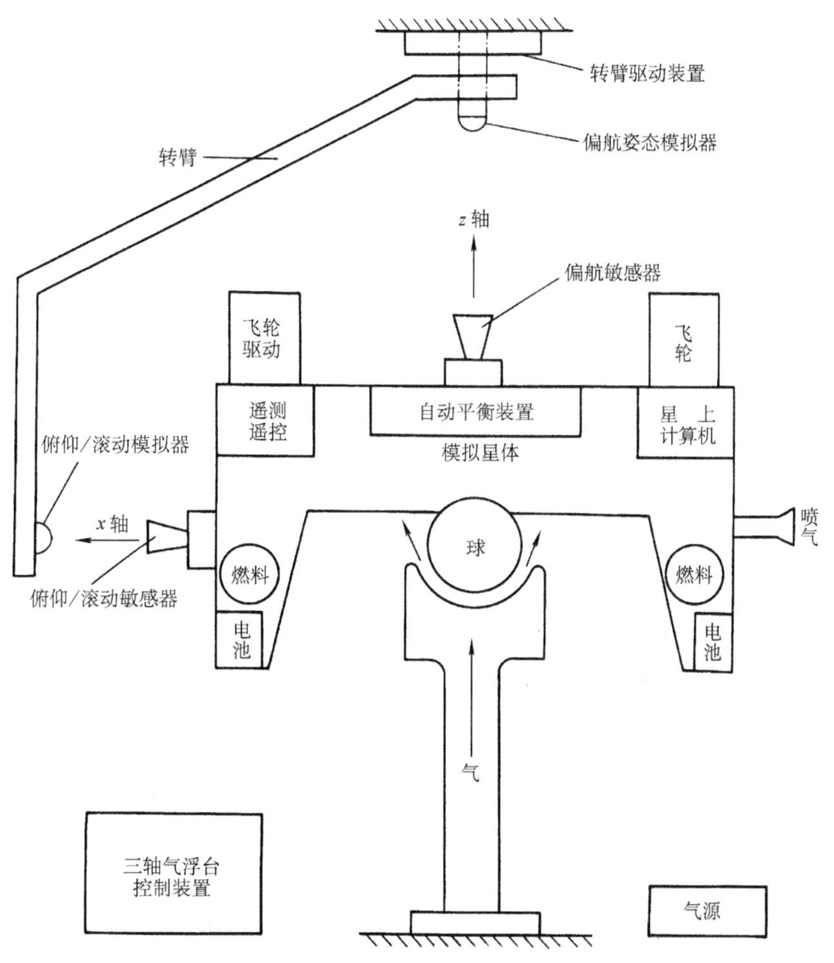

图 1-5 某卫星姿态控制的实物仿真系统原理图

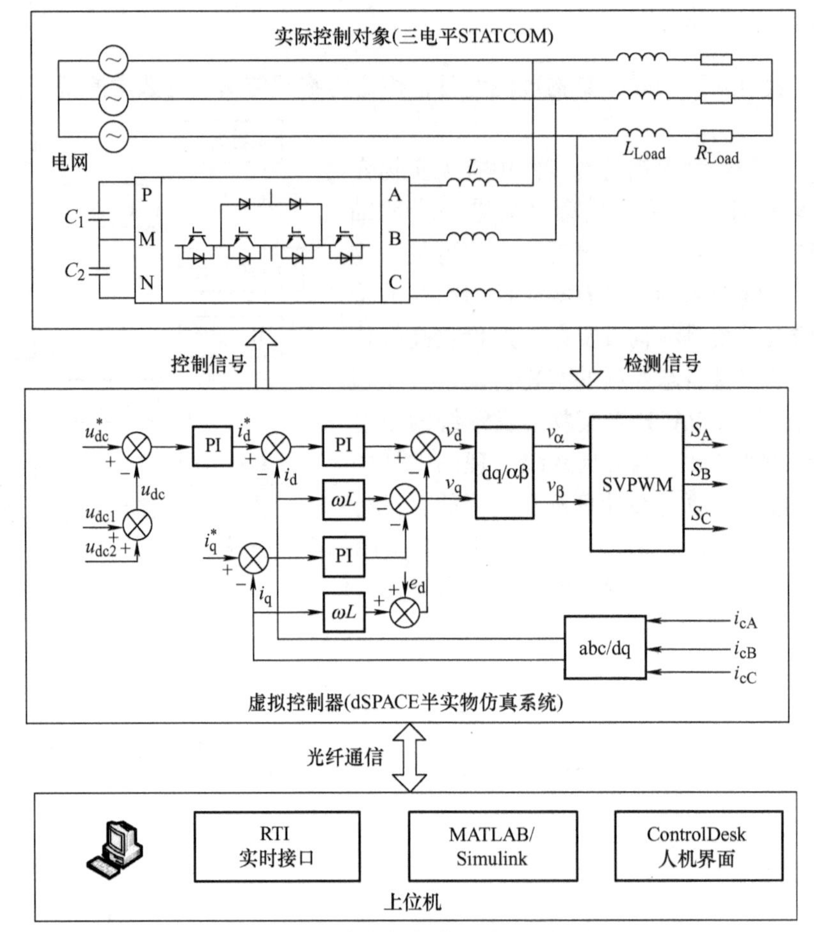

图 1-6 基于 dSPACE 半实物仿真系统的三电平 STATCOM 快速控制原型仿真系统原理图

二、按计算机类型分类

由于数学仿真是在计算机上进行的，所以视计算机的类型以及仿真系统的组成不同可有多种仿真形式。

1. 模拟仿真

采用数学模型在模拟计算机上进行的实验研究称之为模拟仿真。模拟计算机的组成如图 1-7 所示，其中“运算部分”是它的核心，它是由我们熟知的“模拟运算放大器”为主要部件所构成的，能够进行各种线性与非线性函数运算的模拟单元。下面的例子说明了模拟仿真实验的实现过程。

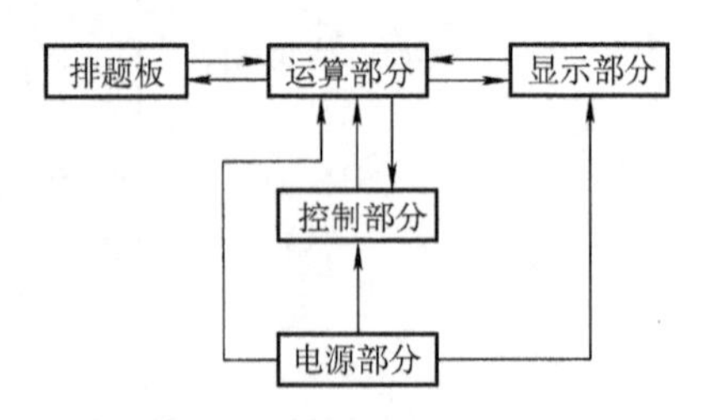

图 1-7 模拟计算机的组成

例 1-1 在图 1-1 所示系统中，若初始条件为 $\dot{X}(t)\mid_{t=0}=\dot{X}(o)=\alpha$，$X(t)\mid_{t=0}=X(o)=\beta$，试分析参数 B 对系统振动特性的影响。

解 对于式(1-1)，不难确定：$a=m$，$b=B$，$c=K$，则有

$$\ddot{X}(t) = -\frac{B}{m}\dot{X}(t) - \frac{K}{m}X(t) + \frac{1}{m}F(t) \tag{1-2}$$

据式(1-2) 可有图1-8所示的模拟仿真结构图，依据它在模拟计算机排题板上即可进行排版及做仿真实验。

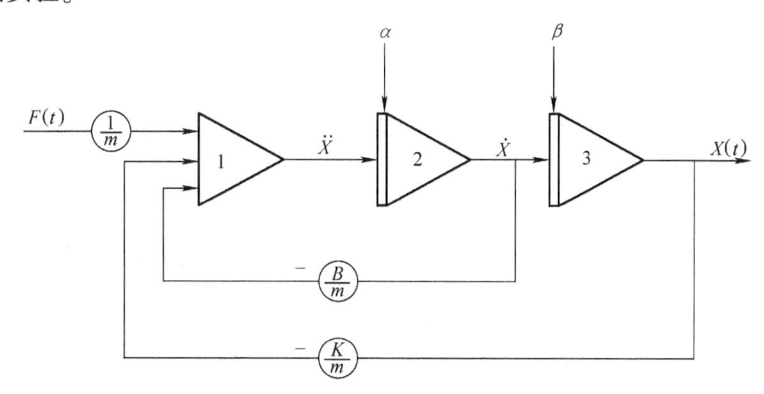

图1-8 模拟仿真结构图

若 $F(t)=1(t)$，则当参数 B 取不同值时，有图1-9所示仿真结果。从中可见，适当选择 B 值可以使系统减小或消除振动，提高乘坐汽车的舒适性。这一结果与解析法分析结果是一致的。阻尼系数 B 值过小时系统易产生振动。

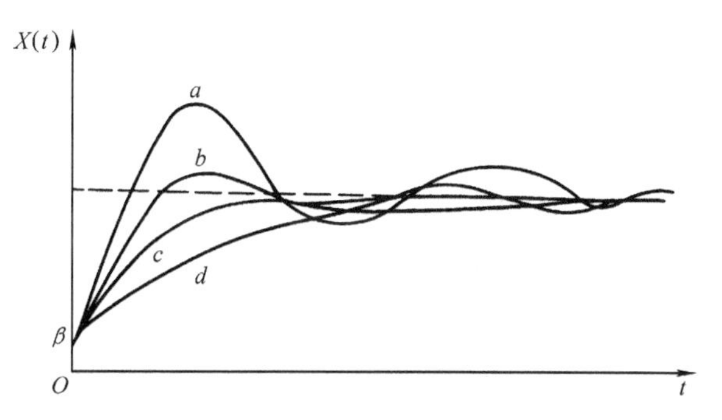

图1-9 动态仿真结果

模拟仿真具有如下优缺点：

1）描述连续的物理系统的动态过程比较自然而逼真。

2）仿真速度极快，失真小，结果可信度高。

3）受元器件性能的影响，仿真精度较低。

4）对计算机控制系统（采样控制系统）的仿真较困难。

5）仿真实验过程的自动化程度较低。

2. 数字仿真

采用数学模型，在数字计算机上借助于数值计算的方法所进行的仿真实验称之为数字仿真。数字仿真具有简便、快捷、成本低的特点，同时还具有如下优缺点：

1）计算与仿真的精度较高。由于计算机的字长可以根据精度要求来“随意”设计，因此从理论上讲系统数字仿真的精度可以是无限的。但是，由于受到误差积累、仿真时间等因素的影响，其精度不宜定得过高。

2）对计算机控制系统的仿真比较方便。

3）仿真实验的自动化程度较高，可方便地实现显示、打印等功能。

4）计算速度比较低，在一定程度上影响到仿真结果的可信度。因此，其对一些“频响”较高的控制系统进行仿真时具有一定的困难。

随着计算机技术的发展，“速度问题”会在不同程度上予以改进，因此可以说数字仿真技术有着极强的生命力。

3. 混合仿真

通过上面的介绍可以看到，模拟仿真与数字仿真各有优缺点，同时其优缺点可以互补，由此就产生了将这两种方法结合起来的混合仿真实验系统，简称混合仿真，其主要应用于下述情况：

1）要求对控制系统进行反复迭代计算时。例如：参数寻优、统计分析等。

2）要求与实物连接进行实时仿真，同时又有一些复杂函数的计算问题。

3）对于一些计算机控制系统的仿真问题。此时，数字计算机用于模拟系统中的控制器，而模拟计算机用于模拟被控对象。

混合仿真集中了模拟仿真与数字仿真的优点，其缺点是系统构成复杂、造价偏高。

4. 全数字仿真

（1）经典全数字仿真系统

对于计算机控制系统的仿真问题，在实际应用中为简化系统构成，对象的模拟也可用一台数字计算机来实现，用软件来实现对象各种机理的模拟，如图 1-10 所示。从中可见，控制计算机系统是真实系统，即今后要实际应用它；而仿真计算机是用来模拟被控对象的，可用软件灵活构成各种线性及非线性特性，因此全数字仿真系统具有灵活、多变、构成简便的特点。

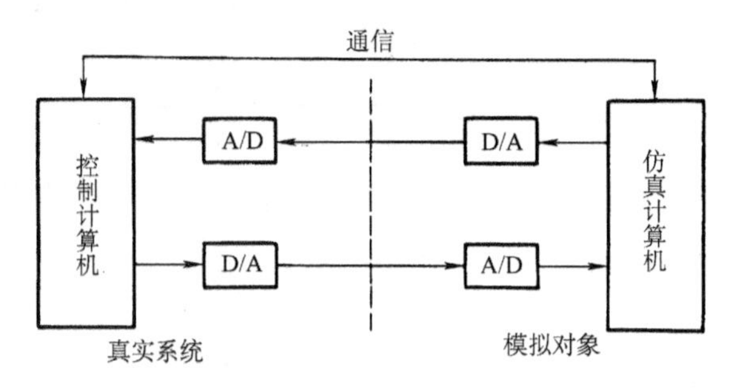

图 1-10 全数字仿真系统原理图

在全数字仿真中，若想进一步降低仿真系统成本，或仅用其做理论研究，则图 1-10 中的 A/D 与 D/A 接口电路部分可以去掉，用网络通信的方法实现控制器与模拟对象之间的信息交换，其在复杂系统数字仿真加速方法上具有独到之处。

（2）现代半实物仿真系统

进入 21 世纪，全数字仿真技术迎来了一个崭新的时代，以“硬件在回路（Hardware-In-the-Loop，HIL）”数字仿真为代表的半实物仿真技术全面取代了经典全数字仿真技术，涌现出了以 dSPACE 为代表的多家专注于半实物仿真装置开发的国际化公司。dSPACE 半实物仿真系统是由德国 dSPACE 公司研发的一套基于 MATLAB/Simulink 软件平台的开发与测试仿真平台，实现了与 MATLAB/Simulink 的完全无缝连接。图 1-11 为基于 dSPACE 的硬件在回路半实物仿真系统原理图，利用 MATLAB/Simulink 软件建立被控对象仿真模型，并下载至半实物仿真系统中，模拟实际控制器（DSP 或 FPGA）的运行环境，常用于测试被控对象极端情况下的控制算法。例如，在开发与测试 IGBT 开路故障情况下的三电平 STATCOM 故障诊断与容错控制的算法时，若直接采用实际设备进行测试与实验，将会面临“人身安全与测试成本”问题。因此，采用硬件在回路仿真技术可在保证安全的前提下，有效降低设备的开发成本，提高研发效率。

对于算法复杂的大型数字仿真问题，单一的或仅用两台 PC 进行数字仿真往往受到速度与精度这一对矛盾因素的影响，尽管数字计算机单机的运行速度在不断提升，这一矛盾始终困扰数字仿真技术的推广及深入的应用。大型（或巨型）计算机虽然具有卓越的性能，但其价格限制了其市场范围。

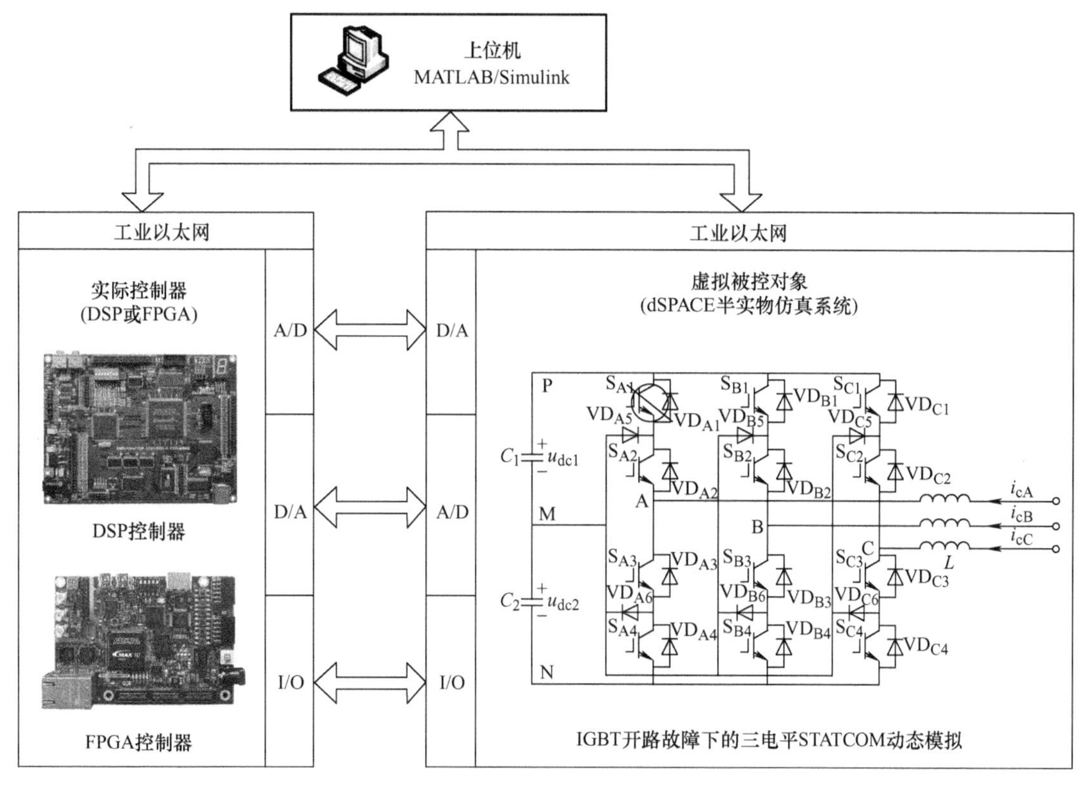

图 1-11　dSPACE 硬件在回路实时仿真系统原理图

那么如何用普通 PC 来解决数字仿真中的加速与精度的提高问题呢？现代计算机网络技术为其开辟了新途径。图 1-12 给出了基于网络技术实现的分布式数字仿真系统。从中可见，数字仿真系统将所研究的问题分布成若干个子系统，分别在主站与各分站的计算机上同时运行，其有用数据通过网络与主站进行信息交换，在网络通信速度足够高的条件下，分布式数字仿真系统具有近似的多 CPU 并行计算机的性能，使仿真速度与精度均可有所保证，而成本却相对低很多，这是一种简便有效地解决复杂系统数字仿真问题的方法。

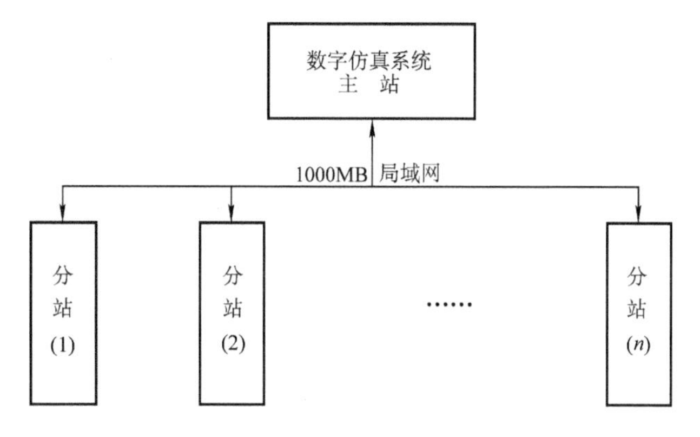

图 1-12　分布式数字仿真系统

第三节 系统、模型与数字仿真

在进行数字仿真实验时，对实际系统的认识，对系统模型的理解以及在计算机上的实现是一个有机的整体，每个环节都不同程度地对最终结果有所影响。因此，我们有必要对它们深入了解与掌握。

一、系统的组成与分类

所谓系统就是由一些具有特定功能的、相互间以一定规律联系着的物体（又称子系统）所构成的有机整体。

1. 组成系统的三个要素——实体、属性和活动

1）实体。就是存在于系统中的具有确定意义的物体。比如电力拖动系统中的执行电动机、热力系统中的控制阀等。

2）属性。实体所具有的任何有效特征。比如温度、控制阀的开度及传动系统的速度等。

3）活动。系统内部发生的任何变化过程称之为内部活动；而系统外部发生的对系统产生影响的任何变化过程称之为外部活动。比如：控制阀的开启为热力系统的内部活动，电网电压的波动为电力拖动系统的外部活动（即外部扰动）。

2. 系统具有的三种特性——整体性、相关性和隶属性

1）整体性。系统中的各部分（子系统）不能随意分割。比如任何一个闭环控制系统的组成中，对象、传感器及控制器缺一不可。因此，系统的整体性是一个重要特性，直接影响系统功能与作用。

2）相关性。系统中的各部分（子系统）以一定的规律和方式相联系，由此决定了其特有的性能。比如电动机调速系统是由电动机、测速机、PI调节器及功率放大器等组成，并形成了电动机能够调速的特定性能。

3）隶属性。一般情况下，有些系统并不像控制系统（由人工制成的）那样可清楚地分出系统的“内部”与“外部”，它们常常需要根据所研究的问题来确定哪些属于系统的内部因素，哪些属于系统的外界环境，其界限也常常随不同的研究目的而变化，将这一特性称之为隶属性。分清系统的隶属界限是十分重要的，它往往可使系统仿真问题得以简化，有效地提高仿真工作的效率。

3. 系统的分类

系统的分类可有多种形式，下面是以“时间”作为依据的分类情况：

系统
- 连续系统
- 离散系统
  - 离散时间系统
  - 离散事件系统
- 混合系统

1）连续系统。系统中的状态变量随时间连续变化的系统为连续系统。如电动机速度控制系统、锅炉温度调节系统等。

2）离散时间系统。系统中状态变量的变化仅发生在一组离散时刻上的系统为离散时间系统。如计算机系统。

3）离散事件系统。系统中状态变量的改变是由离散时刻上所发生的事件所驱动的系统为离散事件系统。如大型仓储系统中的“库存”问题，其“库存量”是受“入库”“出库”事件的随机变化的影响的。

离散事件系统的仿真问题本书未涉及，有兴趣的读者可参阅有关文献。

4）连续离散混合系统。若系统中一部分是连续系统，而另一部分是离散系统，其间有连接环节将两者联系起来，则称之为连续离散混合系统。如计算机控制系统，通常情况下其对象为连续系统，而控制器为离散时间系统。

本书中所述的“离散系统”均指离散时间系统。

二、模型的建立及其重要性

1. 模型

系统模型是对系统的特征与变化规律的一种定量抽象，是人们用以认识事物的一种手段（或工具），一般有以下几种：

$$\text{模型}\begin{cases}\text{物理模型}\\\text{数学模型}\\\text{描述模型}\end{cases}$$

对于物理模型与数学模型，我们已有所了解，下面着重谈一下“描述模型”。

所谓描述模型是一种抽象的（无实体的），不能或很难用数学方法描述的，而只能用语言（自然语言或程序语言）描述的系统模型。

随着科学技术的发展，在许多系统中都存在着“精确”与“实现”之间的矛盾问题，即若过分追求模型的精确（即严格的数学模型），则实际中往往很难实现。因此，为了有效地对一类复杂系统实现控制，人们已不再单纯地追求“数学模型”，而是建立起基于“经验”或“知识”的描述模型。例如，在模糊（Fuzzy）控制系统中，人们对控制对象的描述就是一组基于“经验”的 If-then-else 语句的描述。

描述模型是系统模型由“粗”向“精”转换过程中的一个中间模型，随着人们对系统行为的不断深入认识，其最终将被精确的数学模型所取代。

2. 模型的建立

建立系统模型就是（以一定的理论为依据）把系统的行为概括为数学的函数关系。其包括以下内容：

1）确定模型的结构，建立系统的约束条件，确定系统的实体、属性与活动。

2）测取有关的模型数据。

3）运用适当理论建立系统的数学描述，即数学模型。

4）检验所建立的数学模型的准确性。

3. 系统建模的重要性

由于控制系统的数字仿真是以其“数学模型”为前提的，所以对于仿真结果的“可靠性”来讲，系统建模至关重要，它在很大程度上决定了数字仿真实验的“成败”。

长期以来，由于人们对系统建模重视不够，使得数字仿真技术的应用仅仅限于“理论上的探讨”，缺乏对实际工作的指导与帮助，因而在一部分人的思想概念中产生了“仿真结果不可信”或“仿真用处不大”的错误认识。

现代的数字仿真技术已日趋完善地向人们提供强有力的仿真软件工具，从而对“系统建模”的要求越来越高，因此应予以充分的重视与熟练的掌握。

三、数字仿真的基本内容

通常情况下，数字仿真实验包括三个基本要素，即实际系统、数学模型与计算机。联系这三个要素则有三个基本活动，即模型建立、仿真实验与结果分析。以上所述三要素及三个基本活动的关系可用图 1-13 来表示。由图可见，将实际系统抽象为数学模型，称之为一次模型化，它还涉及系统辨识技术问题，统称为建模问题；将数学模型转换为可在计算机上运行的仿真模型，称之为二次模型化，这涉及仿真技术问题，统称为仿真实验。

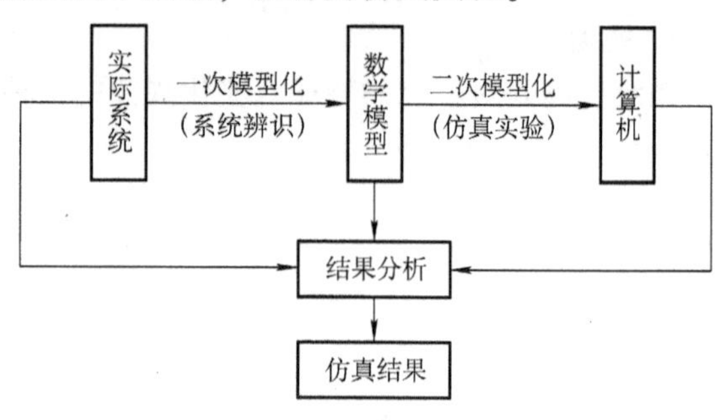

图 1-13 数字仿真的基本内容

长期以来，仿真领域的研究重点一直放在仿真模型的建立这一活动上（即二次模型化问题），并因此产生了各种仿真算法及工具软件，而对于模型建立与仿真结果的分析问题重视不够，因此使得当一个问题提出后，需要较长的时间用于建模。同时，仿真结果的分析常常需要一定的经验，这对于进行仿真实验的工程技术人员来讲是有困难的，其结果造成仿真结果不真实、可信度低等问题，这些问题有碍于数字仿真技术的推广应用。

综上所述，仿真实验是建立在模型这一基础之上的，对于数字仿真要完善建模、仿真实验及结果分析体系，以使仿真技术成为控制系统分析、设计与研究的有效工具。

第四节 控制系统 CAD 与数字仿真软件

计算机辅助设计（Computer Aided Design）技术，即 CAD 技术是随着计算机技术的发展应运而生的一门应用型技术，至今已有近 50 年的历史。1989 年，美国评出了科技领域近 25 年间最杰出的十项工程技术成就，将 CAD/CAM 技术列为第四项，称之为“推动了几乎所有设计领域的革命”。

“工欲善其事，必先利其器”，CAD 技术已成为当今推动技术进步与产品更新换代不可缺少的有力工具。

一、CAD 技术的一般概念

1. 什么是 CAD 技术

CAD 技术就是将计算机高速而精确的计算能力、大容量存储和处理数据的能力与设计者的综合分析、逻辑判断以及创造性思维结合起来，用以加快设计进程、缩短设计周期、提高设计质量的技术。

CAD 不是简单地使用计算机代替人工计算、制图等“传统的设计方法”，而是通过 CAD

系统与设计者之间强有力的“信息交互”作用，从本质上增强设计人员的想象力与创造力，从而有效地提高设计者的能力与设计结果的水平。在近50年的发展历史中，汽车制造业的推陈出新、服装加工业的层出不穷以及航空航天领域的卓越成就等，无不与CAD技术的发展有着密切的联系。

因此，CAD技术中所涉及的“设计”应该是以提高社会生产力水平、加快社会进步为目的的创造性的劳动。

2. CAD系统的组成

CAD系统通常是由应用软件、计算机、外围设备以及设计者本身（即用户）组成的，它们之间的关系如图1-14所示。其中，应用软件是CAD系统的“核心”内容，在不同的设计领域有相应的CAD应用软件，例如，机械设计中有AutoCAD软件，控制系统设计中有MATLAB软件（及相应工具箱）；计算机是CAD技术的“基础”，随着单机性能的不断提高，CAD技术将更广泛地为各行业所采用；外围设备是人-机信息交换的手段。显示技术与绘图打印技术的不断发展为CAD技术提供了丰富多彩的表现形式，在提高设计者的想象力、创造力以及最终结果的展现等方面具有重要意义。

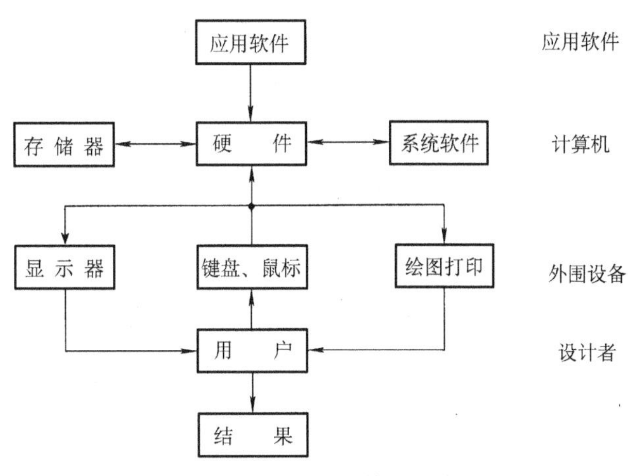

图1-14 CAD系统的组成

3. 怎样面对CAD技术

由于CAD技术涉及数字仿真、计算方法、显示与绘图以及计算机等诸多内容，作为CAD技术的使用者，我们应注意以下几方面的问题：

1）注重对所涉及内容基本概念的理解与掌握，它是我们今后能够进行创造性思维与逻辑推理的理论基础。

2）选择数值可靠、性能优越的应用软件作为CAD系统的“核心”，以使设计结果具有实际意义。

3）将理论清晰、概念明确但分析计算复杂的工作交给计算机来做，作为设计者应主要从事具有创造性的设计工作。

控制系统CAD作为CAD技术在自动控制理论及自动控制系统分析与设计方面的应用分支，是本门课程的另一个重要内容。

二、控制系统CAD的主要内容

CAD技术为控制系统的分析与设计开辟了广阔天地，它使得原来被人们认为难以应用的设计方法成为可能。一般认为，控制系统分析与设计方法有两类，即频域法（又称变换法）和时域法（又称状态空间法）。

1. 频域法

频域法属经典控制理论范畴，主要适用于单输入单输出系统。频域法借助于传递函数、劳斯判据、Bode 图、Nyquist 图及根轨迹等概念与方法来分析系统动态特性和稳态性能，设计系统校正装置的结构，确定最优的装置参数。

2. 时域法

时域法为现代控制理论内容，适用于多变量系统的分析与设计。其主要内容有：①线性二次型最优控制规律与卡尔曼滤波器的设计；②闭环系统的极点配置；③状态反馈与状态观测器的设计；④系统稳定性、能控性、能观性及灵敏度分析等。

此外，自适应控制、自校正控制以及最优控制等现代控制策略都可利用 CAD 技术实现有效的分析与设计。

三、数字仿真软件

作为控制系统 CAD 技术中的“核心”内容——应用软件，数字仿真软件始终为该领域研究开发的热点，人们总是以最大限度地满足使用者（特别是工程技术人员）方便、快捷、精确的需求为目的，不断地使数字仿真软件推陈出新。

1. 数字仿真软件的发展

随着计算机与数字仿真技术的发展，数字仿真软件经历了以下四个阶段：

（1）程序编制阶段

在人们利用数字计算机进行仿真实验的初级阶段时，所有问题（如微分方程求解、矩阵运算、绘图等）都是仿真实验者用高级算法语言（如 BASIC、FORTRAN、C 等）来编写。往往是几百条语句的编制仅仅解决了一个“矩阵求逆”一类的基础问题，人们大量的精力不是放在研究“系统问题”如何，而是过多地研究软件如何编制、其数值稳定性如何等旁支问题，其结果使得仿真工作的效率较低，数字仿真技术难以为众人所广泛应用。

（2）程序软件包阶段

针对“程序编制阶段”所存在的问题，许多系统仿真技术的研究人员将他们编制的数值计算与分析程序以“子程序”的形式集中起来形成了“应用子程序库”，又称为“应用软件包”（以便仿真实验者在程序编制时调用）。这一阶段中的许多成果为数字仿真技术的应用奠定了基础，但还是存在着使用不便、调用繁琐、专业性要求过强、可信度低等问题，人们已开始认识到，建立具有专业化与规格化的高效率的“仿真语言”是十分必要的，以使数字仿真技术真正成为一种实用化的工具。

（3）交互式语言阶段

从人-机之间信息交换便利的角度出发，将数字仿真所涉及的问题上升到“语言”的高度所进行的软件集成，其结果就产生了交互式的“仿真语言”。仿真语言与普通高级算法语言（如 C、FORTRAN 等）的关系就如同 C 语言与汇编语言的关系一样，人们在用 C 语言在进行乘（或除）法运算时不必去深入考虑乘法是如何实现的（已有专业人员周密处理）；同样，仿真语言可用一条指令实现“系统特征值的求取”，而不必考虑是用什么算法以及如何实现等低级问题。

具有代表性的仿真语言有：瑞典 Lund 工学院的 SIMNON 仿真语言、IBM 公司的 CSMP 仿真语言以及 ACSL、TSIM、ESL 等；20 世纪 80 年代初，由美国学者 Cleve Moler 等推出的交互式 MATLAB 语言以它独特的构思与卓越的性能为控制理论界所重视，现已成为控制系统 CAD 领域最为普及与流行的应用软件。

（4）模型化图形组态阶段

尽管仿真语言将人–机界面提高到“语言”的高度，但是对于从事控制系统设计的专业技术人员来讲还是有许多不便，他们似乎对基于模型的图形化（如框图）描述方法更亲切。随着“视窗”（Windows）软件环境的普及，基于模型化图形组态的控制系统数字仿真软件应运而生，它使控制系统 CAD 进入到一个崭新的阶段。目前，最具代表性的模型化图形组态软件当数美国 MathWorks 软件公司 1992 年推出的 Simulink，它与该公司著名的 MATLAB 软件集成在一起，成为当今最具影响力的控制系统 CAD 软件。

2. MATLAB

MATLAB 是美国 MathWorks 公司的软件产品。

20 世纪 80 年代初期，美国的 Cleve Moler 博士（数值分析与数值线性代数领域著名学者）在教学与研究工作中充分认识到当时的科学分析与数值计算软件编制工作的困难所在，便构思开发了名为 MATrix LABoratory（矩阵实验）的集命令翻译、科学计算于一体的交互式软件系统，其有效地提高了科学计算软件编制工作的效率，迅速成为人们广泛应用的软件工具。MATLAB 作为原名的缩写，成为后来由 Moler 博士及一批优秀数学家与软件专家组成的 MathWorks 公司软件产品的品牌。

尽管 MATLAB 一开始并不是为控制系统的设计者们设计的，但是其一出现便以它“语言”化的数值计算、较强的绘图功能、灵活的可扩充性和产业化的开发思路很快就为自动控制界研究人员所瞩目。目前，在自动控制、图像处理、语言处理、信号分析、振动理论、优化设计、时序分析与统计学、系统建模等领域，由著名专家与学者以 MATLAB 为基础开发的实用工具箱极大地丰富了 MATLAB 的内容，使之成为国际上最为流行的软件品牌之一。

应该指出的是，尽管 MATLAB 在功能上已经完全具备了计算机语言的结构与性能，人们将其简称为：“MATLAB 语言”，但是由于其编写出来的程序并不能脱离 MATLAB 环境而独立运行，所以严格地讲，MATLAB 并不是一种计算机语言，而是一种高级的科学分析与计算软件。

3. Simulink

Simulink是美国MathWorks软件公司为其MATLAB提供的基于模型化图形组态的控制系统仿真软件，其命名直观地表明了该软件所具有的 SIMU（仿真）与 LINK（连接）两大功能，它使得一个复杂的控制系统的数字仿真问题变得十分直观而且相当容易。例如，对于图 1-15 所示的高阶 PID 控制系统，采用 Simulink 实现的仿真界面如图 1-16 所示。

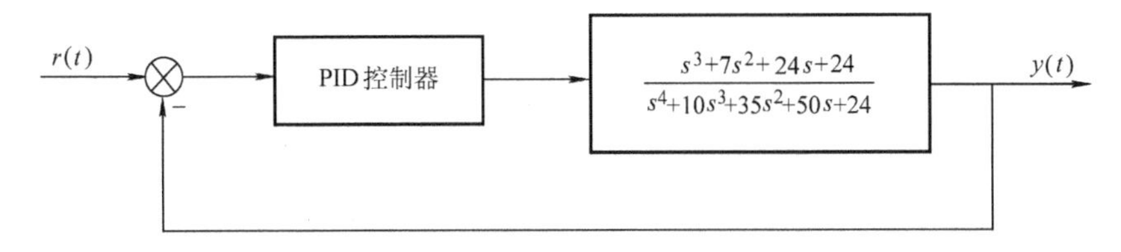

图 1-15 高阶 PID 控制系统结构图

值得一提的是，图 1-16 所示的仿真实现过程全部是在鼠标与键盘下完成的，从模型生成、参数设定到仿真结果的产生不过几分钟的时间，即使再复杂一些的系统仿真问题所需的时间也不会太多。Simulink 使控制系统数字仿真与 CAD 技术进入到人们期盼已久的崭新阶段。

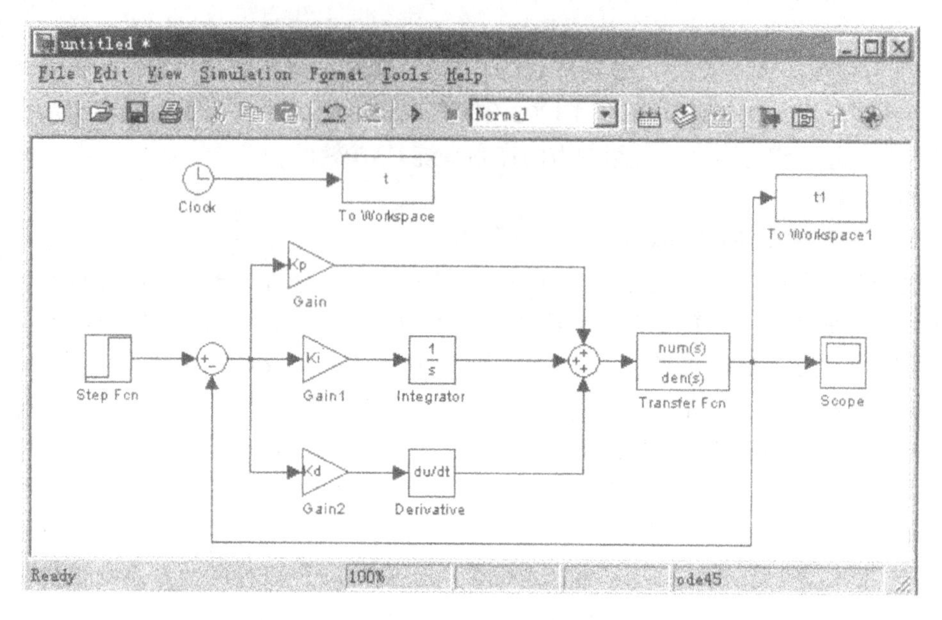

图 1-16 PID 控制系统的 Simulink 实现

SimPowerSystems 是在 MATLAB/Simulink 环境下进行电力电子系统建模和仿真的优秀工具软件，于 2007 年成为 MATLAB/Simulink 下的一个专用工具模块库。其软件内核是由世界上权威的电气工程师与科研机构开发，包含电气网络中常见的元器件和设备，以直观易用的“图形方式”对电气系统进行建模（仿真程序），图 1-17 为基于 SimPowerSystems 模块库的直流电动机转速控制仿真模型（程序），SimPowerSystems 模块可与其他 Simulink 模块相连接，进行一体化的系统级动态仿真分析。

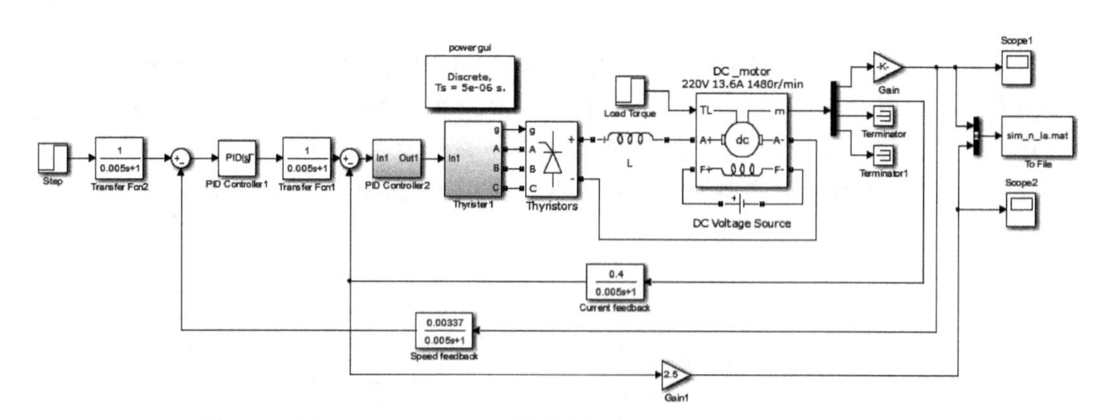

图 1-17 基于 SimPowerSystems 模块库的直流电动机转速控制仿真模型

4. 几种常用的仿真工具软件

目前，在自动化领域内应用的仿真软件较多。除了前面介绍的 MATLAB 软件以外，还有如下几种常用的仿真工具软件。

（1） ADAMS

机械系统动力学自动分析软件 ADAMS（Automatic Dynamic Analysis of Mechanical Systems），是美国 MDI 公司（Mechanical Dynamics Inc.）开发的著名“虚拟样机分析软件”（其后来被美国著名仿真分析软件公司 MSC 收购）。

目前，ADAMS 已经被全世界各行各业的数百家主要制造商采用。作为世界上被广泛使用的多体动力学（Multi-Body Dynamics，MBD）软件，ADAMS 可帮助工程师研究运动部件的动力学特性以及在整个机械系统内部荷载和作用力的分布情况。ADAMS 提供的可选模块使用户能够将机械部件、气动、液压、电子及控制系统技术集成在一起，用于构建及试验虚拟样机，从而准确地了解这些子系统之间的相互作用。

ADAMS 一方面是虚拟样机分析的应用软件，用户可以运用该软件非常方便地对虚拟机械系统进行静力学、运动学和动力学分析；另一方面，又是虚拟样机分析开发工具，其开放性的程序结构和多种接口，可以成为特殊行业用户进行特殊类型虚拟样机分析的二次开发工具平台。

ADAMS 的进一步了解请登录网站：www.mscsoftware.com.cn/product/Adams。

（2） Saber

Saber 是美国 Analogy 公司开发并于 1987 年推出的模拟及混合信号仿真软件；Saber 曾几易其主，2002 年新思公司并购了当时拥有 Saber 的 Avant！公司，将其收入囊中。

作为一种系统级仿真软件，Saber 拥有先进的原理图输入、数据可视化工具、大型混合信号、混合技术模型库以及强大的建模语言和工具组合功能，可以满足用户多种复杂的仿真需求。

此外，Saber 拥有大型的电气、混合信号、混合技术模型库，能够满足机电一体化和电源设计的需求。该模型库向用户提供不同层次的模型，支持自上而下或自下而上的系统仿真方法。

与传统仿真软件不同，Saber 在结构上采用 MAST 硬件描述语言和单内核混合仿真方案，并对仿真算法进行了改进，使仿真速度更快、更有效。Saber 可以同时对模拟信号、事件驱动模拟信号、数字信号以及模数混合信号设备进行仿真。对于包含有 Verilog 或 VHDL 编写的模型进行仿真设计。

Saber 能够与通用的数字仿真器相连接，包括 Cadence 的 Verilog-XL、Model Technology 的 ModelSim 和 ModelSim Plus、Innoveda 的 Fusion 仿真器。由于 MATLAB 软件的仿真工具 Simulink 在软件算法方面有优势，而 Saber 在硬件方面出色，将两者集成为 Saber-Simulink，进行协同仿真。

Saber 可以分析从 SOC 到大型系统之间的设计，包括模拟电路、数字电路及混合电路。它通过直观的图形化用户界面全面控制仿真过程，并通过对稳态、时域、频域、统计、可靠性及控制等方面的分析来检验系统性能。Saber 产品被广泛应用于航空航天、船舶、电气、汽车等设计制造领域。

在电源和机电一体化设计方面，Saber 是主流的系统级仿真工具。

Saber 的进一步了解请登录网站：www.synopsys.com。

（3）PSPICE

用于模拟电路仿真的SPICE（Simulation Program with Integrated Circuit Emphasis）软件于1972年由美国加州大学伯克利分校的计算机辅助设计小组利用FORTRAN语言开发而成，主要用于大规模集成电路的计算机辅助设计。

SPICE的正式实用版SPICE 2G在1975年正式推出，但是该程序的运行环境至少为小型机。1985年，加州大学伯克利分校用C语言对SPICE软件进行了改写，1988年SPICE被定为美国国家工业标准。与此同时，各种以SPICE为核心的商用模拟电路仿真软件，在SPICE的基础上做了大量实用化工作，从而使SPICE成为最为流行的电子电路仿真软件。

PSPICE则是由美国Microsim公司在SPICE 2G版本的基础上升级并用于PC上的SPICE版本，其中采用自由格式语言的5.0版本自20世纪80年代以来在我国得到广泛应用，并且从6.0版本开始引入图形界面。1998年著名的EDA商业软件开发商OrCAD公司与Microsim公司正式合并，自此Microsim公司的PSPICE产品正式并入OrCAD公司的商业EDA系统中。目前，OrCAD公司已正式推出了OrCAD PSPICE Release 17.0。

经过多年发展，PSPICE仿真功能已经演变为两大模块，一个是基本分析模块，简称PSPICE A/D，另一个是高级分析模块，简称PSPICE AA。PSPICE A/D将模拟和数模混合信号仿真技术相结合，以此提供一整套完整的电路仿真和验证解决方案，包括直流分析、瞬态分析和交流分析等。PSPICE AA则超越了基本的电路仿真功能，通过融合信号灵敏度、多引擎优化器、应力分析和蒙特卡罗分析等多项技术，可以提高电子电路设计性能、效益和可靠性。

PSPICE的进一步了解请登录网站：www.pspice.com。

（4）ANSYS

ANSYS是融结构、热、流体、电磁和声学于一体的大型通用有限元分析软件，对于求解热-结构耦合、磁-结构耦合以及电-磁-流体-热耦合等多物理场耦合问题具有其他软件不可比拟的优势。该软件可用于固体力学、流体力学、传热分析以及工程力学和精密机械设计等多学科的计算。ANSYS软件主要包括三个部分：前处理模块、分析计算模块和后处理模块。

前处理模块提供了一个强大的实体建模及网格划分工具，用户可以方便地构造有限元模型；分析计算模块包括结构分析（可进行线性分析、非线性分析和高度非线性分析）、流体动力学分析、电磁场分析、声场分析、压电分析以及多物理场的耦合分析，可模拟多种物理介质的相互作用，具有灵敏度分析及优化分析能力；后处理模块可将计算结果以彩色等值线显示、梯度显示、矢量显示、粒子流迹显示、立体切片显示、透明及半透明显示（可看到结构内部）等图形方式显示出来，也可将计算结果以图表、曲线形式显示或输出。

软件提供了100种以上的单元类型，用来模拟工程中的各种结构和材料。该软件有多种不同版本，可以运行在从个人机到大型机的多种计算机设备上。

ANSYS的进一步了解请登录网站：www.ansys.com.cn。

（5）MSC.Nastran

MSC.Software公司自1963年开始从事计算机辅助工程领域CAE产品的开发和研究。在1966年，美国国家航空航天局（NASA）为了满足当时航空航天工业对结构分析的迫切需求，招标开发大型有限元应用程序，MSC.Software一举中标，负责了整个Nastran的开发过程。经过50多年的发展，MSC.Nastran已成为MSC倡导的虚拟产品开发（VPD）整体环境最主要的核心产品，MSC. Nastran 与 MSC 的全系列 CAE 软件进行了有机的集成，为用户提供功能全面、多学科集成的 VPD 解决方案。

MSC. Nastran 是 MSC. Software 公司的旗舰产品，经过 50 余年的发展，用户从最初的航空航天领域，逐步发展到国防、汽车、造船、机械制造、兵器、铁道、电子、石化、能源、材料工程、科研教育等各个领域，成为用户群最多、应用最为广泛的有限元分析软件。

MSC. Nastran 的开发环境通过了 ISO 9001：2000 的论证，MSC. Nastran 始终作为美国联邦航空管理局（FAA）飞行器适航证领取的唯一验证软件。在中国，MSC 的 MCAE 产品作为与钢制压力容器分析设计标准 JB 4732—1995 相适应的设计分析软件，全面通过了全国压力容器标准化技术委员会的严格考核认证。另外，MSC. Nastran 是中国船级社指定的船舶分析验证软件。

MSC. Nastran 是功能强大、应用最为广泛、最为通用的结构有限元分析软件，可以进行结构强度、刚度、动力、随机振动、频谱响应、热传导、非线性、转子动力学、参数及拓扑优化、气动弹性等全面的仿真分析，是公认的业界标准。

MSC. Nastran 的进一步了解请登录网站：www. mscsoftware. com/zh-hans/product/msc-nastran。

（6）MSC. Patran

MSC. Patran 最早是由美国国家航空航天局（NASA）倡导开发的，是工业领域最著名的并行框架式有限元前后处理及分析系统，其开放式、多功能的体系结构可将工程设计、工程分析、结果评估、用户化身和交互图形界面集于一身，构成一个完整的 CAE 集成环境。

并行 CAE 工程的设计思想使 MSC. Patran 从另一个角度上打破了传统有限元分析的前后处理模式，其独有的几何模型直接访问技术（Direct Geometry Access，DGA）为基础的 CAD/CAM 软件系统间的几何模型沟通及各类分析模型无缝连接提供了完美的集成环境。使用 DGA 技术，应用工程师可直接在 MSC. Patran 框架内访问现有 CAD/CAM 系统数据库，读取、转换、修改和操作正在设计的几何模型而无需复制。MSC. Patran 支持不同的几何传输标准，包括 Parasolid、ACIS、STEP、IGES 等格式。

有限元分析模型可从 CAD 几何模型上快速地直接生成，用精确表现真实产品设计取代以往的近似描述，进而省去了在分析软件系统中重新构造几何模型的传统过程，MSC. Patran 所生成的分析模型（包含直接分配到 CAD 几何上的载荷、边界条件、材料和单元特性）将驻留 Patran 的数据库中，而 CAD 几何模型将继续保存在原有的 CAD/CAM 系统中，当相关的设计模型存储在 MSC. Patran 中并生成有限元网格时，原有的设计模型将被“标记”。设计与分析之间的相关性可使用户在 MSC. Patran 中迅速获知几何模型的任何改变，并能重新观察新的几何模型确保分析的精度。

MSC. Patran 的进一步了解请登录网站：www. mscsoftware. com/zh-hans/product/patran。

（7）MSC. Marc 工具软件

MSC. Marc 是 MSC. Software 公司于 1999 年收购的 MARC 公司的产品。MARC 公司始创于 1967 年，是全球首家非线性有限元软件公司。经过 50 余年的不懈努力，Marc 软件得到学术界和工业界的大力推崇和广泛应用，建立了它在全球非线性有限元软件行业的领导者地位。

随着 Marc 软件功能的不断扩展，其应用领域也从开发初期的核电行业迅速扩展到航空航天、汽车、造船、铁道、石油化工、能源、电子元件、机械制造、材料工程、土木建筑、医疗器材、冶金工艺和家用电器等，成为许多知名公司和研究机构研发新产品和新技术的必备工具。

Marc 软件通过了 ISO 9001 质量认证。在中国，Marc 通过了全国压力容器标准化技术委员会的严格考核和认证，成为与钢制压力容器分析设计标准 JB 4732—1995 相适应的有限元分析软件。

MSC. Marc 软件是功能齐全的高级非线性分析软件，具有极强的结构分析能力，可以处理各种复杂的非线性问题——几何非线性（大变形和大应变）、材料非线性和接触非线性，其高效的并行计算能力能够实现超大模型的非线性计算。

MSC. Marc 的进一步了解请登录网站：www. mscsoftware. com/zh-hans/product/marc。

第五节　仿真技术的应用与发展

现代仿真技术经过发展与完善，已经在各行业做出卓越贡献，同时也充分体现出其在科技发展与社会进步中的重要作用。

一、仿真技术在工程中的应用

1. 航空航天工业

对于航空航天工业的产品来说，系统的庞杂、造价的高昂等因素促成了其必须建立起完备的仿真实验体系。在美国，1958 年所进行的四次发射全部失败了，1959 年的发射成功率也不过 57%；通过对实际经验的不断总结，美国国家航空航天局逐步建立了一整套仿真实验体系，到了 20 世纪 60 年代成功率达到 79%，在 70 年代已达到 91%，近年来，其空间发射计划已很少有不成功的情况了。

英法两国合作生产的“协和式”飞机，由于采用了仿真技术，使研制周期缩短了 1/8 ~ 1/6，节省经费 15% ~ 25%。

目前，我国及世界各主要发达国家的航空航天工业均相继建立了大型仿真实验机构，并形成了三级仿真实验体系，如图 1-18 所示，以保证飞行器从设计到定型生产过程的经济性

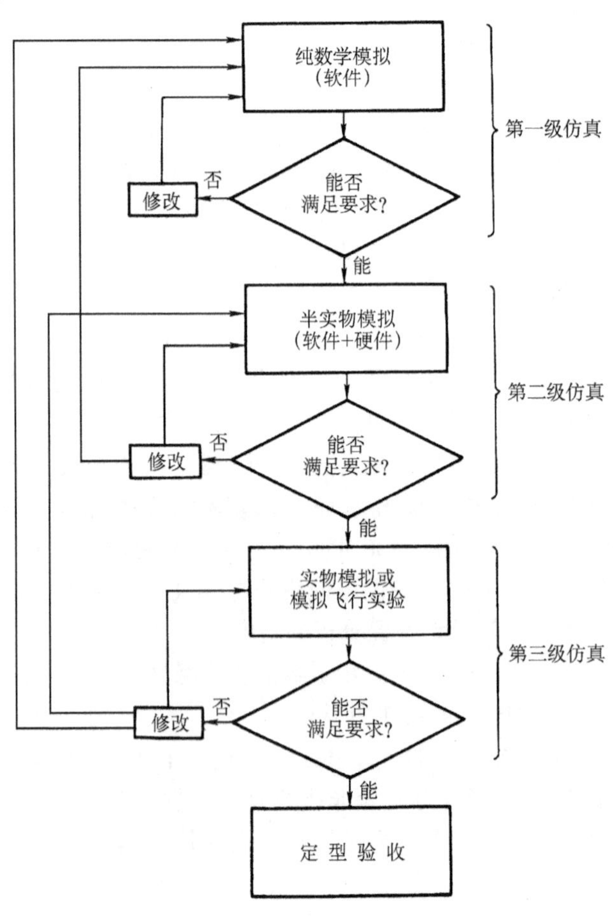

图 1-18　飞行器设计的三级仿真实验体系

与安全性。

此外，近年来在飞行员及宇航员训练用飞行仿真模拟器方面相继研制出多种产品，它主要包括：计算机系统、六自由度运动系统、视景系统（计算机成像）等设备，收到了方便、经济、安全的效果。

2. 电力工业

电力系统是最早采用仿真技术的领域之一。在电力系统负荷分配、瞬态稳定性以及最优潮流等方面，国内较早地采用了数字仿真技术，取得显著的经济效益。在三峡水利工程的子项目——大坝排沙系统工程设计中，设计人员也采用了物理仿真的方法，取得了较完善的研究成果。

近年来，国内在电站操作人员培训模拟系统的研制上，达到国际先进水平，为仿真技术的应用开辟了广阔的前景。

3. 原子能工业

由于能源的日趋紧张，原子能的和平利用在世界范围内为人们广泛重视。随着核反应堆的尺寸与功率的不断增加，使得整个原子能电站运行的稳定性、安全性与可靠性等问题成为必须要解决的首要问题。因此，几乎大部分核电站都建有相应的仿真系统，许多仿真器是全尺寸的，即仿真系统与真实系统是完全一致的，只是对象部分，如反应堆、涡轮发电机及有关的动力装置则是用计算机来模拟的。核电站仿真器用来训练操作人员以及研究异常故障的排除处理，对于保证系统的安全运行是十分重要的。

目前，我国及世界各主要核技术先进国家在这方面均建立了相当规模的仿真实验体系，并取得了可观的成果。

4. 石油、化工及冶金工业

石油、化工生产过程中有一个显著的特点就是过程缓慢，而且往往过程控制、生产管理、生产计划、经济核算等搅在一起，使得综合效益指标难以预测与控制。因此，仿真实验成为石油、化工及冶金系统设计与分析研究的基本手段，仿真技术对这些领域的技术进步也不同程度地起到了促进作用。

5. 非工程领域

1）医学。仿真技术在病变模型的建立、治疗方案的寻优、化疗与电疗强度的选择以及最佳照射条件等方面的应用，可为患者避免不必要的损失，为医生提供参考依据。

2）社会学。在人口增长、环境污染、能源消耗以及病情防疫等方面，利用仿真技术可有效解决预测与控制问题。如我国人口模型的建立与研究，预测了未来100年我国人口发展的趋势，从而为计划生育控制策略的提出以及相关问题的解决起到了重要作用。此外，工业化、人口、环境这三个人类发展不容回避的问题日益引起人们的关注，如何建立相互制约的关系体制，走出一条可持续发展的良性循环的道路是近年来人们应用仿真技术进行研究的热点之一。

3）宏观经济与商业策略的研究。随着人类经济发展的多元化与商业贸易的复杂化，在金融、证券、期货以及国家宏观经济调整等方面，数字仿真技术已成为不可缺少的有力工具。

二、应用仿真技术的重要意义

由于仿真技术具有经济、安全、快捷的优点以及其特殊的用途，使得其在工程设计、理论研究、产品开发等方面具有重要意义。

1. 仿真技术的优点

1）经济。对于大型复杂系统，直接实验的费用往往是十分昂贵的，如空间飞行器一次飞行实验的成本大约为 10^8 美元，而采用仿真实验方法仅需其成本的 1/10～1/5，而且设备可以重复使用。这类例子很多，读者不妨自己想一想。

2）安全。对于某些系统（如载人飞行器、核电装置等），直接实验往往存在很大危险，甚至是不允许的；而采用仿真实验可以有效降低危险程度，对系统的研究起到保障作用。

3）快捷。在系统分析与设计、产品前期开发以及新理论的检验等方面，采用仿真技术（或 CAD 技术）可使工作进程大大加快，在科技飞速发展与市场竞争日趋激烈的今天，这一点是非常重要的。例如，现代服装设计采用仿真与 CAD 技术，使得设计师能够在多媒体计算机上实现不同身材、不同光照、不同色彩以及不同风向条件下所设计时装各种情况的展示，极大地促进了时装业的创新，有利于企业能够在激烈的市场竞争中处于不败之地。

2. 仿真技术的特殊功能

应用仿真技术可实现"预测""优化"等特殊功能。

1）优化设计。在真实系统上进行结构与参数的优化设计是非常困难的，有时甚至是不可能的。在仿真技术中应用各种最优化原理与方法实现系统的优化设计，可使最终结果达到"最佳"，其对于大型复杂系统问题的研究具有重要意义。

2）预测。对于一类非工程系统（如社会、经济、管理等系统），由于其规模及复杂程度巨大，直接进行某种实验几乎是不可能的。为减少错误的方针策略在以后的实践中所带来的不必要的损失，可以应用仿真技术对所研究系统的特性及其对外界环境的影响等问题进行"预测"，从而取得"超前"的认识，对所研究的系统实施有效的控制。

仿真与 CAD 技术对科技进步与产业发展有着不可估量的作用和意义，我们对它应予以足够的重视。

三、仿真技术的发展趋势

1）在硬件方面，基于多 CPU 并行处理技术的全数字仿真系统将有效提高仿真系统的速度，从而使仿真系统的"实时性"得以进一步加强。

2）随着网络技术的不断完善与提高，分布式数字仿真系统将为人们广泛采用，从而达到"投资少、效果好"的目的。

3）在应用软件方面，直接面向用户的高效能的数字仿真软件将不断推陈出新，各种专家系统与智能化技术将更深入地应用于仿真软件开发中，使得在人-机界面、结果输出、综合评判等方面达到更理想的境界。

4）虚拟现实技术的不断完善，为控制系统数字仿真与 CAD 开辟了一个新时代。例如，在飞行器驾驶人员培训模拟仿真系统中，可采用虚拟现实技术，使被培训人员置身于模拟系统中就犹如身在真实环境里一样，使得培训效果达到最佳。

虚拟现实技术是一种综合了计算机图形技术、多媒体技术、传感器技术、显示技术以及仿真技术等多种学科而发展起来的高新技术。

5）随着 FMS 与 CIMS 技术的应用与发展，“离散事件系统”越来越多地为仿真领域所重视，离散事件仿真从理论到实现给我们带来了许多新的问题。随着管理科学、柔性制造系统、计算机集成制造系统的不断发展，“离散事件系统仿真”问题将越来越显示出它的重要性。

第六节 问题与探究——虚拟现实与仿真技术

一、虚拟现实技术

1. 概述

当代科学技术的发展为适应信息社会发展的需要，要求我们提高人与信息社会的交互能力，以提高人对信息的理解能力。现今，人们不仅要求通过书面字意去观察信息处理的结果，还要求能通过人们的视觉、听觉、触觉以及形体、手势或者口令等信息，参与到信息处理的环境中去，从而获得身临其境的体验。这种信息处理系统已不再是建立在一个单维的数字化信息空间上，而是建立在一个多维化的信息空间之中，建立在一个定性与定量相结合、感性认识与理性认识相结合的综合集成环境中。虚拟现实技术就是支撑这个多维信息空间的关键技术。

虚拟现实（简称 VR），又称灵境技术，是以沉浸性、交互性和构想性为基本特征的计算机高级人机界面。如图 1-19 所示，它综合利用了计算机图形学、仿真技术、多媒体技术、人工智能技术、计算机网络技术、并行处理技术和多传感器技术，模拟人的视觉、听觉、触觉等感觉器官功能，使人能够沉浸在计算机生成的虚拟境界中，并能够通过语言、手势等自然的方式与之进行实时交互，创建了一种适人化的多维信息空间。使用者不仅能够通过虚拟现实系统感受到在客观物理世界中所经历的“身临其境”的逼真性，而且能够突破空间、时间以及其他客观限制，感受到真实世界中无法亲身经历的体验。

数字城市

虚拟地铁灾害系统

虚拟道路

运动虚拟化

图 1-19 虚拟现实技术

目前，虚拟现实技术已经和理论分析、科学实验一起，成为人类探索客观世界规律的三大手段。

2. 虚拟现实的特征与分类

（1）虚拟现实的特征

美国学者伯第亚（G. Burdea）在 Virtual Reality Technology 一文中提出，虚拟现实具有最重要的三个特征：Interaction（交互）、Immersion（沉浸）和 Imagination（想象），也就是人们熟称的 3I 特征。用“虚拟现实三角形”来说明虚拟现实技术的基本特征，如图 1-20 所示。其中，“交互性”是指参与者通过使用专业设备，用人类的自然技能实现对模拟环境内物体的可操作程度和从环境中得到反馈的自然程度（包括实时性）；“沉浸感”是 VR 最主要的技术特征，它力图使用户在计算机所创建的三维虚拟环境中处于一种身临其境的感觉，觉得自己是虚拟环境的一部分，而不是旁观者。VR 技术并不只是一种媒介或一个高层终端与用户见面，它的应用能解决在工程、医学、军事等方面的很多问题。而这些应用系统的设计与开发就极大地依赖于人类的想象能力，即 VR 的第三个特征——想象。

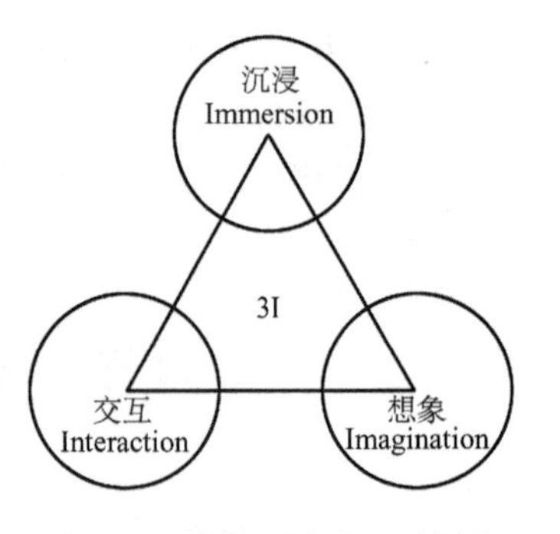

图 1-20 虚拟现实的 3I 特征

（2）虚拟现实的分类

虚拟现实可分为三类形式：仿真性、超越性、幻想性。

1）仿真性的虚拟现实。仿真性的虚拟现实是根据现实世界的真实物理法则，由计算机将其模拟出来。它虽然是一种模拟环境，但一切在数学上都是符合客观规律的。作为仿真性的虚拟现实，其类似于人的思维通过虚拟现实技术实现的观念再造并使之形象化。图 1-21 所示即为该领域最为常见的例子——发动机的虚拟现实，它能够为发动机的设计者提供真实可靠的仿真数据，以使其能够快速且持续不断地进行优化完善。

2）超越性的虚拟现实。超越性的虚拟现实虽然也是根据真实的物理法则进行模拟，但所模拟的对象或者用人的五官无法感觉到，或者在日常生活中无法接触到。作为超越性的虚拟，虚拟现实可以充分发挥人们的认识和探索能力，为人类探索未知世界的奥秘提供服务。图 1-22 所示即为虚拟星云系统，它是超越我们所能感知的世界而存在的，仅能够通过虚拟现实技术来还原实现。

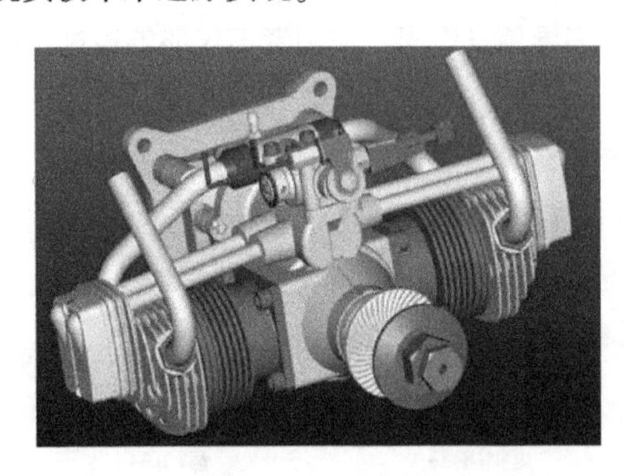

图 1-21 仿真性的虚拟现实——发动机

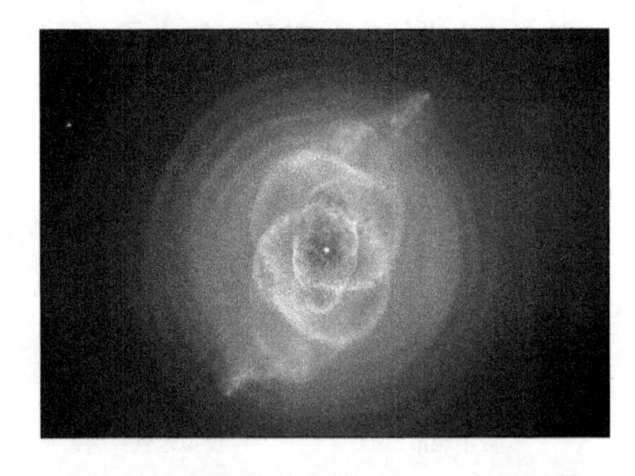

图 1-22 超越性的虚拟现实——星云系统

3）幻想性的虚拟现实。幻想性的虚拟现实可以根本无视客观的物理法则，完全把凭空想象出来的东西，用计算机图像、音响等功能，将其变成可以看到、听见的多媒体作品。因此，作为幻想性的虚拟，它给人们带来广阔的想象时空，尽管有时是荒诞不经的，但也促进了人类想象力和创造力的发展，图 1-23 所示为电子游戏中出现的幻想性虚拟现实场景。

总之，虚拟现实已成为目前用途最为广泛、影响最为深远的多媒体仿真技术。它使人们能想象一个曾见过的现实世界，也能想象一个未曾见过的虚幻世界。人们在虚拟现实中体验和认识到的，可能是真实世界的仿真，也可能是一个抽象概念的形象，也可能是一些并不符合真实物理规律、有悖人们常识的某种稀奇古怪的幻想。同时，虚拟现实作为一种前景广阔的网络文化现象，也将会给人们提出许多新的值得探讨的课题。

图 1-23 幻想性的虚拟现实——电子游戏中的场景

3. 虚拟现实技术的应用领域

因为虚拟现实技术的特点，所以对人类社会的意义是非常大的。它和其他很多信息技术一样，当信息技术领域的专家还未把它的理论和技术探讨得十分清楚时，它已渗透到科学、技术、工程、医学、文化、娱乐的各个领域了，受到各个领域人们的高度重视。

（1）军事领域

美国国防部和军方认为：虚拟现实将在武器系统性能评价、武器操纵训练及指挥大规模军事演习三方面发挥重大作用。他们制定了战争综合演示厅计划、防务仿真交互网络计划、综合战役计划以及虚拟座舱等应用环境，并在核武器试验及许多局部战争中进行了应用。图 1-24 所示为基于虚拟现实技术的军事演习场景。

图 1-24 虚拟军事演习

（2）航天航空

美国国家航空航天局是虚拟现实最早的研究单位和应用者。宇宙飞船及各类航空器是需耗费巨资的现代化工具，而进入宇宙有大量未知、危险的因素，因而模拟各种航空器可能遇到的环境，不仅可节省大量费用，而且是十分必要的。图 1-25 所示的虚拟风洞就是一例。

（3）计算机辅助设计

各种工业产品、建筑物均需反复构思和设计，但往往用户仍不满意。美国波音公司的巴特勒（Butler）设计了一架名为 VS-X 的虚拟飞机，它可使设计人员有身临其境观察飞机外形、内部结构及布局的效果。同样，建筑设计师可在盖楼前通过虚拟建筑物，让用户自己来观察外形和内部房间部位，也便于设计师修改设计。图 1-26 所示为虚拟现实技术在计算机辅助设计中的若干应用，包括结构设计与分析、强度校核、方案优化等。

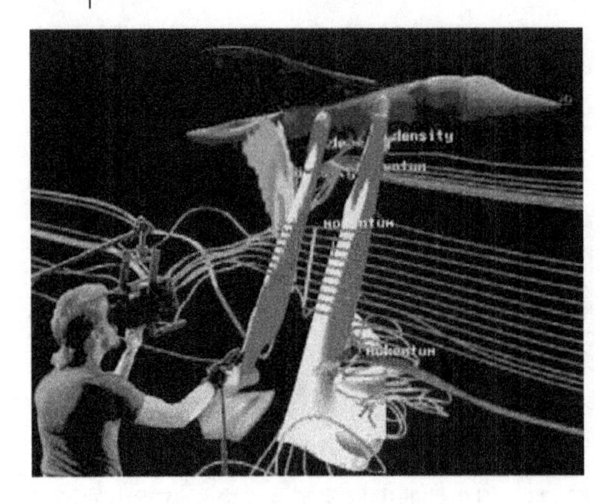

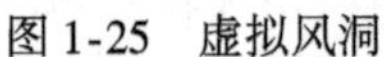
图 1-25 虚拟风洞

图 1-26 虚拟现实技术在计算机辅助设计中的应用

(4) 外科手术和人体器官的模拟

外科医生的培训是一项投资大、时间较长的工作，这是因为不能随便让实习医生在病人身上动手术，可是不亲自动手，又如何学会手术呢？虚拟手术台已能部分模仿外科手术的现场。同样，提供模拟的人体器官，可让学生逼真地观察器官内部的构造和病灶，具有极高的实验价值。图 1-27 所示即为利用虚拟现实技术所展现的人体器官心脏及其周边血管。

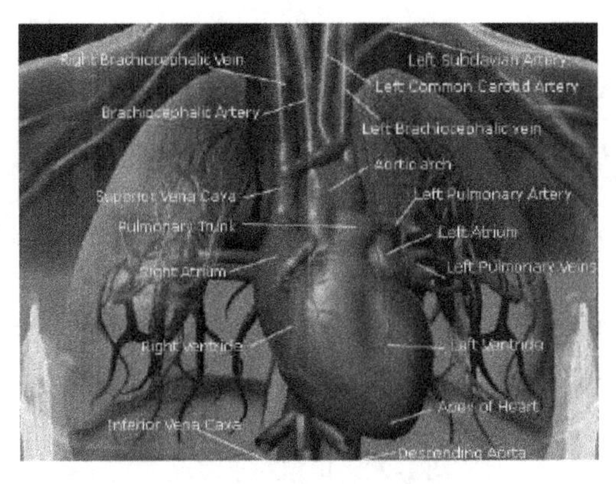

图 1-27 虚拟人体器官

(5) 科学研究与计算的可视化

现代工程设计与分析中，各种分子结构模型、大坝应力计算的结果、地震石油勘探数据处理等，均需要三维（甚至多维）图形可视化的显示和交互浏览，虚拟样机技术等；虚拟现实技术为科学研究、探索微观形态等提供了形象直观的工具。虚拟现实技术在科学研究中最直接的应用即为虚拟样机技术，如图 1-28 所示，该技术是多学科技术及相关软件综合应用的产物，它的应用范围极其广泛。

(6) 教育、游戏与其他

进入 21 世纪，虚拟现实技术在民用娱乐领域的应用迎来了爆发式的增长，以“头戴式显示器”为代表的虚拟现实设备为“沉浸”带来更强的感受。图 1-29 为索尼公司旗下的虚拟现实赛车游戏设备，在相关机械装置与传感器的配合下，带给用户极为逼真的“虚拟驾驶”体验。

MSC.EASY5 ＋ MSC.ADAMS ＋ MSC.Nastran＋ MSC.Fatigue….

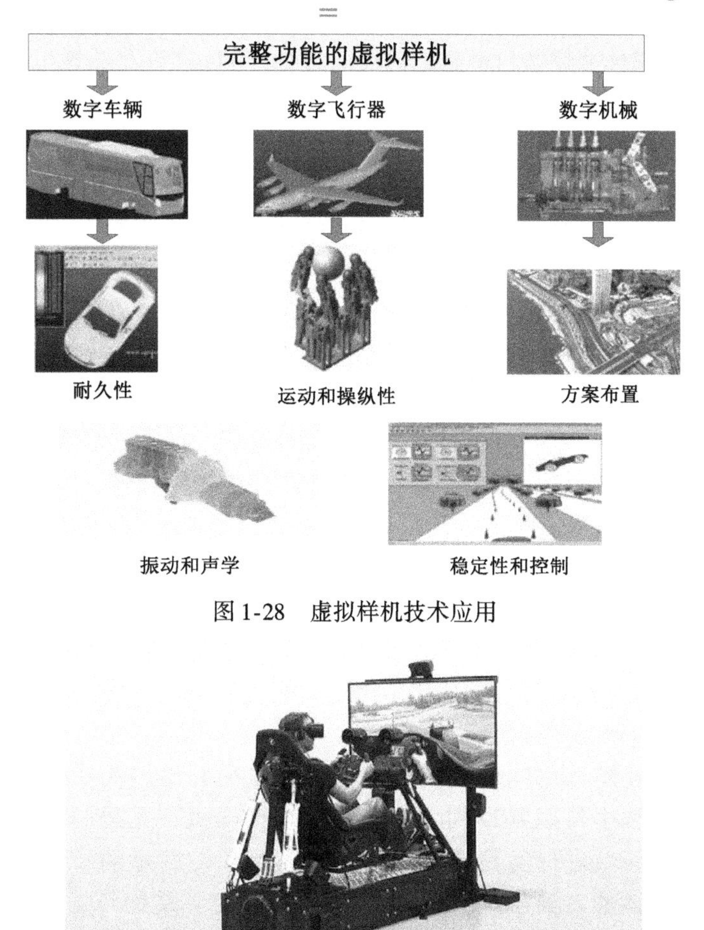

图 1-28 虚拟样机技术应用

图 1-29 索尼虚拟现实赛车游戏设备

二、虚拟现实仿真技术

1. 虚拟样机技术

20 世纪 80 年代初，“虚拟现实”这一概念一经推出，就在系统仿真领域中产生了巨大的影响。30 多年来，虚拟现实技术与仿真技术相结合使得系统仿真结果在表现形式上更加逼真、形象，使得人更富有想象力；而系统仿真技术在虚拟现实中的应用（如运动学、动力学等原理的应用）使得虚拟现实技术得以更广泛的应用（如影视特技、电脑游戏等）。下面是虚拟现实仿真技术在自动化领域中的几个典型应用。

（1）虚拟样机

现在，人们可以借助于虚拟现实仿真工具软件（如 ADAMS）来“制造”机械部件、设备、车辆甚至飞行器的“虚拟样机”，在计算机上对“样机”进行各种动态/静态性能的测试；目前，虚拟样机“制造”的准确性可达 95% 以上，可广泛应用于制造业和科研工作中。

（2）虚拟制造

在现代工业设计、机械设计等领域，人们可广泛应用虚拟现实工具软件（如Pro/E、AutoCAD）进行机械部件或复杂机械装配机构的“虚拟制造”，在计算机上进行三维运动学实验与装配实验，以检查设计的有效性。

（3）虚拟环境

在现代艺术设计、影视艺术设计以及平面艺术设计等领域，人们也已广泛应用虚拟现实仿真工具软件（如VRML、3DSMAX等）进行虚拟环境与场景的设计，以有效增强作品的感染力（或仿真环境的真实性）。

虚拟样机技术是一种基于虚拟的数字化设计方法，是各领域CAX/DFX技术的发展和延伸。虚拟样机技术进一步融合先进的建模与仿真技术、现代信息技术、先进设计制造技术和现代管理技术，将这些技术应用于复杂产品全生命周期、全系统，并对它们进行综合管理。与传统产品设计技术相比，虚拟样机技术强调系统的观点，涉及产品全生命周期，支持对产品的全方位测试、分析与评估，强调不同领域的虚拟化的协同设计。

2. 基于虚拟样机的联合仿真技术

近年来，多学科联合仿真是整个CAE（Computer Aided Engineering）行业发展的方向，因为只有对关键学科之间复杂交互作用的准确表述才能保证真实地模拟物理现象，即单个解决方案可以进行多学科分析，但不能考虑多学科之间的交互作用。如何通过使用一个模型实现不同学科之间的交互作用和耦合、优化不确定因素及利用64位高性能处理器提高计算速度是目前仿真领域亟待解决的问题。

基于多领域协同建模与协同仿真的虚拟样机技术很好地解决了这个问题。各专业领域的工程师在设计过程中可以共享同一个产品的虚拟样机，无需制作物理样机就能够随时对虚拟样机的整体特性进行反复的仿真测试，直到获得满意的设计结果。联合仿真技术的典型应用有：多体动力学与控制系统（如车辆控制）、结构与气动载荷（如飞行动力学分析）等。

目前较为通用和流行的实现多领域协同仿真的方式主要有以下三种：

（1）联合仿真式(Co-Simulation)

不同仿真软件在各自运行前进行数据耦合关系定义和建立连接，仿真开始后，耦合的仿真数据通过进程间通信（IPC）或者网络通信的方式实现双向交换和调用。

（2）模型转换式(Model Transfer)

其主要原理是将一个仿真软件的模型转化为另一个仿真软件支持的特定格式的包含模型信息的数据文件或者动态链接库文件（.dll），实现模型级别的协同仿真。

（3）求解器集成式(Solver Convergence)

其基本原理是实现两个不同仿真软件之间的求解器集成，在其中一个仿真软件中可以调用另一个仿真软件的求解器，从而完成协同仿真。

有些仿真软件综合应用了以上三种协同方式，比如ADAMS和Simulink之间支持联合仿真和模型转换的协同仿真方法，而ADAMS和EASY5之间则全部支持以上三种方法。联合仿真式现今较为通用，它能够使这些软件同步运行，随时可以观察仿真结果的变化，具有良好的交互性，其中应用最为广泛的就是ADAMS/MATLAB联合仿真技术。

3. 基于 ADAMS/MATLAB 的联合仿真技术

（1）技术描述

ADAMS 软件是实现在计算机上仿真分析复杂机械系统的运动性能的工具软件。通过建立系统的 ADAMS 模型，可得到一个近似的虚拟实物模型。我们通常使用的 MATLAB 仿真是建立在数学模型的基础上的，其动态性能都是经过计算得来的。使用 ADAMS 建立的系统模型，其仿真模型相当于“虚拟样机”，能够较真实模拟实物的真实运动状况。ADAMS/Control（控制模块）可以将 ADAMS 的机械系统模型与控制系统应用软件（如 MATLAB、EASY5 或者 MATRIX）连接起来，实现在控制系统软件环境下的交互式仿真，还可以在 ADAMS 中观察仿真结果。因此将两种软件联合起来使用，不仅可以验证动力学模型的准确性及控制策略的实用性，还可以得到更加接近实际情况的仿真结果，并进行快速分析，进一步改善控制策略的性能。

（2）仿真方法及其步骤

在使用 ADAMS/Control 模块以前，机械设计师和控制工程师使用不同的软件对同一概念设计进行重复建模，并且进行不同的设计验证和实验，然后制造物理样机。一旦出现问题，不管是机械系统的故障还是控制系统的故障，两方都要重新设计，其传统设计流程如图 1-30 所示。

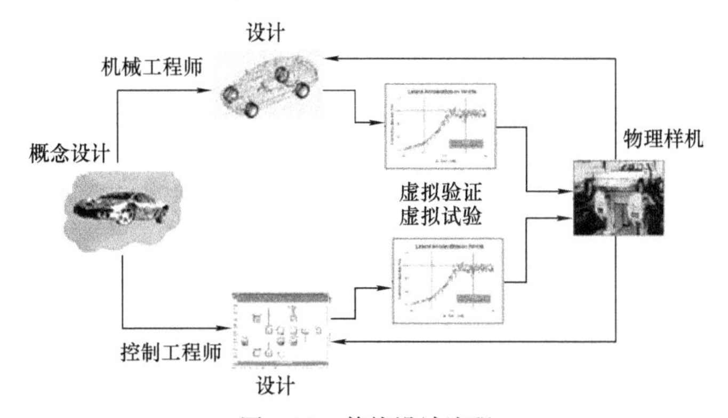

图 1-30 传统设计流程

使用 ADAMS/Control 模块后，机械设计师和控制工程师可以共享同一个虚拟模型，进行同样的设计验证和实验，使机械系统设计和控制系统设计能够协调一致，并且可以设计复杂模型，包括非线性模型和非刚体模型。既节约了设计时间，又增加了设计的可靠性，其设计流程如图 1-31 所示。

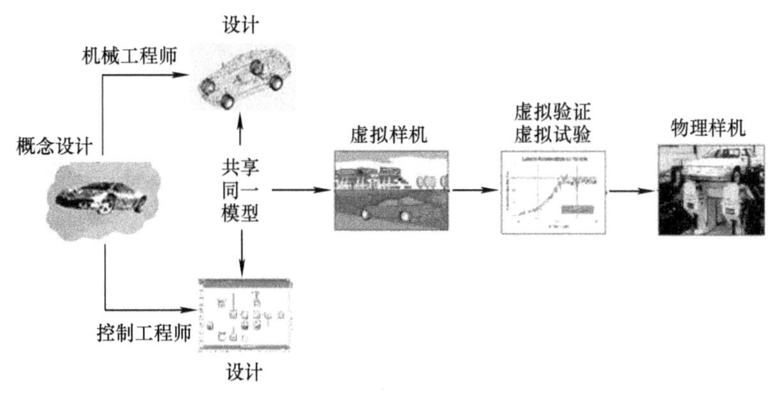

图 1-31 基于虚拟样机的设计流程

ADAMS/Control 控制系统设计主要有以下四个步骤，如图 1-32 所示。

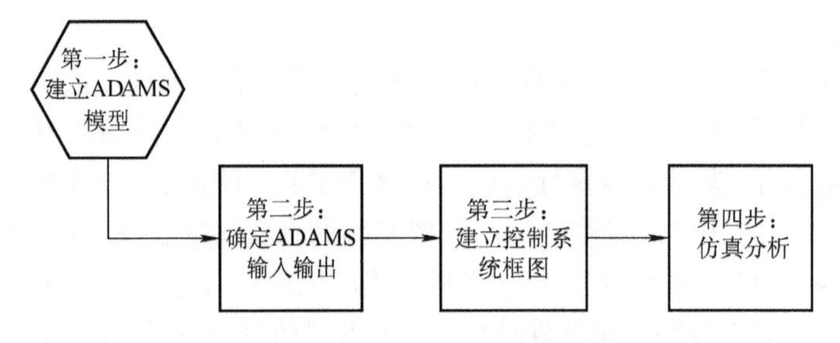

图 1-32　ADAMS/Control 设计流程

第一步：建立 ADAMS 模型。ADAMS 模型可以在 ADAMS/Control 下直接建立，也可以输入已经建好的外部模型。

第二步：确定 ADAMS 输入输出。通过确定 ADAMS 的输入和输出变量可以在 ADAMS和控制软件之间形成一个闭合回路，如图 1-33 所示。

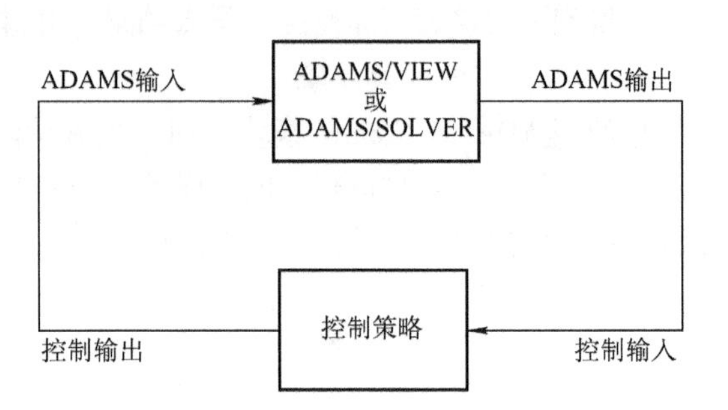

图 1-33　ADAMS 的输入和输出变量

第三步：建立控制系统框图。使用控制软件 MATLAB、EASY5 或者 MATRIX（建立控制系统模型）并将其与 ADAMS 机械系统模型连接起来。

第四步：仿真分析。可以使用交互式或批处理方式，建立机械系统和控制系统连接在一起的模型。

通过以上步骤，即可建立一套完整的基于 ADAMS/Simulink 联合仿真平台。

三、基于虚拟样机的球棒控制系统仿真

1. 问题提出

由刚性球和连杆臂构成的球棒系统如图 1-34 所示。连杆在驱动力矩 τ 的作用下绕轴心 O 点做旋转运动。连杆的转角和刚性球在连杆上的位置分别用 θ、L 表示，刚性球的半径为 R。当小球转动时，球的移动和棒的转动构成复合运动。

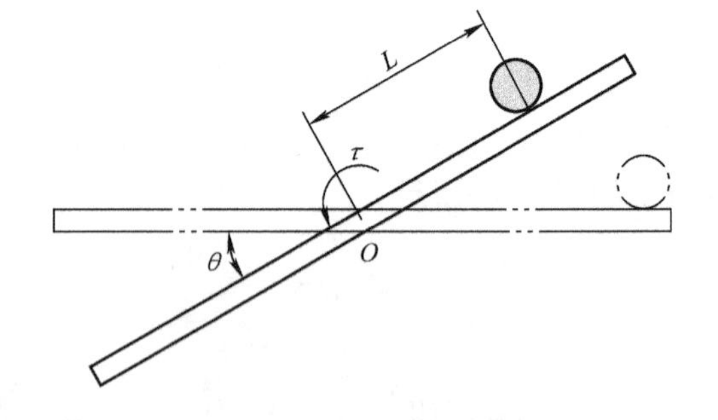

图 1-34　球棒系统结构图

球棒系统是一个典型的多变量非线性系统，是非线性控制理论的一个典型实验课题。该系统通过控制驱动电动机的力矩，以使刚性球稳定运动在连杆 L 上的任意位置。

2. 球棒系统的联合仿真实验

下面通过球棒系统的例子，来说明 ADAMS/MATLAB 动力学联合仿真的过程。

1）在 ADAMS 中建立球棒系统动力学模型，如图 1-35 所示。

2）定义状态变量，生成 ADAMS/MATLAB 模块。经过分析，定义系统的控制变量为转轴处的力矩，检测变量（控制目标）为小球在棒上的位置及棒与水平方向的转角。设置控

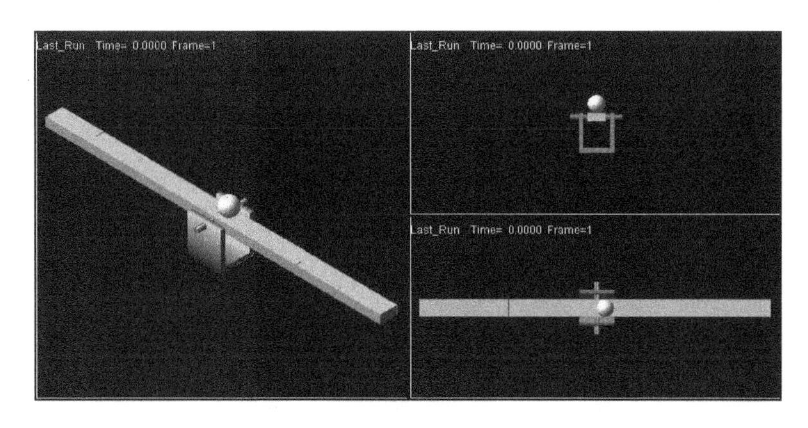

图 1-35 球棒系统的 ADAMS 模型

制量、测量量为相应的状态变量，由 ADAMS 生成 MATLAB 模型文件，其组成如图 1-36、图 1-37 所示。

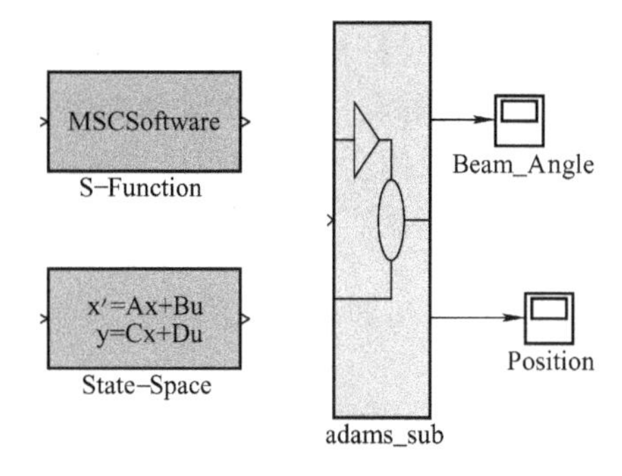

图 1-36 由 ADAMS 生成的 MATLAB 文件

打开 ADAMS Plant 模块可以看到一些仿真设置，其中的 Simulation mode（仿真模式）选择 discrete（离散）。Animation mode（动画模式）可选择 batch（批处理）：生成数据文件，不进行实时动画演示，待仿真完毕后，再导入 ADAMS Post Processor 中进行分析，其优点是仿真时间较短，对计算机系统要求不高；也可选 interactive（交互式）：实时进行动画演示，优点是仿真过程中对系统有更加直观的认识，并可以随时暂停仿真，缺点是对计算机系统，尤其是图形显示部件要求较高。

3）建立 MATLAB 控制系统。以 ADAMS-SUB 模块来代替 MATLAB 中的动力学建模部分，使用 Simulink 模块，运用相应的控制策略建立球棒系统控制框图。开始仿真后，如果选择的是交互式仿真模式，在屏幕上就可以看到动态的仿真过程，如图 1-38 所示。

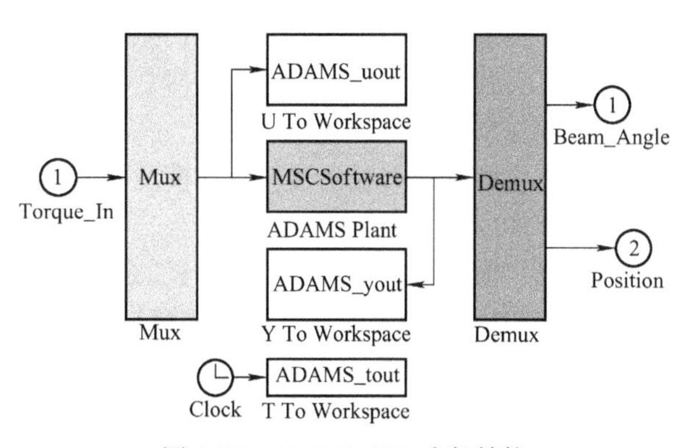

图 1-37 ADAMS-SUB 内部结构

通过以上步骤，就可以利用 MATLAB 强大的数值计算与控制模块来对任意一个在 ADAMS 中建立的“虚拟样机”进行系统的动力学仿真分析。这种方法可以获得大量直观的信息，可以帮助我们更好地运用仿真技术，实现对复杂机电系统的设计与研究。

3. 问题探究

建立球棒系统的虚拟样机模型，利用 ADAMS/MATLAB 动力学联合仿真方法，进行球棒系统的稳定控制，分析下列问题：

1）改变小球的材料（转动惯量），看一下控制效果如何？控制策略应如何改变？

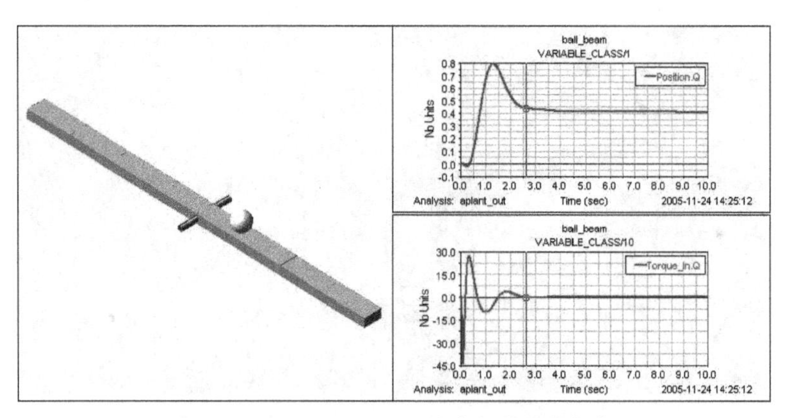

图 1-38 ADAMS/MATLAB 动力学联合仿真

2）改变长杆材料（转动惯量），看一下控制效果又如何？控制策略应如何改变？

3）改变球与棒之间的动摩擦因数，看一下控制效果又如何？控制策略应如何改变？

从中可以体会到：虚拟样机技术使得数字仿真过程中的参数修改、结构变更等问题变得快捷、系统、真实、有效。

小　结

本章就仿真技术所涉及的基本概念、发展状况等问题进行了概括的介绍，归纳起来有如下几点：

1）仿真是对系统进行研究的一种实验方法，数字仿真具有经济、安全、快捷的优点。

2）仿真实验所遵循的基本原则是相似原理。

3）仿真实验是在模型上进行的，建立系统模型是仿真实验中的关键内容，因为它直接影响仿真结果的真实性与可靠性。

4）系统模型分为物理模型、数学模型及描述模型，根据所采用模型的不同，可有实物仿真、半实物仿真、数字仿真等类型。

5）系统、模型与计算机是数字仿真的三个基本要素，建模、仿真与结果分析是其三项基本活动，在仿真实验中应充分重视建模与结果分析环节。

6）CAD 技术推动了设计领域的革命，是系统分析与设计的有力工具。

7）MATLAB 语言是当今广泛采用的控制系统数字仿真与 CAD 应用软件，应熟练掌握。

8）虚拟现实技术是一门综合性的交叉学科，具有更广阔的研究与发展前景，应给予充分重视。

习　题

1-1 什么是仿真？它所遵循的基本原则是什么？

1-2 在系统分析与设计中仿真法与解析法有何区别？各有什么特点？

1-3 数字仿真包括哪几个要素？其关系如何？

1-4 为什么说模拟仿真较数字仿真精度低？其优点如何？

1-5 什么是 CAD 技术？控制系统 CAD 可解决哪些问题？

1-6 什么是虚拟现实技术？它与仿真技术的关系如何？

1-7　什么是离散系统？什么是离散事件系统？如何用数学的方法描述它们？

1-8　图1-39所示为某卫星姿态控制仿真实验系统，试说明：

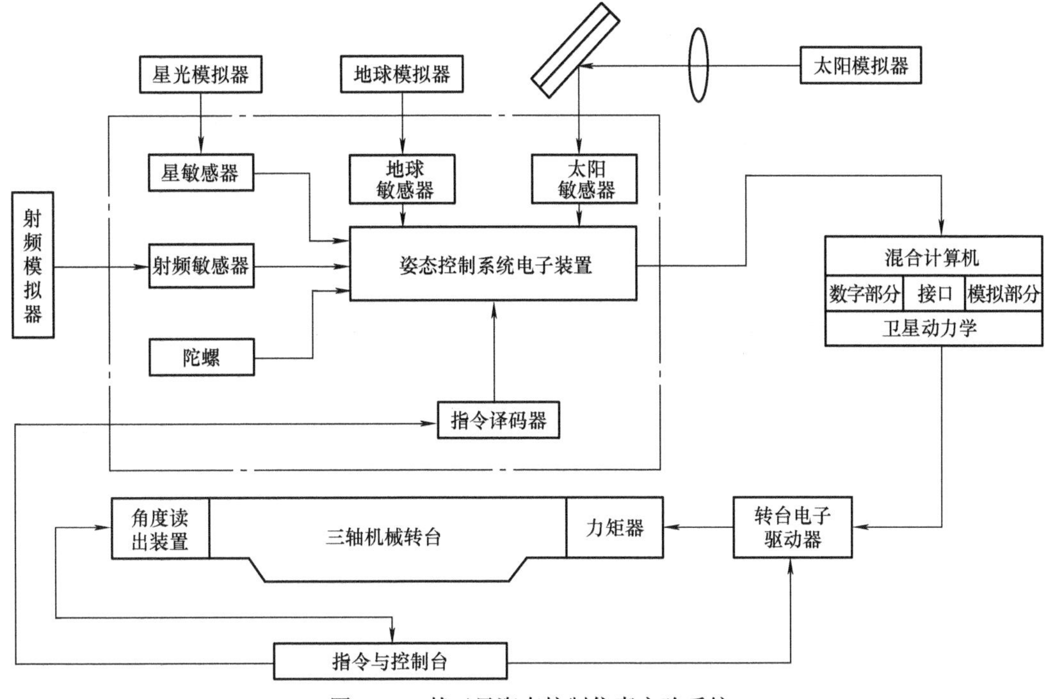

图1-39　某卫星姿态控制仿真实验系统

1）若按模型分类，该系统属于哪一类仿真系统？

2）图中“混合计算机”部分在系统中起什么作用？

3）与数字仿真相比该系统有什么优缺点？

第二章　控制系统的数学描述

控制系统计算机仿真是建立在控制系统数学模型基础之上的一门技术。自动控制系统的种类繁多，为通过仿真手段进行分析和设计，首先需要用数学形式描述各类系统的运动规律，即建立它们的数学模型。模型确定之后，还必须寻求合理的求解数学模型的方法，即数值算法，才能得到正确的仿真结果。本章将从常见的控制系统数学模型的建立和模型之间的相互转换入手，引出计算机仿真的实现问题（二次模型化）和控制系统仿真常用的几种数值算法，并对数值求解常微分方程中应注意的重要概念，如误差与精度、计算步距、计算时间以及数值稳定性、病态问题等予以简明扼要的讨论和阐述。

第一节　控制系统的数学模型

工业生产中的实际系统绝大多数是物理系统，系统中的变量都是一些具体的物理量，如电压、电流、压力、温度、速度、位移等，这些物理量是随时间连续变化的，称之为连续系统；若系统中物理量是随时间断续变化的，如计算机控制、数字控制、采样控制等，则称为离散（或采样）系统。采用计算机仿真来分析和设计控制系统，首要问题是建立合理描述系统中各物理量变化的动力学方程，并根据仿真需要，抽象为不同表达形式的系统数学模型。

一、控制系统数学模型的表示形式

根据系统数学描述方法的不同，可建立不同形式的系统数学模型。经典控制理论中，常用系统输入-输出的微分方程或传递函数表示各物理量之间的相互制约关系，被称为系统的外部描述或输入-输出描述；现代控制理论中，通过设定系统的内部状态变量，建立状态方程来表示各物理量之间的相互制约关系，这称为对系统的内部描述或状态描述。连续系统的数学模型通常可由高阶微分方程或一阶微分方程组的形式表示，而离散系统的数学模型是由高阶差分方程或一阶差分方程组的形式表示。如所建立的微分或差分方程为线性的，且各系数均为常数，则称之为线性定常系统的数学模型；如果方程中存在非线性变量，或方程中存在随时间变化的系数，则称之为非线性系统或时变系统数学模型。

本节主要讨论线性定常连续系统数学模型的几种表示形式。线性定常离散系统的数学模型将在后面章节中讨论。

1. 微分方程形式

设线性定常系统输入、输出量是单变量，分别为 $u(t)$、$y(t)$，则两者间的关系总可以描述为线性常系数高阶微分方程形式

$$a_0y^{(n)} + a_1y^{(n-1)} + \cdots + a_{n-1}y^1 + a_ny = b_0u^{(m)} + \cdots + b_mu \tag{2-1}$$

式中，$y^{(j)}$为$y(t)$的j阶导数，$y^{(j)} = \dfrac{d^jy(t)}{dt^j}$，$j=0, 1, \cdots, n$；$u^{(i)}$为$u(t)$的$i$阶导数，$u^{(i)} =$

$\frac{\mathrm{d}^i u(t)}{\mathrm{d}t^i}$，$i=0, 1, \cdots, m$；$a_j$ 为 $y(t)$ 及其各阶导数的系数，$j=0, 1, \cdots, n$；b_i 为$u(t)$及其各阶导数的系数，$i=0, 1, \cdots, m$；n 为系统输出变量导数的最高阶次；m 为系统输入变量导数的最高阶次，通常总有 $m \leqslant n$。

对式(2-1) 的数学模型，可以用以下模型参数形式表征：

输出系统向量 $\boldsymbol{A} = [a_0, a_1, \cdots, a_n]$，$n+1$ 维

输入系统向量 $\boldsymbol{B} = [b_0, b_1, \cdots, b_m]$，$m+1$ 维

输出变量导数阶次，n

输入变量导数阶次，m

有了这样一组模型参数，就可以简便地表达出一个连续系统的微分方程形式。

微分方程模型是连续控制系统其他数学模型表达形式的基础，以下所要讨论的模型表达形式都是以此为基础发展而来的。

2. 状态方程形式

当控制系统输入、输出为多变量时，可用向量分别表示为 $\boldsymbol{U}(t)$、$\boldsymbol{Y}(t)$，由现代控制理论可知，总可以通过系统内部变量之间的转换设立状态向量 $\boldsymbol{X}(t)$，将系统表达为状态方程形式

$$\begin{cases} \dot{\boldsymbol{X}}(t) = \boldsymbol{AX}(t) + \boldsymbol{BU}(t) \\ \boldsymbol{Y}(t) = \boldsymbol{CX}(t) + \boldsymbol{DU}(t) \end{cases} \tag{2-2}$$

$$\boldsymbol{X}(t_0) = \boldsymbol{X}_0 \quad 为状态初始值$$

已知，$\boldsymbol{U}(t)$为输入向量(m 维)；$\boldsymbol{Y}(t)$为输出向量(r 维)；$\boldsymbol{X}(t)$为状态向量(n 维)。因此，对式(2-2) 的数学模型，则用以下模型参数来表示系统：

系统系数矩阵 $\boldsymbol{A}$($n \times n$ 维)

系统输入矩阵 $\boldsymbol{B}$($n \times m$ 维)

系统输出矩阵 $\boldsymbol{C}$($r \times n$ 维)

直接传输矩阵 $\boldsymbol{D}$($r \times m$ 维)

状态初始向量 $\boldsymbol{X}_0$(n 维)

简记为（$\boldsymbol{A}$，$\boldsymbol{B}$，$\boldsymbol{C}$，$\boldsymbol{D}$）形式。

应当指出，控制系统状态方程的表达形式不是唯一的。通常可根据不同的仿真分析要求而建立不同形式的状态方程，如能控标准型、能观标准型、约当型等。

3. 传递函数形式

将式(2-1) 在零初始条件下，两边同时进行拉普拉斯变换，则有

$$(a_0 s^n + a_1 s^{n-1} + \cdots + a_{n-1}s + a_n)Y(s) = (b_0 s^m + \cdots + b_m)U(s) \tag{2-3}$$

输出拉普拉斯变换 $Y(s)$与输入拉普拉斯变换 $U(s)$之比

$$G(s) = \frac{Y(s)}{U(s)} = \frac{b_0 s^m + \cdots + b_{m-1}s + b_m}{a_0 s^n + \cdots + a_{n-1}s + a_n} \tag{2-4}$$

即为单输入-单输出系统的传递函数，其模型参数可表示为

传递函数分母系数向量 $\boldsymbol{A} = [a_0, a_1, \cdots, a_n]$，$n+1$ 维

传递函数分子系数向量 $\boldsymbol{B} = [b_0, b_1, \cdots, b_m]$，$m+1$ 维

分母多项式阶次 n

分子多项式阶次 m

用 $num = \boldsymbol{B}$，$den = \boldsymbol{A}$ 分别表示分子、分母参数向量，则可简练地表示为（num，den）形式，称为传递函数二对组模型参数。

式(2-4) 中，当 $a_0 = 1$ 时，分子多项式成为

$$s^n + a_1 s^{n-1} + \cdots + a_{n-1} s + a_n \tag{2-5}$$

称为系统的首一特征多项式，是控制系统常用的标准表达形式，于是相应的模型参数中，分母系数向量只用 n 维分量即可表示，即

$$\boldsymbol{A} = [a_1, a_2, \cdots, a_n],\ n \text{ 维}$$

4. 零极点增益形式

如果将式(2-4) 中分子、分母有理多项式分解为因式连乘形式，则有

$$G(s) = K\frac{\prod_{i=1}^{m}(s - z_i)}{\prod_{j=1}^{n}(s - p_j)} = K\frac{(s - z_1)(s - z_2)\cdots(s - z_m)}{(s - p_1)(s - p_2)\cdots(s - p_n)} \tag{2-6}$$

式中，K 为系统的零极点增益；$z_i(i = 1,\ 2,\ \cdots,\ m)$ 称为系统的零点；$p_j(j = 1,\ 2,\ \cdots,\ n)$ 称为系统的极点。z_i、p_j 可以是实数，也可以是复数。

称式(2-6) 为单输入–单输出系统传递函数的零极点表达形式，其模型参数为

系统零点向量：$\boldsymbol{Z} = [z_1, z_2, \cdots, z_m]$，$m$ 维

系统极点向量：$\boldsymbol{P} = [p_1, p_2, \cdots, p_n]$，$n$ 维

系统零极点增益：K，标量

简记为（$\boldsymbol{Z}$，$\boldsymbol{P}$，K）形式，称为零极点增益三对组模型参数。

5. 部分分式形式

传递函数也可表示成部分分式或留数形式，如下所示

$$G(s) = \sum_{i=1}^{n} \frac{r_i}{s - p_i} + h(s) \tag{2-7}$$

式中，p_i（$i = 1,\ 2,\ \cdots,\ n$）为该系统的 n 个极点，与零极点形式的 n 个极点是一致的；r_i（$i = 1,\ 2,\ \cdots,\ n$）是对应各极点的留数；$h(s)$则表示传递函数分子多项式除以分母多项式的余式，若分子多项式阶次与分母多项式相等，h 为标量，若分子多项式阶次小于分母多项式阶次，该项不存在。

模型参数表示为

极点留数向量：$\boldsymbol{R} = [r_1, r_2, \cdots, r_n]$，$n$ 维

系统极点向量：$\boldsymbol{P} = [p_1, p_2, \cdots, p_n]$，$n$ 维

余式系数向量：$\boldsymbol{H} = [h_0, h_1, \cdots, h_l]$，$l + 1$ 维，且 $l = m - n$，原函数中分子大于分母阶次的余式系数。$l < 0$ 时，该向量不存在

简记为（$\boldsymbol{R}$，$\boldsymbol{P}$，$\boldsymbol{H}$）形式，称为极点留数模型参数。

二、数学模型的转换

以上所述的几种数学模型可以相互转换，以适应不同的仿真分析要求。

1. 微分方程与传递函数形式

微分方程的模型参数向量与传递函数的模型参数向量完全一样，所以微分方程模型在仿真中总是用其对应的传递函数模型来描述。

2. 传递函数与零极点增益形式

传递函数转化为零极点增益表示形式的关键，实际上取决于如何求取传递函数分子、分母多项式的根。令

$$b_0 s^m + b_1 s^{m-1} + \cdots + b_{m-1} s + b_m = 0 \tag{2-8}$$

$$a_0 s^n + a_1 s^{n-1} + \cdots + a_{n-1} s + a_n = 0 \tag{2-9}$$

则两式分别有 m 个和 n 个相应的根 z_i（$i=1, 2, \cdots, m$）和 p_j（$j=1, 2, \cdots, n$），此即为系统的 m 个零点和 n 个极点。求根过程可通过高级语言编程实现，但编程较繁琐。直接采用功能强大的 MATLAB 语言，可使模型转换过程变得十分方便。

MATLAB 语言的控制系统工具箱中提供了大量的实用函数，关于模型转换函数有好几种，其中 tf2zp(　) 和 zp2tf(　)，就是用来进行传递函数形式与零极点增益形式之间的相互转换的。

如语句：[$\boldsymbol{Z}$, $\boldsymbol{P}$, K] = tf2zp(*num*, *den*)

表示将分子、分母多项式系数向量为 *num*, *den* 的传递函数模型参数经运算返回左端式中的相应变量单元，形成零、极点表示形式的模型参数向量 $\boldsymbol{Z}$、$\boldsymbol{P}$、K。

同理，语句：[*num*, *den*] = zp2tf($\boldsymbol{Z}$, $\boldsymbol{P}$, K)

也可方便地将零、极点增益形式表示为传递函数有理多项式形式。

3. 状态方程与传递函数或零极点增益形式

对于单变量系统，状态方程为

$$\begin{cases} \dot{\boldsymbol{X}} = \boldsymbol{AX} + \boldsymbol{BU} \\ Y = \boldsymbol{CX} + \boldsymbol{DU} \end{cases} \tag{2-10}$$

可得

$$G(s) = \frac{Y(s)}{U(s)} = \boldsymbol{C}(s\boldsymbol{I} - \boldsymbol{A})^{-1}\boldsymbol{B} + \boldsymbol{D} \tag{2-11}$$

关键在于 $(s\boldsymbol{I} - \boldsymbol{A})^{-1}$的求取。

利用 Fadeev-Fadeeva 法可以由已知的 $\boldsymbol{A}$ 阵求得 $(s\boldsymbol{I} - \boldsymbol{A})^{-1}$，并采用计算机高级语言（如 C 或 FORTRAN 等）编程实现。同样，通过使用 MATLAB 语言控制系统工具箱中提供的有关状态方程与传递函数的相互转换函数，ss2tf(　) 和 tf2ss(　)，可使转换过程大为简化。

如语句：[*num*, *den*] = ss2tf($\boldsymbol{A}$, $\boldsymbol{B}$, $\boldsymbol{C}$, $\boldsymbol{D}$)

表示把描述为（$\boldsymbol{A}$, $\boldsymbol{B}$, $\boldsymbol{C}$, $\boldsymbol{D}$）的系统状态方程模型参数各矩阵转换为传递函数模型参数各向量。左式中的变量单元 *num* 即为转换函数返回的分子多项式参数向量；*den* 即为转换函数返回的分母多项式参数向量。于是

$$num = [b_0, b_1, \cdots, b_m]$$

$$den = [a_0, a_1, \cdots, a_n]$$

而语句 [$\boldsymbol{A}$, $\boldsymbol{B}$, $\boldsymbol{C}$, $\boldsymbol{D}$] = tf2ss(*num*, *den*) 是上述过程的逆过程，由已知的（*num*, *den*）经模型转换返回状态方程各参数矩阵（$\boldsymbol{A}$, $\boldsymbol{B}$, $\boldsymbol{C}$, $\boldsymbol{D}$）。

需要说明的是，由于同一传递函数的状态方程实现不唯一，故上面所述的转换函数只能实现可控标准型状态方程。

转换函数 ss2zp( ) 和 zp2ss( ) 则是用于完成状态方程和零极点增益模型相互转换的功能函数。语句格式为

$$[\boldsymbol{Z},\boldsymbol{P},K] = \text{ss2zp}(\boldsymbol{A},\boldsymbol{B},\boldsymbol{C},\boldsymbol{D})$$

$$[\boldsymbol{A},\boldsymbol{B},\boldsymbol{C},\boldsymbol{D}] = \text{zp2ss}(\boldsymbol{Z},\boldsymbol{P},K)$$

4. 部分分式与传递函数或零极点增益形式

传递函数转化为部分分式的表示形式，关键在于求取各分式的分子待定系数，即下式中的 r_i（$i=1$，2，…，n）

$$G(s) = \frac{r_1}{s-p_1} + \frac{r_2}{s-p_2} + \cdots + \frac{r_n}{s-p_n} + h(s) \tag{2-12}$$

单极点情况下，该待定系数可用以下极点留数的求取公式得到

$$r_i = G(s)(s-p_i)\big|_{s=p_i} \tag{2-13}$$

具有多重极点时，也有相应极点留数的求取公式可选用，此处不做详细讨论。但无论如何，这些公式的应用或是根据公式算法编制程序的过程都相当麻烦。

MATLAB 语言中有专门解决极点留数求取的功能函数 residue( )，可以非常方便地得到我们所需的结果。

语句 ［*R*，*P*，*H*］ =residue（*num*，*den*）

［*num*，*den*］ =residue（*R*，*P*，*H*）

就是用来将传递函数形式与部分分式形式的数学模型相互转换的函数。

由上可知，数学模型可根据仿真分析需要建立为不同的形式，并利用 MATLAB 语言能够非常容易地相互转换，以适应仿真过程中的一些特殊要求。

三、线性时不变系统的对象数据类型描述

在新版的 MATLAB 语言（MATLAB5. x 以上版本）中，增添了“对象数据类型”，相应地，在控制系统工具箱中也定义了一些线性时不变（Linear Time Invariant）模型对象，即 LTI 对象。这种对象数据类型的引入，使得控制系统各种数学模型的描述和相互转换更为方便和简洁。

已知一个系统的模型参数，采用 LTI 对象数据形式建立系统模型有以下几种语句函数：

G = tf(*num*，*den*)　　利用传递函数二对组生成 LTI 对象模型

G = zpk(**Z**，**P**，*K*)　　利用零极点增益三对组生成 LTI 对象模型

G = ss(**A**，**B**，**C**，**D**)　　利用状态方程四对组生成 LTI 对象模型

LTI 对象模型 **G** 一旦生成，就可以用单一的变量名 **G** 描述系统的数学模型，非常便于将系统模型作为一个整体进行各种形式的转换和处理，而不必每次调用系统模型都需输入模型参数组各向量或矩阵数据。

调用以下功能函数语句，可方便地实现 LTI 对象数据类型下不同数学模型的转换：

G1 = tf(**G**)　　将 LTI 对象转换为传递函数模型

G2 = zpk(**G**)　　将 LTI 对象转换为零极点增益模型

G3 = ss(**G**)　　将 LTI 对象转换为状态方程模型

也可通过调用以下函数获得不同要求下的模型参数组向量或矩阵数据：

[*num*, *den*] = tfdata(***G***) 从 LTI 对象获取传递函数二对组模型参数

[***Z***, ***P***, *K*] = zpkdata(***G***) 从 LTI 对象获取零极点增益三对组模型参数

[***A***, ***B***, ***C***, ***D***] = ssdata(***G***) 从 LTI 对象获取状态方程四对组模型参数

利用“LTI 对象模型”可直接进行各种系统分析，控制系统工具箱中许多功能函数均能照常调用，使得对系统的仿真、分析效率大大提高。有关对象数据类型更为深入的应用和详细内容、方法等请参阅相关文献资料。受本书篇幅所限，这里只能对与后续章节相关的内容予以介绍。

四、控制系统建模的基本方法

控制系统数学模型的建立是否得当，将直接影响以此为依据的仿真分析与设计的准确性、可靠性，因此必须予以充分重视，以采用合理的方式方法。

1. 机理模型法

所谓机理模型，实际上就是采用由一般到特殊的推理演绎方法，对已知结构、参数的物理系统运用相应的物理定律或定理，经过合理分析简化而建立起来的描述系统各物理量动、静态变化性能的数学模型。

因此，机理模型法主要是通过理论分析推导方法建立系统模型。根据确定元件或系统行为所遵循的自然机理，如常用的物质不灭定律（用于液位、压力调节等）、能量守恒定律（用于温度调节等）、牛顿第二定律（用于速度、加速度调节等）、基尔霍夫定律（用于电气网络）等，对系统各种运动规律的本质进行描述，包括质量、能量的变换和传递等过程，从而建立起变量间相互制约又相互依存的精确的数学关系。通常情况下，是给出微分方程形式或其派生形式——状态方程、传递函数等。

建模过程中，必须对控制系统进行深入的分析研究，善于提取本质、主流方面的因素，忽略一些非本质、次要的因素，合理确定对系统模型准确度有决定性影响的物理变量及其相互作用关系，适当舍弃对系统性能影响微弱的物理变量和相互作用关系，避免出现冗长、复杂、繁琐的公式方程堆砌。最终目的是要建造出既简单清晰，又具有相当精度，能够反映实际物理量变化的控制系统数学模型。

建立机理模型还应注意所研究系统模型的线性化问题。大多数情况下，实际控制系统由于种种因素的影响，都存在非线性现象，如机械传动中的死区间隙、电气系统中磁路饱和等，严格地说都属于非线性系统，只是其非线性程度有所不同。在一定条件下，可以通过合理的简化、近似，用线性系统模型近似描述非线性系统。其优点在于可利用线性系统许多成熟的计算分析方法和特性，使控制系统的分析、设计更为简单方便，易于实用。但也应指出，线性化处理方法并非对所有控制系统都适用，对于包含本质非线性环节的系统需要采用特殊的研究方法。

2. 统计模型法

所谓统计模型法，就是采用由特殊到一般的逻辑、归纳方法，根据一定数量的在系统运行过程中实测、观察的物理量数据，运用统计规律、系统辨识等理论合理估计出反映系统各物理量相互制约关系的数学模型。其主要依据是来自系统的大量实测数据，因此又称之为实验测定法。

当对所研究系统的内部结构和特性尚不清楚、甚至无法了解时，系统内部的机理变化规律就不能确定，通常称之为“黑箱”或“灰箱”问题，机理模型法也就无法应用。而根据所测到的系统输入、输出数据，采用一定方法进行分析及处理来获得数学模型的统计模型法正好适应这种情况。通过对系统施加激励，观察和测取其响应，了解其内部变量的特性，并建立能近似反映同样变化的模拟系统的数学模型，就相当于建立起实际系统的数学描述(方程、曲线或图表等)。

频率特性法是研究控制系统的一种应用广泛的工程实用方法。其特点在于通过建立系统频率响应与正弦输入信号之间的稳态特性关系，不仅可以反映系统的稳态性能，而且可以用来研究系统的稳定性和暂态性能；可以根据系统的开环频率特性，判别系统闭环后的各种性能；可以较方便地分析系统参数对动态性能的影响，并能大致指出改善系统性能的途径。

频率特性物理意义十分明确，对稳定的系统或元件、部件都可以用实验方法确定其频率特性，尤其对一些难以列写动态方程、建立机理模型的系统，有特别重要的意义。

系统辨识法是现代控制理论中常用的技术方法，它也是依据观察到的输入与输出数据来估价动态系统的数学模型的，但输出响应不局限于频率响应，阶跃响应或脉冲响应等时间响应都可作为反映系统模型动态特性的重要信息，且确定模型的过程更依赖于各种高效率的最优算法以及如何保证所测取数据的可靠性等理论问题。因其在实践中能得到很好的运用，故已被广泛接受，并逐渐发展成为较成熟且日臻完善的一门学科。

应当注意，由于对系统了解得不很清楚，主要靠实验测取数据确定数学模型的方法受数据量不充分、数据精度不一致、数据处理方法不完善等局限性影响，所得的数学模型的准确度只能满足一般工程需要，难以达到更高精度的要求。

3. 混合模型法

除以上两种方法外，控制系统还有这样一类问题，即对其内部结构和特性有部分了解，但又难以完全用机理模型方法表述出来，这时需结合一定的实验方法确定另外一部分不甚了解的结构特性，或是通过实际测定来求取模型参数。这种方法是机理模型法和统计模型法的结合，故称为混合模型法。实际中它可能比前两者都用得多，是一项很好的理论推导与实验分析相结合的方法与手段。

控制系统的建模是一个理论性与实践性都很强的问题，是影响数字仿真结果的首要因素，鉴于本书的篇幅有限，此处不再展开讨论。下面的例题有助于对这一问题的理解。

例 2-1 控制系统原理图如图 2-1 所示，运用机理模型法建立系统的数学模型。

解 由系统原理图可知系统为一位置伺服闭环控制系统，将其分解为基本元件或部件，按工作机理分别列写输入–输出动态方程，并按各元件、部件之间的关系，画出系统结构图，最后根据结构图求出系统的总传递函数，从而建立起系统的数学模型。

1）同步误差检测器。设其输入为给定角位移 θ_r 与实际角位移 θ_c 之差，输出为位移误差电压 u_1，且位移/电压转换系数为 k_1，所以有

$$u_1 = k_1(\theta_r - \theta_c)$$

2）放大器。设其输入为位移误差电压 u_1 与测速发电机反馈电压 u_2 之差，输出为直流电动机端电压 u，电压放大系数 k_2，则有

$$u = k_2(u_1 - u_2)$$

3）直流电动机。设其输入为 u，输出为电动机角速度 ω，R 为电枢回路电阻，L 为电枢

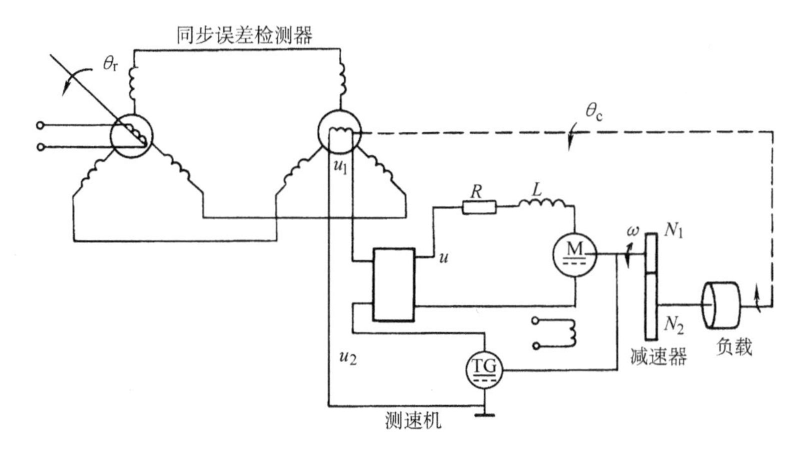

图 2-1　例 2-1 控制系统的原理图

回路电感，k_m 为电磁转矩系数，J 为电动机转动惯量，忽略反电动势和负载转矩影响，则由电动机电压平衡方程和力矩平衡方程，有

$$u = L\frac{\mathrm{d}i_a}{\mathrm{d}t} + Ri_a$$

$$k_m i_a = J\frac{\mathrm{d}\omega}{\mathrm{d}t}$$

所以

$$T\frac{\mathrm{d}^2\omega}{\mathrm{d}t^2} + \frac{\mathrm{d}\omega}{\mathrm{d}t} = k_3 u$$

式中，T 为电动机电磁时间常数，$T=\dfrac{L}{R}$；k_3 为电压/速度转换系数，$k_3=\dfrac{k_m}{RJ}$。

推导中消去了中间变量——电枢电流 i_a。

4）测速发电机。设其输入为电动机角速度 ω，输出为测速电压值 u_2，速度/电压转换系数为 k_4，所以有

$$u_2 = k_4\omega$$

5）负载输出。设输入为电动机角速度 ω，输出为负载角位移 θ_c，传动比 $n=N_1/N_2<1$，则

$$\frac{\mathrm{d}\theta_c}{\mathrm{d}t} = n\omega$$

6）将 1）~5）中各式进行拉普拉斯变换，注意变换后各变量像函数均为大写形式，按输入/输出关系表示出各环节传递函数，并据此画出各部分的结构图如图 2-2 所示。

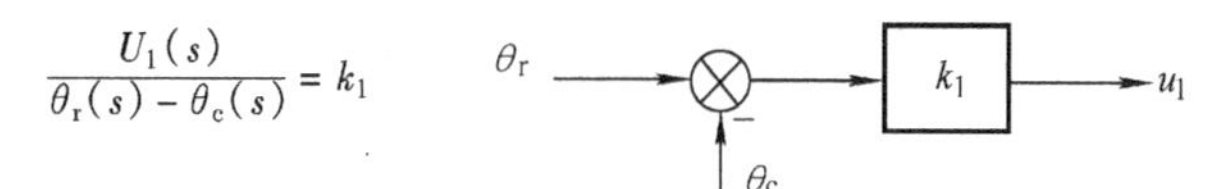

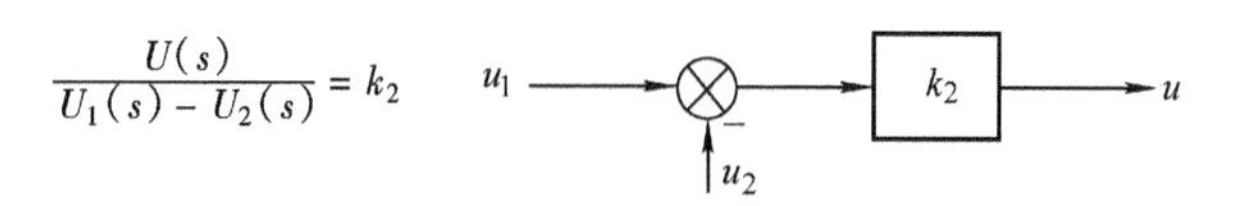

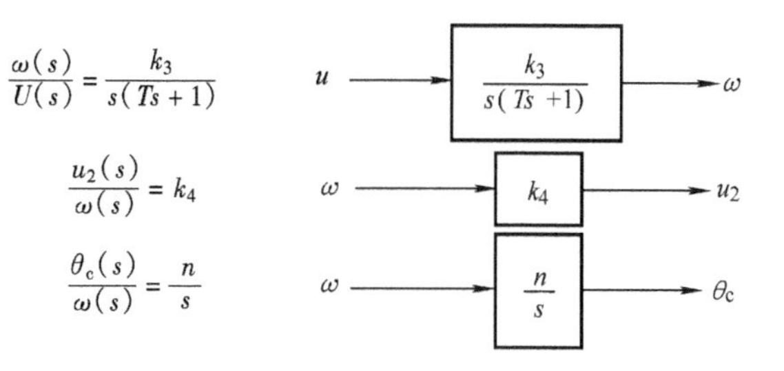

图 2-2　例 2-1 各环节传递函数及其结构图

7）按相互之间作用关系，连成系统总结构图，如图 2-3 所示。然后利用结构图等效变换化简或直接运用梅逊公式，求出该系统总传递函数 $G_B(s)$，得

$$G_B(s)=\frac{\theta_c(s)}{\theta_r(s)}=\frac{k_1k_2k_3n}{Ts^3+s^2+k_2k_3k_4s+k_1k_2k_3n}$$

即为所需的系统数学模型。

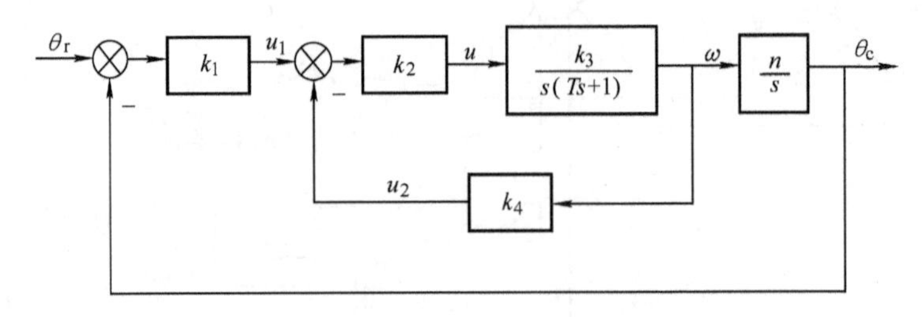

图 2-3 例 2-1 控制系统总结构图

例 2-2 用实验方法测得某系统的开环频率响应数据见表 2-1。试由表中数据建立该系统开环传递函数模型 $G(s)$。

表 2-1 例 2-2 系统的开环频率响应实测数据表

$\omega/(\mathrm{rad\cdot s^{-1}})$	0.10	0.14	0.23	0.37	0.60	0.95	1.53	2.44	3.91	6.25	10.0
$L(\omega)/\mathrm{dB}$	-0.049	-0.102	-0.258	-0.638	-1.507	-3.270	-6.315	-10.81	-16.69	-23.65	-31.27
$\phi(\omega)/(°)$	-9.72	-14.12	-22.45	-35.35	-54.56	-81.25	-115.5	-157.2	-207.8	-271.7	-358.9

注：ω 为输入信号角频率；$L(\omega)$ 为输出信号对数幅频特性值；$\phi(\omega)$ 为输出信号对数相频特性值。

解 1）由已知数据绘制该系统开环频率响应伯德图，如图 2-4 所示。

2）用 ±20dB/dec 及其倍数的折线逼近幅频特性，如图 2-4 中折线，得两个转折频率，即

$$\omega_1=1\mathrm{rad/s},\quad \omega_2=2.85\mathrm{rad/s}$$

求出相应惯性环节的时间常数为

$$T_1=\frac{1}{\omega_1}=1\mathrm{s},\quad T_2=\frac{1}{\omega_2}=0.35\mathrm{s}$$

3）由低频段幅频特性可知，$L(\omega)\big|_{\omega\to 0}=0$，所以 $K=1$。

4）由高频段相频特性可知，相位滞后已超过 -180°，且随 ω 增大，滞后愈加严重，显然该系统存在纯滞后环节 $\mathrm{e}^{-\tau s}$，为非最小相位系统。因此，系统开环传递函数应为以下形式

$$G(s)=\frac{K\mathrm{e}^{-\tau s}}{(T_1s+1)(T_2s+1)}=\frac{1}{(s+1)(0.35s+1)}\mathrm{e}^{-\tau s}$$

5）设法确定纯滞后时间 τ 值。查图中 $\omega=\omega_1=1\mathrm{rad/s}$ 时，$\phi(\omega_1)=-86°$，而按所求得的传递函数，应有

$$\phi(\omega_1)=-\arctan 1-\arctan 0.35-\tau_1\times\frac{180°}{\pi}=-86°$$

易解得 $\tau_1=0.37\mathrm{s}$

再查图中 $\omega=\omega_2=2.85\mathrm{rad/s}$ 时，$\phi(\omega_2)=-169°$，同样从

$$\begin{aligned}\phi(\omega_2)&=-\arctan 2.85-\arctan(0.35\times 2.85)-2.85\tau_2\times\frac{180°}{\pi}\\&=-169°\end{aligned}$$

解得 $$\tau_2 = 0.33\text{s}$$

取两次平均值得 $$\tau = \frac{\tau_1 + \tau_2}{2} = 0.35\text{s}$$

6）最终求得该系统开环传递函数模型 $G(s)$ 为

$$G(s) = \frac{K\mathrm{e}^{-\tau s}}{(T_1 s + 1)(T_2 s + 1)} = \frac{1}{(s + 1)(0.35s + 1)} \times \mathrm{e}^{-0.35s}$$

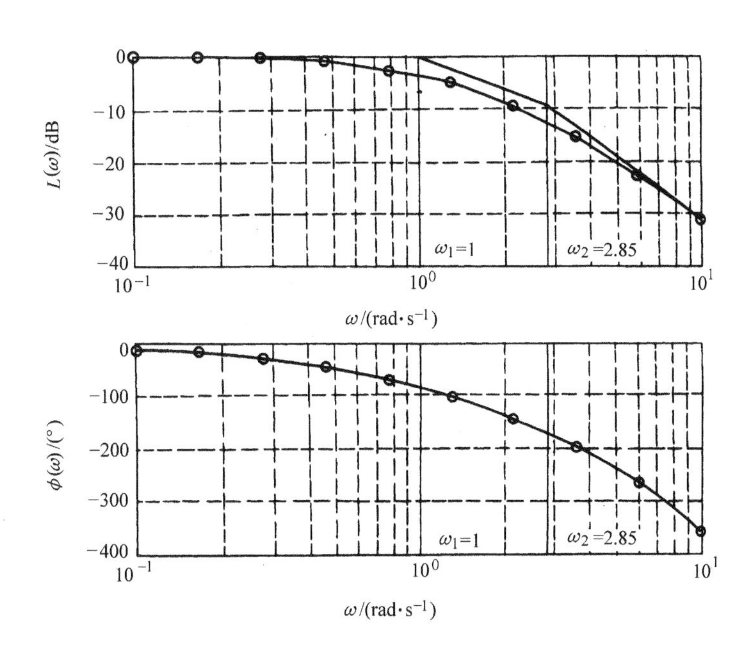

图 2-4　例 2-2 系统的开环频率响应伯德图

从以上两例可体会到，无论采用何种方法建模，其实质就是设法获取关于系统尽可能多的信息并经过恰当信息处理而得到对系统准确合理的描述。物理定律公式、实测试验数据等都是反映系统性能的重要信息，机理模型法、统计模型法只是信息处理过程不同而已，在实际建模过程中应灵活掌握运用。

第二节　控制系统建模实例

一、独轮自行车实物仿真问题

1. 问题提出

为实现图 2-5 所示的娱乐型独轮自行车机器人，控制工程师研制了图 2-6 所示的实物仿真模型。通过对该实物模型的理论分析与实物仿真实验研究，有助于实现对独轮自行车机器人的有效控制。

控制理论中把此问题归结为“一阶直线倒立摆控制问题”，如图 2-7 所示。另外，诸如机器人行走过程中的平衡控制、火箭发射中的垂直度控制、卫星飞行中的姿态控制、海上钻井平台的稳定控制、飞机安全着陆控制等均涉及倒立摆的控制问题。

2. 建模机理

由于此问题为“单一刚性铰链、两自由度动力学问题”，因此，依据经典力学的牛顿定律即可满足要求。

图 2-5 娱乐型独轮自行车机器人

3. 系统建模

如图 2-7 所示，设小车的质量为 m_0，倒立摆均匀杆的质量为 m，摆长为 $2l$，摆的偏角为 θ，小车的位移为 x，作用在小车上的水平方向的力为 F，O_1 为摆杆的质心。

根据刚体绕定轴转动的动力学微分方程，转动惯量与角加速度乘积等于作用于刚体主动力对该轴力矩的代数和，则

1）摆杆绕其重心的转动方程为

$$J\ddot{\theta}=F_y l\sin\theta-F_x l\cos\theta \tag{2-14}$$

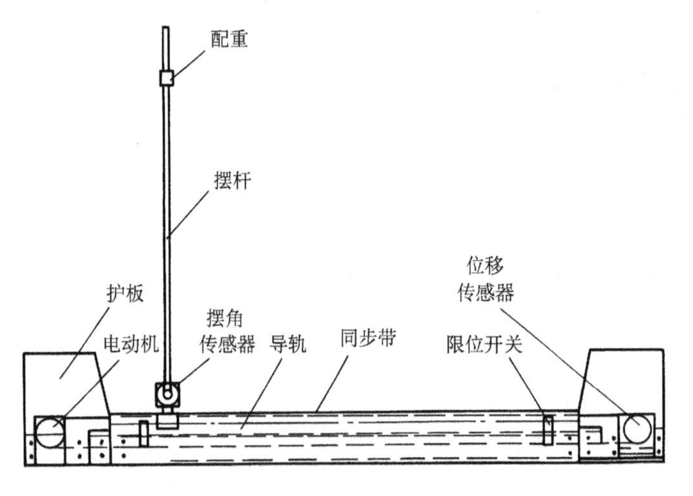

图 2-6 独轮自行车实物仿真模型

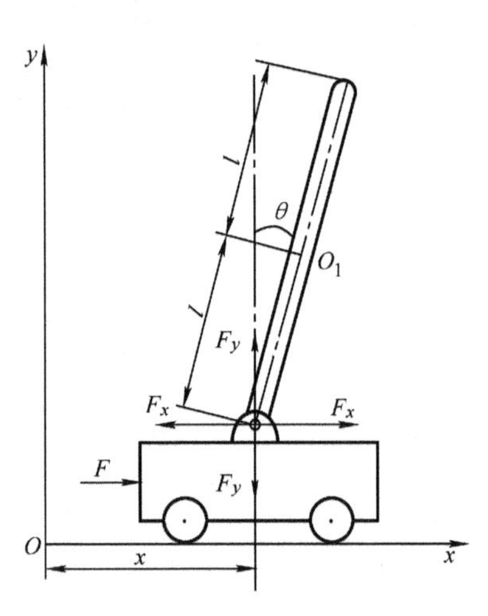

图 2-7 一阶倒立摆的物理模型

2）摆杆重心的水平运动可描述为

$$F_x = m\frac{\mathrm{d}^2}{\mathrm{d}t^2}(x + l\sin\theta) \tag{2-15}$$

3）摆杆重心在垂直方向上的运动可描述为

$$F_y - mg = m\frac{\mathrm{d}^2}{\mathrm{d}t^2}(l\cos\theta) \tag{2-16}$$

4）小车水平方向运动可描述为

$$F - F_x = m_0\frac{\mathrm{d}^2 x}{\mathrm{d}t^2} \tag{2-17}$$

由式(2-15) 和式(2-17) 得

$$(m_0+m)\ddot{x}+ml(\cos\theta\cdot\ddot{\theta}-\sin\theta\cdot\dot{\theta}^2)=F \tag{2-18}$$

由式(2-14)、式(2-15) 和式(2-16) 得

$$(J+ml^2)\ddot{\theta}+ml\cos\theta\cdot\ddot{x}=mlg\sin\theta \tag{2-19}$$

整理式(2-18) 和式(2-19)，得

$$\begin{cases} \ddot{x}=\dfrac{(J+ml^2)F+lm(J+ml^2)\sin\theta\cdot\dot{\theta}^2-m^2l^2g\sin\theta\cos\theta}{(J+ml^2)(m_0+m)-m^2l^2\cos^2\theta} \\ \ddot{\theta}=\dfrac{ml\cos\theta\cdot F+m^2l^2\sin\theta\cos\theta\cdot\dot{\theta}^2-(m_0+m)mlg\sin\theta}{m^2l^2\cos^2\theta-(m_0+m)(J+ml^2)} \end{cases} \tag{2-20}$$

因为摆杆是均质细杆,所以可求其对于质心的转动惯量。因此设细杆摆长为 $2l$,单位长度的质量为 ρ_l,取杆上一个微段 $\mathrm{d}x$,其质量为 $m=\rho_l\mathrm{d}x$,则此杆对于质心的转动惯量有

$$J=\int_{-l}^{l}(\rho_l\mathrm{d}x)x^2=2\rho_l l^3/3$$

杆的质量为

$$m=2\rho_l l$$

所以此杆对于质心的转动惯量有

$$J=\frac{ml^2}{3}$$

4. 模型简化

由式(2-20) 可见，一阶直线倒立摆系统的动力学模型为非线性微分方程组。为了便于应用经典控制理论对该控制系统进行设计，必须将其简化为线性定常的系统模型。

若只考虑 θ 在其工作点 $\theta_0=0$ 附近（$-10°<\theta<10°$）的细微变化，则可近似认为

$$\begin{cases} \dot{\theta}^2\approx 0 \\ \sin\theta\approx\theta \\ \cos\theta\approx 1 \end{cases}$$

在这一简化思想下，系统精确模型式(2-20) 可简化为

$$\begin{cases} \ddot{x}=\dfrac{(J+ml^2)F-m^2l^2g\theta}{J(m_0+m)+mm_0l^2} \\ \ddot{\theta}=\dfrac{(m_0+m)mlg\theta-mlF}{J(m_0+m)+mm_0l^2} \end{cases}$$

若给定一阶直线倒立摆系统的参数为：小车的质量 $m_0=1\mathrm{kg}$；倒立摆振子的质量 $m=1\mathrm{kg}$；倒立摆长度 $2l=0.6\mathrm{m}$；重力加速度取 $g=10\mathrm{m/s^2}$，则可得到进一步简化模型为

$$\begin{cases} \ddot{x}=-6\theta+0.8F \\ \ddot{\theta}=40\theta-2.0F \end{cases} \tag{2-21}$$

式(2-21) 为系统的“微分方程模型”，对其进行拉普拉斯变换可得系统的传递函数模型为

$$\begin{cases} G_1(s)=\dfrac{\theta(s)}{F(s)}=\dfrac{-2.0}{s^2-40} \\ G_2(s)=\dfrac{X(s)}{\theta(s)}=\dfrac{-0.4s^2+10}{s^2} \end{cases} \tag{2-22}$$

图 2-8 为系统的动态结构图。

同理可得系统的状态方程模型。设系统状态为

$$X=\begin{bmatrix}x_1\\x_2\\x_3\\x_4\end{bmatrix}=\begin{bmatrix}\theta\\\dot{\theta}\\x\\\dot{x}\end{bmatrix}$$

$F(s)$ → $\dfrac{-2.0}{s^2-40}$ → $\theta(s)$ → $\dfrac{-0.4s^2+10}{s^2}$ → $X(s)$

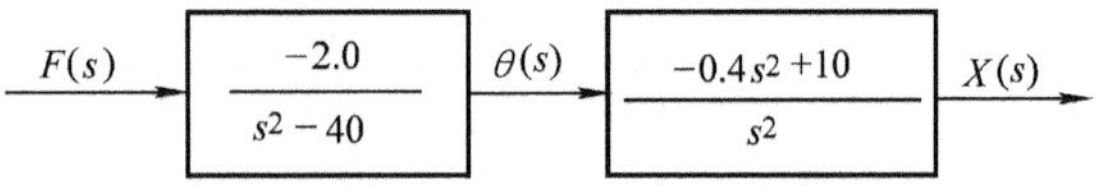

图 2-8 系统动态结构图

则有系统状态方程

$$\dot{X}=\begin{bmatrix}\dot{x}_1\\\dot{x}_2\\\dot{x}_3\\\dot{x}_4\end{bmatrix}=\begin{bmatrix}0&1&0&0\\40&0&0&0\\0&0&0&1\\-6&0&0&0\end{bmatrix}\begin{bmatrix}x_1\\x_2\\x_3\\x_4\end{bmatrix}+\begin{bmatrix}0\\-2\\0\\0.8\end{bmatrix}F=AX+BF \tag{2-23}$$

输出方程

$$Y=\begin{bmatrix}\theta\\x\end{bmatrix}=\begin{bmatrix}1&0&0&0\\0&0&1&0\end{bmatrix}\begin{bmatrix}x_1\\x_2\\x_3\\x_4\end{bmatrix}=CX \tag{2-24}$$

由此可见，通过对系统模型的简化，得到了一阶直线倒立摆系统的微分方程、传递函数、状态方程三种线性定常的数学模型，这为下面的系统设计奠定了基础。

5. 模型验证

对于所建立的一阶直线倒立摆系统数学模型，还应对其可靠性进行验证，以保证以后系统数字仿真实验的真实、有效。

一阶直线倒立摆系统的模型验证问题请读者参见本书第四章第三节中的相关内容。鉴于篇幅所限，有关模型验证部分的理论与方法问题，感兴趣的读者请参见相关专著。

二、龙门起重机运动控制问题

1. 问题提出

起重机，又名吊车，作为一种运载工具，广泛地应用于现代工厂、安装工地和集装箱货场以及室内外仓库的装卸与运输作业。它在离地面很高的轨道上运行，具有占地面积小、省工省时的优点，是工厂、仓库、码头必不可少的装卸搬运工具。图 2-9 为起重机的实物照片。

图 2-9 龙门起重机

起重机利用绳索一类的柔性体代替刚体工作，以使得起重机的结构轻便、工作效率高。但是采用柔性体吊运也带

来一些负面影响，例如起重机负载——重物的摆动问题一直是困扰提高起重机装运效率的一个难题。

为研究起重机的防摆控制问题，需对实际问题进行简化、抽象。起重机的“搬运—行走—定位”过程可抽象为如图 2-10 所示的情况。

其中，小车的质量为 m_0，受到水平方向的外力 $F(t)$ 的作用，重物的质量为 m，绳索的长度为 l。对重物的快速吊运与定位问题可以抽象为：求小车在所受的外力 $F(t)$ 的作用下，使得小车能在最短的时间 t_s 内由 A 点运动到 B 点，且 $|\theta(t_s)| < \Delta$，Δ 为系统允许的最小摆角。

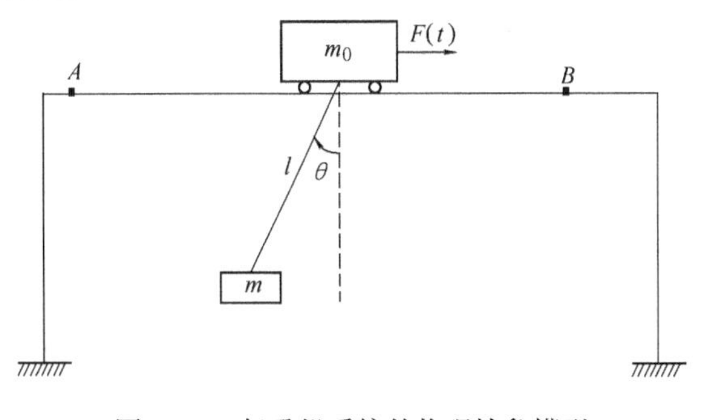

图 2-10　起重机系统的物理抽象模型

2. 建模机理[58]

该问题为多刚体、多自由度、多约束的质点系动力学问题。由于牛顿经典力学主要是解决自由质点的动力学问题，对于自由质点系的动力学问题，是把物体系拆开成若干分离体，按反作用定律附加以约束反力，而后列写动力学方程。显然，对于龙门起重机运动系统的动力学问题应用牛顿力学来分析势必过于复杂。

对于约束质点系统动力学问题，1788 年拉格朗日发表的名著《分析力学》一书中以“质点系统”为对象，应用虚位移与虚功原理，消除了系统中的约束力，得出了质点系平衡时主动力之间的关系。拉格朗日给出了解决具有完整约束的质点系动力学问题的具有普遍意义的方程，被后人称为拉格朗日方程，它是分析力学中的重要方程。

拉格朗日方程的表达式非常简洁，应用时只需计算系统的动能和广义力。拉格朗日方程的普遍形式为

$$\frac{\mathrm{d}}{\mathrm{d}t}\left(\frac{\partial T}{\partial \dot{q}_k}\right)-\frac{\partial T}{\partial q_k}=F_k \qquad (k=1,2,\cdots,n) \tag{2-25}$$

式中，T 为质点系的动能，$T=\sum_{i=1}^{n}\frac{1}{2}m_i v_i^2$；$q_k$ 为质点系的广义坐标；n 为质点系的自由度；F_k 为广义力。

由此可见，拉格朗日方程把力学体系的运动方程从以力为基本概念的牛顿形式，改变为以能量为基本概念的分析力学形式。它奠定了分析力学的基础，为把力学理论推广应用到其他领域开辟了道路。

3. 系统建模

实际中的起重机系统受到多种干扰，如小车与导轨之间的干摩擦、风力的影响等，为了分析其本质，必须对实际系统进一步抽象。通过对龙门起重机进行分析，可将其抽象为如图 2-11 所示的物理模型。

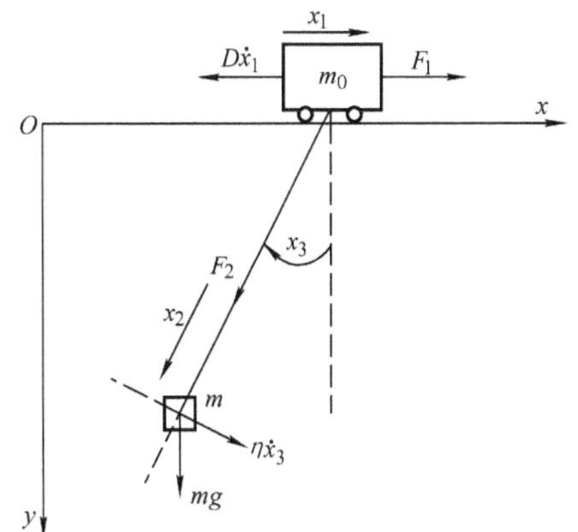

图 2-11　龙门起重机的物理模型

重物通过绳索与小车相连，小车在行走电动机的水平拉力 F_1 的作用下在水平轨道上运动，小车的质量为 m_0，重物的质量为 m，绳索的长度为 l，可在提升电动机的提升力 F_2 的作用之下进行升降运动；绳索的弹性、质量、运动的阻尼系数可忽略；小车与水平轨道的摩擦阻尼系数为 D；重物摆动时的阻尼系数为 η，其他扰动可忽略。

取小车位置为 x_1，绳长为 x_2，摆角为 x_3，作为系统的广义坐标系，在此基础上对系统进行动力学分析。

由图2-11所示的坐标系可知，小车和重物的位置坐标为

$$\begin{cases} x_{m_0}=x_1 \\ y_{m_0}=0 \\ x_m=x_1-x_2\sin x_3 \\ y_m=x_2\cos x_3 \end{cases} \tag{2-26}$$

所以小车和重物的速度分量为

$$\begin{cases} \dot{x}_{m_0}=\dot{x}_1 \\ \dot{y}_{m_0}=0 \\ \dot{x}_m=\dot{x}_1-\dot{x}_2\sin x_3-x_2\dot{x}_3\cos x_3 \\ \dot{y}_m=\dot{x}_2\cos x_3-x_2\dot{x}_3\sin x_3 \end{cases} \tag{2-27}$$

系统的动能为

$$\begin{aligned} T &= \frac{1}{2}m_0v_{m_0}^2+\frac{1}{2}mv_m^2 \\ &= \frac{1}{2}m_0(\dot{x}_{m_0}^2+\dot{y}_{m_0}^2)+\frac{1}{2}m(\dot{x}_m^2+\dot{y}_m^2) \\ &= \frac{1}{2}(m_0+m)\dot{x}_1^2+\frac{1}{2}m(\dot{x}_2^2+x_2^2\dot{x}_3^2-2\dot{x}_1\dot{x}_2\sin x_3-2\dot{x}_1x_2\dot{x}_3\cos x_3) \end{aligned} \tag{2-28}$$

此系统的拉格朗日方程组为

$$\begin{cases} \dfrac{\mathrm{d}}{\mathrm{d}t}\left(\dfrac{\partial T}{\partial \dot{x}_1}\right)-\dfrac{\partial T}{\partial x_1}=F_1-D\dot{x}_1 \\ \dfrac{\mathrm{d}}{\mathrm{d}t}\left(\dfrac{\partial T}{\partial \dot{x}_2}\right)-\dfrac{\partial T}{\partial x_2}=F_2+mg\cos x_3 \\ \dfrac{\mathrm{d}}{\mathrm{d}t}\left(\dfrac{\partial T}{\partial \dot{x}_3}\right)-\dfrac{\partial T}{\partial x_3}=-mgx_2\sin x_3-\eta\dot{x}_3 \end{cases} \tag{2-29}$$

综合以上公式得系统的方程组为

$$\begin{cases} (m+m_0)\ddot{x}_1-m\ddot{x}_2\sin x_3-mx_2\ddot{x}_3\cos x_3-2m\dot{x}_2\dot{x}_3\cos x_3+mx_2\dot{x}_3^2\sin x_3+D\dot{x}_1=F_1 \\ m\ddot{x}_2-m\ddot{x}_1\sin x_3-mx_2\dot{x}_3^2-mg\cos x_3=F_2 \\ mx_2^2\ddot{x}_3+2mx_2\dot{x}_2\dot{x}_3-m\ddot{x}_1x_2\cos x_3+mgx_2\sin x_3+\eta\dot{x}_3=0 \end{cases} \tag{2-30}$$

式中，m 为重物的质量（kg）；m_0 为起重机的质量（kg）；g 为重力加速度（$\mathrm{m/s^2}$）；D 为起重机的阻力系数（kg/s）；η 为重物运动的阻尼系数（$\mathrm{kg\cdot m^2/s}$）；F_1 为小车受到水平方

向上的拉力（N）；F_2 为绳子受到提升电动机的拉力（N）。

式(2-30）即为考虑绳长变化情况下的二自由度起重机运动系统的动力学模型。

对于绳长保持不变的情况，可将上述模型进一步简化，将式(2-30）中的 $\dot{x}_2=\ddot{x}_2=0$，消去 F_2，令 $F=F_1$，$x_2=l=\text{const}$，可得到绳长不变时的起重机运动系统数学模型为

$$\begin{cases}(m_0+m)\ddot{x}_1+D\dot{x}_1-ml\,\ddot{x}_3\cos x_3+ml\dot{x}_3^2\sin x_3=F\\ ml^2\ddot{x}_3-m\ddot{x}_1l\cos x_3+mgl\sin x_3+\eta\dot{x}_3=0\end{cases}\tag{2-31}$$

4. 模型简化

由式(2-30）可见，龙门起重机运动系统的动力学模型为非线性微分方程组；为了便于应用经典控制理论对该控制系统进行设计，必须将其简化为线性定常的系统模型。

对于式(2-31）的定摆长起重机系统，其中 x/x_1 为小车的位置，θ/x_3 为重物摆角；F 是小车行走电动机的水平拉力，m_0 为小车的质量，m 为重物的质量，l 为绳索的长度，绳索运动的阻尼、弹性和质量可忽略；小车与水平轨道的摩擦阻尼系数为 D；重物摆动时的阻尼系数为 η，忽略其他扰动。

考虑到实际起重机运行过程中摆动角较小（不超过 10°），且平衡位置为 $\theta=0°$，可将式(2-31)表示的模型在 $\theta=0°$处进行线性化。此时有如下近似结果：$\sin\theta\approx\theta$，$\cos\theta\approx1$，$\dot{\theta}^2\sin\theta\approx0$。考虑到摆动的阻尼系数 η 较小，可认为 $\eta=0$，所以式(2-31）可简化为

$$\begin{cases}(m_0+m)\ddot{x}+D\dot{x}-ml\ddot{\theta}=F\\ ml\ddot{\theta}-m\ddot{x}+mg\theta=0\end{cases}\tag{2-32}$$

将式(2-32）进一步化简得

$$\begin{cases}F=m_0\ddot{x}+D\dot{x}+mg\theta\\ \ddot{x}=l\ddot{\theta}+g\theta\end{cases}\tag{2-33}$$

对（2-33）进行拉普拉斯变换可得

$$\begin{cases}F(s)=(m_0s^2+Ds)X(s)+mg\theta(s)\\ s^2X(s)=(ls^2+g)\theta(s)\end{cases}\tag{2-34}$$

由上面系统的传递函数形式，可得图 2-12 所示的定摆长起重机运动系统动态结构图，图 2-13 是其另一种表达形式。

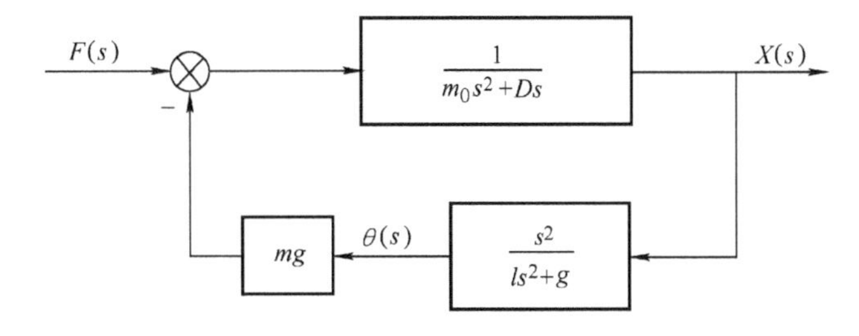

图 2-12　定摆长起重机运动系统动态结构图（形式一）

同理，也可将上述模型转化为状态空间形式。对式(2-33）进行变换，每个式子只保留一个二次导数项，可得

$$\begin{cases} \ddot{x} = -\dfrac{D}{m_0}\dot{x} - \dfrac{mg}{m_0}\theta + \dfrac{1}{m_0}F \\ \ddot{\theta} = -\dfrac{D}{m_0 l}\dot{x} - \dfrac{(m_0+m)g}{m_0 l}\theta + \dfrac{1}{m_0 l}F \end{cases} \tag{2-35}$$

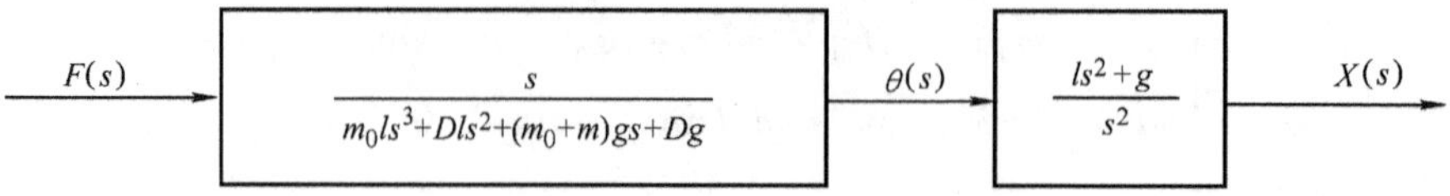

F(s)
s
m0ls3+Dls2+(m0+m)gs+Dg
θ(s)
ls2+g
s2
X(s)

图2-13 定摆长起重机运动系统动态结构图（形式二）

取 x，$\dot{x}$，θ，$\dot{\theta}$ 为系统的状态，x，θ 为系统的输出，则系统的状态空间描述方程为

$$\begin{cases} \dot{\boldsymbol{X}} = \boldsymbol{AX} + \boldsymbol{B}u \\ \boldsymbol{Y} = \boldsymbol{CX} \end{cases} \tag{2-36}$$

式中，$\boldsymbol{X} = [x,\dot{x},\theta,\dot{\theta}]^{\mathrm{T}}$，$u = F$，$\boldsymbol{Y} = [x,\theta]^{\mathrm{T}}$，

$$\boldsymbol{A} = \begin{bmatrix} 0 & 1 & 0 & 0 \\ 0 & -\dfrac{D}{m_0} & -\dfrac{mg}{m_0} & 0 \\ 0 & 0 & 0 & 1 \\ 0 & -\dfrac{D}{m_0 l} & -\dfrac{(m_0+m)g}{m_0 l} & 0 \end{bmatrix},\quad \boldsymbol{B} = \begin{bmatrix} 0 \\ \dfrac{1}{m_0} \\ 0 \\ \dfrac{1}{m_0 l} \end{bmatrix},\quad \boldsymbol{C} = \begin{bmatrix} 1 & 0 & 0 & 0 \\ 0 & 0 & 1 & 0 \end{bmatrix}$$

式(2-36) 即为定摆长起重机运动系统的状态空间表达式模型。

5. 模型验证

模型验证参见本书第四章第五节的相关内容。

三、水箱液位控制问题

1. 问题提出

图2-14所示为水箱液位控制原理图。在工业过程控制领域中，诸如电站锅炉锅筒水位控制、化学反应釜液位控制、化工配料系统的液位控制等问题，均可等效为此水箱液位控制问题。图中，h 为液位高度（又称为稳态水头），q_{in}为流入水箱中液体的流量，q_{out}为流出水箱液体的流量，q'_{in}与 q'_{out}分别为进水阀门和出水阀门的控制开度，S 为水箱底面积。

q'in
层流
qin
h
q'out
S
紊流
qout

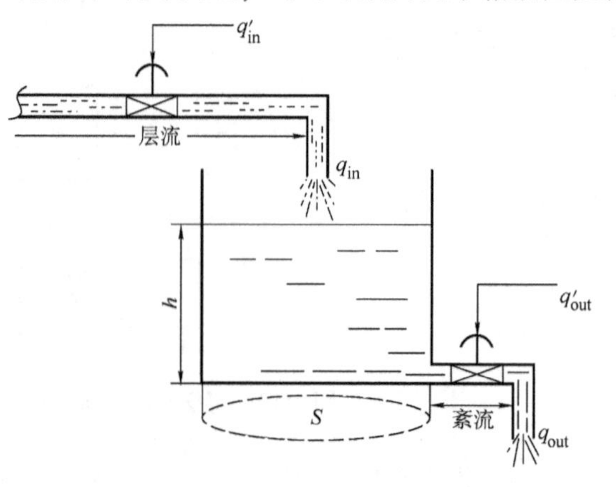

图2-14 水箱液位控制原理图

2. 建模机理

显然，此问题涉及流体力学的理论，因此我们有必要就流体力学中的几个基本概念加以介绍。

（1）雷诺数

$$Re = \frac{vd}{r}$$

式中，Re 为雷诺数，v 为液体流速，d 为管道口径，r 为液体黏度。

可见，雷诺数反映了液体在管道中流动时的物理性能（流态）。

(2) 紊流

当流体的雷诺数 $Re>2000$ 时，流体的流态称为紊流。紊流流态表征了流体在传递中有能量损失，质点运动紊乱（有横向分量）。

1）紊流条件下，流量 q（流速）与稳态水头 h（压力）有如下关系：$q=K\sqrt{h}$。

2）通常条件下，容器与导管连接处的流态呈紊流状态。

(3) 层流

当流体的雷诺数 $Re<2000$ 时，流体的流态称为层流。

1）“层流”流态表征了流体在传递中能量损失很少，质点运动有序（沿轴向方向）。

2）层流条件下，流量 q（流速）与稳态水头 h（压力）的关系：$q=Kh$。

3）通常条件下，长距离直管段中，在压力恒定的情况下，流体呈层流状态。

3. 系统建模

由图 2-14 可知

$$h = K_3\int(q_{in} - q_{out})\mathrm{d}t$$

式中，$K_3 \propto S$（水箱底面积）。对上式取拉普拉斯变换得

$$H(s) = K_3\frac{1}{s}[Q_{in}(s) - Q_{out}(s)]$$

综上，有图 2-15a 所示的系统结构框图，将紊流与层流状态下 q 与 h 的关系代入其中，可得图 2-15b 所示的水箱液位系统动态结构图。

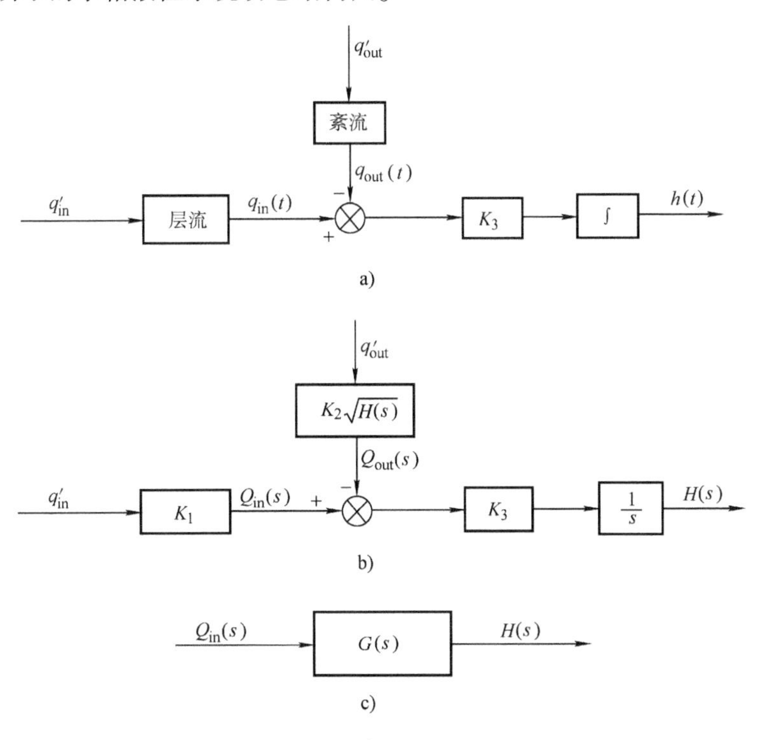

图 2-15　水箱液位控制系统框图

4. 模型简化

显然图2-15b所示的水箱液位系统为一非线性系统。为便于利用经典控制理论对该系统实施有效的设计，需将其在一定条件下简化为图2-15c所示的线性定常系统。

以下的模型简化系统建立在“系统工作在平衡点附近”的条件之下，即系统中的 $q_{out}(t)$ 处于稳定状态。

(1) 液阻与液容

定义1 单位流量的变化所对应的液位差变化称为液阻，即

$$R=\frac{\mathrm{d}h}{\mathrm{d}q}=\frac{\text{液位差变化（单位为 m）}}{\text{流量变化（单位为 m}^3/\text{s）}}$$

定义2 单位水头（液位）的变化所对应的被存储液体的变化称为液容，即

$$C=\frac{(q_{in}-q_{out})\mathrm{d}t}{\mathrm{d}h}=\frac{\text{被存储液体的变化（单位为 m}^3\text{）}}{\text{水头的变化（单位为 m）}}$$

显然，对于确定的水箱系统，液阻 R 与液容 C 是一个定数。

(2) 平衡工作点

由于水箱系统的出水口处为紊流状态，即有

$$q=K\sqrt{h} \tag{2-37}$$

这样一个非线性关系存在，如图2-16所示。假设：水箱系统有一稳定的平衡工作点（q_0，h_0），则系统所在 P（q_0，h_0）处附近的（dq，dh）范围内可用直线代替曲线，该直线的斜率即为平衡工作点（q_0，h_0）处的液阻。

由式(2-37)可知，$\mathrm{d}q=\dfrac{K}{2\sqrt{h}}\mathrm{d}h$，所以

$$\frac{\mathrm{d}h}{\mathrm{d}q}=2\sqrt{h}\frac{1}{K}=2\sqrt{h}\ \frac{\sqrt{h}}{q}=\frac{2h}{q}$$

因此，在水箱系统出水口处的液阻为 $R_0=\dfrac{2h}{q}$。

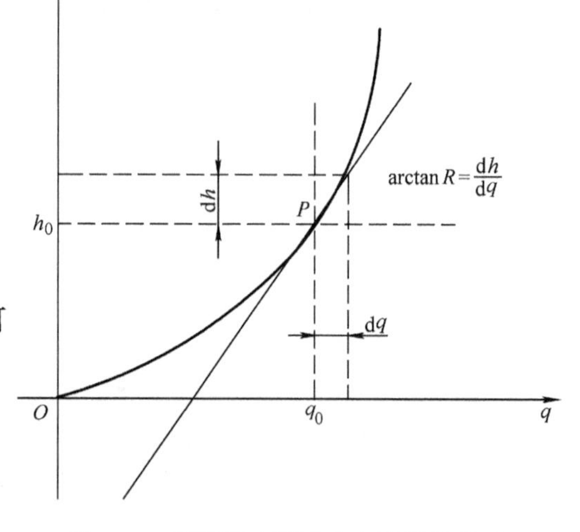

图2-16 紊流状态下水头与流量的关系

(3) 模型简化

当水箱系统工作在系统平衡工作点附近时，可将图2-15b所示的非线性系统简化为一线性系统。

由液容定义知：$C\mathrm{d}h=(q_{in}-q_{out})\mathrm{d}t$

又由液阻定义知：$q_{out}=\dfrac{2h}{R_0}$

则有
$$C\mathrm{d}h=\left(q_{in}-\frac{2h}{R_0}\right)\mathrm{d}t$$

即
$$R_0C\frac{\mathrm{d}h}{\mathrm{d}t}+2h=R_0q_{in} \tag{2-38}$$

式中，R_0C 为水箱系统的时间常数。对式(2-38)取拉普拉斯变换（设初始条件为零）得

$$(R_0Cs+2)H(s)=R_0Q_{in}(s)$$

则有
$$G(s)=\frac{H(s)}{Q_{in}(s)}=\frac{R}{RCs+1},\quad R=\frac{R_0}{2} \tag{2-39}$$

可见，在水箱系统平衡工作点附近，原非线性受扰系统可简化为无扰线性定常的惯性环节。

四、燃煤热水锅炉控制问题

1. 问题提出

图 2-17 所示为燃煤热水锅炉系统，在工业生产与民用集中供热等方面具有广泛的应用。图中，p(炉膛压力—微负压)、T_i(回水温度)、r(原煤燃值)、α(炉渣灰份)、T(烟气温度)与 w_{O_2}(废气含氧量）为锅炉燃烧质量监测量，T_o(出水温度）为燃烧热水锅炉的“被控量”。图 2-18 给出了上述系统的控制系统结构框图，从中可见，为利用数字仿真技术进行最佳燃烧控制器的设计，必须首先建立锅炉系统的数学模型，即 $\dfrac{T_o(s)}{\Phi_i(s)} = G(s)$，其中 Φ_i 为供给锅炉系统的有效热流量。

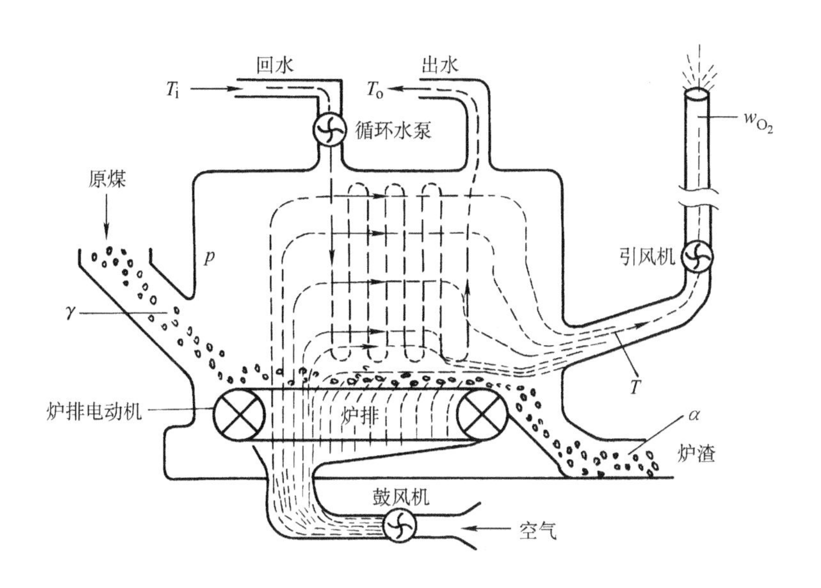

图 2-17 燃煤热水锅炉原理图

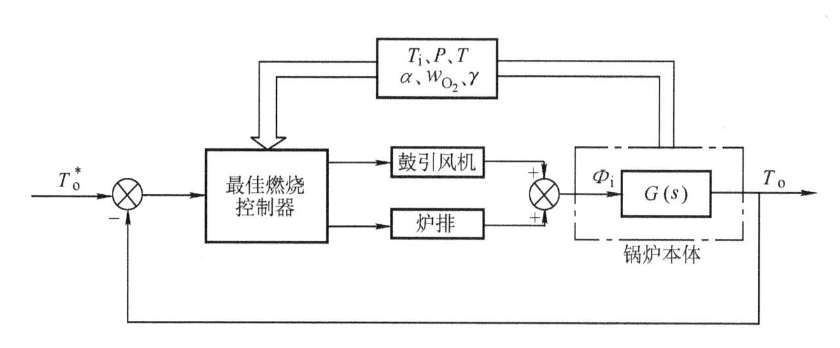

图 2-18 燃烧热水锅炉控制系统结构框图

2. 建模机理

显然，此问题涉及热力学的理论，因此有必要就热力学中的几个概念加以介绍：

1）热力学系统：将热量从一种物质传递到另一种物质的系统。

2）热传递的三种途径：传导、对流、辐射。对于热传导有如下关系

$$\Phi = K\Delta T$$

式中，Φ 为热流量；K 为系数（反映了系统的导热性能）；ΔT 为系统温度的变化。

3）热阻：用以描述热传导过程的“传导”性质（类似电阻），用下式表示

$$R = \frac{\Delta T}{\Delta \Phi} = \frac{1}{K} \tag{2-40}$$

对于热传导问题，R 是一个常量。

4）热容：用以描述热力系统“保温”性质（类似电容），用下式表示

$$C = \frac{\Delta Q_{存储}}{\Delta T_{存储}} \tag{2-41}$$

式中，$\Delta Q_{存储}$为热力系统存储的热量的变化。对于理想的热力系统，C 通常是一个常数。

3. 系统建模

为便于建立系统的模型，上述燃煤热水锅炉可等效为图2-19所示的物理模型。

设系统保温良好（C 较大），炉膛内温度均匀（混合器的作用），则有

$$\Delta Q_{存储} = \Sigma \Phi_{i} - \Phi_{o} = \Phi_{i} + \Phi_{ei} - \Phi_{o}$$

式中，Φ_i 为由燃煤给出的热流量；Φ_{ei}为由回水给出的热流量；Φ_o 为锅炉出口处的热流量。

由式(2-40)、式(2-41) 可得

$$C_1 \Delta T_o = \Phi_i + \frac{T_i}{R_1} - \frac{T_o}{R_1}$$

化简得 $R_1 C_1 \Delta T_o + T_o = T_i + \Phi_i R_1$

取拉普拉斯变换得 $(R_1 C_1 s + 1) T_o(s) = T_i(s) + R_1 \Phi_i(s)$。

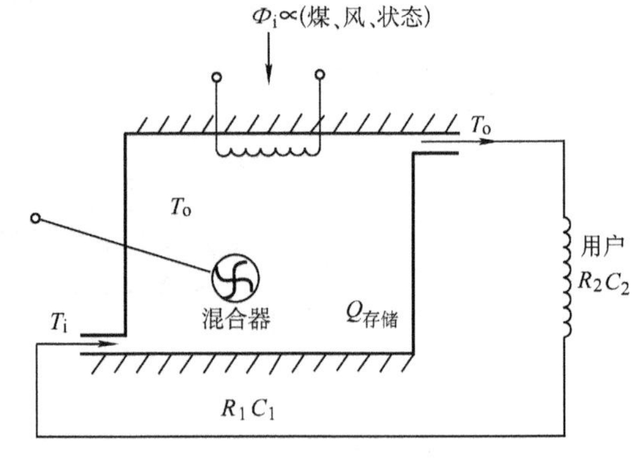

图2-19 燃煤热水锅炉的物理模型

其等效的动态结构图如图2-20所示。

同理，不难推导出系统用户模型 $G_2(s) = \frac{1}{R_2 C_2 s + 1}$。

由上可知，只要确定 R_1、C_1（锅炉自身的特性）与 R_2、C_2（用户散热器特性），即可求解锅炉系统的热力学性能的数学模型。

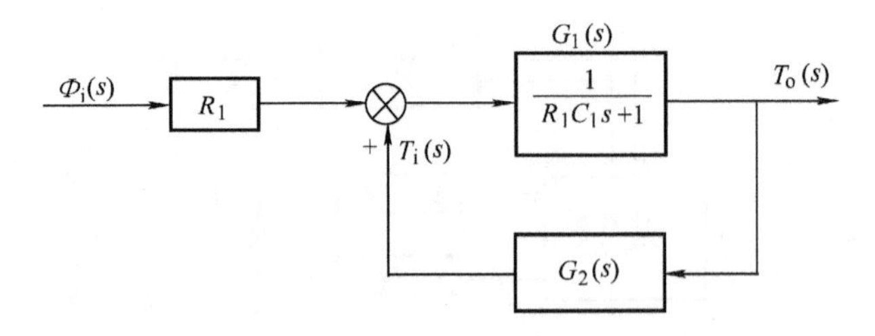

图2-20 系统动态结构图

4. 存在问题

通过上述模型的建立过程，可以发现如下问题：

（1）分布参数问题

在实际的燃煤热水锅炉系统中，三种热传递形式同时存在；保温性能不佳，鼓引风存在泄漏等问题也不可避免地存在。因此，上述模型往往与实际问题存在一定的偏差。

(2) 最佳燃烧控制问题

实际工作中，Φ_i 的获取并不容易，其需要利用一定的控制手段来实现 Φ_{imax}，其随燃料形式、燃烧结构、燃烧工艺等因素的变化而不同，对于确定的燃料、锅炉型式及燃烧工艺，采用适当的控制策略，Φ_{imax}方可保证。

正是由于燃煤锅炉存在上述两个基本问题，长期以来，对于中小型燃煤锅炉的最佳控制问题，采用数字仿真试验的方法一直未能有效地解决控制器的最佳设计问题，更多的情况是在实际工作中，采用人工智能控制策略实现燃煤锅炉的自动控制。

五、三相电压型 PWM 整流器系统控制问题

1. 问题提出

随着电力电子变换器广泛应用于电能产生、变换、控制、输送和存储等领域，其在工业、航天航空、信息、交通、医疗、家电等行业具有重要作用。

众所周知，电力电子变换器（例如二极管不控整流电路和晶闸管相控整流电路）会对电网注入大量谐波与无功功率，造成严重的电网污染[64]。治理电网污染的根本措施，是要求变流装置借助于适当的控制，实现网侧电流正弦化且运行于单位功率因数，其控制系统结构如图 2-21 所示。

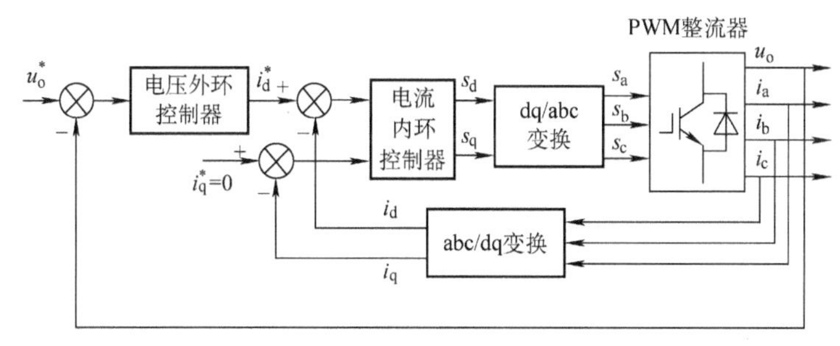

图 2-21　三相电压型 PWM 整流器控制系统结构

图 2-21 所示的三相电压型 PWM 整流器可实现高功率因数、网侧电流正弦化、直流侧电压可调和能量可双向流动等诸多优点，目前已逐步取代不控或相控整流电路，在实际工程中得到了广泛应用。下面对三相电压型 PWM 整流器的建模问题展开论述，以便于对其控制系统的设计。

2. 建模机理

电力电子系统的建模问题可分为“系统建模”和“器件建模”两个方面的内容。

电力电子系统的建模机理主要有经典电路的基尔霍夫电压/电流定律和分析力学的“拉格朗日方程/哈密顿方程”[65]。其中，基尔霍夫电压/电流定律从电路细节处着眼，严格依赖于电力电子变换器的拓扑结构，不适用于复杂系统的建模。事实上，电力电子变换器系统在“微观上”表现为元件及其在拓扑结构上的约束关系，而在“宏观上”则表现为电场能、磁场能等系统能量。

因此，下面将从系统全局能量着眼，利用分析力学的基本原理——拉格朗日方程，建立三相电压型 PWM 整流器系统的数学模型，这种建模方法具有物理概念清晰、系统性强、适用于复杂电力电子变换器，以及便于从能量观点设计非线性控制器等优点。

分析力学是理论力学的一个分支，它通过选择广义坐标作为描述质点系运动的变量，运

用数学分析的方法，从系统能量的观点研究宏观现象中的力学问题。分析力学最初应用于机械系统的建模中（如前面介绍的龙门起重机建模问题），我们可通过类比分析，利用机械系统与电力电子系统物理量间的等效关系（表 2-2），将分析力学基本原理拓展应用于电力电子系统的建模中。

表 2-2 机械系统和电力电子系统物理量间的等效关系

机械系统	电力电子系统
x（质点位移）	q（电荷）
$\dot{x}$（质点速度）	$\dot{q}$（电流）
$\frac{1}{2}m\dot{x}^2$（质点动能）	$\frac{1}{2}L\dot{q}^2$（电感磁场能）
mgx（重力势能）	qU（电源电势能）
$\frac{1}{2}kx^2$（弹性势能）	$\frac{1}{2C}q^2$（电容电场能）
f（非有势力）	$R\dot{q}$（电阻电压）

对于电力电子系统，拉格朗日方程可表示为如下形式

$$\frac{\mathrm{d}}{\mathrm{d}t}\left(\frac{\partial T}{\partial \dot{q}_k}\right)-\frac{\partial T}{\partial q_k}=F_k \quad (k=1,2,\cdots,n) \tag{2-42}$$

式中，T 为系统磁场能量；q_k 为系统的广义坐标（电荷）；$\dot{q}_k$为系统的广义速度；n 为系统的自由度；F_k 为系统广义力，这里 $F_k=F_k^1+F_k^2$，F_k^1 为有势力，F_k^2 为非有势力，其具体表达式为

$$\begin{aligned} F_k^1 &= -\frac{\partial V}{\partial q_k} \\ F_k^2 &= -\frac{\partial D}{\partial \dot{q}_k} \end{aligned} \tag{2-43}$$

式中，V 为系统电场能量；D 为系统耗散能量[66,67]。

3. 系统建模

三相电压型 PWM 整流器的电路拓扑结构如图 2-22 所示。图中，e_a、e_b、e_c 为三相交流电源（不失一般性，这里假设三相电压不平衡），L 和 C 分别为滤波电感和滤波电容，R_1 是滤波电感的等效电阻，R_s 是开关管的等效电阻，则图中所示开关管可看作理想开关管。设总等效电阻 $R=R_1+R_s$，R_L 为负载电阻。设网侧三相交流电流分别为 i_a、i_b、i_c，整流电流为 i_{dc}，流过负载电阻的电流为 i_L，负载两端电压为 u_o。设三相交流电源的公共节点为 O，地线节点为 N。

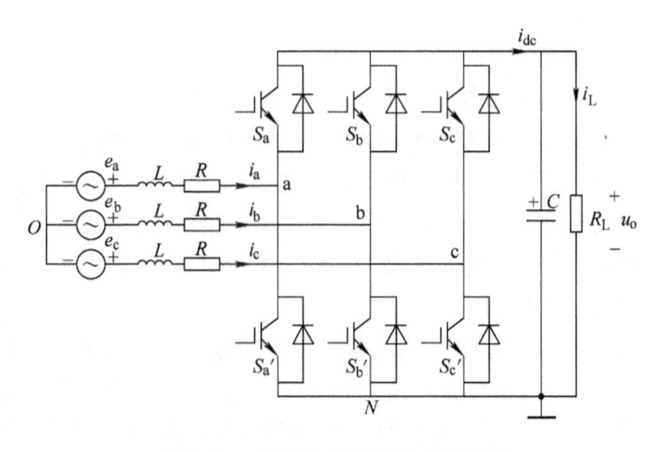

图 2-22 三相电压型 PWM 整流器

定义二值逻辑开关函数 s_k 为

$$s_k = \begin{cases} 1 & \text{上桥臂导通,下桥臂关断} \\ 0 & \text{上桥臂关断,下桥臂导通} \end{cases} \quad (k = a,b,c)$$

（1）选取广义坐标

设交流侧三个电感的电荷量分别为 q_{La}、q_{Lb}、q_{Lc}，直流侧电容电荷量为 q_o，则 $i_a = \dot{q}_{La}$、$i_b = \dot{q}_{Lb}$、$i_c = \dot{q}_{Lc}$。由于

$$\dot{q}_{La} + \dot{q}_{Lb} + \dot{q}_{Lc} = 0 \tag{2-44}$$

对其两侧取积分，则得

$$q_{La} + q_{Lb} + q_{Lc} = Q \tag{2-45}$$

式中，Q 为常数。由此可见，q_{La}、q_{Lb}、q_{Lc}三者存在约束关系，只有其中的两个变量可以选取为广义坐标，这里选择 q_{La}和 q_{Lb}。因此，相互独立的 q_{La}、q_{Lb}、q_o 为三相电压型 PWM 整流器的广义坐标。

（2）计算系统能量函数

系统的磁场能量为

$$T = \frac{1}{2}L(\dot{q}_{La}^2 + \dot{q}_{Lb}^2 + \dot{q}_{Lc}^2) \tag{2-46}$$

系统的电场能量为

$$V = \frac{1}{2C}q_o^2 - e_a q_{La} - e_b q_{Lb} - e_c q_{Lc} \tag{2-47}$$

系统的耗散能量函数为

$$D = \frac{1}{2}R(\dot{q}_{La}^2 + \dot{q}_{Lb}^2 + \dot{q}_{Lc}^2) + \frac{1}{2}R_L[s_a\dot{q}_{La} + s_b\dot{q}_{Lb} + s_c\dot{q}_{Lc} - \dot{q}_o]^2 \tag{2-48}$$

（3）代入并整理拉格朗日方程

将以上系统能量函数代入式(2-42) 所示的拉格朗日方程中，可得

$$\begin{cases} 2L\ddot{q}_{La} + L\ddot{q}_{Lb} - (e_a - e_c) = -2R\dot{q}_{La} - R\dot{q}_{Lb} - \dfrac{q_o}{C}(s_a - s_c) \\ 2L\ddot{q}_{Lb} + L\ddot{q}_{La} - (e_b - e_c) = -2R\dot{q}_{Lb} - R\dot{q}_{La} - \dfrac{q_o}{C}(s_b - s_c) \\ \dfrac{1}{C}q_o = R_L[(s_a - s_c)\dot{q}_{La} + (s_b - s_c)\dot{q}_{Lb} - \dot{q}_o] \end{cases} \tag{2-49}$$

参照 a、b 两相方程形式，由对称性可给出 c 相方程，进一步整理可得三相电网不平衡条件下 PWM 整流器系统的数学模型为

$$\begin{cases} L\dfrac{di_a}{dt} = -Ri_a - \dfrac{u_o}{3}(2s_a - s_b - s_c) + \dfrac{2e_a - e_b - e_c}{3} \\ L\dfrac{di_b}{dt} = -Ri_b - \dfrac{u_o}{3}(2s_b - s_a - s_c) + \dfrac{2e_b - e_a - e_c}{3} \\ L\dfrac{di_c}{dt} = -Ri_c - \dfrac{u_o}{3}(2s_c - s_a - s_b) + \dfrac{2e_c - e_a - e_b}{3} \\ C\dfrac{du_o}{dt} = s_a i_a + s_b i_b + s_c i_c - \dfrac{u_o}{R_L} \end{cases} \tag{2-50}$$

若三相平衡，即

$$e_{\mathrm{a}}+e_{\mathrm{b}}+e_{\mathrm{c}}=0 \tag{2-51}$$

则可得三相电网电压平衡时的 PWM 整流器数学模型为

$$\begin{cases} L\dfrac{\mathrm{d}i_{\mathrm{a}}}{\mathrm{d}t}=-Ri_{\mathrm{a}}-u_{\mathrm{o}}\left(s_{\mathrm{a}}-\dfrac{1}{3}\sum\limits_{k=a,b,c}s_k\right)+e_{\mathrm{a}} \\ L\dfrac{\mathrm{d}i_{\mathrm{b}}}{\mathrm{d}t}=-Ri_{\mathrm{b}}-u_{\mathrm{o}}\left(s_{\mathrm{b}}-\dfrac{1}{3}\sum\limits_{k=a,b,c}s_k\right)+e_{\mathrm{b}} \\ L\dfrac{\mathrm{d}i_{\mathrm{c}}}{\mathrm{d}t}=-Ri_{\mathrm{c}}-u_{\mathrm{o}}\left(s_{\mathrm{c}}-\dfrac{1}{3}\sum\limits_{k=a,b,c}s_k\right)+e_{\mathrm{c}} \\ C\dfrac{\mathrm{d}u_{\mathrm{o}}}{\mathrm{d}t}=s_{\mathrm{a}}i_{\mathrm{a}}+s_{\mathrm{b}}i_{\mathrm{b}}+s_{\mathrm{c}}i_{\mathrm{c}}-\dfrac{u_{\mathrm{o}}}{R_{\mathrm{L}}} \end{cases} \tag{2-52}$$

由式(2-52) 可知，基于拉格朗日方程所建立的 PWM 整流器数学模型与参考文献［64，68］中采用基尔霍夫电压/电流定律所得模型是完全一致的。然而，与基尔霍夫定律相比，拉格朗日方程建模方法具有物理概念清晰、系统性强、适用于复杂电力电子系统建模等优点。

建议：感兴趣的读者可以采用基尔霍夫电压/电流定律，自行推导出 PWM 整流器系统数学模型，以此来体会这两种建模方法的不同之处。

4. 模型变换

由式(2-50) 和式(2-52) 知，三相电压型 PWM 整流器的数学模型为非线性微分方程组，为便于应用经典控制理论对控制系统进行设计，需要将其变换为传递函数形式的系统数学模型。

同时，由于模型中三相电压、电流均为交流量，不利于对其进行小信号线性化处理，因此首先需要通过坐标变换将其变为直流量，即进行 abc/dq 坐标变换，以利于系统的分析与设计。

在电网平衡情况下，三相 abc 静止坐标系到两相 dq 同步旋转坐标系的“等功率”坐标变换矩阵为

$$\boldsymbol{C}_{3\mathrm{s}/2\mathrm{r}}=\sqrt{\frac{2}{3}}\begin{bmatrix} \cos\theta & \cos(\theta-120^\circ) & \cos(\theta+120^\circ) \\ -\sin\theta & -\sin(\theta-120^\circ) & -\sin(\theta+120^\circ) \\ \dfrac{\sqrt{2}}{2} & \dfrac{\sqrt{2}}{2} & \dfrac{\sqrt{2}}{2} \end{bmatrix} \tag{2-53}$$

式中，$\theta=\omega t$，ω 为工频角频率，t 为时间。$\boldsymbol{C}_{3\mathrm{s}/2\mathrm{r}}$的逆矩阵为

$$\boldsymbol{C}_{2\mathrm{r}/3\mathrm{s}}=\sqrt{\frac{2}{3}}\begin{bmatrix} \cos\theta & -\sin\theta & \dfrac{\sqrt{2}}{2} \\ \cos(\theta-120^\circ) & -\sin(\theta-120^\circ) & \dfrac{\sqrt{2}}{2} \\ \cos(\theta+120^\circ) & -\sin(\theta+120^\circ) & \dfrac{\sqrt{2}}{2} \end{bmatrix} \tag{2-54}$$

将上述坐标变换代入式(2-52) 中，则可得 dq 坐标系下 PWM 整流器数学模型为

$$
\begin{cases}
L\dfrac{\mathrm{d}i_{\mathrm{d}}}{\mathrm{d}t} = -Ri_{\mathrm{d}} + \omega Li_{\mathrm{q}} - s_{\mathrm{d}}u_{\mathrm{o}} + e_{\mathrm{d}} \\
L\dfrac{\mathrm{d}i_{\mathrm{q}}}{\mathrm{d}t} = -\omega Li_{\mathrm{d}} - Ri_{\mathrm{q}} - s_{\mathrm{q}}u_{\mathrm{o}} + e_{\mathrm{q}} \\
C\dfrac{\mathrm{d}u_{\mathrm{o}}}{\mathrm{d}t} = s_{\mathrm{d}}i_{\mathrm{d}} + s_{\mathrm{q}}i_{\mathrm{q}} - \dfrac{u_{\mathrm{o}}}{R_{\mathrm{L}}}
\end{cases}
\tag{2-55}
$$

式中，i_{d}、i_{q} 分别是三相电流在同步旋转坐标系下的 d 轴分量和 q 轴分量；e_{d}、e_{q} 分别是三相交流电压在同步旋转坐标系下的 d 轴分量和 q 轴分量；s_{d}、s_{q} 分别是开关函数在同步旋转坐标系下的 d 轴分量和 q 轴分量。

为对式(2-55) 所示系统数学模型进行小信号处理，可将其方程中各变量等效为稳态值和小信号扰动值之和的形式，即令 $u_{\mathrm{o}} = U_{\mathrm{o}} + \hat{u}_{\mathrm{o}}$，$i_{\mathrm{d}} = I_{\mathrm{d}} + \hat{i}_{\mathrm{d}}$，$i_{\mathrm{q}} = I_{\mathrm{q}} + \hat{i}_{\mathrm{q}}$，$s_{\mathrm{d}} = S_{\mathrm{d}} + \hat{s}_{\mathrm{d}}$，$s_{\mathrm{q}} = S_{\mathrm{q}} + \hat{s}_{\mathrm{q}}$。其中，$U_{\mathrm{o}}$、$I_{\mathrm{d}}$、$I_{\mathrm{q}}$、$s_{\mathrm{d}}$、$s_{\mathrm{q}}$ 为稳态值；$\hat{u}_{\mathrm{o}}$、$\hat{i}_{\mathrm{d}}$、$\hat{i}_{\mathrm{q}}$、$\hat{s}_{\mathrm{d}}$、$\hat{s}_{\mathrm{q}}$ 为小信号扰动值。将这些变量代入式(2-55) 中，忽略高阶微分变量，可得“微分方程”形式描述的系统小信号模型为

$$
\begin{cases}
L\dfrac{\mathrm{d}\hat{i}_{\mathrm{d}}}{\mathrm{d}t} = -R\hat{i}_{\mathrm{d}} + \omega L\hat{i}_{\mathrm{q}} - S_{\mathrm{d}}\hat{u}_{\mathrm{o}} - U_{\mathrm{o}}\hat{s}_{\mathrm{d}} \\
L\dfrac{\mathrm{d}\hat{i}_{\mathrm{q}}}{\mathrm{d}t} = -\omega L\hat{i}_{\mathrm{d}} - R\hat{i}_{\mathrm{q}} - S_{\mathrm{q}}\hat{u}_{\mathrm{o}} - U_{\mathrm{o}}\hat{s}_{q} \\
C\dfrac{\mathrm{d}\hat{u}_{\mathrm{o}}}{\mathrm{d}t} = S_{\mathrm{d}}\hat{i}_{\mathrm{d}} + S_{\mathrm{q}}\hat{i}_{\mathrm{q}} + I_{\mathrm{d}}\hat{s}_{\mathrm{d}} + I_{\mathrm{q}}\hat{s}_{q} - \dfrac{\hat{u}_{\mathrm{o}}}{R_{\mathrm{L}}}
\end{cases}
\tag{2-56}
$$

由于稳态时无功电流 $i_{\mathrm{q}} = 0$，并对式(2-56) 小信号模型进行拉普拉斯变换，可得

$$
\begin{cases}
LsI_{\mathrm{d}}(s) = -RI_{\mathrm{d}}(s) - S_{\mathrm{d}}U_{\mathrm{o}}(s) - U_{\mathrm{o}}S_{\mathrm{d}}(s) \\
CsU_{\mathrm{o}}(s) = S_{\mathrm{d}}I_{\mathrm{d}}(s) + I_{\mathrm{d}}S_{\mathrm{d}}(s) - \dfrac{1}{R_{\mathrm{L}}}U_{\mathrm{o}}(s)
\end{cases}
\tag{2-57}
$$

由式(2-57) 进一步可得如下的 PWM 整流器“控制输入-直流输出”传递函数为

$$
G(s) = \frac{U_{\mathrm{o}}(s)}{S_{\mathrm{d}}(S)} = K\frac{\tau s + 1}{s^2 + 2\zeta\omega_{\mathrm{n}}s + \omega_{\mathrm{n}}^2}
\tag{2-58}
$$

式中，$K = \dfrac{RI_{\mathrm{d}} - U_{\mathrm{o}}S_{\mathrm{d}}}{LC}$；$\tau = \dfrac{LI_{\mathrm{d}}}{RI_{\mathrm{d}} - U_{\mathrm{o}}S_{\mathrm{d}}}$；$\zeta = \dfrac{L + R_{\mathrm{L}}RC}{2\sqrt{R_{\mathrm{L}}LC}\ (R + R_{\mathrm{L}}S_{\mathrm{d}}^2)}$；$\omega_{\mathrm{n}} = \sqrt{\dfrac{R + R_{\mathrm{L}}S_{\mathrm{d}}^2}{R_{\mathrm{L}}LC}}$。

该传递函数形式可用图 2-23 所示的 PWM 整流器系统动态结构图来表示。

5. 模型分析

由式(2-58) 可见，系统开环传递函数的零点为 $-\dfrac{1}{\tau}$，由于在正常工作时 $\tau < 0$（$U_{\mathrm{o}}S_{\mathrm{d}} >> RI_{\mathrm{d}}$），故开环传递函数的零点在复平面右半平面。因此，三相电压型 PWM 整流器系统在正常工作时对系统输出电压呈现“非最小相位特性”。

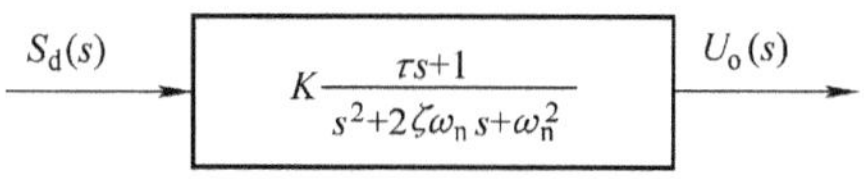

$S_{\mathrm{d}}(s)$ → $K\dfrac{\tau s+1}{s^2+2\zeta\omega_{\mathrm{n}}s+\omega_{\mathrm{n}}^2}$ → $U_{\mathrm{o}}(s)$

图 2-23 PWM 整流器系统动态结构图

仿真实验表明，三相电压型 PWM 整流器的“非最小相位特性”将导致系统输出电压阶跃响应具有“负调”现象（图 2-24），即输出电压在阶跃响应的初始阶段有“下调现象”。

这种“负调”现象可以直观解释为：在控制量变化的初始时刻，系统电感储能要增大

(减小)，短时间内减少（增多）了送往电容的能量，从而导致电容电压在初始时刻减小（增大）。

这种非最小相位特性及其所致的“负调”现象，在其他Boost型开关变换器中也普遍存在。所以，明晰三相电压型PWM整流器的非最小相位特性对系统控制器设计具有重要的指导意义[70-72]。

6. 模型验证

三相电压型PWM整流器系统的模型验证问题请读者参见本书第五章第四节中的相关内容。

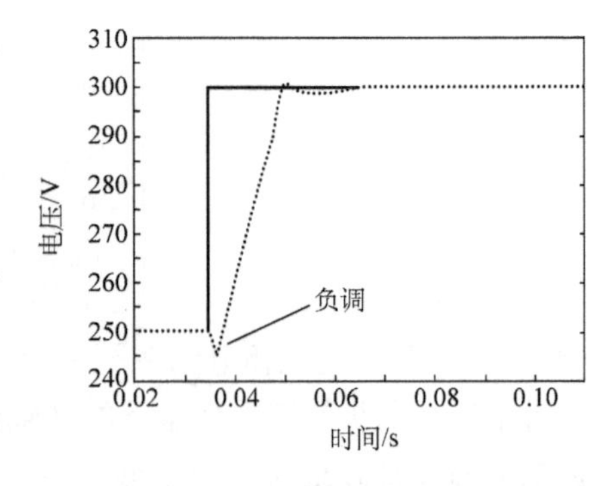

图2-24 输出电压阶跃响应的“负调”现象

六、磁悬浮轴承运动控制问题

1. 问题提出

磁悬浮轴承也称电磁轴承或磁力轴承，是新一代的非接触支承部件，已广泛地应用于空间技术、机械加工、机器人等众多领域，其实物外形如图2-25所示。它利用磁场力将轴杆无机械摩擦、无润滑地悬浮在空间中，是磁悬浮原理在动力机械领域中的一个典型应用案例。磁悬浮轴承具有传统轴承无法比拟的许多优越性能，如容许转子达到很高的转速，轴承功耗小，转子与定子之间可实现无摩擦的相对运动，维护成本低，寿命长等。

虽然相比传统机械轴承来说，磁悬浮轴承具有诸多优势，但也存在一些工程实际问题。例如，它的固有特性在本质上存在较强的非线性，难以实现有效的控制。由于磁悬浮轴承是由“多组电磁线圈+动态平衡控制”构成的复杂的磁机电复合控制系统，其良好的动态性能是以“控制”为基础的。因此，需要首先建立该系统的数学模型，以便于今后对其控制系统的设计。

2. 建模机理[48]

为研究磁悬浮轴承的运动控制问题，需要对实际系统进行简化与抽象。下面从一组电磁线圈（垂直方向）入手，对磁悬浮轴承在垂直方向“电磁力/电流-轴杆位置”的动态特性进行分析，其简化的物理模型如图2-26所示。

图2-26中将轴杆抽象成一个匀质金属小棒，起动电磁铁时，轴杆受到上方电磁力的吸引而克服重力的作用，实现磁悬浮。可以看出，此问题为单自由度问题，因而依据经典力学的牛顿定律即可求解。

图2-25 磁悬浮轴承

3. 系统建模

我们知道，实际系统常常会受到不确定性因素的干扰，如空气阻力、磁场复杂性、转轴快速旋转时产生的陀螺效应等。为了便于建模分析，需要忽略一些对系统建模的次要影响，提取出影响系统性态的最主要因素。据此，可对实际系统进一步抽象得到如图2-27所示的物理模型。

电磁铁线圈通入电流i(A)，其匝数为N。金属轴杆质量m(kg)，磁通面积S(m^2)，磁感应

强度 B(T)，电磁铁北、南两极产生的电磁力分别为 F_1(N)和 F_2(N)，金属轴杆在电磁合力与重力 mg(N)的共同作用下在垂直方向运动，轴杆与电磁铁距离 x(m)。平衡距离 x_0(m)，平衡电流 i_0(A)。空气磁导率 μ_0(N/A^2)，电磁铁及轴杆的磁导率 μ_r(N/A^2)。其他的扰动忽略。

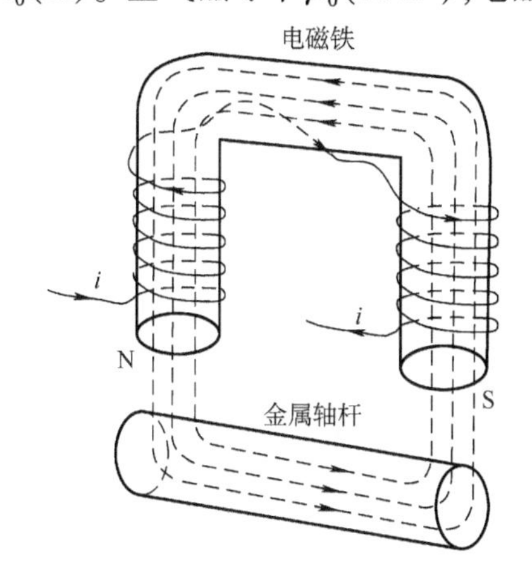

图 2-26　磁悬浮轴承的简化物理模型

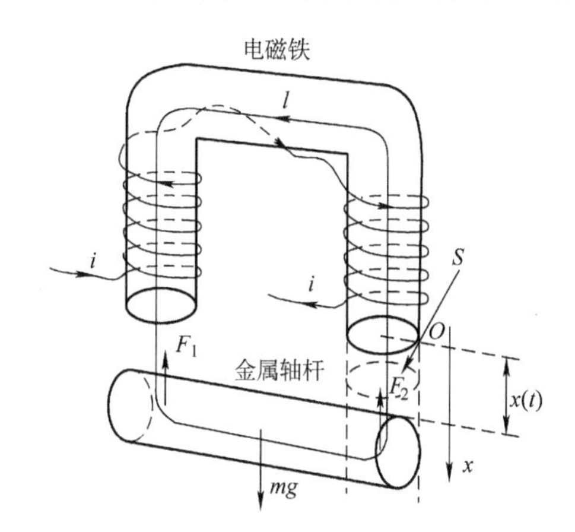

图 2-27　磁悬浮轴承物理模型

为了推导建立系统的数学模型，这里需要引用以下几个电磁学定理(具体的证明过程可以参照参考文献[73])。

(1) 磁场能量体密度公式

设空间中某点的磁感应强度为 B(T)，磁场强度为 H(A/m)，那么此点的磁场能量体密度为

$$w_m = \frac{1}{2}HB$$

(2) 磁场力公式

对于一个磁场能量为 W_m(J) 的磁场区域，若外电路对其提供的能量保持不变，区域内仅有一个广义坐标 g 发生变化，则此区域产生的广义磁场力为

$$F = -\frac{\mathrm{d}W_m}{\mathrm{d}g}$$

(3) 安培环路定理

在图 2-27 所示的磁场中任意取一闭合路径 l，则磁感应强度沿此回路的线积分应为

$$\oint_l H\mathrm{d}l = \sum I_k$$

式中，$\sum I_k$ 为所有穿过该回路所包围面积的自由电流的代数和。

利用上述引理，建模过程如下：

根据磁场能量体密度公式知，电磁铁所在区域 V 内的总磁场能量为

$$W_m = \int_V w_m \mathrm{d}V = \int_V \frac{1}{2}HB\mathrm{d}V = \frac{1}{2}\int_V HB\mathrm{d}V = \frac{1}{2}\int_V \frac{B^2}{\mu}\mathrm{d}V \tag{2-59}$$

由于电磁铁的钢心内部磁导率 μ_r 很大，所以磁场强度很小，故储存在铁磁媒质中的磁场能量远小于储存在空气气隙中的部分，因此前者可以忽略不计。分析图 2-27 可知，储存在每个气隙中的磁场能量为

$$W'_m = \int_{V'} w_m \mathrm{d}V = \int_{V'} \frac{1}{2}HB\mathrm{d}V = \frac{1}{2}\int_{V'} HB\mathrm{d}V = \frac{1}{2}\int_{V'} \frac{B^2}{\mu}\mathrm{d}V = \frac{1}{2}\frac{B^2}{\mu_0}Sx \tag{2-60}$$

所以磁悬浮轴承系统的总磁场能量为

$$W_m = 2W'_m = \frac{B^2 Sx}{\mu_0} \tag{2-61}$$

设通入电磁铁线圈的电流 i 相对时间为恒值，则外电路对系统提供的能量可视为不变。以轴杆与电磁铁的距离 x 作为广义坐标，因为电磁引力有使 x 减小的趋势，所以根据磁场力公式得电磁铁对轴的电磁引力为

$$F_1 + F_2 = F = -\frac{\mathrm{d}W_m}{\mathrm{d}x} = -\frac{\mathrm{d}}{\mathrm{d}x}\left(\frac{B^2 Sx}{\mu_0}\right) = -\frac{B^2 S}{\mu_0} \tag{2-62}$$

取力的方向为垂直向上，则负号可以去掉。

取一条磁感应线回路作为积分回路 l，由安培环路定理得

$$Ni = \sum i_k = \oint_l H\mathrm{d}l = \oint_l \frac{B}{\mu}\mathrm{d}l = \oint_{l-2x} \frac{B}{\mu_0\mu_r}\mathrm{d}l + \oint_{2x} \frac{B}{\mu_0}\mathrm{d}l \tag{2-63}$$

因为 μ_r 很大，因此第一项可忽略，简化后得

$$Ni = \oint_{2x} \frac{B}{\mu_0}\mathrm{d}l = \frac{2Bx}{\mu_0} \tag{2-64}$$

则

$$B = \frac{Ni\mu_0}{2x} \tag{2-65}$$

代入式(2-62) 得

$$F = \frac{B^2 S}{\mu_0} = \left(\frac{Ni\mu_0}{2x}\right)^2 \frac{S}{\mu_0} = \frac{\mu_0 SN^2 i^2}{4x^2} \tag{2-66}$$

由图 2-27 可知，轴杆受到的合外力为 $mg - F$，再由牛顿第二定律，得到系统的表达式为

$$m\ddot{x} = mg - F = mg - \frac{\mu_0 SN^2 i^2}{4x^2} \tag{2-67}$$

从式(2-67) 可以看出，磁悬浮轴承系统特性是非线性的。当距离 x 很小时，等式右端的第二项很大，即轴杆主要受到电磁引力的作用，表现为轴杆被吸引而向上运动。当距离 x 很大时，等式右端的第二项很小，即轴杆主要受到重力的作用，表现为轴杆向下坠落。这与我们的直观印象相符，间接证明了数学模型的正确性。

4. 模型简化

由式(2-65) 可见，磁悬浮轴承的运动控制方程是一个非线性微分方程。为便于应用经典控制理论进行控制系统设计，需将其在平衡工作点附近进行线性化。

电磁引力 F 由线圈电流 $i(t)$ 和气隙距离 $x(t)$ 这两个变量决定，假定轴杆移动的距离远小于平衡距离 x_0，应用参考文献［49］中的小信号线性化方法，则式(2-66) 可简化为

$$F(x,i) = F(x=x_0,\ i=i_0) + k_1(i(t) - i_0) + k_2(x(t) - x_0) \tag{2-68}$$

式中，系数 k_1 和 k_2 为

$$k_1 = \left[\frac{\partial F}{\partial i}\right]_{x_0,i_0} = \left[\frac{\partial}{\partial i}\left(\frac{\mu_0 SN^2 i^2}{4x^2}\right)\right]_{x_0,i_0} = \frac{\mu_0 SN^2 i_0}{2x_0^2} \tag{2-69}$$

$$k_2 = \left[\frac{\partial F}{\partial x}\right]_{x_0,i_0} = \left[\frac{\partial}{\partial x}\left(\frac{\mu_0 SN^2 i^2}{4x^2}\right)\right]_{x_0,i_0} = -\frac{\mu_0 SN^2 i_0^2}{2x_0^3} \tag{2-70}$$

已知在平衡工作点处有

$$F(x=x_0,\ i=i_0) = mg \tag{2-71}$$

代入式(2-67)，得系统的线性化模型为

$$m\ddot{x} = -\frac{\mu_0 SN^2 i_0}{2x_0^2} i + \frac{\mu_0 SN^2 i_0^2}{2x_0^3} x \tag{2-72}$$

对磁悬浮轴承的线性化模型式(2-72)进行拉普拉斯变换,可以得到距离与电流之间的传递函数表达式，即

$$G(s) = \frac{X(s)}{I(s)} = \frac{-\dfrac{\mu_0 SN^2 i_0}{2mx_0^2}}{s^2 - \dfrac{\mu_0 SN^2 i_0^2}{2mx_0^3}} = \frac{-2ab}{(s+a)(s-a)} \tag{2-73}$$

其中

$$a = \frac{Ni_0}{x_0}\sqrt{\frac{\mu_0 S}{2mx_0}},\ b = \frac{N}{2}\sqrt{\frac{\mu_0 S}{2mx_0}}$$

据此可得到系统的动态结构，如图 2-28 所示。

$I(s)$ → $\dfrac{-2ab}{(s+a)(s-a)}$ → $X(s)$

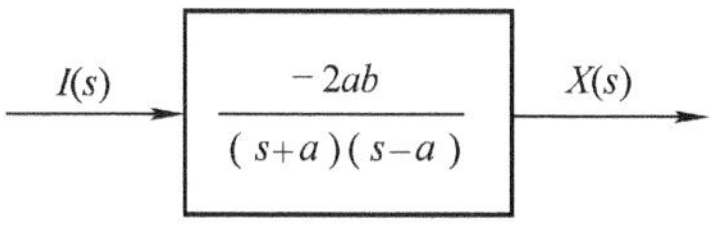

图 2-28 磁悬浮轴承系统动态结构图

从传递函数可以看出，磁悬浮轴承系统在 S 平面的右半部分有一个极点 $\lambda = a$，即磁悬浮轴承系统是一个“非最小相位系统”，所以必须施加一定的控制才能使系统保持稳定状态。

同理可求得系统状态空间方程如下

$$\begin{cases}\dot{\boldsymbol{x}} = \boldsymbol{A}\boldsymbol{x} + \boldsymbol{B}u \\ \boldsymbol{y} = \boldsymbol{C}\boldsymbol{x}\end{cases} \tag{2-74}$$

式中, $\boldsymbol{x} = [x, \dot{x}]^{\mathrm{T}}$; $u = i$; $\boldsymbol{y} = \boldsymbol{x}$;

$$\boldsymbol{A} = \begin{bmatrix} 0 & 1 \\ \dfrac{\mu_0 SN^2 i_0^2}{2mx_0^3} & 0 \end{bmatrix},\quad \boldsymbol{B} = \begin{bmatrix} 0 \\ -\dfrac{\mu_0 SN^2 i_0}{2mx_0^2} \end{bmatrix},\quad \boldsymbol{C} = [1 \quad 0]。$$

以上就是仅考虑一组电磁线圈作用下,磁悬浮轴承的建模过程。如果要考虑多组电磁线圈结构情况下的整体建模问题,其过程将更为复杂。感兴趣的读者可以参照参考文献[74－76],做进一步的分析。

5. 模型验证

(1) 模型封装

在 Simulink 环境下建立系统仿真用的模型,如图 2-29 所示。模型中的上半部分为系统的精确模型,下半部分为系统的简化模型。

其中:

```
Fcn: u0 * s * (n^2) * (u[2]^2)/(m * (u[1]^2))
Fcn1: 2 * u0 * s * (n^2) * u[1]/(m * (3.14^3))
```

(2) 模型验证

采用必要条件法来验证所建立的数学模型是对实际系统的真实再现。

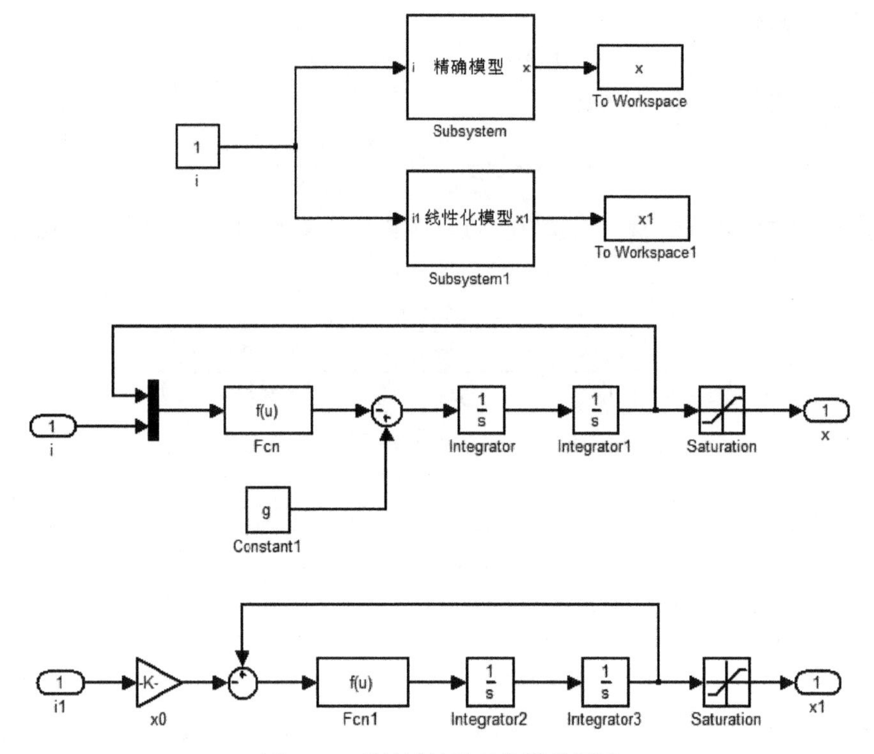

图 2-29 磁悬浮轴承系统模型框图

通过分析可知，磁悬浮轴承系统是含有一个不稳定平衡点的非最小相位系统。若初始状态时，位于 x_0 处的金属轴杆是静止的，那么通过微分方程可以解出保持轴杆平衡的工作电流 i_0。若对线圈施加的电流为大于 i_0 的恒值，轴杆会因受到大于重力的引力，而被吸到电磁铁上。若对线圈施加的电流为小于 i_0 的恒值，轴杆会因受到的引力无法抵消重力的作用而远离电磁铁。基于这一点，可以分别使通入的电流大于、等于、小于工作电流，来观测系统的响应。下面利用仿真实验来验证这一模型的正确性。

为便于计算，这里的参数取：$m=0.25\text{kg}$，$g=9.8\text{m/s}^2$，$x_0=3.14\text{mm}$，$N=10^4$，$S=793.3\text{mm}^2$，$\pi=3.14$，仿真结果如图 2-30 所示。

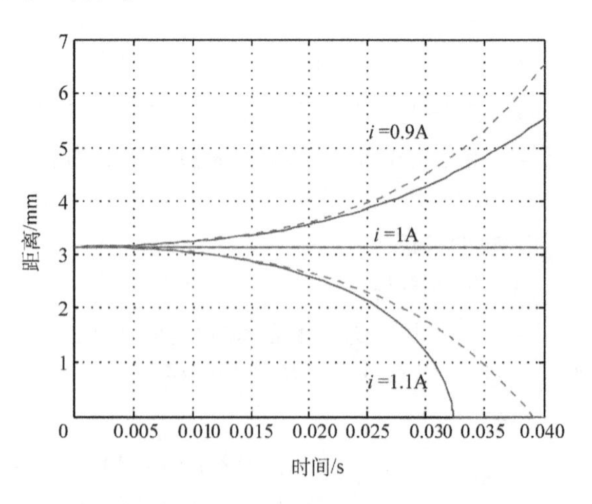

图 2-30 电流取不同恒值时系统响应曲线

图中，实线是精确模型的响应曲线，虚线是线性化模型的响应曲线。可以看出，当通入线圈的电流等于工作电流，即 1A 时，金属轴杆与电磁铁的距离保持恒定，此时即为系统的不稳定平衡状态。当通入线圈的电流等于 1.1A 时，轴杆受到电磁铁的吸引而向电磁铁运动，直到吸附在电磁铁上。当通入线圈的电流等于 0.9A 时，轴杆在重力作用下，远离电磁铁，距离以近似于时间的二次函数的方式增长。另外，在工作距离附近的较小的区域内，线性化模型与精确模型的重合度较好。

因此，可以认为线性化模型在一定条件下可以表述原系统模型的性质。

第三节　实现问题

控制系统数学模型的建立（称之为一次模型化），为进行系统仿真实验研究提供了必要的前提条件，但真正在数字计算机上对系统模型实现仿真运算、分析，还有一个关键步骤，就是所谓“实现问题”。

在控制理论中，所谓“实现问题”就是根据已知的系统传递函数求取该系统相应的状态空间表达式，也就是说，把系统的外部模型（传递函数描述）形式转化为系统的内部模型（状态空间描述）形式。这对于计算机仿真技术而言，是一个具有实际意义的问题。因为状态方程是一阶微分方程组形式，非常适宜用数字计算机求其数值解（而高阶微分方程的数值求解是非常困难的）。如果控制系统已表示为状态空间表达式，则很容易直接对该表达式编制相应的求解程序。

对一个已知的系统传递函数，其相应的状态方程实现并不唯一，本节仅以单变量系统可控标准型实现作为一种方法加以说明，更深入的内容不在此讨论。

一、单变量系统的可控标准型实现

设系统传递函数为

$$G(s)=\frac{Y(s)}{U(s)}=\frac{c_1s^{n-1}+\cdots+c_{n-1}s+c_n}{s^n+a_1s^{n-1}+\cdots+a_{n-1}s+a_n}$$

若对上式设

$$\frac{Z(s)}{U(s)}=\frac{1}{s^n+a_1s^{n-1}+\cdots+a_{n-1}s+a_n}$$

$$\frac{Y(s)}{Z(s)}=c_1s^{n-1}+\cdots+c_{n-1}s+c_n$$

再经拉普拉斯反变换，有

$$z^{(n)}(t)+a_1z^{(n-1)}(t)+\cdots+a_{n-1}z'(t)+a_nz(t)=u(t) \tag{2-75}$$

$$y(t)=c_1z^{(n-1)}(t)+\cdots+c_{n-1}z'(t)+c_nz(t)$$

引入 n 维状态变量 $\boldsymbol{X}=[x_1,\ x_2,\ \cdots,\ x_n]$，并设

$$\begin{aligned}x_1&=z\\x_2&=z'=x_1'\\&\vdots\\x_n&=z^{(n-1)}=x_{n-1}'\end{aligned}$$

再由式(2-75)有

$$x_n'=z^{(n)}=-a_1z^{(n-1)}-\cdots-a_{n-1}z'-a_nz+u=-a_1x_n-\cdots-a_{n-1}x_2-a_nx_1+u \tag{2-76}$$

$$y=c_nx_1+c_{n-1}x_2+\cdots+c_1x_n \tag{2-77}$$

得到一阶微分方程组

$$\begin{cases} x_1' = x_2 \\ x_2' = x_3 \\ \quad\vdots \\ x_{n-1}' = x_n \\ x_n' = -a_n x_1 - \cdots - a_2 x_{n-1} - a_1 x_n + u \end{cases}$$

写为矩阵形式为

$$\begin{cases} \dot{\boldsymbol{X}} = \boldsymbol{AX} + \boldsymbol{BU} \\ \boldsymbol{Y} = \boldsymbol{CX} + \boldsymbol{DU} \end{cases}$$

就得到了系统的内部模型描述——状态空间表达式。其中

$$\boldsymbol{A} = \begin{bmatrix} 0 & 1 & 0 & \cdots & 0 \\ 0 & 0 & 1 & \cdots & 0 \\ \vdots & \vdots & \vdots & & \vdots \\ 0 & 0 & \cdots & \cdots & 1 \\ -a_n & -a_{n-1} & \cdots & \cdots & -a_1 \end{bmatrix};\ \boldsymbol{B} = \begin{bmatrix} 0 \\ 0 \\ \vdots \\ 0 \\ 1 \end{bmatrix}$$

$$\boldsymbol{C} = [c_n \quad c_{n-1} \quad \cdots \quad \cdots \quad c_1];\ \boldsymbol{D} = [0]$$

其一阶微分矩阵向量形式很便于在计算机上运用各种数值积分方法求取数值解（下节将予以详细阐述）。

将系统的状态方程描述式(2-76）和式(2-77）用图形方式表示如图2-31所示。

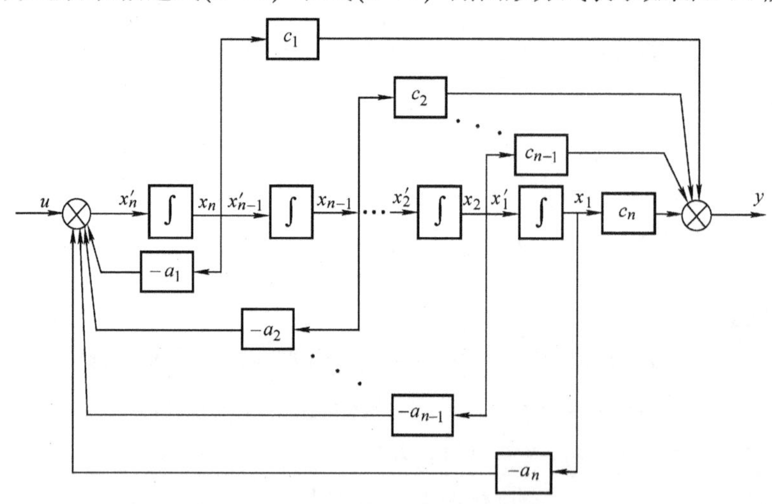

图2-31 单变量系统的可控标准型模拟实现图

图2-31清楚地表明了系统内部状态变量之间的相互关系和内部结构形式，通常称为模拟实现图。从图中可知，欲知各状态变量 x_1，x_2，…，x_n 的动态特性变化情况，对于数字计算机来讲关键在于求解各状态变量的一阶微分 x_1'，x_2'，…，x_n'。因此，图中各积分环节的作用至关重要。采用传统的模拟计算机求解，则积分环节由运算放大器构成的积分器实现；而采用数字计算机求解，积分环节由各种数值积分算法实现。可以说模拟实现图给出了清晰的系统仿真模型。

二、控制系统的数字仿真实现

控制系统计算机仿真技术所要求的“实现问题”更为具体，是指如何将已得到的控制系统的数学模型通过一定方法、手段转换为可在数字计算机上运行求解的“仿真模型”，实际上是“仿真实现”问题，或称作“二次模型化”过程。“控制系统数字仿真与CAD”这门课程很重要的一部分内容就是研究二次模型化问题，即如何建立控制系统仿真模型，使其在数字计算机上得到“实现”，进而求解运算，得到所需的运行结果。这也是仿真领域长期以来一直进行的重点研究工作。

一般地说，控制系统的数字仿真实现有以下几个步骤：

1）根据已建立的数学模型和精度、计算时间等要求，确定所采用的数值计算方法。

2）将原模型按照算法要求通过分解、综合、等效变换等方法转换为适于在数字计算机上运行的公式、方程等。

3）用适当的软件语言将其描述为数字计算机可接受的软件程序，即编程实现。

4）通过在数字计算机上运行，加以校核，使之正确反映系统各变量动态性能，得到可靠的仿真结果。

围绕以上步骤，系统仿真技术近年来不断发展、不断更新，各类控制系统专用仿真软件为适应仿真中的二次模型化需求不断推出。其中最具特色的就是美国学者 Cleve Moler 等人于1980年推出的交互式 MATLAB 语言。在此基础上，陆续出现的许多专门用于控制系统分析与 CAD 的工具箱，对系统仿真技术的发展起到很大的推动作用。

一个良好的算法软件，如 MATLAB 语言，可以使系统仿真研究人员把精力集中于仿真模型的建立和求解方法的确定、仿真结果的分析和控制系统的设计这类重要和关键问题上来。而对于采用什么算法，如何保证精度，如何逐条编程实现这样一些底层问题不必花费过多的心思，不必去详细了解相应算法的一些具体内容，从而提高工作效率，并保证了软件的可靠性。因此，高水平的算法软件的出现，使得原本复杂艰巨的二次模型化任务变得容易了，也就是说，仿真的实现问题在强大功能软件的支持下，能够很方便地得到解决。这一点在以后章节中将给予详细阐述。

第四节　常微分方程的数值解法

控制系统数学模型经合理近似、简化，大多建立成为常微分方程形式。实际中遇到的大部分微分方程难以得到解析解，通常都是通过数字计算机采用数值计算方法求取数值解。尽管在高级仿真软件（MATLAB）环境下，已提供了功能十分强大，且能保证相应精度的数值求解的功能函数或程序段，使用者仅需按规定的语言规格调用即可，而无需从数值算法的底层考虑其编程实现过程，但为掌握数字仿真技术的基本技能，在仿真分析和设计中合理选择和使用相应的算法以获得满足要求的数值结果，有必要对常微分方程的数值求解问题进行较深入的了解。本节将从数值求解的基本概念入手，介绍系统仿真中常用的几种数值求解方法及其使用特点。

一、数值求解的基本概念

控制系统的数学模型可能是状态方程描述，也可能是传递函数描述，或其他微分方程组形式描述，但均可以通过“实现”的方法化为一阶微分方程组的形式来求解，故本节主要以一阶微分方程为基础来讨论数值求解的基本概念。

设常微分方程为

$$\begin{cases}\dfrac{dy}{dt}=f(t,y)\\ y(t_0)=y_0\end{cases} \tag{2-78}$$

则求解方程中函数 $y(t)$ 问题称为常微分方程初值问题。所谓数值求解就是要在时间区间 $[a、b]$ 中取若干离散点 $t_k(k=0,1,2,\cdots,N)$，且

$$a=t_0<t_1<\cdots<t_N=b$$

设法求出式(2-78) 的解函数 $y(t)$ 在这些时刻上的近似值 $y_0,y_1,\cdots,y_N$，即求取

$$y_k\approx y(t_k),\ k=0,1,2,\cdots,N$$

从上可知，常微分方程数值解法的基本出发点就是离散化。即将连续时间求解区间 $[a,\ b]$ 分成若干离散时刻点 t_k，然后直接求出各离散点上的解函数 $y(t_k)$ 的近似值 y_k，而不必求出解函数 $y(t)$ 的解析表达式。这在一般工程实际中已满足大部分控制系统的仿真分析要求。

通常取求解区间 $[a,\ b]$ 的等分点作为离散点较方便，即设

$$y_k\approx y(t_k),\ k=0,1,2,\cdots,N$$

而令 $h=(b-a)/N$，称为等间隔时间步长。

求常微分方程数值解的基本方法有以下几种：

1. 差商法

设式(2-78) 中的导数 y' 在 $t=t_k$ 处可用差分形式近似替代，即

$$y'(t_k)\approx\frac{y_{k+1}-y_k}{h} \tag{2-79}$$

则式(2-78) 转化为

$$\begin{cases}\dfrac{y_{k+1}-y_k}{h}=f(t_k,y_k),\ k=0,1,\cdots,N-1\\ y_0=y(t_0)\end{cases} \tag{2-80}$$

显然由此可得微分方程初值问题的数值解序列值

$$\begin{cases}y_0=y(t_0)\\ y_{k+1}=y_k+hf(t_k,y_k),k=0,1,\cdots,N-1\end{cases} \tag{2-81}$$

呈现出递推关系，只要已知初值 $y(t_0)$，即可求得所需数值序列 $y_k(k=1,2,\cdots,N)$。

2. 台劳（Taylor）展开法

解函数 $y(t)$ 在 t_k 附近可展为台劳多项式

$$y(t_k+h)\approx y(t_k)+hy'(t_k)+\frac{h^2}{2!}y''(t_k)+\cdots+\frac{h^n}{n!}y^{(n)}(t_k)+\cdots$$

由式(2-78)、式(2-79)可知

$$y(t_k+h)=y(t_{k+1})=y_{k+1}$$

并记

$$y'(t_k)=f(t_k,y_k)=f_k=y_k'$$

$$y''(t_k)=f_t'(t_k,y_k)+f_y(t_k,y_k)y'(t_k)=f_{t_k}'+f_{y_k}'f_k=y_k''$$

则式(2-81)可化为

$$\begin{cases}y_0=y(t_0)\\ y_{k+1}=y_k+hy_k'+\dfrac{h^2}{2!}y_k''+\cdots+\dfrac{h^n}{n!}y_k{}^{(n)}+\cdots\end{cases} \tag{2-82}$$

按求解精度要求，取适当项数 n，即可递推求解。特别地，当 $n=1$，则有

$$\begin{cases}y_0=y(t_0)\\ y_{k+1}=y_k+hy_k'=y_k+hf(t_k,y_k),\ k=0,1,\cdots,N-1\end{cases}$$

与式(2-81) 完全相同。

3. 数值积分法

将式(2-78) 在小区间 $[t_k,\ t_{k+1}]$ 上积分，得

$$y_{k+1}=y_k+\int_{t_k}^{t_{k+1}}f(t,y)\mathrm{d}t \tag{2-83}$$

于是在区间 $[a,\ b]$ 上，式(2-78) 可化为

$$\begin{cases}y_0=y(t_0)\\ y_{k+1}=y_k+\displaystyle\int_{t_k}^{t_{k+1}}f(t,y)\mathrm{d}t,\ k=0,1,2,\cdots,N-1\end{cases}$$

只要对其中积分项采用数值积分方法求得即可。而数值积分的方式方法非常之多，需要根据仿真精度和计算时间要求来确定使用何种方法。

二、数值积分法

下面讨论控制系统仿真中最常用和最基本的数值积分法，并根据其特点，提供求解常微分方程初值问题时正确选用数值算法的参考依据。

1. 欧拉（Euler）法

设一阶微分方程如式(2-78)，重写为

$$\frac{\mathrm{d}y}{\mathrm{d}t}=f(t,y)$$

初始条件：　$y(t_0)=y_0$

在 $[t_k,\ t_{k+1}]$ 区间上积分，由式(2-83)，得

$$y_{k+1}-y_k=\int_{t_k}^{t_{k+1}}f(t,y)\mathrm{d}t$$

又由导数定义知

$$\frac{\mathrm{d}y}{\mathrm{d}t}=\lim_{\Delta t\to 0}\frac{y(t+\Delta t)-y(t)}{\Delta t}$$

在 $t=t_k$ 时刻，取 $h=\Delta t=t_{k+1}-t_k$，则显然 $y_{k+1}=y(t+\Delta t)$，$y_k=y(t)$。设 h 足够小，使得

$$\frac{\mathrm{d}y}{\mathrm{d}t}=f(t_k,\ y_k)\ \approx\frac{y_{k+1}-y_k}{h} \tag{2-84}$$

成立，于是，由式(2-84) 得

$$y_{k+1}-y_k=hf(t_k,y_k) \tag{2-85}$$

与式(2-83) 比较，$hf(t_k,y_k)$ 部分近似代替了积分部分，即

$$\int_{t_k}^{t_{k+1}}f(t,y)\,\mathrm{d}t\approx hf(t_k,y_k) \tag{2-86}$$

其几何意义是把 $f(t,y)$ 在 $[t_k,\ t_{k+1}]$ 区间内的曲边面积用矩形面积近似代替，如图2-32 所示。当 h 很小时，可以认为造成的误差是允许的。所以，式(2-83) 就可写为

$$y_{k+1}=y_k+hf(t_k,\ y_k) \tag{2-87}$$

取 $k=0,\ 1,\ 2,\ \cdots,\ N$，即可从 t_0 开始，逐点递推求得 t_1 时的 y_1，t_2 时的 y_2，…，直至 t_N 时的 y_N，称之为欧拉递推公式，这也就是最简单的数值积分求解递推算法。

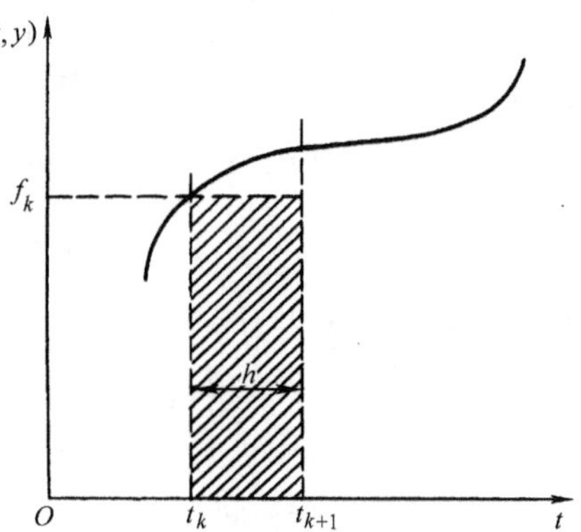

图2-32 欧拉法的几何意义

欧拉法方法简单，计算量小，由前一点值 y_k 仅一步递推就可以求出后一点值 y_{k+1}，属于单步法。又由于从初始值 y_0 即可开始进行递推运算，不需要其他信息，因此又属于自启动算法。

此处不难看出，欧拉法与泰勒展开式

$$y(t+\Delta t)=y(t)+y'(t)\Delta t+\frac{1}{2!}y''(t)(\Delta t)^2+\cdots \tag{2-88}$$

当 $t=t_k$，且取 $h=\Delta t$ 时，对应式

$$y_{k+1}=y_k+hy'_k+\frac{1}{2!}h^2y''_k+\cdots \tag{2-89}$$

中的一阶近似展开式相同，即

$$y_{k+1}=y_k+hy'_k+o(h^2)\approx y_k+hy'_k$$

其误差 $o(h^2)$ 与 h^2 同数量级，称其具有一阶精度，显然精度较差。尽管如此，欧拉法仍是非常重要的，许多高精度的数值积分方法都是以它为基础推导而得出的。

2. 龙格–库塔（Runge-Kutta）法

为使数值积分精度进一步提高，泰勒展开式取二阶近似式，则具有二阶精度，即截断误差 $o(h^3)$ 与 h^3 同数量级；若取四阶近似，则具有四阶精度，截断误差 $o(h^5)$ 更小，与 h^5 同数量级。但这使得求解 $f(t,y)$ 的高阶导数较为困难，这时通常可采用龙格–库塔法。龙格–库塔法的基本思路是：用函数值 $f(t,y)$ 的线性组合来代替 $f(t,y)$ 的高阶导数项，既可以避免计算高阶导数，又可以提高数值计算精度。其方法为

设 $y(t)$ 为式(2-78) 的解，将其在 t_k 附近以 h 为变量展开为泰勒级数

$$y(t_k+h)=y(t_k)+hy'(t_k)+\frac{h^2}{2!}y''(t_k)+\cdots \tag{2-90}$$

因为

$$y'(t_k)=f(t_k,y_k)=f_k$$

$$y''(t_k) = \left.\frac{\mathrm{d}f(t,y)}{\mathrm{d}t}\right|_{\substack{t=t_k \\ y=y_k}} = \left.\left(\frac{\partial f}{\partial t} + \frac{\partial f}{\partial y}f\right)\right|_{\substack{t=t_k \\ y=y_k}} = f_{t_k}' + f_{y_k}'f_k$$

并记

$$y(t_k + h) = y_{k+1}, \quad y(t_k) = y_k$$

于是

$$y_{k+1} = y_k + hf_k + \frac{h^2}{2!}(f_{t_k}' + f_{y_k}'f_k) + \cdots \tag{2-91}$$

上式中f_{t_k}'、f_{y_k}'等各阶导数不易计算，用下式中 k_i 的线性组合表示，则 y_{k+1}成为

$$y_{k+1} = y_k + h\sum_{i=1}^{r} b_i k_i \tag{2-92}$$

式中，r 为精度阶次；b_i 为待定系数，由所要求的精度确定；k_i 用下式表示

$$k_i = f\left(t_k + c_i h, y_k + h\sum_{j=1}^{i-1} a_j k_j\right), \qquad i = 1,2,3,\cdots,r$$

式中，c_i、a_j 也为待定系数，$j=1$，2，…，$i-1$。一般均取 $c_1=0$。

当 $r=1$ 时，$k_1=f(t_k, y_k)$，则

$$y_{k+1} = y_k + hb_1k_1$$

与式(2-90) 取一阶近似公式相比较，可得 $b_1=1$，则上式成为

$$y_{k+1} = y_k + hk_1$$
$$k_1 = f(t_k, y_k)$$

此即欧拉法递推公式。其中 k_1 是 y_k 点的切线斜率。

当 $r=2$ 时，

$$k_1 = f(t_k, y_k)$$
$$k_2 = f(t_k + c_2h, y_k + ha_1k_1) \tag{2-93}$$

而 k_2 可按二元函数展开成为

$$k_2 \approx f_k + c_2hf_{t_k}' + ha_1k_1f_{y_k}' \tag{2-94}$$

则

$$\begin{aligned} y_{k+1} &= y_k + b_1hk_1 + b_2hk_2 \\ &= y_k + b_1hf_k + b_2h(f_k + c_2hf_{t_k}' + ha_1k_1f_{y_k}') \\ &= y_k + (b_1 + b_2)hf_k + b_2c_2h^2f_{t_k}' + a_1b_2h^2f_kf_{y_k}' \end{aligned}$$

同样与式(2-91) 取二阶近似公式比较，即得以下关系式

$$b_1 + b_2 = 1, \quad b_2c_2 = \frac{1}{2}, \quad a_1b_2 = \frac{1}{2}$$

待定系数个数超过方程个数，必须先设定一个系数，然后即可求得其他系数。一般有以下几种取法：

1）$a_1=\frac{1}{2}$，$b_1=0$，$b_2=1$，$c_2=\frac{1}{2}$时，则

$$y_{k+1} = y_k + hk_2$$
$$k_1 = f(t_k, y_k)$$
$$k_2 = f\left(t_k + \frac{h}{2}, y_k + \frac{h}{2}k_1\right)$$

2）$a_1=\frac{2}{3}$，$b_1=\frac{1}{4}$，$b_2=\frac{3}{4}$，$c_2=\frac{2}{3}$时，则

$$y_{k+1}=y_k+\frac{h}{4}(k_1+3k_2)$$
$$k_1=f\ (t_k,\ y_k)$$
$$k_2=f\left(t_k+\frac{2}{3}h,\ y_k+\frac{2}{3}hk_1\right)$$

3）$a_1=1$，$b_1=\frac{1}{2}$，$b_2=\frac{1}{2}$，$c_2=1$ 时，则

$$\begin{cases}y_{k+1}=y_k+\dfrac{h}{2}(k_1+k_2)\\k_1=f\ (t_k,\ y_k)\\k_2=f\ (t_k+h,\ y_k+hk_1)\end{cases}\tag{2-95}$$

以上几种递推公式均称为二阶龙格–库塔公式，是较典型的几个常用算法。其中方法3）又称为预估–校正法，或梯形法，意义如下：

用欧拉法以斜率 k_1 先求取一点 $\overline{y}_{k+1}$，称为预估点

$$\overline{y}_{k+1}=y_k+hk_1$$

再由此点求得另一斜率

$$k_2=f\ (t_{k+1},\ \overline{y}_{k+1})\ =f\ (t_k+h,\ y_k+hk_1)$$

然后，从 y_k 点开始，既不按该点斜率 k_1 变化，也不按预估点斜率 k_2 变化，而是取两者平均值

$$k=\frac{k_1+k_2}{2}$$

求得校正点 y_{k+1}，即

$$y_{k+1}=y_k+hk$$

该方法可以认为是经改进了的欧拉法。

又将式(2-95) 与式(2-83) 比较，有

$$\int_{t_k}^{t_{k+1}}f(t,y)\,\mathrm{d}t=\frac{h}{2}(k_1+k_2)=\frac{h}{2}(f_k+f_{k+1})$$

相当于［t_k，t_{k+1}］区间内的曲边面积被上下底为 f_k 和 f_{k+1}、高为 h 的梯形面积所代替，这样精度提高很多。其几何意义如图2-33所示。

由此而观察方法1)、2)、3)，发现二阶龙格–库塔法的规律是相同的，都是通过 y_k 点先求取斜率 k_1，再以此斜率求取另一斜率 k_2，最后以满足二阶精度为目的，取适当加权系数，求取调整斜率

$$k=b_1k_1+b_2k_2$$

可以说，这也是整个龙格–库塔法的共同规律。于是我们清楚地理解了式(2-92) 中求和部分 $\sum_{i=1}^{r}b_ik_i$ 的意义，就相当于一个经多项加权系数 b_i 对多个 y_k 点附近变化斜率 k_i 加以调整的总斜率 k，即

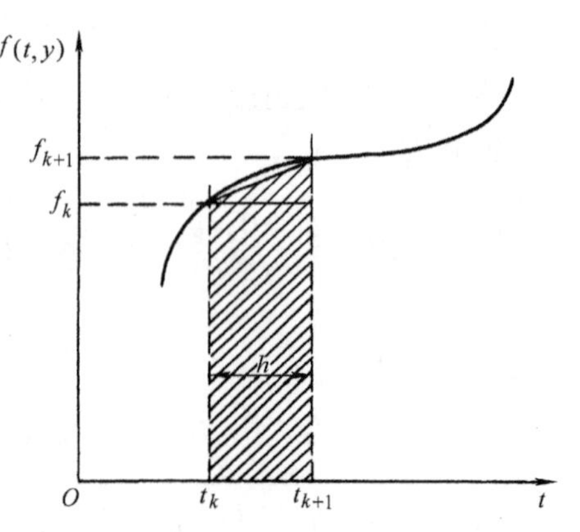

图2-33 预估–校正法的几何意义

$$k = \sum_{i=1}^{r} b_i k_i \tag{2-96}$$

因而，式(2-92）成为

$$y_{k+1} = y_k + hk$$

它完全是欧拉公式(2-87）的基本形式。但精度随 r 的取值提高为 r 阶精度。于是，按照上述思路不难得到 $r=3$ 时，三阶龙格–库塔公式

$$\begin{cases} y_{k+1} = y_k + \dfrac{h}{4}(k_1 + 3k_3) \\ k_1 = f(t_k, y_k) \\ k_2 = f\left(t_k + \dfrac{h}{3}, y_k + \dfrac{h}{3}k_1\right) \\ k_3 = f\left(t_k + \dfrac{2}{3}h, y_k + \dfrac{2}{3}hk_2\right) \end{cases} \tag{2-97}$$

当 $r=4$ 时，四阶龙格–库塔公式为

$$\begin{cases} y_{k+1} = y_k + \dfrac{h}{6}(k_1 + 2k_2 + 2k_3 + k_4) \\ k_1 = f(t_k, y_k) \\ k_2 = f\left(t_k + \dfrac{h}{2}, y_k + \dfrac{h}{2}k_1\right) \\ k_3 = f\left(t_k + \dfrac{h}{2}, y_k + \dfrac{h}{2}k_2\right) \\ k_4 = f(t_k + h, y_k + hk_3) \end{cases} \tag{2-98}$$

对于仿真中遇到的大多数工程实际问题，四阶龙格–库塔法的精度已能满足要求，其截断误差 $o(h^5)$ 与 h^5 同数量级，当步距 h 取得较小时，误差是很小的。

龙格–库塔法无论几阶均属单步法，当然都可以自启动。龙格–库塔公式中的各次斜率 k_i，也称为龙格–库塔系数。

三、关于数值积分法的几点讨论

1. 单步法和多步法

如前所述，欧拉法、龙格–库塔法等，由于计算 t_{k+1}时刻值 y_{k+1}只与 t_k 时刻 y_k 有关，故都是单步法，可以自启动。但还有许多算法，由于计算 t_{k+1}时刻的值 y_{k+1}，要用到 t_k 及过去时刻 t_{k-1}，t_{k-2}，…，t_{k-r}的值 y_k，y_{k-1}，…，y_{k-r}，于是称为多步法。线性多步法可以表示为以下一般形式

$$y_{k+1} = \alpha_0 y_k + \alpha_1 y_{k-1} + \cdots + \alpha_r y_{k-r} + h(\beta_{-1} f_{k+1} + \beta_0 f_k + \beta_1 f_{k-1} + \cdots + \beta_r f_{k-r}) \tag{2-99}$$

由式中可知，多步法不能从 $t=0$ 自启动，通常需要选用相同阶次精度的单步法来启动，获得所需前 r 步数据后，方可转入相应多步法。

常见多步法有阿达姆斯（Adams）法，其二阶公式为

$$y_{k+1} = y_k + \frac{h}{2}(3f_k - f_{k-1}) \tag{2-100}$$

或

$$y_{k+1} = y_k + hf_{k+1} \tag{2-101}$$

式(2-101) 通常也称稳式欧拉法。式中，$f_i = f(t_i, y_i)$ $(i = k, k-1, \cdots)$ 为导函数各时刻值，也就是各时刻的切线斜率。

还有基尔法（Gear)，其三阶公式为

$$y_{k+1} = \frac{1}{2}(-3y_k + 6y_{k-1} - y_{k-2} + 6hf_k) \tag{2-102}$$

和

$$y_{k+1} = \frac{1}{11}(18y_k - 9y_{k-1} + 2y_{k-2} + 6hf_{k+1}) \tag{2-103}$$

多步法的特点是在每一时刻上，计算公式简洁，无需求取多个斜率，但无法自启动，需借助其他方法启动。因算式利用信息量大，因而比单步法更精确。

2. 显式和隐式

多步法中，计算 y_{k+1}时公式右端各项数据均已知，如式(2-100)、式(2-102) 类型，则称为显式，在一般表达式(2-99) 中，对应 $\beta_{-1} = 0$ 时的情况。若求 y_{k+1}算式中包含着 f_{k+1}，而 f_{k+1}的计算又要用到 y_{k+1}，即求解 y_{k+1}的算式中隐含着 y_{k+1}本身，如式(2-101)、式(2-103) 类型，则称为隐式，对应一般表达式 $\beta_{-1} \neq 0$ 时的情况。

显式易于计算，利用前几步计算结果即可进行递推求解下步结果。而隐式计算需要迭代法，先用另一同阶次显式公式估计出一个初值 $y_{k+1}^{(0)}$，并求得 f_{k+1}，然后再用隐式公式得校正值 $y_{k+1}^{(1)}$，若未达所需要精度要求，则再次迭代求解，直到两次迭代值 $y_{k+1}^{(i)}$，$y_{k+1}^{(i+1)}$ 之间的误差在要求的范围内为止，故隐式算法精度高，对误差有较强的抑制作用，尽管计算过程复杂，造成计算速度慢，但有时基于对精度、数值稳定性等考虑，仍经常被采用，如求解病态 (stiff) 方程等问题。

3. 数值稳定性

数值积分法求解微分方程，实质上是通过差分方程作为递推公式进行的。在将微分方程差分化的变换过程中，有可能使原来稳定的系统变为不稳定系统。因此，可以说数值积分算法本身从原理上就不可避免地存在着误差，并且在计算机逐点计算时，初始数据的误差、计算过程的舍入误差等都会使误差不断积累，如果这种误差积累能够得到抑制，不会随计算时间增加而无限增大，则可以认为相应的计算方法是数值稳定的，反之则是数值不稳定的。

数值稳定性可以通过对不同数值积分法对应的差分方程的稳定性分析得到。而差分方程的稳定性与采样周期 T（相当于算法公式中的步距 h）有很大关系。所以最简单的数值稳定性判别方法是取两种显著不同的步距进行试算，若所得数据基本相同，则一般是稳定的。当然，这种方法仅适用于简单地估计一下稳定性。详细讨论数值稳定性问题是非常复杂的，这里只给出一种判定算法数值稳定性的常用方法，有兴趣的读者可参阅有关计算方法的文献和专著。

对一般常系数微分方程，其 $f(t_k, y_k)$ 表达形式多种多样，没有办法统一，所以很难得到能适应所有微分方程的数值稳定性判定法。于是，建立一个试验方程

$$\frac{dy}{dt} = f(t, y) = \lambda y, \ \mathrm{Re}(\lambda) = -1/\tau < 0 \tag{2-104}$$

式中，λ 为试验方程的定常复系数，其实部 $\mathrm{Re}(\lambda)$ 为负，以保证试验方程本身是稳定的，从而才能研究数值算法的稳定性；τ 为系统时间常数，可反映一阶系统的动态性能。

这可以说是常微分方程中最简单的形式，用它来判断一个数值算法是否稳定很能说明问

题。如果一个数值算法连这样简单的方程都不能适应，不能保证其绝对稳定性，求解一般方程也不会稳定。如果能保证其绝对稳定性，虽然不能说求解一般方程也会绝对稳定，但该算法的适应性肯定要好得多。

以欧拉法为例：

$$y_{k+1} = y_k + hf(t_k, y_k)$$

为其递推公式。将试验方程代入，即 $f(t_k, y_k) = \lambda y_k$ 时，有

$$y_{k+1} = y_k + h\lambda y_k = (1 + h\lambda) y_k$$

这是一个一阶差分方程，其特征值为

$$z = 1 + h\lambda$$

要求该方程绝对稳定，必有

$$|z| = |1 + h\lambda| \leqslant 1$$

结合式(2-104)，即得到该算法的稳定条件 $h \leqslant 2\tau$，其稳定边界也随之求得为 $|z| = |1 + h\lambda| = 1$，即有 $h = 2\tau$。

显然，算法的稳定与所选步长 h 有关。步长太大，超过稳定条件限制，会造成计算不稳定，因此只允许在一定范围内取值，通常称之为条件稳定格式。从以上推导知，对于显式欧拉法，仿真步长 h 至少应该小于系统时间常数 τ 的两倍。

为使欧拉法能适应一般方程，应更加严格地限制步长 h，取 $h < \tau$，甚至 $h \ll \tau$，才能保证计算过程的稳定性。

为直观地理解稳定条件意义，往往以 $h\lambda$ 为复平面画出图形，更便于看到 h 与系统时间常数 τ 之间的制约关系对稳定性的影响，如图 2-34 所示。

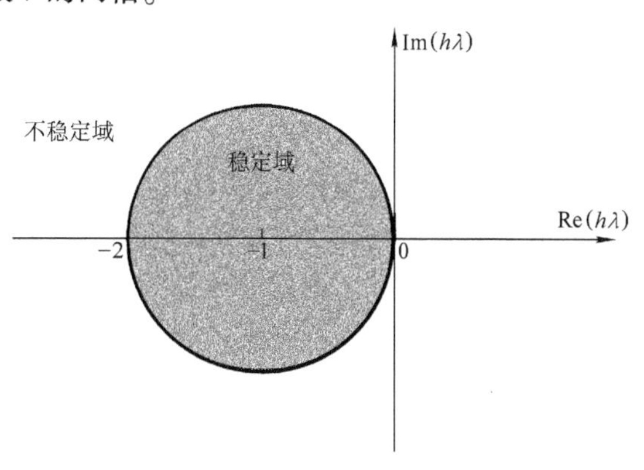

图 2-34　显式欧拉法的稳定域

对其他数值算法，都可仿照上述方法分析其数值稳定性。如已知隐式欧拉法递推公式(2-101)

$$y_{k+1} = y_k + hf\ (t_{k+1},\ y_{k+1})$$

将试验方程代入，得

$$y_{k+1} = y_k + h\lambda y_{k+1}$$

整理，有差分方程

$$y_{k+1} = \frac{1}{1 - \lambda h} y_k$$

其特征值为

$$z = \frac{1}{1 - \lambda h}$$

稳定条件为 $|z| < 1$，但由于 $\mathrm{Re}(\lambda) < 0$，故只要 $h > 0$，无论取何值均能满足稳定条件，不受试验方程参数的制约，属于无条件恒稳格式。相应的 $h\lambda$ 复平面稳定域图形如图 2-35 所示。

由图 2-35 与图 2-34 比较可知，不同算法的稳定域有很大差别。

4. 数值算法的选用

MATLAB 语言的控制系统工具箱以及仿真工具 Simulink 中提供了以下几种常用数值算法，可根据实际情况方便地选用。

-Euler 法

-2/3 阶 Runge-Kutta 法

-4/5 阶 Runge-Kutta 法

-Adams 预报-校正法

-Gear 预报-校正法

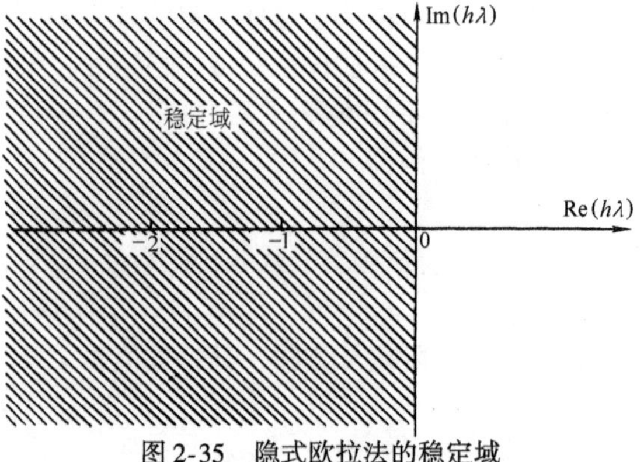

图 2-35 隐式欧拉法的稳定域

作为仿真算法的使用者，不必考虑对各种数值方法的具体编程实现这类基础性、技术性太强的问题，而主要应关心各种方法在使用中会出现的问题，以及如何在仿真过程中恰当地运用这些方法。

一般地说，选用数值方法从以下原则考虑：

(1) 精度

仿真结果的精度主要受三项误差影响：

1) 截断误差：由算法本身的精度阶次所决定。

2) 舍入误差：由计算机字长决定。

3) 累积误差：由以上两项误差随计算时间长短累积情况决定。

这些误差都与计算步长 h 有一定关系。h 越小，截断误差就会越小，因为各算法原理上都要求 h 充分小时近似程度高，而 h 太小，若小到计算机字长难以准确表示，则失去意义。所以，从舍入误差角度，又希望 h 取大。而且 h 小，会导致计算步数增加，造成累积次数增多，累积误差增大，因此就形成矛盾。这只能从保证精度前提下，采取折衷办法兼顾。先根据仿真精度基本要求确定采用合理的算法，算法一旦确定，则从控制累积总误差角度考虑，取恰当的计算步长即可。

(2) 计算速度

计算速度取决于所用数值方法和计算步长。在满足精度要求的前提下，选计算较简便的方法，可减少计算时间，提高速度。一般可用多步法、显式计算法等计算速度较快的方法。当算法一定，精度只要能得到保证，应尽量选用大步距，同样也可提高速度。

(3) 稳定性

数值稳定性主要与计算步长 h 有关，不同的数值方法对 h 都有不同的稳定性限制范围，且与被仿真对象的时间常数也有关。一般所选步长与系统最小时间常数有以下数量级关系

$$h \leqslant (2 \sim 3)\tau$$

而多步法、隐式算法有较好的数值稳定性，在对稳定性较注重时，应予以优先选用。

第五节 数值算法中的“病态”问题

一、“病态”常微分方程

在控制系统的分析与设计中，往往会碰到这样的情况，系统方程建立起来后，数值算法

也依照前节所述原则选定了，但求解过程却很不顺利，取不同的计算步长值，得到结果不同，有时差异还很大。

例如，已知系统状态方程

$$\begin{cases}\dot{\boldsymbol{X}}=\boldsymbol{AX}\\ \boldsymbol{X}(0)=(1,\ 0,\ -1)^{\mathrm{T}}\end{cases} \tag{2-105}$$

式中

$$\boldsymbol{X}=(x_1,\ x_2,\ x_3)^{\mathrm{T}}$$

$$\boldsymbol{A}=\begin{bmatrix}-21 & 19 & -20\\ 19 & -21 & 20\\ 40 & -40 & -40\end{bmatrix}$$

采用四阶龙格–库塔法，取 $h=0.01$，求出 $t=0$ 到 $t=1$ 时刻各状态解如图 2-36a 所示。

由图可见，$t=0.1\mathrm{s}$ 之后，曲线变化趋于平缓，若仍以 $h=0.01$ 计算，会使得计算时间拖得很长。为加快计算速度，取较大步长 $h=0.04$ 计算。结果成为图 2-36b 所示形式，显然误差很大，所得数据几乎没有参考价值。$h>0.05$ 后，曲线呈发散振荡形式，属于数值不稳定现象，所得数据完全失去意义。

因此，受数值稳定性限制，只能取很小步长仿真运算的系统，若其动态响应与本例情况相似，有长时间的慢变过程，则使得计算速度大受影响。对一些大型系统，仅采用单一步长计算求解，有时会耗费大量运行时间和占用可观的机器容量，甚至使计算无法进行下去。

究其原因，我们发现，例中系统状态方程矩阵 $\boldsymbol{A}$ 的对应特征值差异较大，即满足 $|\lambda\boldsymbol{I}-\boldsymbol{A}|=0$ 的特征值，$\lambda_i(i=1,2,3)$ 分别为 $\lambda_1=-2$，$\lambda_2=-40(1+j)$，$\lambda_3=-40(1-j)$。其中，$|\mathrm{Re}(\lambda_2)|/|\mathrm{Re}(\lambda_1)|>10$，相差一个数量级。而我们知道，系统特征值 λ_i 在实际系统中反映了动态过渡过程各瞬态分量不同时间常数 τ_i 的作用。$\mathrm{Re}(\lambda_i)$ 的绝对值大，其相应的瞬态分量时间常数 τ_i 小，瞬态过程短暂，系统性能在此时间段内变化剧烈；反之，则变化相对平缓。故而只要计算步长 h 选取不当，就会造成系统

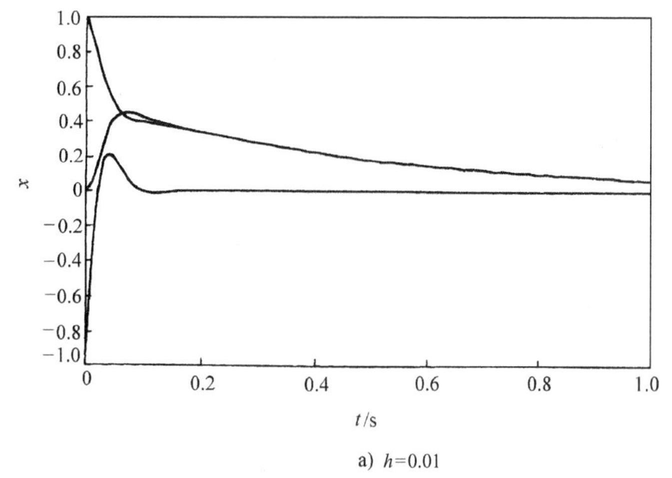

a) $h=0.01$

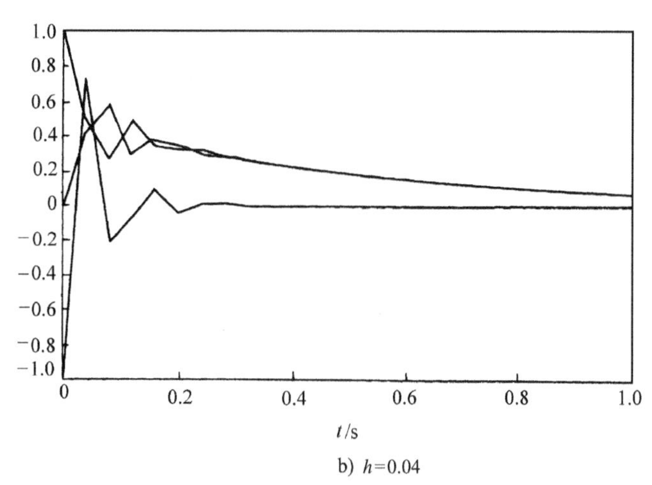

b) $h=0.04$

图 2-36　病态系统动态响应的仿真解

性能变化的全貌不能被很好地反映出来，仿真结果实际上已经属于数值不稳定的发散情况，失去分析意义。有时会碰到比上例情况更严重的情况，系统特征值实部的绝对值相差不只一个数量级，相差上百倍以上，在仿真中，对步长 h 的选取更为敏感，对算法的数值稳定性要求也更高，而描述这类系统的常微分方程，数学上通常称为“病态（stiff）”方程。表述如下：

一般线性常微分方程组

$$\dot{\boldsymbol{X}}(t)=\boldsymbol{AX}(t)+\boldsymbol{BU}(t),\ \boldsymbol{X}(t_0)=\boldsymbol{X}_0 \tag{2-106}$$

的系数矩阵 $\boldsymbol{A}$ 的特征值 λ_i 具有如下特征

$$\begin{cases}\mathrm{Re}(\lambda_i)<0\\ \max\limits_{1\leqslant i\leqslant n}|\mathrm{Re}(\lambda_i)|\gg\min\limits_{1\leqslant i\leqslant n}|\mathrm{Re}(\lambda_i)|\end{cases} \tag{2-107}$$

则称式(2-106)为“病态”方程，用式(2-106)描述的系统则称为病态系统。

更一般地，对非线性常微分方程组

$$\dot{\boldsymbol{X}}(t)=\boldsymbol{F}(\boldsymbol{X},\boldsymbol{U},t),\ \boldsymbol{X}(t_0)=\boldsymbol{X}_0 \tag{2-108}$$

求得其雅可比阵为

$$\boldsymbol{J}=\frac{\partial\boldsymbol{F}}{\partial\boldsymbol{X}}=\begin{bmatrix}\frac{\partial f_1}{\partial x_1} & \frac{\partial f_1}{\partial x_2} & \cdots & \frac{\partial f_1}{\partial x_n}\\ \frac{\partial f_2}{\partial x_1} & \frac{\partial f_2}{\partial x_2} & \cdots & \frac{\partial f_2}{\partial x_n}\\ \cdots & \cdots & \ddots & \vdots\\ \frac{\partial f_n}{\partial x_1} & \frac{\partial f_n}{\partial x_2} & \cdots & \frac{\partial f_n}{\partial x_n}\end{bmatrix}$$

若 $\boldsymbol{J}$ 阵在 $t=t_0$ 处的特征值 λ_i 也具有式(2-107)特征，则称式(2-108)也为病态方程。同样，该方程所描述的系统也为病态系统。

二、控制系统仿真中的“病态”问题

对一个控制系统而言，其状态方程系数矩阵特征值 λ_i，闭环传递函数分母多项式的根 s_i 或系统闭环极点 p_i 是等价的，当它们之间差异太大，满足式(2-107)关系，该控制系统进行仿真时就被认为是病态系统。

病态系统中绝对值最大的特征值对应于系统动态性能解中瞬态分量衰减最快的部分，它反映了系统的动态响应速度和系统的反应灵敏程度，一般与系统中具有最小时间常数 $T_{\min}$ 的环节参数有关，如系统中的控制器、反馈元件等要求反应灵敏的环节和参数。

而病态系统中绝对值最小的特征值对应于瞬态分量衰减最慢的部分，它决定了整个系统的动态过渡过程时间的长短，一般与系统中具有最大时间常数 $T_{\max}$ 的环节参数有关，如系统中具有较大惯性的控制对象（温度、压力、流量等）各环节和参数。

对这类病态系统的数值求解，计算中往往存在很大困难。为反映出系统的灵敏程度，对其变化最剧烈的部分给出准确的描述，则要求计算步长 h 取得很小，否则将丢失有用的数据信息，造成数值不稳定，其数据结果没有参考价值，如前节例子。但这样做带来的问题是，当系统性能变化相对平缓时，步长太小，使得计算速度慢，数值变化幅度小，要达到要求的求解时间，耗费时间长，工作效率低，并且 h 取得太小，受计算机字长限制，会引起舍入误差增大。计算时间越长，引起总的累积误差越大，导致计算失败。

由于系统总体动态响应时间是由最小特征值（或相应最大时间常数）决定的，因此为节省时间，会取较大计算步长 h，而计算步长取值过大造成的问题不仅仅是数值不准确，严重情况下，会出现数值不稳定的发散现象，计算结果更是毫无价值可言。

所以，对病态系统的仿真，需寻求更合理的数值算法，以解决病态系统带来的选取计算步长与计算精度、计算时间之间的矛盾。

三、“病态”系统的仿真方法

通过以上分析，可知病态系统的求解，需要采用稳定性好、计算精度高的数值算法，并且允许计算步长能根据系统性能动态变化的情况在一定范围内作相应变化，即采用自动变步长数值积分法。

解决这类问题的有效数值算法有多种，这里重点介绍一种隐式吉尔（Gear）法。

由本章第四节知，多步法、隐式算法精度高，对误差有较强抑制作用，故数值稳定性好，尽管计算过程复杂，从求解病态方程角度考虑，却是一种十分有效的实用算法。隐式吉尔法即为符合要求的算法之一。

将式(2-99) 重写如下

$$y_{k+1}=\alpha_0 y_k+\alpha_1 y_{k-1}+\cdots+\alpha_r y_{k-r}+h(\beta_{-1}f_{k+1}+\beta_0 f_k+\cdots+\beta_r f_{k-r})$$

吉尔已证明：令系数 $\beta_0=\beta_1=\cdots=\beta_r=0$，并取系数 α_i（$i=0, 1, \cdots, r$），以及 β_{-1} 如表 2-3 形式时，此递推公式对病态方程求解计算过程是数值稳定的。r 表示所取隐式吉尔法的精度阶次。

表 2-3 隐式吉尔法系数表

r	α_0	α_1	α_2	α_3	α_4	α_5	β_{-1}
1	1	0	0	0	0	0	1
2	4/3	-1/3	0	0	0	0	2/3
3	18/11	-9/11	2/11	0	0	0	6/11
4	48/25	-36/25	16/25	-3/25	0	0	12/25
5	300/137	-300/137	200/137	-75/137	12/137	0	60/137
6	360/147	-454/147	400/147	-225/147	72/147	-10/147	60/147

第四节中式(2-103) 即为具有三阶精度的三步隐式吉尔法递推公式。表 2-3 中取 $r=1$ 时，递推公式为

$$y_{k+1}=y_k+hf_{k+1}$$

它是一个隐式公式，形式却与最简单的欧拉法相同，不同的是以 $(y_{k+1}-y_k)/h$ 近似代替 y 在 $t=t_{k+1}$ 点的导数 $f(t_{k+1}, y_{k+1})$ 即 f_{k+1}，故又称后退欧拉公式。根据数值稳定性分析可知其为恒稳格式，即步长 h 的取值，理论上讲，将不影响数值计算的精度，保证数据结果是收敛于实际值的，这正是隐式吉尔法的突出特点。通过自动改变步长 h，适应系统不同特征值 λ_i 下相应的动态变化性能，从而为解决病态问题提供了理论依据。

隐式吉尔法虽然从理论上说十分适用于病态系统仿真，但因其为隐式多步法，实用时需解决好自启动、预估迭代和变阶变步长问题。

(1) 自启动

r 阶多步算式无法自启动，需要用单步法求得前 r 步值，然后才能转入多步法连续计算下去。因此采用单步法求得的 r 个出发值必须保证所求数值的精度，否则即使取得前 r 步值，但由于精度太差会造成后面计算无法正常进行。

(2) 预估迭代

隐式法不能直接求得 y_{k+1}，又需要用显式法做预估，然后通过有效迭代，求得所需值。因此，迭代方法要求收敛性良好，否则虽然理论上隐式吉尔法稳定域很宽，但迭代过程若对步长 h 敏感，也会在大步长时造成计算数值发散，得不到正确结果。

(3) 变步长

对病态系统仿真总是要求在计算过程中采用变步长，即系统变量初始阶段变化剧烈，要求用小步长细致描述刻划，而后随着变化趋缓，可逐步放大步长，以减少计算时间。

此外，对不同精度要求的系统仿真，要考虑变阶次问题。即为减小每一步计算的截断误差，以提高精度时，应选较高阶次；而当精度要求较低时，为减少工作量，则应选取较低阶次。

按以上考虑，实际计算中首先应以减小步长来满足精度要求，当达到最小步长还未满足精度要求，则应提高该方法的阶次；当在 r 阶方法连续若干步的计算中精度始终满足要求时，则可以适当降低为 $r-1$ 阶方法继续运算。

另外，是否满足精度要求可通过对所求各时刻数值解的相互关系和所用方法列出误差估计公式来加以判断。每计算一步，将估计误差 ε 与事先规定的误差精度 ε_0 相比较，当 $\varepsilon \leqslant \varepsilon_0$，则结果有效，转入下一步计算；当 $\varepsilon > \varepsilon_0$，则本步结果无效，改变步长或阶次后重新计算本步，直至符合要求；若 $\varepsilon \ll \varepsilon_0$，则说明计算过程还可大大加快，增大步长或降低阶次后转入下一步计算。

关于以上几点，许多文献上都给出了相应的实用算法和实现策略，欲深入了解和学习的读者请参阅书后有关参考文献。

第六节　数字仿真中的“代数环”问题

一、问题的提出

反馈是控制系统中普遍存在的环节，在进行数字仿真时，计算机按照一定的时序执行相应的计算步骤，对于反馈回路就有一个输入和输出计算顺序的问题。在相当普遍的条件下，当一个系统的输入直接取决于输出，同时输出也直接取决于输入时，仿真模型中便出现“代数环”问题[77-79]。

下面结合一个实例给出“代数环”的定义。图 2-37 所示为一个最简单的“代数环”问题。仿真模型的输出反馈信号作为输入信号的一部分，在进行仿真时，按正常的计算顺序应该先计算模块的输入，然后再计算由输入驱动的输出。然而，由于输入与输出相互制约，这就形成了一个死锁环路，也就是所谓的“代数环”问题。当一个仿真模型中存在一个闭合回路，并且回路中每个模块/环节都是直通的，即模块/环节输入中的一部分直接到达输出，这样一个闭合回路就是“代数环”。

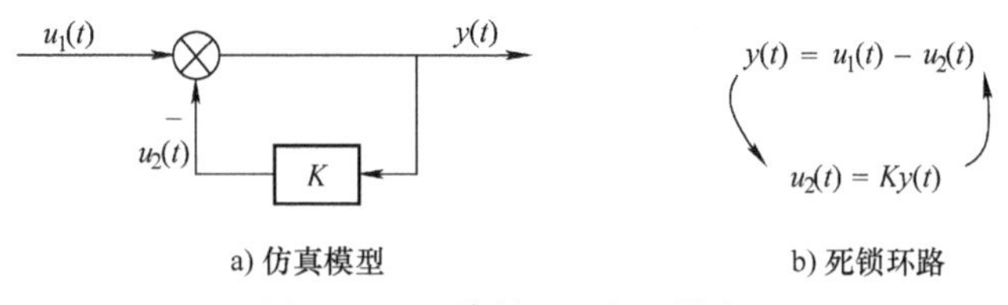

a) 仿真模型 b) 死锁环路

图 2-37 “代数环”问题简例

显而易见，“代数环”问题会严重影响仿真速度，某些情况下还会降低控制系统仿真的精度，甚至导致仿真系统停滞。对于存在“代数环”的反馈系统模型，需要仿真者事先采取必要措施加以避免。

对于简单的“代数环”问题，MATLAB/Simulink 系统仿真软件提供了“牛顿迭代算法”对“代数环”问题进行求解。“牛顿迭代算法”是一种基于一阶 Taylor 级数展开的逐次迭代逼近法，在迭代算法的每一步都需要进行多次求导运算。因此，随着模块功能复杂程度的加大，精确度要求的提高，迭代计算量将会大幅增加，从而导致运行速度剧降，仿真效率很低。此外，“牛顿迭代算法”具有一定的收敛条件，当收敛条件不满足时，Simulink 对“代数环”的求解误差较大。

随着控制系统模型复杂性的增加和非线性环节的影响，“代数环”问题变得非常隐蔽而难以为人所认识。为保证系统仿真的速度和精确度，高效地应用 MATLAB/Simulink 等仿真软件，有必要了解“代数环”问题产生的条件和有效的消除方法。

二、“代数环”产生的条件

如前所述，“代数环”是一种反馈回路，但并非所有的反馈回路都是“代数环”，其存在的充分必要条件是：在系统仿真模型中，存在一个闭合路径，该闭合路径中的每一个模块/环节都是直通模块/环节。

所谓直通，指的是模块/环节输入中的一部分直接到达输出。如果一个反馈回路的正向通道和反向通道都由直通模块组成，则此反馈回路一定构成“代数环”。对于复杂反馈回路来说，只要能够找到由直通模块构成的闭合路径，则也一定构成“代数环”。

常见的几种代数环现象如图 2-38 所示。

在应用 MATLAB/Simulink 进行图形化建模的时候，应该对其模块库中哪些模块及其在什么条件下有直通特性有所了解，从而可以预见到“代数环”的存在，也可以为消除“代数环”以及避免产生新的“代数

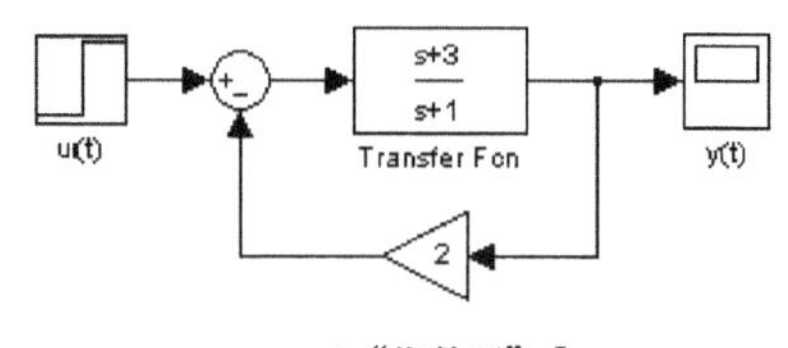

a) “代数环” Ⅰ

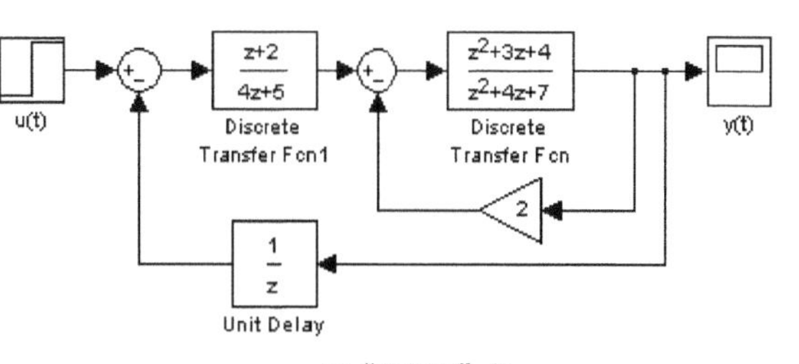

b) “代数环” Ⅱ

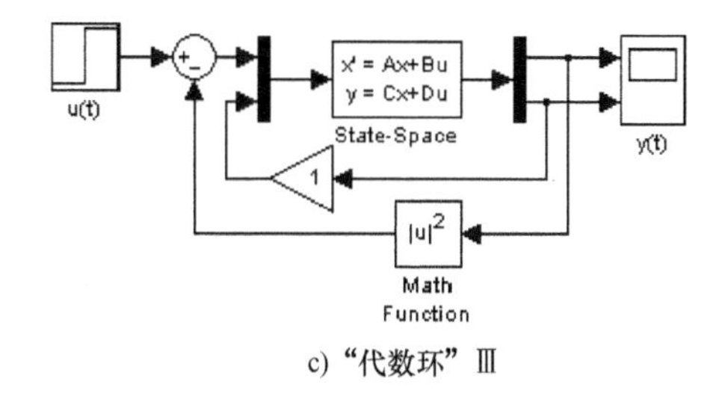

c) “代数环” Ⅲ

图 2-38 几种常见的代数环现象

环”提供帮助。表2-4列出了MATLAB/Simulink 模块库中一些典型的直通模块[77]。

表2-4 Simulink 模块库中一些典型的直通模块

模块	所属模块库	说　明
e^u Math Function	Simulink/Math	任意情况
$\frac{1}{z+0.5}$ Discrete Transfer Fcn	Simulink/Discrete	当离散传递函数的分子与分母阶数相同时
$\frac{1}{s}$ Integrator	Simulink/Continuous	从初始条件输入端到输出的直通
+ + Add	Simulink/Math	任意情况
1 Gain	Simulink/Math	任意情况
$\frac{(s+1)}{s(s+1)}$ Zero-Pole	Simulink/Continuous	当极点数目与零点数目相同时
x = Ax–Bu y = Cx+Du State-Space	Simulink/Continuous	当 ***D*** 矩阵非0时
$\frac{1}{s+1}$ Transfer Fcn	Simulink/Continuous	当传递函数的分子与分母阶数相同时

在MATLAB/Simulink 的仿真模型中，产生“代数环”的一般条件可归纳如下，在具体仿真实验中要予以充分注意。

1）前馈通道中含有信号的“直通”模块，如比例环节或含有初值输出的积分器。

2）系统中的大部分模型表现为非线性。

3）前馈通道传递函数的分子与分母同阶。

4）用状态空间描述系统时，输出方程中 ***D*** 矩阵非0。

三、消除“代数环”的方法

“代数环”的表现形式是多种多样的，消除“代数环”的方法也不尽相同，一般可以分为两类，一类为变换法，另一类为拆解法[77,80]。

1. 变换法

“代数环”在形式上是一种数字仿真模型，对应的是数学模型，通常表现为一个方程或方程组。当方程的右边项中包含有方程的左边项时，如果用Simulink去直接实现该方程，将产生“代数环”。如果先将原始数学模型进行变换，使得方程的右边项中不包含有方程的左边项，然后再用Simulink去实现，则可以消除“代数环”，其本质上是将“代数环”隐函数变换为显函数的方法。

例如，设一个系统的描述方程为

$$\begin{cases}\dot{x} = u - 0.5y \\ y = 4x + 2\dot{x}\end{cases} \tag{2-109}$$

式中，u，x，y分别代表输入量、状态变量和输出量。该系统直接利用Simulink建模，如图2-39所示。

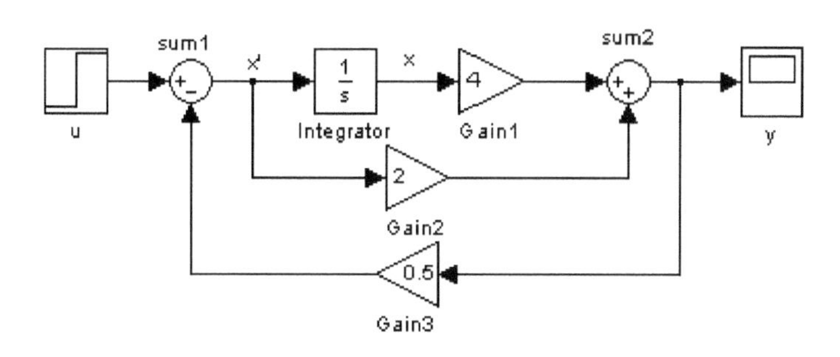

图2-39　Simulink仿真模型

仿真过程中MATLAB提示如下：

Warning：Block contains 1 algebraic loop（s）.

Found algebraic loop containing block（s）：

'Gain3','Sum1','Gain2','Sum2'.

它说明该模型在仿真时含有“代数环”，是由于'Sum1','Gain2','Sum2','Gain3'四个直通模块构成了一个闭合回路。我们可以采用变换法消除代数环，系统方程明显为隐函数，通过对方程各变量进行代换调整，可以得到如下新的系统方程

$$\begin{cases}\dot{x} = -x + 0.5u \\ y = 2x + u\end{cases} \tag{2-110}$$

重新建立Simulink仿真模型，如图2-40所示。

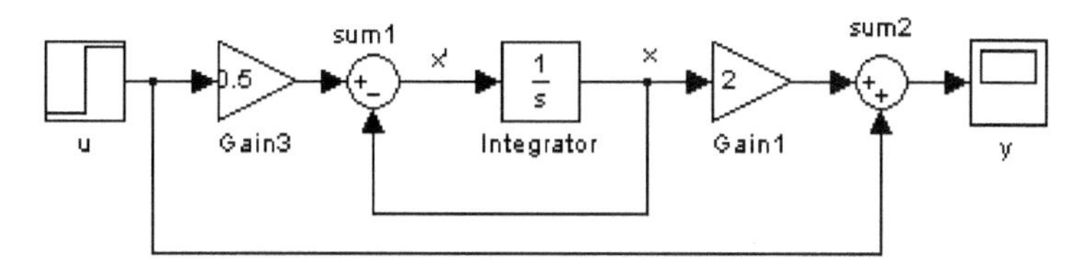

图2-40　Simulink仿真模型

虽然仿真模型中依然存在反馈回路，但其中前向通道的积分环节不是直通模块，因此该反馈回路也就不再构成“代数环”。

然而，用变换法消除“代数环”存在两个方面的限制。首先，并不是所有的隐函数都可以求解得到显函数；其次，原始的数学模型往往反映了仿真对象的物理结构，按照物理结

构构造仿真模型可以实现所谓的同构仿真，按照变换后得到的数学模型构造的仿真模型则只能实现同态仿真，同构仿真比同态仿真具有更好的可信度，也具有更大的灵活性。

一般情况下，为避免“代数环”的产生，在系统建模与列写仿真系统的微分方程时，习惯上“将最高次微分项全部列于方程左边，其他阶次微分项及输入与干扰等项列于方程右边”。

2. 拆解法

用拆解法消除“代数环”基于这样一个认识：“代数环”是一个闭合回路，而且回路中的每一个模块都必须是直通模块，在保持功能不变的同时，如果能够在回路中产生一个非直通模块，则该“代数环”就被拆解了。“代数环”的拆解有多种方法，受篇幅所限，这里仅介绍其中的三种。

（1）插入存储器模块拆解“代数环”

存储器模块是 Simulink 库中的一个模块，其功能是将当前的输入采样保持一个时间步，然后再输出。存储器模块在每一个时间步的输出都是其在上一个时间步的输入，因此存储器模块是一个非直通模块。如图 2-41 所示，将存储器模块插入代数环中可以拆解“代数环”。当然，引入存储器模块肯定对原系统的精度有影响。特别是对相位稳定裕量不大的系统，有可能产生振荡，因为存储器模块实际上是一个延迟环节。

（2）通过模型替代或重构的方法消除直通模块

在一定的条件下，“代数环”一些直通模块可以用具有相同功能的非直通模块替代。从系统原理出发，也可以通过重构部分模型，从而消除直通模块，实现“代数环”的拆解。例如，计数器模块用于对输入脉冲计数，是一个直通模块。为了避免产生“代数环”问题，可以用如下离散函数取代计数器模块

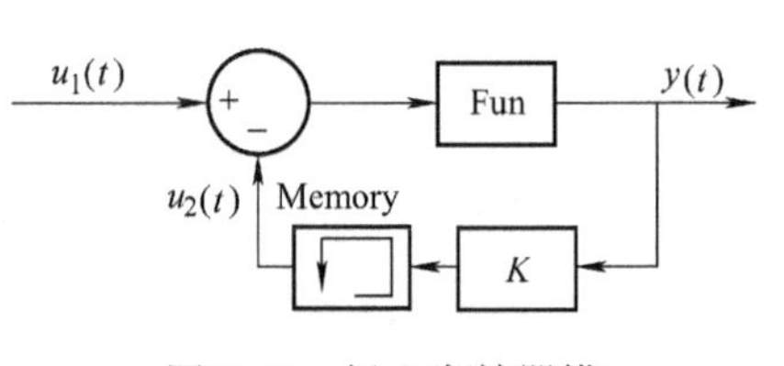

图 2-41 插入存储器模块拆解“代数环”

$$
\begin{cases} \dfrac{Y(z)}{U(z)} = \dfrac{1}{z-1} \\ y(n+1) = y(n) + u(n) \end{cases} \tag{2-111}
$$

式中，$Y(z)$ 和 $U(z)$ 分别是输出变量 $y(n)$ 和输入变量 $u(n)$ 的 z 变换。可见，如果将该离散传递函数模块的输入信号幅度量化为单位值，同时适当设置模块的采样时间，则该模块可以准确地实现计数器模块的功能。然而该模块是非直通模块，可以有效消除“代数环”问题。然而，当控制系统的结构比较复杂或模型重构较困难时，该方法的实现有一定的难度。

（3）用 Simulink 提供的专门手段拆解代数环

Simulink 提供了一些专门手段来拆解“代数环”，例如代数约束模块、积分模块的状态输出端等，这些手段可以解决一些特定的“代数环”问题。例如，从积分模块的输入端口到输出端口是非直通的，但从积分模块的初始值输入端口到输出端口，以及从复位输入端口到输出端口却都是直通的。因此，如果从积分模块的输出端口引出的信号再经过一些直通模块后又反馈到积分模块的初始值输入端口或者复位输入端口，则构成一个“代数环”。为了解决这个问题，Simulink 专门为积分模块设计了一个状态端口，其输出与输出端口完全相同，仅在内部计算的时序上有细微区别，而无论是从积分模块的初始值输入端口还是从复位输入端口到状态端口都是非直通的。因此，当出现上述的“代数环”问题时，可以从积分

模块的状态端口引出信号，从而“代数环”就被拆解了。

关于“代数环”的问题，参考文献[77，80]也给出了相应的实用算法和实现策略，感兴趣的读者不妨参阅之，并做进一步的探讨。

第七节 问题与探究——电力电子器件建模问题

一、问题提出

在本章第二节的“三相电压型 PWM 整流器系统”建模中，所涉及到的电力电子器件（如 MOSFET、IGBT）都是按理想的开关模型（“0”“1”状态）处理的；然而，当我们在研究微观时间尺度下电力电子器件（电压、电流）动态响应（或器件特性）的时候，就必须对电力电子器件建立更为精确的仿真模型，以利于电力电子系统的动态仿真（全时间范围）与实际系统的全状态模拟，其原理如图 2-42 所示。

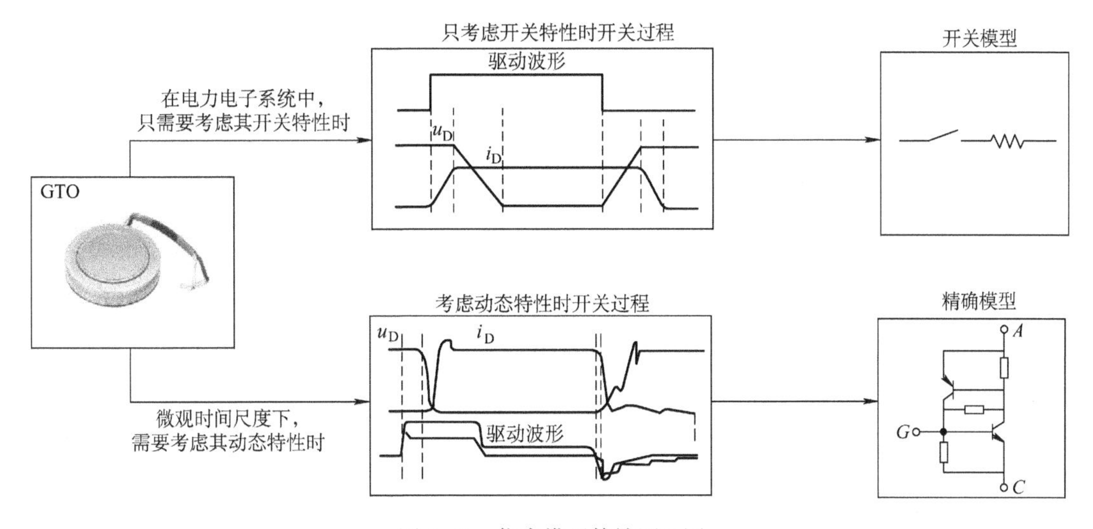

图 2-42 仿真模型等效原理图

显然，在研究电路系统特性或者器件本身特性时，当需要在微秒（μs）尺度里研究器件的动态特性时，电力电子器件的模型不能沿用“0”“1”状态模型；同时，其动态模型也难以用微分方程或传递函数的数学形式来描述。这是因为电力电子器件实际工作过程及其各种特性和它的半导体结构密切相关，难以建立电力电子器件动态过程的数学描述，需要考虑另外的建模方式。

电力电子器件的精确模型主要应用在：器件模型换向过程（微观时间尺度上）、元器件张力、功率消耗、设计器件缓冲电路等情况下的动态分析。

二、建模机理

1. 电力电子器件建模需考虑的问题

对于功率半导体器件模型的发展，除了考虑半导体器件在建模时所考虑的一般问题和因素之外，在建立比较精确的仿真模型时，以下几个问题必须优先考虑，这些问题在低功率器件中不成问题，但在功率电子器件中，这几个问题支配了器件的静态和动态特性。

（1）电阻系数的调制

为了承受较高的电压，功率半导体器件一般都有一定厚度的掺杂半导体层，当器件导通时，这个层决定导通压降和功率损失。这个电阻随电压和电流变化而变化，具有非线性电阻的特性。

（2）电荷存储量

对于双极型器件而言，当处于导通状态时，载流子电荷被存储在低掺杂区域，这些载流子电荷在器件阻断之前，必须尽快地被移走，该过程是引起开关延时和开关损耗的根本原因。我们以往使用的用于仿真的器件模型都是一种准静态模型，这就意味着电荷的分布是器件两端瞬时电压的函数，这根本不适于功率电子器件，若要准确描述器件的动态特性，就需要导入器件的基本物理方程。在暂态瞬间，功率器件的低掺杂区域内的载流子电荷随着时间和位置进行变化。如图 2-43 所示，IGBT 单元细胞物理结构就可以等效出很多非线性电容。

（3）MOS 电容

MOSFET、IGBT、MCT 等控制门极通常都是绝缘门极，这样的门极都具有比较大的门极电容，这个电容受门极电压的影响，是个非线性电容。影响最大的是门极和阳极之间的电容，在应用电路中门极是输入端，而阳极通常是输出端，通过两极电容形成的反馈作用，对开关的特性产生了较大的影响。

（4）电热交互作用

由于功率损耗，电力电子器件在工作时产生大量的热能，器件的特性同器件的温度有极大的关联，因此变化的温度对器件的特性产生了影响。考虑到热能对器件特性的影响，也需要对器件的电热效应建模。

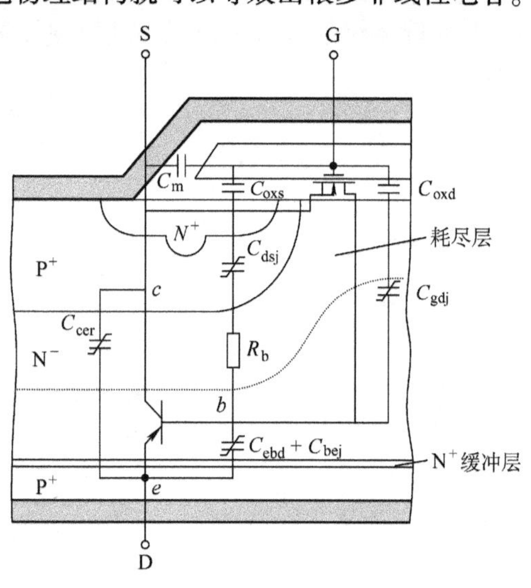

图 2-43 IGBT 单元细胞物理结构及电容分布

（5）击穿

击穿不仅仅发生在器件损坏时，有时正常的应用也会发生击穿现象。功率电子器件的击穿大多数是雪崩击穿，但有时也有齐纳击穿发生。

2. 电力电子器件的建模方法

电力电子器件有各种各样电路模型，所以也存在许多建模方法。目前使用的建模方法主要有数值建模法和子电路建模法。

（1）数值建模法

数值模型一般是直接利用半导体功率器件的物理方程求解而得到模拟结果的一种建模方法。通过这种建模方法得到的电力电子器件数值模型可以称为数值模型（或者微模型），其模型参数与物理原理密切相关，这类模型的特性比较接近器件的实际特性。但是它的参数比较复杂，用户使用起来很不方便，对计算机的要求也非常高。

（2）子电路建模法

这种模型一般都建立在已有的通用电路仿真平台上（如 Saber、Pspice），根据需要建模的电力电子器件特性，利用仿真平台器件库中已有的器件，搭出满足电力电子器件静态和动态特性的模型来。当然这种子电路模型可以很简单，也可能很复杂。子电路型电力电子器件模型的仿真精度一方面取决于模型本身结构，还取决于仿真平台的计算精度和仿真平台中已有的模型精度。所以子电路型电力电子器件模型的精度不会十分理想，而且由于模型的结构有时过于复杂（有时为了追求仿真精度），仿真时要花费许多时间。但它的优点是物理概念清晰，建模过程简单，容易理解和便于掌握。

3. 电力电子器件的模型参数和模型参数的提取

一个模型是否精确不仅仅取决于模型本身，还取决于模型参数。实际上用于电路仿真的器件模型是否对电路的设计者有价值，取决于模型的参数系列是否可靠。

简单的模型只有较少的参数，这些参数来源于对观测到器件工作特性曲线的拟合。而精确的模型则需要大量的模型参数，因为这些模型是根据器件的物理特性和器件结构建模的，具体请参照参考文献[81-84]。

4. 电力电子器件的子电路模型建立的一般过程（以功率二极管为例）

（1）基本结构以及工作原理分析

如图2-44所示，功率二极管为PN结构，但由于掺杂工艺和浓度不同，其空间电荷分布也有所不同。

（2）工作特性分析

工作特性包括静态工作特性和动态工作特性。这是器件的外特性，可以通过实验观测到，是建立器件模型的重要依据。

图2-45所示为功率二极管的静态特性曲线。对于功率二极管的静态特性我们已经很了解，这里不再详述。

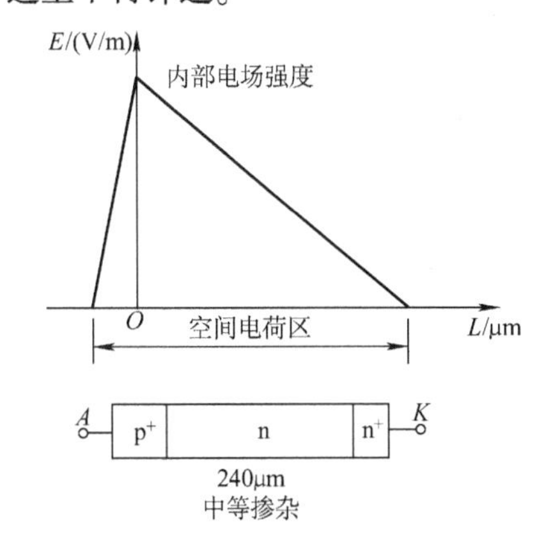

图2-44　功率二极管结构图

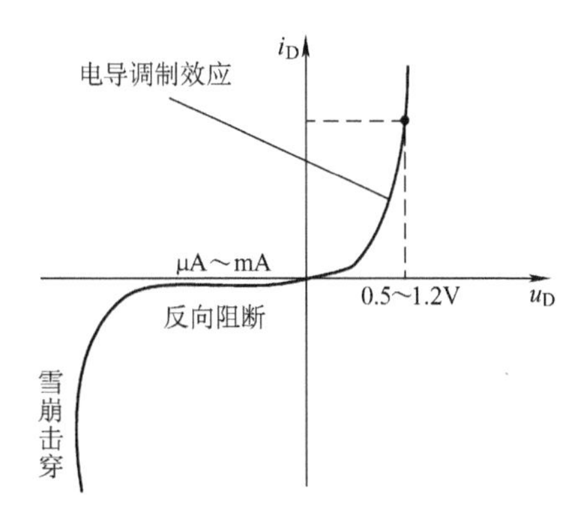

图2-45　功率二极管静态特性曲线

如图2-46所示，功率二极管的动态特性包括开通和关断特性（当然它的动态特性和其物理结构密切相关）。图中将实际电压电流和理想状态下的响应曲线做了比较，可见实际过程中功率二极管受其内部结构影响与理想状态下响应有着很大差别。

（3）等效物理结构的确定

根据需要建模的电力电子器件特性，对器件的半导体物理结构进行精确的分析得到器件精确的物理等效结构，并通过建立相应的物理方程来得到相应等效元件的参数表达式。

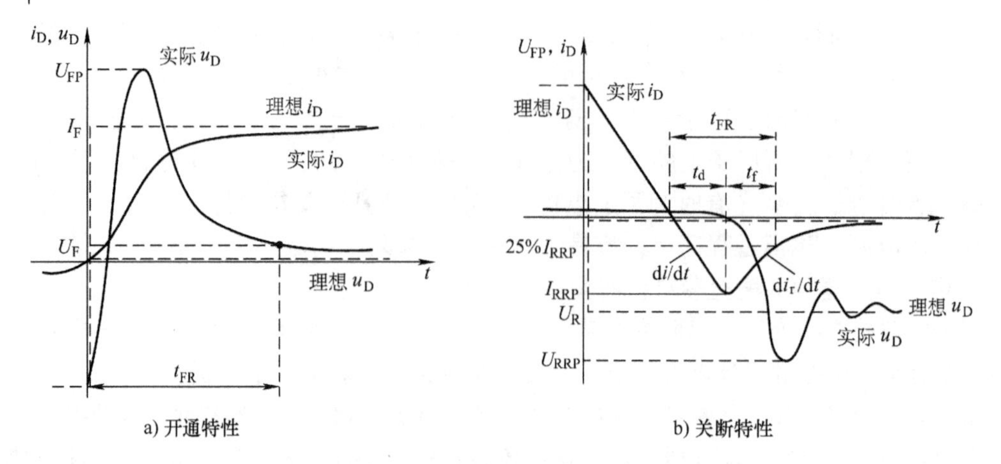

图 2-46　功率二极管的动态特性

由于功率二极管结构简单，根据上述方法得到其等效物理结构如图 2-47 所示。

（4）参数提取

根据具体器件的实际特性曲线以及实验测得数据可对器件各等效器件赋值，最终得到完整的仿真模型，可用于仿真实验。

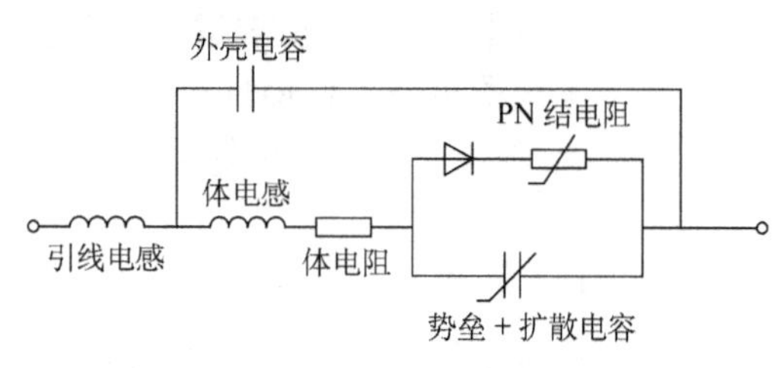

图 2-47　功率二极管的等效物理结构

三、问题探究

下面几个问题，感兴趣的读者可以根据相关参考文献探究之。

1）试基于 Pspice 工具软件平台建立如图 2-48 所示 IGBT 的子电路模型，相关内容可参照参考文献[85-87]。

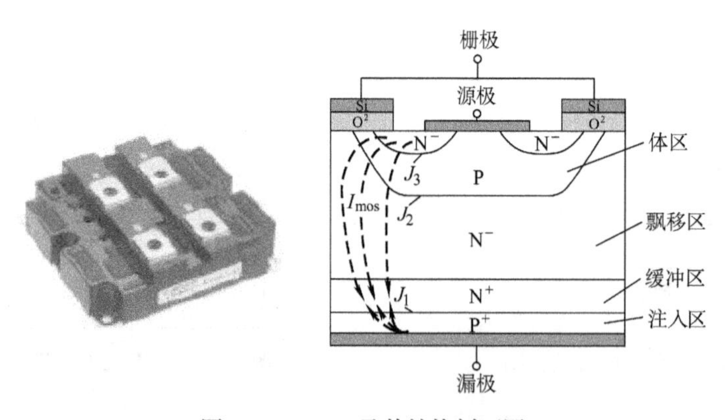

图 2-48　IGBT 及其结构剖面图

2）参考文献[81]给出了美国 IR 公司的产品 IRGBC40S 型 IGBT 的仿真模型（图 2-49），根据参考文献[81]中的参数，应用 Pspice 工具软件对其进行仿真实验，并根据实验结果说明其动态特性的有效性与正确性。

3）针对图 2-50 所示的 BUCK 电路原理模型，试比较使用开关模型的仿真实验、使用子电路模型的仿真实验与实物实验三者结果的差异，并给出相应结论。

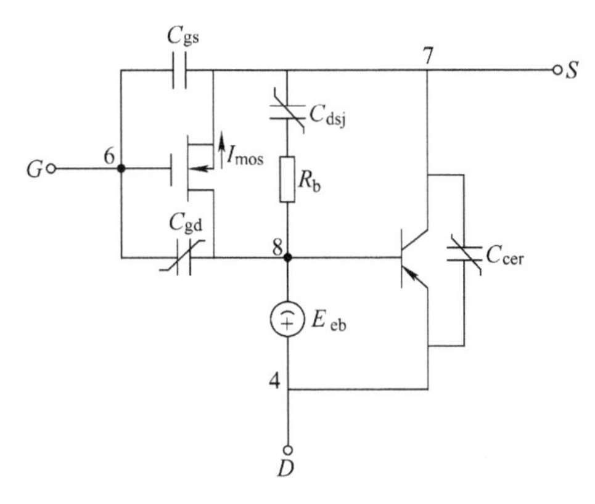

图 2-49　IRGBC40S 的子电路原理模型

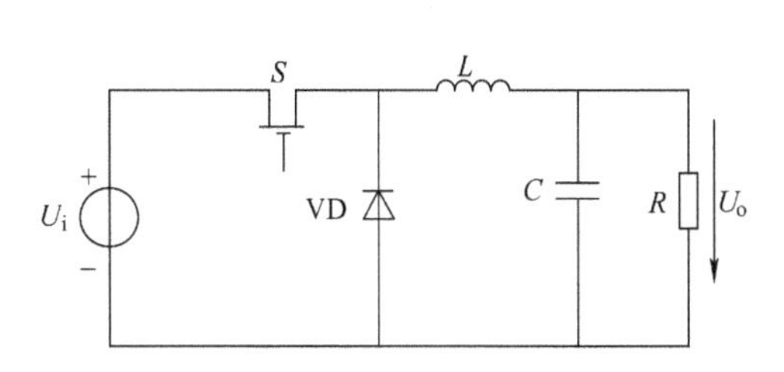

图 2-50　BUCK 电路原理模型

小　　结

本章主要讲述控制系统数字仿真的基础内容，现将主要内容归纳如下：

1）控制系统的数学模型是对系统进行计算机仿真的基础。本章介绍了线性系统微分方程、状态方程、传递函数、零极点增益和部分分式等数学模型的表示方法和相应的模型参数表示方法。

2）为使所建立的模型方便地应用 MATLAB 语言进行处理，模型参数采用 MATLAB 语言控制系统工具箱中相应的格式，即

微分方程、传递函数：(num, den)；

状态方程：　　　　　$(\boldsymbol{A}, \boldsymbol{B}, \boldsymbol{C}, \boldsymbol{D})$；

零极点增益：　　　　$(\boldsymbol{Z}, \boldsymbol{P}, K)$；

部分分式：　　　　　(R, P, H)。

3）数学模型各种形式是为适应不同的分析与设计要求而建立的，它们之间均可以通过一定方法相互转换。MATLAB 语言为此提供了方便可靠的数学模型转换函数 ss2tf（）、tf2ss（）、tf2zp（）等。

4）控制系统建模一般采用机理法、统计法和混合法，又称之为一次模型化。需根据对系统内部结构、特性或是外部输入、输出数据的了解和掌握程度，确定采用何种建模方法更能准确反映系统中各物理量变化规律的动力学特性。系统建模对最终的数字仿真结果有直接影响，应予以充分重视。

5）实现问题就是根据控制系统的传递函数描述求取其相应的状态空间描述；计算机仿真技术的实现问题更具体，就是要将一次模型化得到的系统数学模型，再加以二次模型化，得到可在数字计算机上运行求解的仿真模型。

6）数值积分法是计算机求解一阶微分方程的有效手段。欧拉法最简单易行，且是其他各种数值积分算法的基础，但其截断误差大，不能满足一般工程的精度要求；龙格-库塔法是控制系统仿真最常用的算法，可以根据对仿真精度的不同的要求，选取相应的阶次，一般情况下采用三阶或四阶龙格-库塔法已能满足较高精度的需要。数值积分的单步与多步、显示与隐式等各种方法各有特点，应根据系统仿真的需要灵活应用。

7）数值稳定性是指数值计算过程中，各种误差等积累能否得到很好抑制，是否不会随计算时间增加而不断增大，所得的数值结果是否逼近实际结果等。通过试验方程式(2-104)可以对数值积分方法的数值稳定性做出判断，大致估计出不同方法对计算步长 h 的限制范围。对 h 无限制的方法，称无条件恒稳格式；对 h 有限制的方法，则称条件稳定格式。

8）选用数值算法应从精度、计算速度和稳定性三方面要求来综合考虑。首先保证算法的数值稳定性，其次是满足精度要求，然后再尽可能提高计算速度，减少计算步骤和计算时间。

9）“病态”系统由于其系统特征值之间的实部绝对值相差过大，造成对所用算法数值稳定性要求很高，对步长的选取非常敏感，故求解“病态”系统需采取稳定性好、精度高，能自动变步长的数值积分法。隐式吉尔法是具有以上特点的常用算法之一。

10）“病态”问题与“代数环”问题是数字仿真中经常遇见而不为人们所重视的问题，往往给仿真结果带来麻烦，需要我们在理解原理的基础上予以注意。

11）以微分方程为基础的“数学模型”是系统模型的主要形式。但是，有些工况难以实现准确的“数学建模”（如电力电子器件的数学建模、水轮发电机组系统的建模等问题）。因此，往往采取“中间变换”的手段处理（如电力电子器件建模的中间变换就是基于 LRC 等效的模型）。

习　题

2-1　思考题：

1）数学模型的微分方程、状态方程、传递函数、零极点增益和部分分式五种形式，各自有什么特点？

2）数学模型各种形式之间为什么要相互转换？

3）控制系统建模的基本方法有哪些？它们的区别和特点是什么？

4）控制系统计算机仿真中的“实现问题”是什么含义？

5）数值积分法的选用应遵循哪几条原则？

2-2　用MATLAB语言求下列系统的状态方程、传递函数、零极点增益和部分分式形式的模型参数，并分别写出其相应的数学模型表达式。

1）

$$G(s)=\frac{s^3+7s^2+24s+24}{s^4+10s^3+35s^2+50s+24}$$

2）

$$\dot{\boldsymbol{X}}=\begin{bmatrix}2.25 & -5 & -1.25 & -0.5\\ 2.25 & -4.25 & -1.25 & -0.25\\ 0.25 & -0.5 & -1.25 & -1\\ 1.25 & -1.75 & -0.25 & -0.75\end{bmatrix}\boldsymbol{X}+\begin{bmatrix}4\\2\\2\\0\end{bmatrix}u$$

$$y=\begin{bmatrix}0 & 2 & 0 & 2\end{bmatrix}\boldsymbol{X}$$

2-3　用欧拉法求下面系统的输出响应 $y(t)$ 在 $0\leqslant t\leqslant 1$ 上，$h=0.1$ 时的数值解。

$$y'=-y,\quad y(0)=1$$

要求保留4位小数，并将结果与真解 $y(t)=\mathrm{e}^{-t}$ 比较。

2-4　用二阶龙格-库塔梯形法求解题2-3的数值解，并与欧拉法求得结果比较。

2-5　用四阶龙格-库塔法求题2-3数值解，并与前两题结果比较。

2-6　已知二阶系统状态方程为

$$\begin{bmatrix}\dot{x}_1\\ \dot{x}_2\end{bmatrix}=\begin{bmatrix}a_{11} & a_{12}\\ a_{21} & a_{22}\end{bmatrix}\begin{bmatrix}x_1\\ x_2\end{bmatrix}+\begin{bmatrix}b_1\\ b_2\end{bmatrix}u;\qquad \begin{bmatrix}x_1\ (0)\\ x_2\ (0)\end{bmatrix}=\begin{bmatrix}x_{10}\\ x_{20}\end{bmatrix}$$

写出取计算步长为 h 时，该系统状态变量 $\boldsymbol{X}=[x_1,\ x_2]$ 的四阶龙格-库塔法递推关系式。

2-7　单位反馈系统的开环传递函数如下

$$G(s)=\frac{5s+100}{s(s+4.6)(s^2+3.4s+16.35)}$$

用 MATLAB 语句、函数求取系统闭环零极点，并求取系统闭环状态方程的可控标准型实现。

2-8　用 MATLAB 语言编制单变量系统三阶龙格–库塔法求解程序，程序入口要求能接收状态方程各系数阵（$\boldsymbol{A}$，$\boldsymbol{B}$，$\boldsymbol{C}$，$\boldsymbol{D}$），和输入阶跃函数 $r(t)=R\cdot 1(t)$；程序出口应给出输出量 $y(t)$ 的动态响应数值解序列 y_0，y_1，…，y_N。

2-9　用题 2-8 仿真程序求解题 2-7 系统的闭环输出响应 $y(t)$。

2-10　用式(2-95) 梯形法求解试验方程 $y'=-\frac{1}{\tau}y$，分析对计算步长 h 有何限制，说明 h 对数值稳定性的影响。

2-11　图 2-51 所示为斜梁-滚球系统原理，若要研究滚球在梁上位置的可控性，需首先建立其数学模型。已知力矩电动机的输出转矩 M 与其电流 i 成正比（即 $M=ki$），横梁为均匀可自平衡梁（即当电动机不通电且无滚球时，横梁可处于 $\theta=0$ 的水平状态），试建立系统的数学模型，并给出简化后系统的动态结构图。

$\left[\text{提示：建立微分方程→简化→求}\frac{X(s)}{I(s)}\right]$

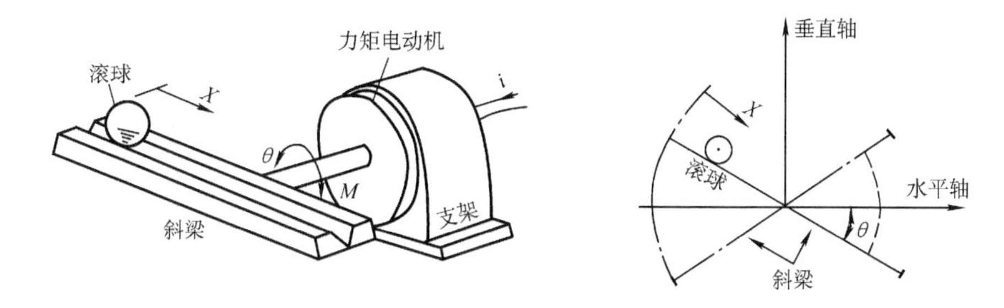

图 2-51　题 2-11“斜梁-滚球”系统原理图

2-12　如图 2-52 所示双水箱系统中，q_{in}为流入水箱 1 的液体流量，q_{out}为流出水箱 2 的液体流量，试依据液容与液阻的概念，建立 $Q_{out}(s)\propto[Q_{in}(s),H_1(s),Q_1(s),H_2(s)]$ 的系统动态结构图。

$$\left[\text{提示：}\frac{Q_{out}(s)}{Q_{in}(s)}=\frac{1}{R_1C_1R_2C_2s^2+(R_1C_1+R_2C_2+R_2C_1)s+1}\right]$$

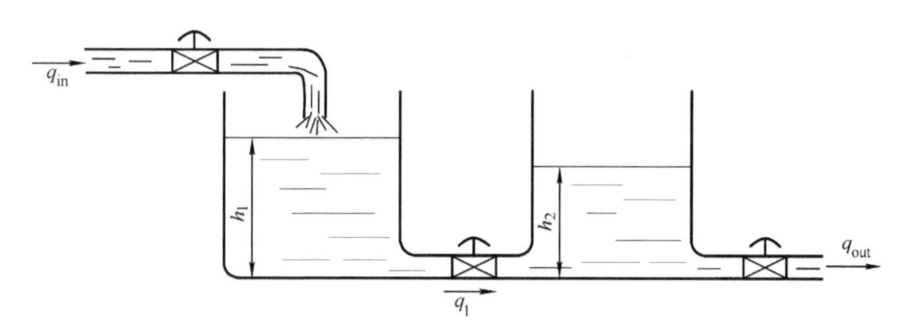

图 2-52　题 2-12 双水箱系统原理图

第三章　控制系统的数字仿真

本章以直流电动机转速/电流双闭环控制系统的数字仿真为主要内容，以 MATLAB/Simulink 软件工具为依托，系统地阐述了基于动力学原理的系统建模、基于典型系统模型的 PID 控制器设计、基于 MATLAB/Simulink 工具箱的控制系统仿真实验等综合内容，使读者充分理解“模型、设计、仿真”三者之间的相互关系；同时，针对电动机驱动电源（驱动器）的电力电子主电路控制（晶闸管半控、IGBT 全控），分别给出了实现方案与基于 SimPowerSystems 工具箱的仿真实验结果，使读者深入地理解电动机、驱动电源、转速/电流传感器、PID 控制器等环节，以及它们对电力传动系统稳态与动态性能的影响，进一步体会数字仿真技术的价值所在。

第一节　直流电动机与驱动电源的数学模型

一、额定励磁下直流电动机的数学模型

对于外部励磁的直流电动机（简称他励式直流电动机），图 3-1 给出了额定励磁下他励式直流电动机的物理等效模型。其中，电枢回路总电阻 R 包括电枢电阻、整流装置内阻和平波电抗器电阻等，总电感 L 包括电枢电感和平波电抗器电感等。设定各变量的正方向如图 3-1 所示。

由图 3-1 可列出微分方程如下：

$$U_{d0}=RI_d+L\frac{dI_d}{dt}+E \quad \text{（假设电流连续）} \quad (3\text{-}1)$$

$$E=C_en \quad \text{（额定励磁下的感应电动势）}$$

$$T_e-T_L=\frac{GD^2}{375}\cdot\frac{dn}{dt} \quad \text{（忽略粘性摩擦力）} \quad (3\text{-}2)$$

$$T_e=C_mI_d \quad \text{（额定励磁下的电磁转矩）}$$

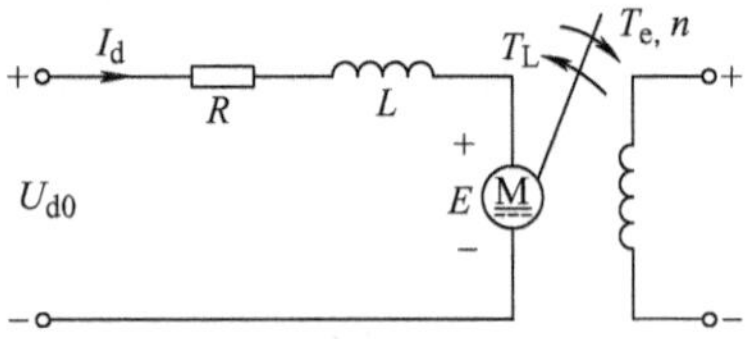

图 3-1　额定励磁下他励式直流电动机的物理等效模型

式中，T_L 为负载转矩（含电动机的空载转矩），N·m；GD^2 为飞轮惯量（系统运动部分折算到电机轴上的转动惯量），N·m²；$C_m=\frac{30}{\pi}C_e$ 为电动机额定励磁下的转矩电流比，N·m/A。

定义下列时间常数：

电枢回路的电磁时间常数 $T_l=\frac{L}{R}$，单位为 s；

系统的机电时间常数 $T_m=\frac{GD^2R}{375C_eC_m}$，单位为 s。

代入式(3-1)、式(3-2)，整理后可得

$$U_{d0}-E=R\left(I_d+T_l\frac{dI_d}{dt}\right) \tag{3-3}$$

$$I_d-I_{dL}=\frac{T_m}{R}\cdot\frac{dE}{dt} \tag{3-4}$$

式中，I_{dL}为负载电流，$I_{dL}=T_L/C_m$。

在零初始条件下，等式两侧同时取“拉普拉斯变换”，可得电压与电流间的传递函数如下：

$$\frac{I_d(s)}{U_{d0}(s)-E(s)}=\frac{1/R}{T_l s+1} \qquad (3\text{-}5)$$

电流与电动势间的传递函数为

$$\frac{E(s)}{I_d(s)-I_{dL}(s)}=\frac{R}{T_m s} \qquad (3\text{-}6)$$

式(3-5)、式(3-6) 可用图的形式描述，如图3-2所示。

图3-2a为式(3-5) 的结构图，图3-2b为式(3-6) 的结构图，图3-2c为整个直流电动机的动态结构图。

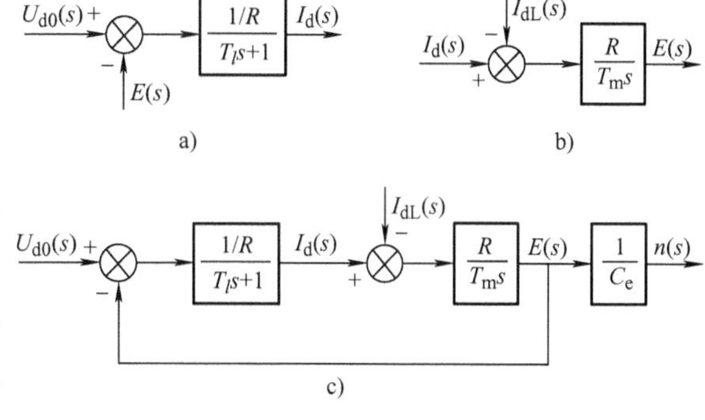

图3-2　额定励磁下直流电动机的动态结构图

二、驱动电源的数学模型

由图3-2c中直流电动机的数学模型可知：在额定励磁条件下，直流电动机的转速控制取决于电枢两端的“端电压U_{d0}”（U_{d0}系驱动电源/整流器输出的“理想空载电压”）；图3-3给出了基于晶闸管整流器/驱动电源的直流电动机转速控制系统结构图（开环），下面讨论该驱动电源的数学模型。

在系统分析时，通常把“整流器/驱动电源”当作一个环节，其输入量是触发电路的控制电压U_{ct}，输出量是整流器输出电压U_{d0}，把它们之间的放大系数K_s视为一个常数，晶闸管触发与整流装置可以看成是一个具有纯滞后作用的放大环节，其滞后作用是由晶闸管整流装置的“失控时间”引起的。表3-1给出了各种晶闸管整流电路的平均失控时间。

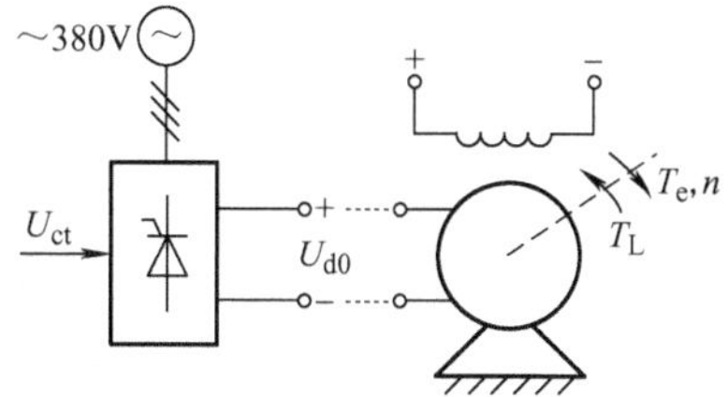

图3-3　直流电动机转速控制系统结构图（开环）

表3-1　各种整流电路的平均失控时间（$f=50$Hz）

整流电路形式	平均失控时间 T_s/ms
单相半波	10
单相桥式（全波）	5
三相半波	3.33
三相桥式	1.67

用单位阶跃函数来表示滞后，则晶闸管触发和整流装置的“时域”输入输出关系为

$$U_{d0}=K_s U_{ct}\cdot 1(t-T_s)$$

对上式取拉普拉斯变换，可得“频域”下的传递函数模型为

$$\frac{U_{d0}(s)}{U_{ct}(s)}=K_s e^{-T_s s} \qquad (3\text{-}7)$$

由于式(3-7) 中含有指数函数$e^{-T_s s}$，它使系统成为“非最小相位系统”；为简化分析与

设计，可将 $e^{-T_s s}$ 按泰勒级数展开，则式(3-7) 变成

$$\frac{U_{d0}(s)}{U_{ct}(s)}=K_s e^{-T_s s}=\frac{K_s}{e^{T_s s}}=\frac{K_s}{1+T_s s+\frac{1}{2!}T_s^2 s^2+\frac{1}{3!}T_s^3 s^3+\cdots}$$

考虑到 T_s 较小，忽略其高次项，则晶闸管触发和整流装置的传递函数可近似成一阶惯性环节

$$\frac{U_{d0}(s)}{U_{ct}(s)}\approx\frac{K_s}{T_s s+1} \tag{3-8}$$

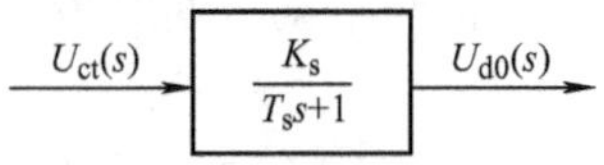

图 3-4 晶闸管触发和整流装置的动态结构图

式(3-8) 所示的数学模型，可表示为图 3-4 的动态结构图。

综上，我们建立了直流电动机与驱动电源（晶闸管整流器）的数学模型，其为后续的控制系统/控制器设计奠定了基础。

第二节 直流电动机的转速/电流双闭环 PID 控制方案

自 20 世纪 70 年代以来，国内外在电气传动领域大量地采用了“晶闸管整流电动机调速”技术（简称 V-M 调速系统）。尽管当今功率半导体变流技术已有了突飞猛进的发展，但在工业生产中 V-M 调速系统的应用还是占有相当比重的。一般情况下，V-M 调速系统均设计成图 3-5 所示的转速、电流双闭环形式。

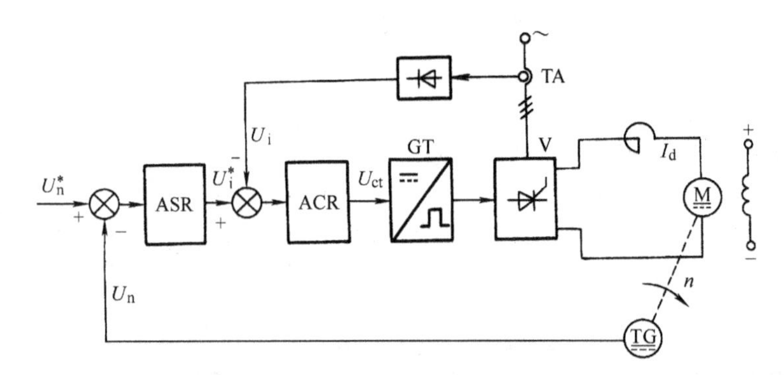

图 3-5 直流电动机双闭环调速系统结构图

一、双闭环 V-M 调速系统的目的

图 3-5 给出的是一双闭环直流调速系统，它着重解决了如下两方面的问题：

1. 起动的快速性问题

借助于 PI 调节器的饱和非线性特性，使得系统在电动机允许的过载能力下尽可能地快速起动。理想的电动机起动特性如图 3-6 所示。

2. 提高系统抗扰性能

通过调节器的适当设计可使系统转速对于电网电压及负载转矩的波动或突变等扰动予以迅速抑制，在恢复时间上达到最佳，其动态特性如图 3-7 所示。

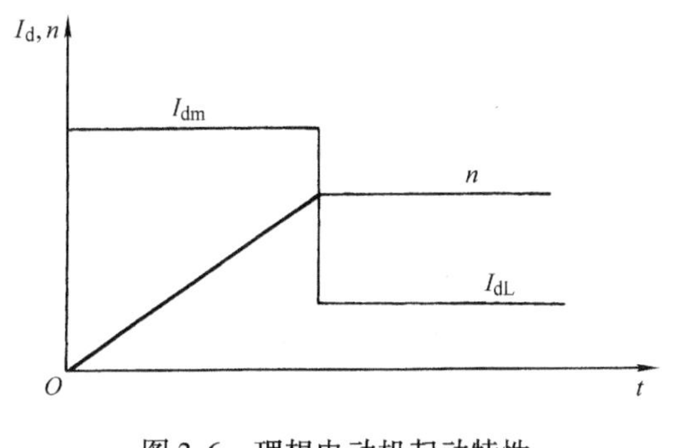

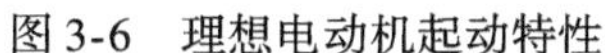
图 3-6　理想电动机起动特性

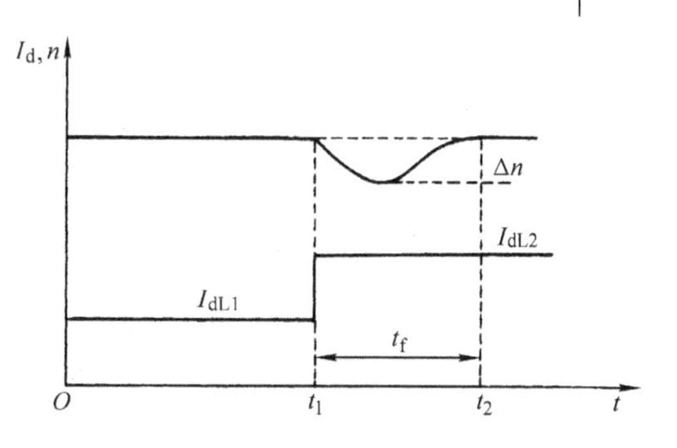

图 3-7　双环系统负载扰动特性

二、关于积分调节器的饱和非线性问题

双闭环 V-M 调速系统中的 ASR 与 ACR 一般均采用 PI 调节器，其中有积分作用（I 调节）。在图 3-8 中给出了控制系统的 PI 控制规律及系统简要结构，从中可知：

1）只要偏差 $e(t)$ 存在，调节器的输出控制电压 U 就会不断地无限制地增加（正向或负向）。因此，必须在 PI 调节器输出端加限制装置（即限幅 U_{m}）。双环 V-M 调速系统 ASR 的限幅输出为 U_{im}^{*}，对应于最大电流给定。

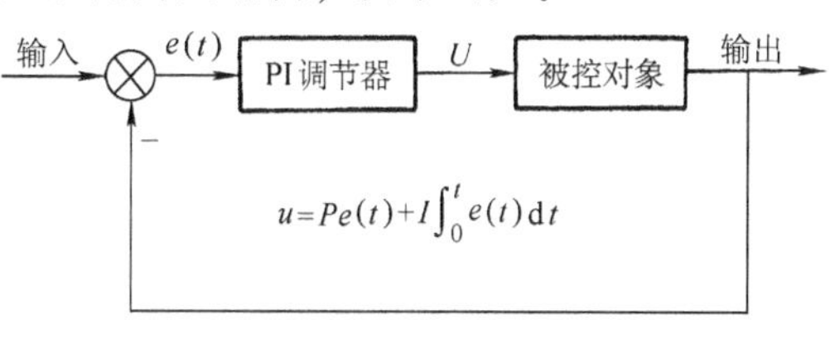

图 3-8　具有积分控制作用的系统结构

2）当 $e(t) = 0$ 时，U = 常数。若要使 U 下降，必须使 $e(t) < 0$。因此，在调速系统中若要使 ASR 退出饱和输出控制状态，一定要有超调产生。

3）若控制系统中（前向通道上）存在积分作用的环节（调节器，对象），则在给定作用下，系统输出一定会出现超调。

三、关于 ASR 与 ACR 的工程设计问题

对于图 3-5 所示的电动机调速控制系统，ASR 与 ACR 均按 PI 形式设计，将对象综合成典型系统，如图 3-9 所示。

对于双闭环 V-M 调速系统，电流环通常按典型Ⅰ型系统设计，而转速环按典型Ⅱ型系统设计，这是因为Ⅰ型系统跟随性能好一些，而Ⅱ型系统抗扰性能略佳。作为图 3-5 所示双闭环控制系统 PI 调节器的参数设计，在理论上有如下电子最佳设计方法。

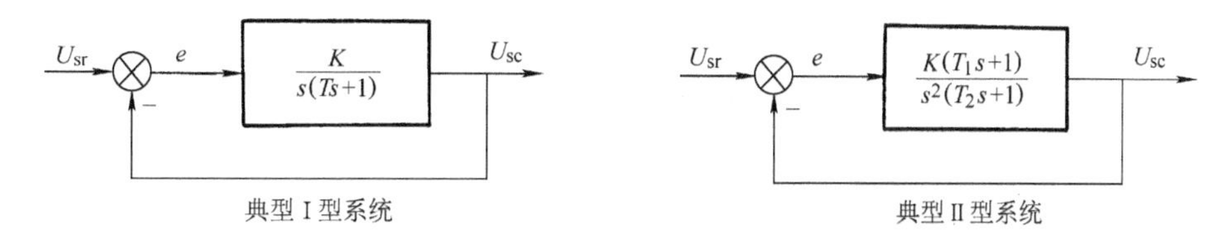

图 3-9　典型系统结构图

1）电流调节器：$D(s) = K_{i}\dfrac{1 + \tau_{i}s}{\tau_{i}s}$

取

$$\tau_{i} = T_{1}$$

$$K_{\mathrm{I}}=\frac{1}{2T_{\Sigma \mathrm{i}}} \qquad (T_{\Sigma \mathrm{i}}=T_{\mathrm{s}}+T_{\mathrm{oi}})$$

$$K_{\mathrm{i}} = K_{\mathrm{I}}\frac{\tau_{\mathrm{i}}R}{\beta K_{\mathrm{s}}}$$

2）转速调节器：$D(s) = K_{\mathrm{n}}\dfrac{1+\tau_{\mathrm{n}}s}{\tau_{\mathrm{n}}}$

取

$$\tau_{\mathrm{n}}=5\times T_{\Sigma \mathrm{n}} \qquad (T_{\Sigma \mathrm{n}}=2T_{\Sigma \mathrm{i}}+T_{\mathrm{on}})$$

$$K_{\mathrm{N}}=\frac{6}{50\times T_{\Sigma \mathrm{n}}^{2}}$$

$$K_{\mathrm{n}} = K_{\mathrm{N}}\frac{\tau_{\mathrm{n}}\beta C_{\mathrm{e}}T_{\mathrm{m}}}{\alpha R}$$

经过以上设计的 V-M 调速系统，从理论上讲有如下动态性能：电动机起动过程中电流的超调量为 4.3%，转速的超调量为 8.3%。但是，在工程实际中如上的理论设计与实际调试出的参数尚有一定的差距。

四、直流电动机转速/电流双闭环控制系统的动态结构图

1. 双闭环控制系统的动态数学模型

在图 3-5 所示的直流电动机转速电流双闭环控制系统中，转速传感器（如测速发电机）和电流传感器（如互感器）的响应都可以认为是瞬时完成的，因此它们的传递函数可用一固定常数的放大系数来表示。由于转速和电流的反馈信号中一般会存在谐波和其他扰动量，因此需设置反馈滤波环节，以保证信号质量；假设转速信号和电流信号滤波器的反馈滤波时间常数分别为 T_{on}和 T_{oi}，则转速和电流检测环节的传递函数可分别用如下传递函数来表示

$$\frac{U_{\mathrm{n}}(s)}{n(s)}=\frac{\alpha}{T_{\mathrm{on}}s+1}$$

$$\frac{U_{\mathrm{i}}(s)}{I_{\mathrm{d}}(s)}=\frac{\beta}{T_{\mathrm{oi}}s+1}$$

同时，由于转速和电流反馈滤波环节的存在，给反馈信号的传递带来了“延迟”，为了平衡这一延迟作用，在给定信号通道中加入了具有同一时间常数的给定信号滤波器环节。进而，可得到图 3-10 所示直流电动机转速/电流双闭环控制系统的动态结构图（数学模型）。

2. 系统实验参数

在图 3-10 所示系统中，采用三相桥式晶闸管整流装置，基本参数如下：

直流电动机：220V，13.6A，1480r/min，$C_{\mathrm{e}}=0.131$V/（r/min），允许过载倍数 $\lambda=1.5$。

晶闸管装置：$K_{\mathrm{s}}=76$。

电枢回路总电阻：$R=1.92\Omega$。

电枢回路总电感：$L=0.11$H（其中电枢电感 0.01H，平波电抗器电感 0.1H）。

时间常数：$T_{l}=L/R=0.0573$s，$T_{\mathrm{m}}=0.25$s。

反馈系数：$\alpha=0.00337$V/(r/min)，$\beta=0.4$V/A。

反馈滤波时间常数：$T_{\mathrm{oi}}=0.005$s，$T_{\mathrm{on}}=0.005$s。

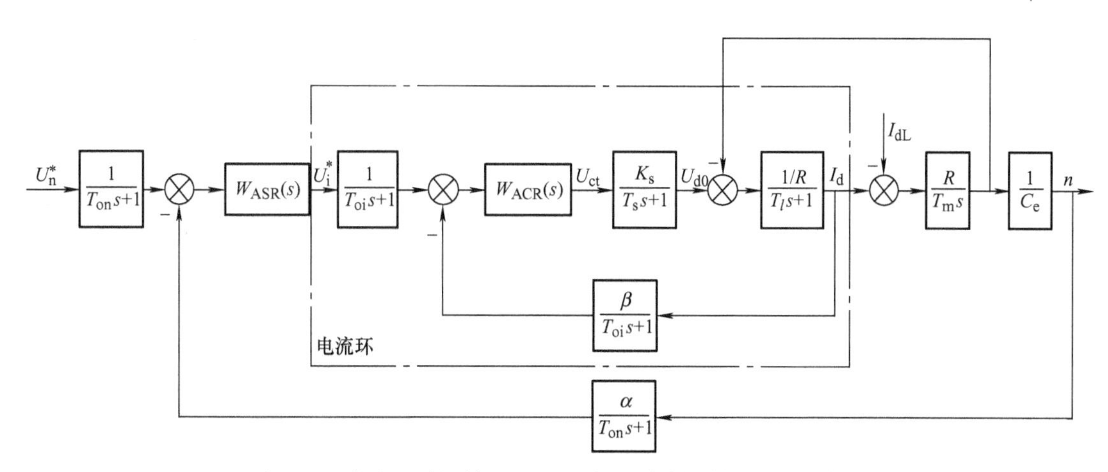

图 3-10　直流电动机转速/电流双闭环控制系统的动态结构图

3. ASR/ACR 的 PID 控制器设计

双闭环控制系统设计的一般原则是：从内环到外环，逐步由内向外展开。我们先从电流环入手，首先设计好 ACR/电流环调节器，然后把整个电流环看作是转速调节系统中的一个环节，再设计转速环的 ASR 调节器。

（1）电流环 ACR 设计

1）时间常数：整流装置滞后时间常数 T_s，电流滤波时间常数 T_{oi}。

由表 3-1 知，三相桥式电路的平均失控时间为 $T_s=0.00167\text{s}$；设电流滤波时间常数为 $T_{oi}=0.005\text{s}$；由控制器的工程设计方法可知[6]：电流环内时间常数 $T_{\Sigma i}=T_s+T_{oi}=0.00167\text{s}+0.005\text{s}=0.00667\text{s}$，则 $K_I=1/(2T_{\Sigma i})=74.96\text{s}^{-1}$。

2）ACR 调节器结构：为使电流环控制的结果等效为“典型 Ⅰ 型系统”，电流调节器 ACR 选择 PI 控制器，其传递函数为

$$W_{ACR}(s)=K_i\frac{\tau_i s+1}{\tau_i s} \tag{3-9}$$

3）ACR 调节器参数：

ACR 的时间常数：$\tau_i=T_l=0.0573\text{s}$。

ACR 的比例系数为

$$K_i=K_I\frac{\tau_i R}{\beta K_s}=74.96\times\frac{0.0573\times1.92}{0.4\times76}=0.27$$

则电流环调节器的传递函数为

$$W_{ACR}(s)=0.27\times\frac{0.0573s+1}{0.0573s}=\frac{0.0573s+1}{0.212s}$$

（2）转速环 ASR 设计

在上述电流调节器设计结果的基础上，转速环调节器 ASR 的设计步骤如下：

1）时间常数 $T_{\Sigma n}$：由 PID 控制器的工程设计方法可知[6]：

$$T_{\Sigma n}=2T_{\Sigma i}+T_{on}=0.01334\text{s}+0.005\text{s}=0.01834\text{s}。$$

2）ASR 调节器结构：根据转速外环控制“无静差、抗扰性好”的设计要求，应按“典型 Ⅱ 型系统”设计转速外环，故 ASR 选用 PI 调节器，其传递函数为

$$W_{\mathrm{ASR}}(s)=K_{\mathrm{n}}\frac{\tau_{\mathrm{n}}s+1}{\tau_{\mathrm{n}}s} \tag{3-10}$$

3）ASR 调节器参数：基于“典型Ⅱ型系统最佳参数”的原理[6]，取 $h=5$，则式(3-10)中的时间常数 τ_{n} 为

$$\tau_{\mathrm{n}}=hT_{\Sigma n}=5\times0.01834\mathrm{s}=0.0917\mathrm{s}$$

转速环开环增益

$$K_{\mathrm{N}}=\frac{h+1}{2h^2T_{\Sigma n}^2}=\frac{6}{2\times25\times0.01834^2}\mathrm{s}^{-2}=356.77\mathrm{s}^{-2}$$

ASR 的比例系数为

$$K_{\mathrm{n}}=\frac{(h+1)\beta C_{\mathrm{e}}T_{\mathrm{m}}}{2h\alpha RT_{\Sigma n}}=\frac{6\times0.4\times0.131\times0.25}{2\times5\times0.00337\times1.92\times0.01834}=66.24$$

则转速环调节器的传递函数为

$$W_{\mathrm{ASR}}(s)=66.24\times\frac{0.0917s+1}{0.0917s}=\frac{0.0917s+1}{0.00138s} \tag{3-11}$$

（3）ASR/ACR 输出限幅值设定

当 ASR 输出达到限幅值 U_{im}^*，转速外环呈开环状态，则有

$$I_{\mathrm{d}}=\frac{U_{\mathrm{im}}^*}{\beta}=I_{\mathrm{dm}}$$

上式中，最大电流 I_{dm}是由设计者选定的，取决于电动机的过载能力和传动系统允许的最大加速度。这里取 $I_{\mathrm{dm}}=20\mathrm{A}$，那么 ASR 输出限幅值为

$$U_{\mathrm{im}}^*=\beta\cdot I_{\mathrm{dm}}=0.4\times20\mathrm{V}=8\mathrm{V}$$

对于 ACR 的输出限幅值设定，由于其为电动机电枢电压所对应的数值，故限幅值要保证电动机电枢所施加的电压不超过允许的最大电压值，以起到“过电压保护”的作用。

五、控制系统的数字仿真实验

基于图 3-10 所示直流电动机转速/电流双闭环控制系统的动态结构图，以及由“典型系统理论”工程设计方法设计得到的 PID 控制器参数，利用 MATLAB/Simulink 软件，可得到直流电动机双闭环调速系统的仿真模型（程序）如图 3-11 所示。下面逐步说明该仿真模型的实现过程与仿真结果。

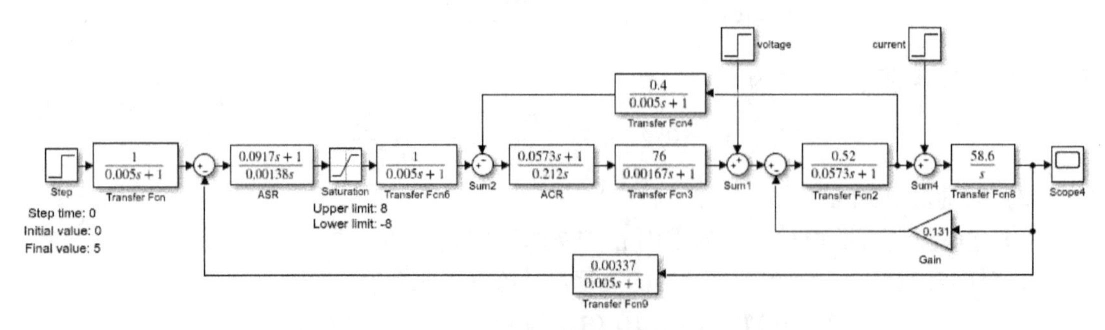

图 3-11 直流电动机双闭环调速系统的仿真模型

1. 控制系统的 MATLAB/Simulink 建模

（1） 进入软件界面

启动计算机，打开 MATLAB 程序，如图 3-12a 所示。单击 MATLAB 界面最上方一行中的“Simulink”图标，启动 Simulink 仿真平台，如图 3-12b 所示。

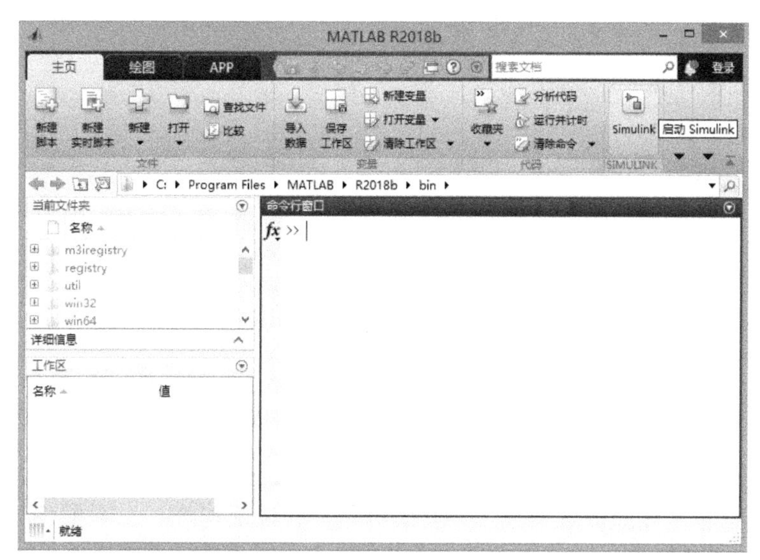

a) MATLAB 软件界面

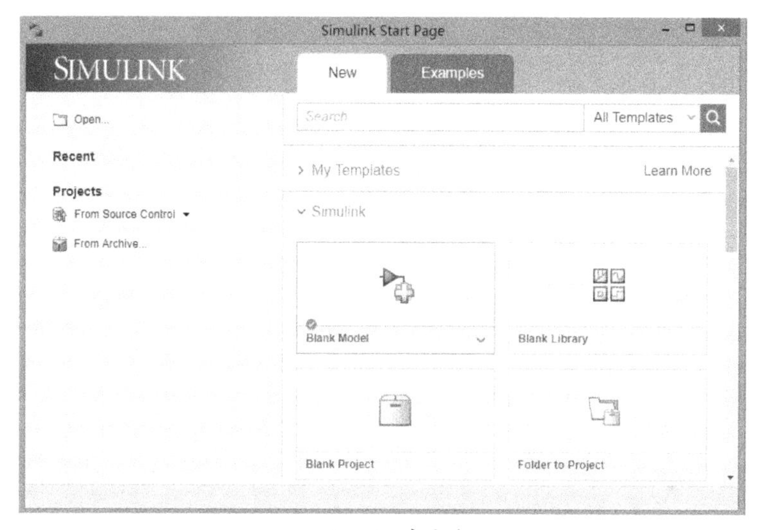

b) Simulink 启动页

图 3-12 MATLAB/Simulink 软件界面

单击 Simulink 启动页中的“Blank Model”，即可建立新的 Simulink 仿真模型文件，如图 3-13 所示。单击图 3-13 中的“库浏览器（Library Browser）”，即可找到各 Simulink 工具箱及仿真模型建立所需要的各个模块。

建立本章仿真模型需经常用到两个 Simulink 工具箱，一个是位于“库浏览器（Library Browser）”最上方的基本 Simulink 工具箱（如图 3-14a 所示）；另一个是位于“库浏览器（Library Browser）”偏下方位置的电气工程专用仿真工具箱——Specialized Power Systems

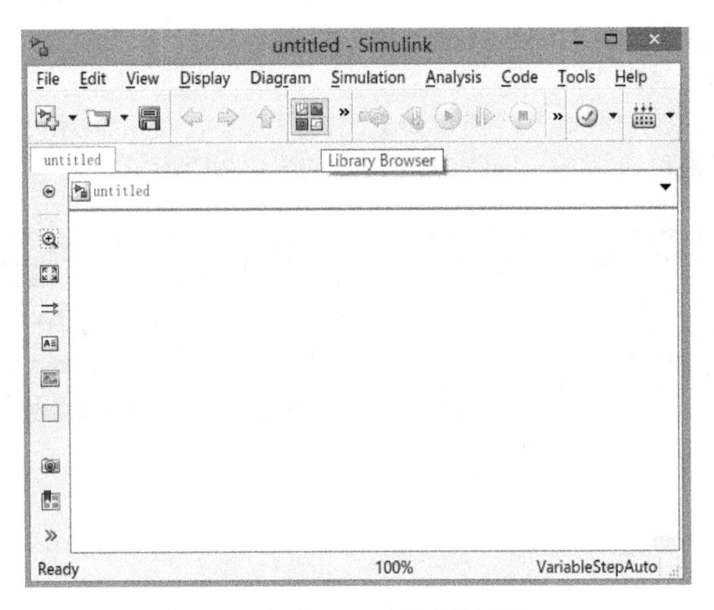

图 3-13 新建 Simulink 仿真模型文件

工具箱（如图 3-14b 所示），该工具箱在之前的 MATLAB/Simulink 软件版本中被称为 SimPowerSystems 工具箱。按照行业习惯、与当前相关资料说法相统一，本书仍将此工具箱称为 SimPowerSystems 工具箱。

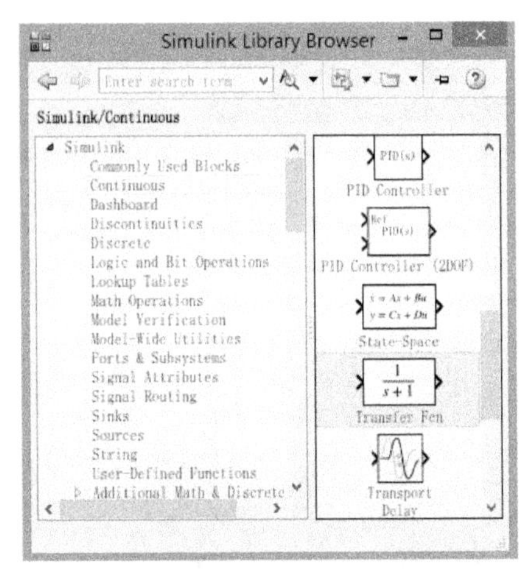

a) 基本Simulink仿真工具箱

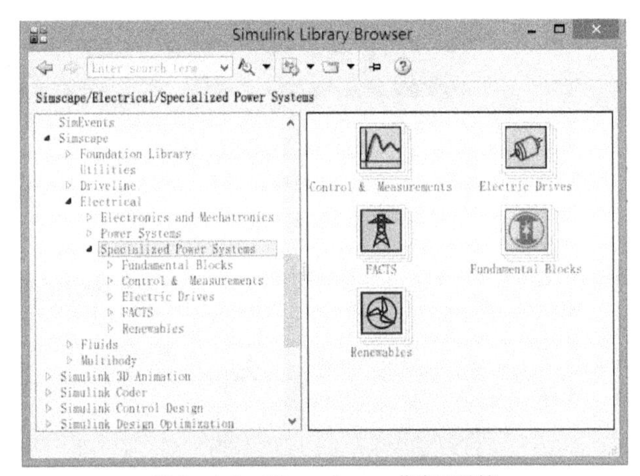

b) Specialized Power Systems仿真工具箱

图 3-14 常用的 Simulink 仿真工具箱

（2）设置模块参数

这里以本章 Simulink 仿真模型建立最常用的传递函数模块为例，介绍仿真模块的参数设置方法，其他所需模块的参数设置过程与之类似。单击基本 Simulink 仿真工具箱的 Continuous，选择 Transfer Fcn（传递函数），用鼠标左键将其拖拽到图 3-13 所示新建 Simulink 仿真模型文件中。

双击 Transfer Fcn 模块，可进入到图 3-15a 所示的模块参数设置页面。参数对话栏第一项和第二项分别是需要设置的传递函数分子与分母。如需要设置电流调节器的传递函数

$W_{\mathrm{ACR}}(s)=\dfrac{0.0573s+1}{0.212s}$，则对话栏的第一行分子系数输入：[0.0573 1]，第二行分母系数输入：[0.212 0]。单击 OK，该模块参数设置完成。具体操作如图 3-15b 所示。

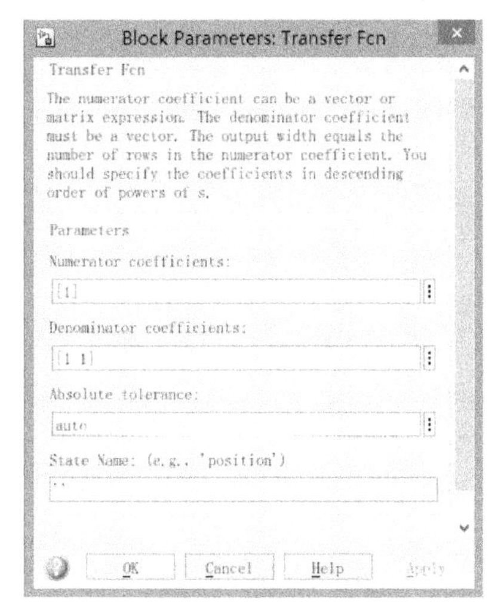

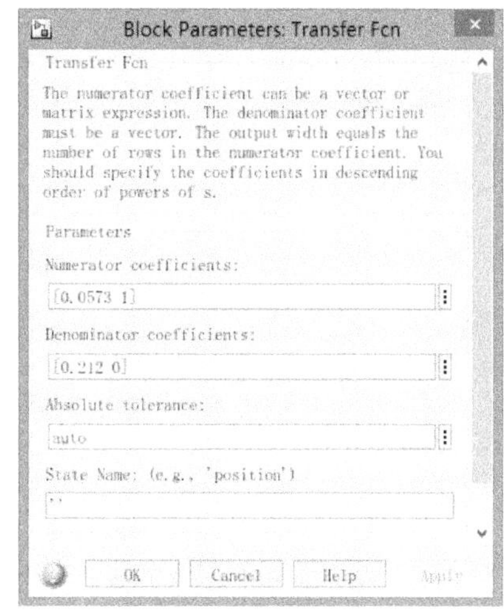

a) 参数设置之前　　b) 参数设置之后

图 3-15　Transfer Fcn（传递函数）仿真模型的参数设置

2. Simulink 仿真平台的参数设置

在正式运行 Simulink 仿真模型之前，需要设定几个常用的仿真平台参数，以便仿真模型正确运行。

单击进入所建立仿真模型文件上方的 Simulation 菜单（如图 3-16 所示），选择 Model Configuration Parameters，即可打开 Simulink 仿真平台参数设置对话框，如图 3-17 所示。

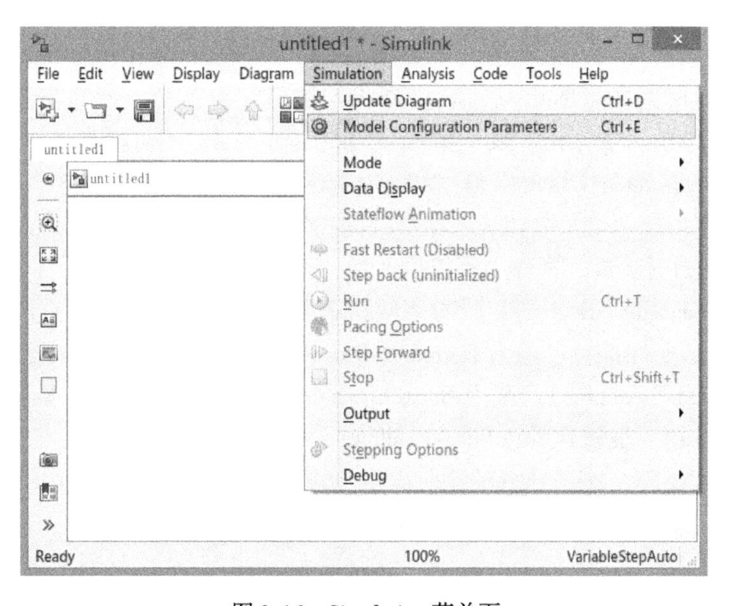

图 3-16　Simulation 菜单页

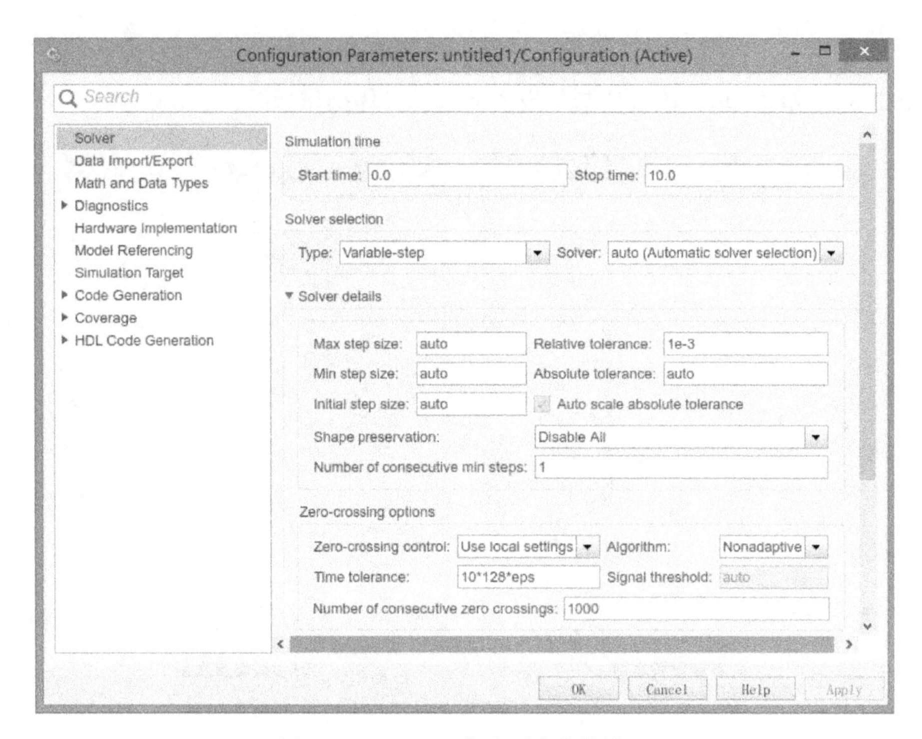

图 3-17 Simulink 仿真平台参数设置

(1) "Simulation time" 选项区域

在 "Simulation time" 选项区域中通过设定 "Start time (仿真开始时间)" 和 "Stop time (仿真结束时间)" 两个参数可以实现对仿真时间的设定。

(2) "Solver selection" 选项区域

仿真程序中的解算方法可分为两类:"变步长仿真解算法" 和 "定步长仿真解算法"。

1) 变步长仿真解算法。采用变步长解算法时, Simulink 会在保证仿真精度的前提下, 从尽可能节约仿真时间的目的出发, 对仿真步长进行相应改变。此时需要设定: Max step size (最大步长)、Min step size (最小步长)、Initial step size (初始步长) 和误差限, 通常误差限由 Relative tolerance (相对误差) 和 Absolute tolerance (绝对误差) 两个参数来设置, 每个状态的误差限由这两个参数和状态本身共同决定。

Simulink 提供的变步长解算法主要包括:

discrete (no continuous states): 针对离散状态系统的特殊解法;

ode45 (Dormand-Prince): 基于 Dormand-Prince 4-5 阶的 Runge-Kutta 公式;

ode23 (Bogacki-Shampine): 基于 Bogacki-Shampine 2-3 阶的 Runge-Kutta 公式;

ode113 (Adams): 变阶次的 Adams-Bashforth-Moulton 解法;

ode15s (stiff/NDF): 刚性系统的变阶次多步解法;

ode23s (stiff/Mod. Rosenbrock): 刚性系统固定阶次的单步解法。

当模型中有连续状态时, Simulink 的默认解法是 ode45, 这也是通常情况下最好的解法 (满足一般工程问题的数值解算), 是数字仿真的首选。

当控制系统是一个刚性系统 (刚性系统是指同时包含了快变环节和慢变环节的系统),

且 ode45 解算法不能得到满意结果时，则可以考虑 ode15s、ode23s 等针对刚性系统的数值解算方法。

当系统模型中没有连续状态时，Simulink 则默认使用 discrete 解法，这是针对离散状态系统的特殊解法。

2）定步长仿真解算法。采用定步长解算法，用户需要设定固定步长（Fixed step size）和模式（Mode）。其中，模式包括多任务（MultiTasking）模式和单任务（SingleTasking）模式。当选择 MultiTasking 模式时，Simulink 会对不同模块间是否存在速率转换进行检查，当不同采样速率的模块直接相连时会给出错误提示；当选择 SingleTasking 模式时则不会。此外，还可以选择 Auto 模式，此时 Simulink 会自动根据模型中各模块速率是否一致，决定使用 SingleTasking 模式还是 MultiTasking 模式进行仿真的计算工作。

Simulink 提供的定步长解算法包括：

discrete（no continuous states）：针对离散状态系统特殊解法；

ode5（Dormand-Prince）：ode45 的定步长函数解法；

ode4（Runge-Kutta）：使用固定步长的经典 4 阶 Runge-Kutta 公式的函数解法；

ode3（Bogacki-Shampine）：ode23 的定步长函数解法；

ode2（Heun）：使用固定步长的经典 2 阶 Runge-Kutta 公式的函数解法，也称 Heun 解法；

ode1（Euler）：固定步长的 Euler 方法。

一般来说，通过对最大步长的合理设置，变步长解法已经能够把积分段分得足够细，并不需要使用固定步长算法来获得解的光滑曲线。

（3）仿真步长与精度的关系

为了有效地对连续系统进行数字仿真，必须针对具体问题，合理选择算法和计算步长。这些问题比较复杂，涉及的因素也比较多，而且直接影响数值解的精度、速度和可靠性。能够做到合理地选择算法和步长并不是一件简单的事情，因为实际系统是千变万化的，所以至今尚无一种具体的、确定的、通用的方法。

一般情况下，在具体的仿真实验中，应该考虑方法的复杂程度、计算量和算法误差的大小、步长的可调性、固有特性的刚性程度等因素。

1）仿真精度。影响数字仿真解算精度（即数值积分精度）的因素主要包括：截断误差（与积分方法、方法阶次、步长大小等因素有关），舍入误差（与计算机字长、步长大小、程序编写质量等因素有关），初始误差（由初始值准确程度确定）等。当步长 h 确定时，算法阶次越高，截断误差越小；当算法阶次确定后，多步法精度比单步法高，隐式算法的精度比显式算法高。当要求高精度的数字仿真时，可采用高阶的隐式多步法，并取较小的步长。但是，仿真步长（h 值）不能太小，因为步长太小会增加迭代次数，增加计算量，同时也会加大舍入误差和累积误差。

2）仿真速度。仿真速度主要取决于每一步解算积分（数值积分）所花费的时间，以及解算积分的总次数，每一步计算量与具体的“数值积分方法”有关，它主要取决于导函数的复杂程度，以及每步积分应计算导函数的次数。为了提高仿真速度，在数值积分方法选定的前提下，应在保证仿真精度的前提下尽可能加大仿真步长，以缩短仿真时间。

总之，在应用 MATLAB/Simulink 等工具软件时，应关注软件系统中“仿真精度、计算步长、解算方法（数值积分方法）”等参数的合理选择，以使数字仿真实验的效率达到最佳。

3. 基于线性系统数学模型的数字仿真

在 MATLAB/Simulink 软件环境中完成所有模块的参数设置之后，在图形界面下用鼠标将模块连接起来，即可得到图 3-11 所示的线性系统仿真模型（仿真程序），运行仿真程序，其仿真结果如图 3-18 所示。不难看出，基于“典型系统理论”工程设计方法所得到的数字仿真模型，其数字仿真实验结果（速度响应波形）与“理想”的结果有较大出入（需深入分析）。实践表明：基于典型系统理论的 PID 控制器“工程设计方法”所得到的电流调节器参数，其数字仿真结果（电流响应波形）与“理想”的结果比较接近。

深入分析：在电动机起动过程的大部分时间内，转速调节器 ASR 处于“饱和限幅状态”，转速控制环相当于“开环”，系统表现为最大电流给定下的“恒流控制”的单环系统。因此，电机起动过程中，转速控制的动态响应一定有超调，只是在转速超调后，转速调节器退出饱和，才真正进入“线性控制阶段”。不难看出，在直流电动机的起动过程（动态）中，ASR 工作在“饱和非线性”状态，图 3-18 所示的仿真实验结果不佳，主要是因为用线性系统理论（基于典型系统的 PID 控制器工程设计方法）设计了具有饱和非线性环节的控制系统所带来的误差。因此，对于前述的控制器设计，需做进一步调整和优化。

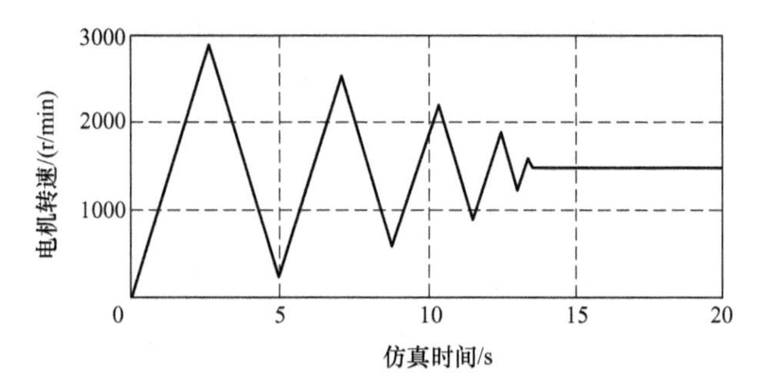

图 3-18 理论设计条件下的电机转速曲线

可以从两个角度对 ASR 进行优化调整。一个角度是在上述理论设计值的基础上，通过仿真试凑的方法，对 ASR 的比例系数和积分系数进行适当调整。这一方法需要一定时间和经验，且由于限幅期间积分环节一直工作，使得 ASR 退饱和时间长、转速超调大。即使不断试凑，有时也难以得到满足性能指标的 ASR 参数。另一个角度是沿用此前理论设计所得 ASR 比例系数和积分系数，对 ASR 采用抗积分饱和算法（Anti-windup），来减小饱和环节对系统性能的影响。典型的抗积分饱和算法包括遇限削弱积分法、反计算法和积分分离法等。以遇限削弱积分法为例，其采用条件积分技术，当 PI 调节器进入饱和限幅状态时，停止调节器的积分作用，仅比例环节工作。MATLAB/Simulink 中提供带有饱和限幅环节和抗积分饱和算法的 PID 控制器模块（PID Controller），其支持的抗积分饱和算法包括 clamping（遇限削弱积分法）和 back-calculation（反计算法），利用集成度较高的该仿真模块可简化 ASR 的实现，并达到较好的控制性能。因此，这里 ASR 采用 PID Controller 仿真模块来实现。

由式(3-11) 所示 ASR 的传递函数，可得其对应的比例系数和积分系数分别为 $K_{np}=0.0917/0.00138=66.45$，$K_{ni}=1/0.00138=724.64$，调节器饱和限幅环节的上下限仍分别设为 8 和 −8，抗积分饱和算法选用 clamping 方法（遇限削弱积分法）。对应的 PID Controller 仿真模块参数设置和优化调整后的双闭环调速系统仿真模型如图 3-19 所示。系统转速控制的仿真结果如图 3-20 所示，可见系统的动态性能有较大提高，接近理想状态。

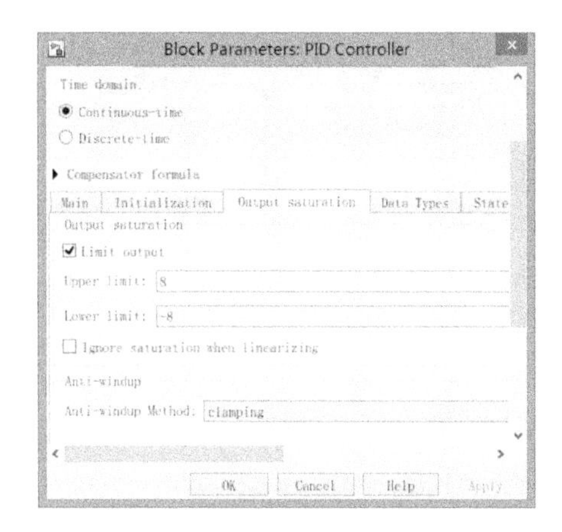

a) PID Controller的比例/积分系数设置　　b) PID Controller的限幅和抗饱和算法设置

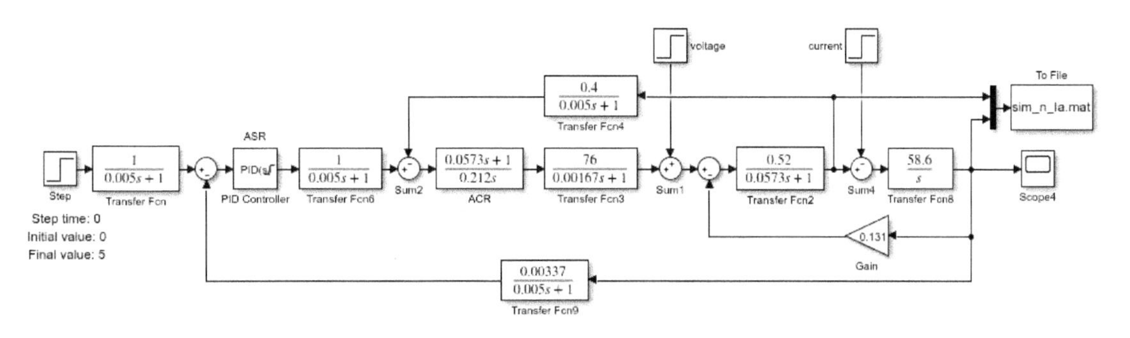

c) 调整优化后的直流电动机双闭环调速系统仿真模型

图 3-19　ASR 的调整优化及相应的双闭环调速系统仿真模型

在上述工作的基础上，下面进一步研究“电流环 ACR、转速环 ASR”的控制性能。

(1) 电流环 ACR 的快速跟随性能

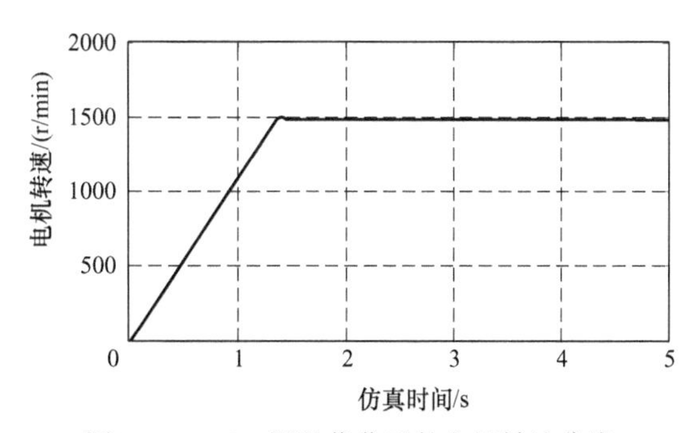

图 3-20　ASR 调整优化后的电机转速曲线

在电流调节器的设计中，考虑到“电动机电流要快速跟随给定”的需求，将电流环设计与等效成“典型 I 型系统”，那么实际效果如何呢？下面用数字仿真试验检验一下。将电流环从系统中分离出来（将电枢电压对电流环的影响看成是扰动），电流环的模型如图 3-21 所示，并将其存为名为“current_loop. mdl”的文件。

通过如下命令可以得到电流环的 Bode 图和 Nyquist 图，以及电流环的单位阶跃响应。

```
[num,den] = linmod('current_loop');
sys = tf(num,den);
margin(sys);
[mag,phase,w] = bode(sys);
[gm,pm,wcg,wcp] = margin(mag,phase,w);
```

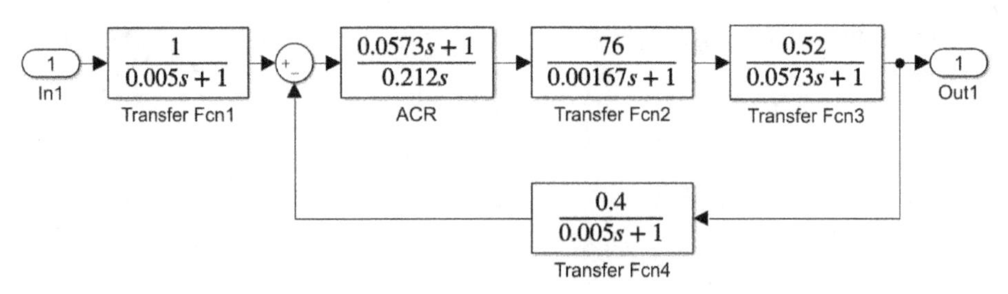

图3-21 电流环模型

nyquist(sys);

step(sys)

还可以得到以下数据：

gm =4.3088

pm =48.4434

wcg =345.6916

wcp =163.8008

幅值剪切频率 ω_c = 163.8008rad/s，相角相对裕度 δ = 48.4434°，相角穿越频率 ω_g = 345.6916rad/s，幅值相对裕度 L_h = 20lg(4.3088) = 12.6871dB。

从图3-22～图3-24可以看出：所设计的电流调节器是可行和有效的（电流环是稳定的），根据剪切频率就可以看出电流的响应很快（即跟随性能很好）。在图3-24中，可以直观地看出电流环的超调量为3.6%，过渡过程时间为0.07s，达到理想的设计要求。

（2）转速环ASR的抗扰性能

在转速调节器的设计中，考虑到“电动机转速控制抗扰性要强”的需求，将转速环ASR设计与等效成“典型Ⅱ型系统”。下面针对图3-19用数字仿真试验检验实际效果。

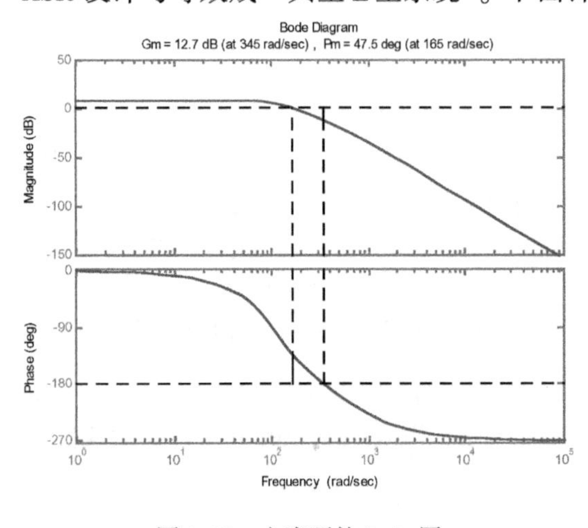

图3-22 电流环的Bode图

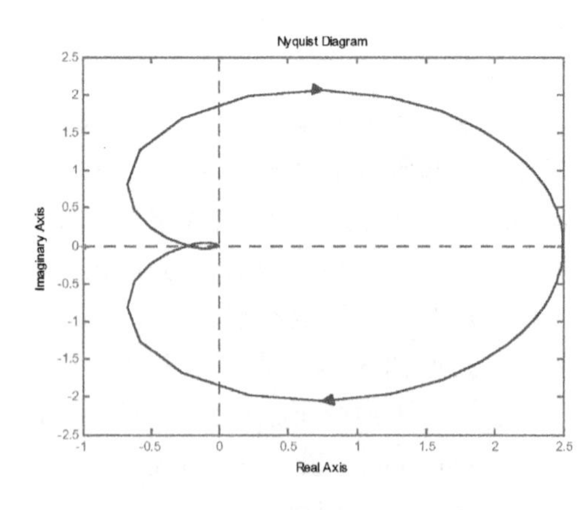

图3-23 电流环的Nyquist图

1）双闭环控制系统的输入输出性能。运行图3-19所示的仿真程序，得到图3-25～图3-27，它们分别为ASR的输出与电动机转速动态特性仿真结果、ACR的输出与电动机转速动态特性仿真结果，以及电动机电流与电动机转速动态特性仿真结果。

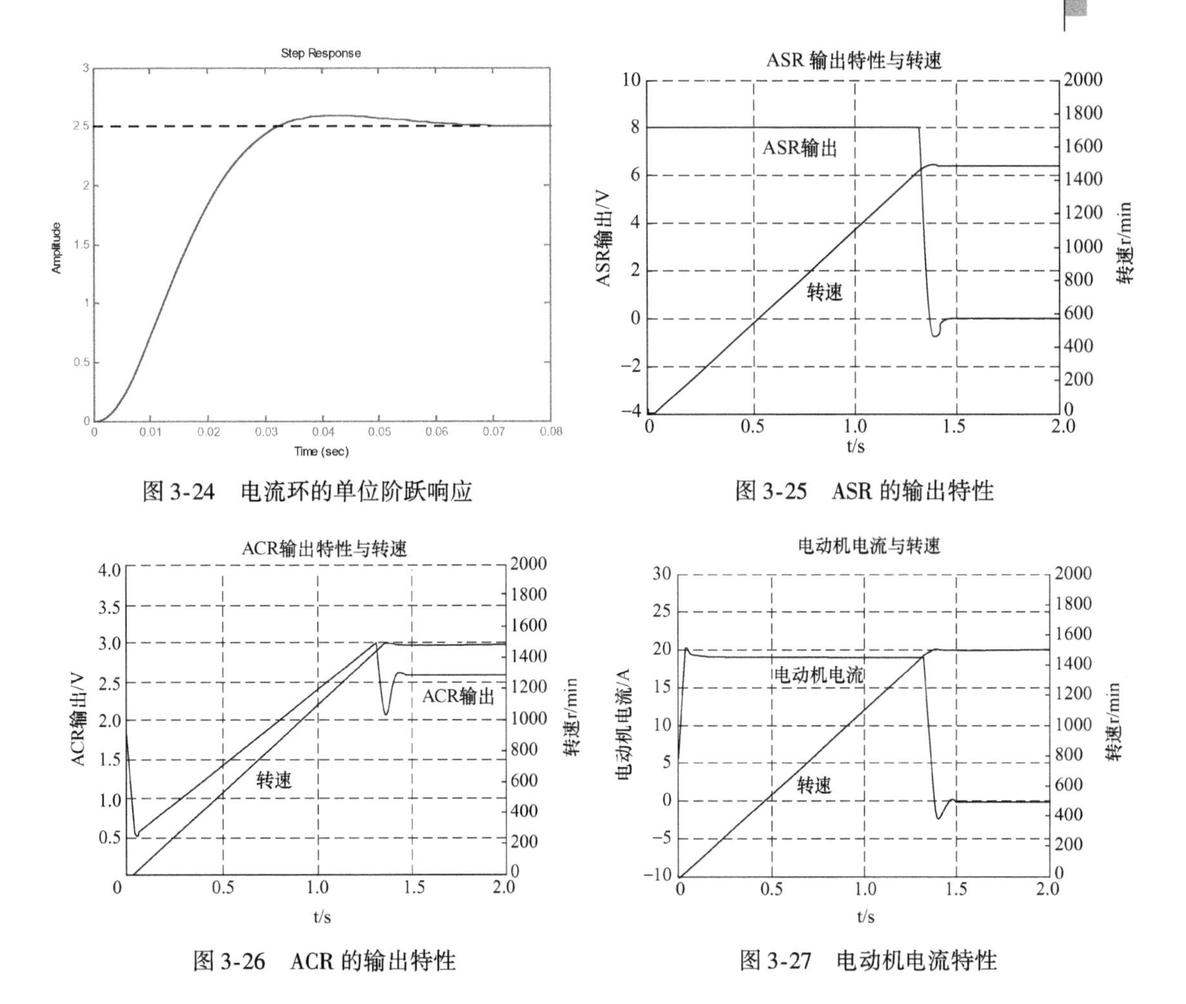

图 3-24　电流环的单位阶跃响应

图 3-25　ASR 的输出特性

图 3-26　ACR 的输出特性

图 3-27　电动机电流特性

2）仿真结果分析。从图 3-25～图 3-27 的仿真结果可见，双闭环控制系统的动态过程可概括为如下几点：

① ASR 从起动到稳速运行的过程中经历了两个状态，即饱和限幅输出与线性调节状态；

② ACR 从起动到稳速运行的过程中只工作在一种状态，即线性调节状态；

③ 直流电动机转速/电流双闭环控制系统的起动控制达到预期设计目的；

④ 控制系统性能指标“起动过程中电流的超调量为 5.3%，转速的超调量为 0.6%”，这与理论最佳设计的结果基本一致，系统设计已达到预期目的。

(3) 抗扰性能分析

选取 Start time = 0.0，Stop time = 5.0，仿真时间从 0s 到 5.0s，扰动加入的时间均为 3.5s。下面主要针对“负载突变与电源电压波动”两种扰动情况进行仿真试验与结果分析。

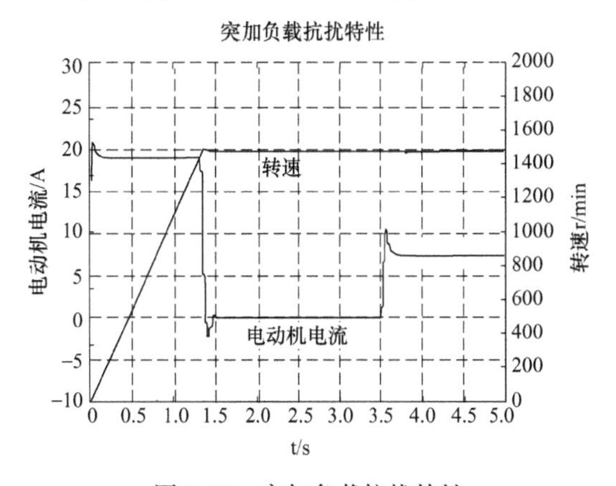

图 3-28　突加负载抗扰特性

图 3-28 给出了该系统在突加负载（ΔI =

7A）情况下电动机电流 I_d 与输出转速 n 的关系；图 3-29 和图 3-30 分别给出了电源电压突增（$\Delta U = 100V$）和突减（$\Delta U = 100V$）情况下电动机电枢电压 U_d 与输出转速 n 的动态响应情况。

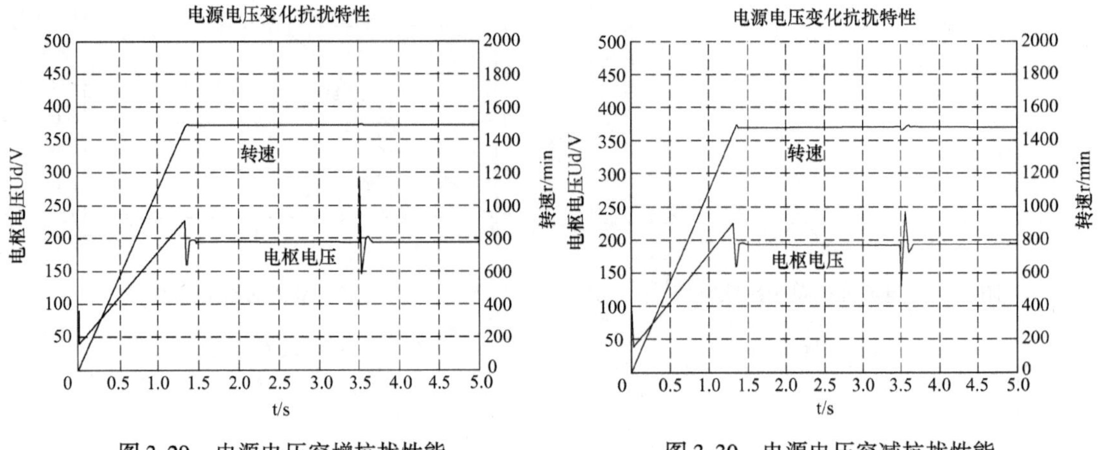

图 3-29　电源电压突增抗扰性能　　　图 3-30　电源电压突减抗扰性能

基于以上数字仿真结果，对于直流电动机转速/电流双闭环控制系统的抗干扰性能，可有如下几个结论：

1）系统对负载的大幅度突变具有良好的抗干扰能力，在 $\Delta I = 7A$ 的情况下系统速降为 $\Delta n = 12r/min$，恢复时间为 $t_f = 0.25s$。

2）系统对电源电压的大幅波动也同样具有良好的抗干扰能力，在 $\Delta U = 100V$ 的情况下，系统速降仅为 15r/min，恢复时间为 $t_f = 0.4s$。

3）空载情况下该系统的起动时间约为 1.3s，达到了理想的电动机起动性能（理想条件下，电动机的起动时间可由式(3-2）计算得到)。

4. 仿真程序编制（M 文件）

上述仿真结果/曲线，采用多变量输出的对比曲线绘制程序：

```
clf;
%数据读取
load sim_n_Ia.mat;
t = signals (1,:);            %时间信号
y1 = signals (2,:);           %变量 1
y2 = signals (3,:);           %变量 2
%绘制曲线
[AX, H1, H2] = plotyy (t, y1, t, y2);
%坐标范围设置
set (AX (1),'xlim', [0, 0.7],'xTick', 0: 0.1: 0.7);
set (AX (2),'xlim', [0, 0.7],'xTick', 0: 0.1: 0.7);
set (AX (1),'ylim', [-10, 30],'yTick', -10: 5: 30);
set (AX (2),'ylim', [0, 2000],'yTick', 0: 400: 2000);
```

```
%坐标轴颜色设置
set (AX (1),'XColor','k','YColor','k');
set (AX (2),'XColor','k','YColor','k');
%曲线颜色设置
set (H1,'color','b');
set (H2,'color','k');
%绘制网格
grid on;
%标注设置
set (get (AX (1),'Xlabel'),'string','时间 (s)');
set (get (AX (1),'Ylabel'),'string','电枢电流 (A)');
set (get (AX (2),'Ylabel'),'string','转速 (r/min)');
title ('电动机电枢电流与转速');
gtext ('电枢电流');
gtext ('转速');
```

读者可在各自的数字仿真程序设计中灵活运用。

第三节　基于晶闸管整流器的直流电动机驱动控制系统仿真

在高压大功率的电力变换与电力传动领域，晶闸管一直是重要的功率开关器件之一，在特高压直流输电工程、超大功率电力传动设备等工程领域有着广泛的应用。本节首先给出基于晶闸管整流器的直流电动机双闭环驱动控制系统的整体结构设计，进而应用 MATLAB/Simulink 的 SimPowerSystems 工具箱（其拥有专业化的元器件模型库）进行数字仿真，验证系统设计的有效性。

一、基于晶闸管整流器的直流电动机驱动控制方案

基于晶闸管整流器的直流电动机驱动控制系统如图 3-31 所示，系统硬件由晶闸管同步触发电路、三相晶闸管整流器、平波电抗器、直流电动机和转速/电流检测环节等组成，其中转速调节器与电流调节器均采用 PI 控制算法。

二、基于 SimPowerSystems 工具箱的控制系统数字仿真

下面，应用上节已有的相关结论，针对图 3-31 所示的直流电动机驱动控制系统进行数字仿真，以检验系统硬件电路、控制器参数设计的有效性。

1. 仿真模型（程序）的搭建

(1) 转速调节器[6]

考虑到转速控制需要较强的抗干扰性能，把转速环设计成“典型Ⅱ型系统”；因此，转速环控制器应采用 PI 控制方式，这里采用 MATLAB/Simulink 的 SimPowerSystems 工具箱中的 PID 调节器模块，并且将微分项的系数设置为 0，其模块如图 3-32 所示。图 3-33 给出了 PID 调节器内部参数的设置方法。

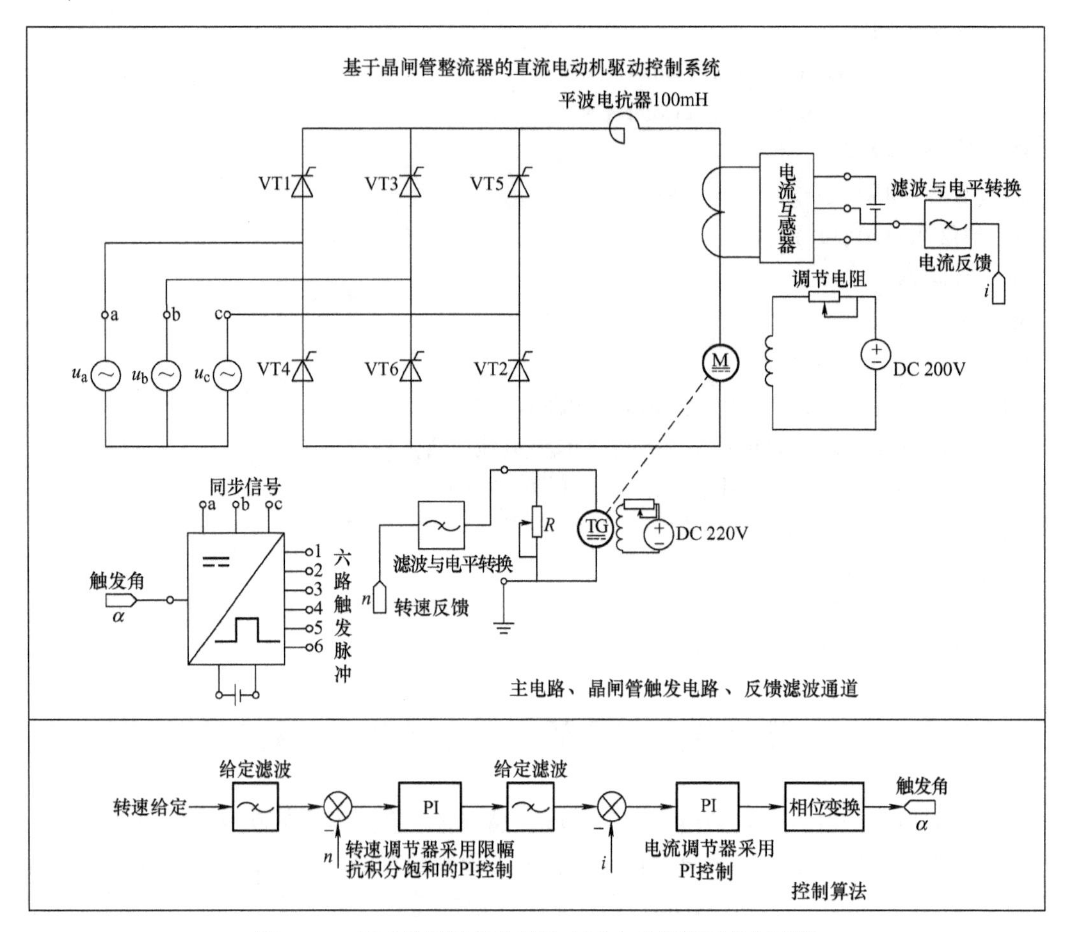

图 3-31 基于晶闸管整流器的直流电动机驱动控制系统

在 PID Advanced 选项卡中，限幅电压与前面所设一致，为 ±8，抗积分饱和方法选择 clamping，在积分达到限幅值时停止积分，以降低系统的超调量，缩短调节时间，如图 3-33b 所示。

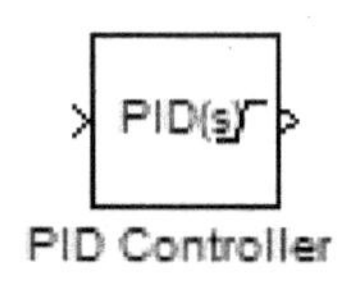

图 3-32 PID 调节器模块

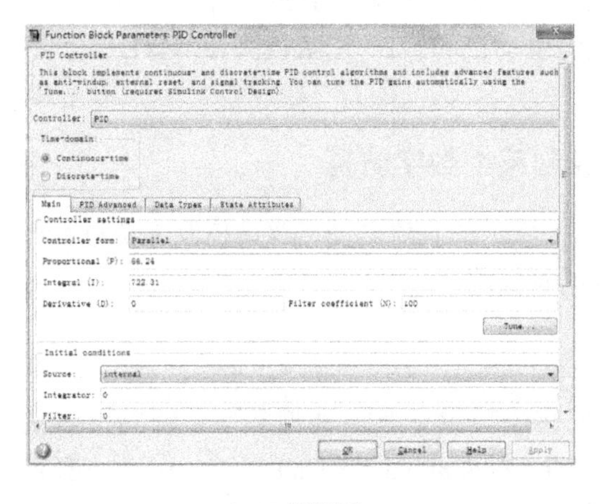

a) PID参数设定

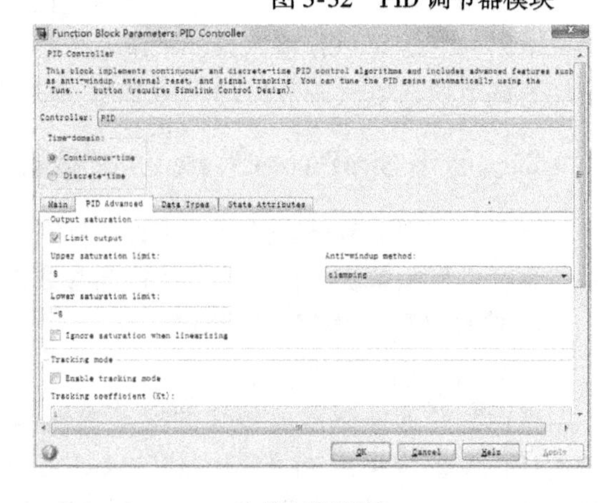

b) 输出限幅设定

图 3-33 PID 调节器参数设置

（2）电流调节器

考虑到系统对电流“快速跟随特性”的需求，通常把电流环设计成“典型Ⅰ型系统”，因此，电流环调节器也采用 PI 控制方式。同时，与此前用传递函数形式对晶闸管整流器进行纯数学建模不同，本节将利用 SimPowerSystems 工具箱建立晶闸管整流器的准物理模型。由于晶闸管整流器采用相位控制方式，ACR 的输出信号需要进一步转化为晶闸管整流器的触发延迟角相位控制信号，二者可视为近似线性关系。设该线性方程为 $\alpha = k_1 u_{\mathrm{ACR}} + k_2$，其中 α 为触发延迟角，u_{ACR} 为 ACR 的输出信号，k_1 和 k_2 为待定系数（后文将给出其计算过程）。由此产生的触发延迟角可进一步用于调整晶闸管整流器的直流输出电压平均值 U_{d}。由 $U_{\mathrm{d}} = 2.34U_2\cos\alpha$ 可知，当 $U_2 = 106\mathrm{V}$ 时（对应相电压幅值为 150V），若触发延迟角 α 在 $0° \sim 90°$ 范围内变化，则对应的 U_{d} 调整范围为 248.19V ~ 0。综上，所设计的电流调节器与相应的触发延迟角信号转换模型如图 3-34 所示。为提高仿真模型的集成度和可读性，这里利用 Simulink 创建子系统（Create Subsystem）的功能，将该模型封装成 Current_PI 模块，应用于之后的双闭环控制系统整体仿真模型中。

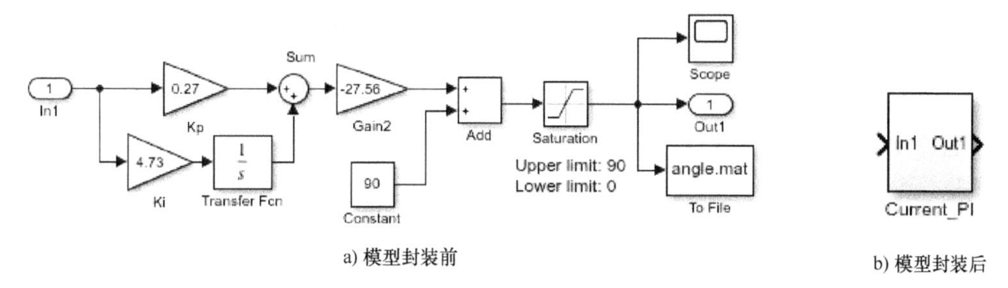

a) 模型封装前　　b) 模型封装后

图 3-34　电流调节器与触发延迟角信号转换仿真模型

（3）晶闸管触发和整流装置

控制系统采用“三相桥式整流电路”驱动电动机，主电路工作时要保证任何时候都有两只晶闸管导通（共阴极组和共阳极组中各一个，以形成向负载供电的回路），因此，采用 SimPowerSystems 工具箱的“同步六脉冲发生器”（Synchronized 6 – Pulse Generator）提供三相整流电路的触发脉冲。

晶闸管触发和整流装置的仿真模型如图 3-35 所示。

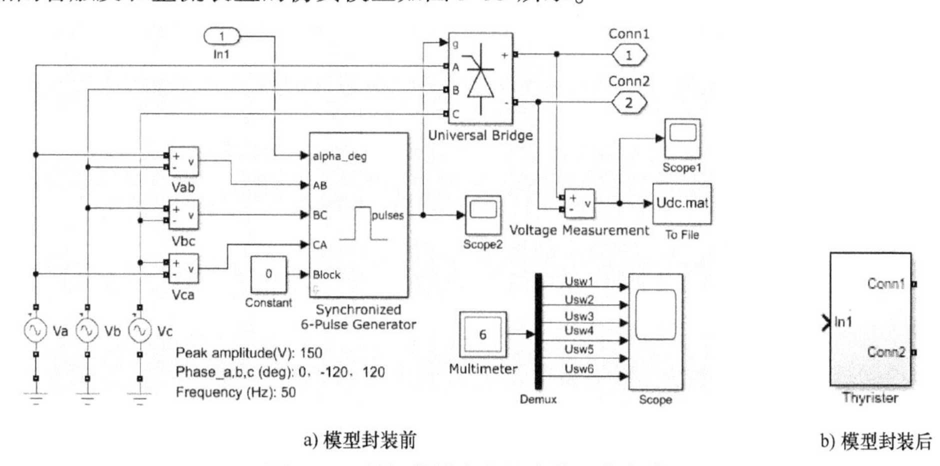

a) 模型封装前　　b) 模型封装后

图 3-35　晶闸管触发和整流装置仿真模型

在图 3-35 所示的仿真模型（程序）中，设置三个交流电压源 Va、Vb、Vc，相位角依次相差 120°，得到整流桥的三相电源。采用电压测量模块测得线电压 Vab、Vbc、Vca 作为同步六脉冲发生器的输入端，alpha_deg 为触发延迟角输入端，用来接收电流环调节器的输出相位控制信号，同步六脉冲发生器的输出是作用在六个晶闸管上的六脉冲向量。为方便调试，采用多路测量电压表对各晶闸管两端电压进行测量，并通过示波器进行观察。

（4）电动机模型

仿真实验采用他励式直流电动机，电动机模块如图 3-36 所示，该电动机的端子 F + 与 F - 分别接励磁电压源的正负极，这里励磁电压设为 200V，A + 与 A - 接电枢电压，TL 为电动机负载输入，m 端为测量输出端，它输出四个参量如表 3-2 所示。

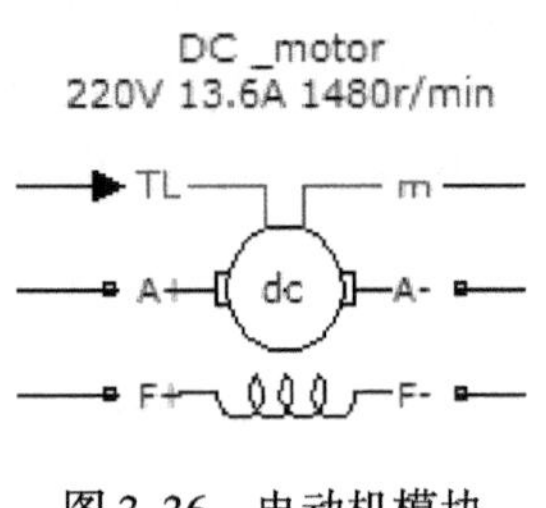

图 3-36 电动机模块

表 3-2 电动机测量参数

信 号	参 量	单 位
1	电动机转速	rad/s
2	电枢电流	A
3	励磁电流	A
4	输出转矩	N·m

2. 直流电动机转速/电流双闭环控制系统的数字仿真

综上，建立基于 SimPowerSystems 工具箱的 V-M（晶闸管整流器-直流电动机）双闭环控制系统的仿真模型（程序），如图 3-37 所示。

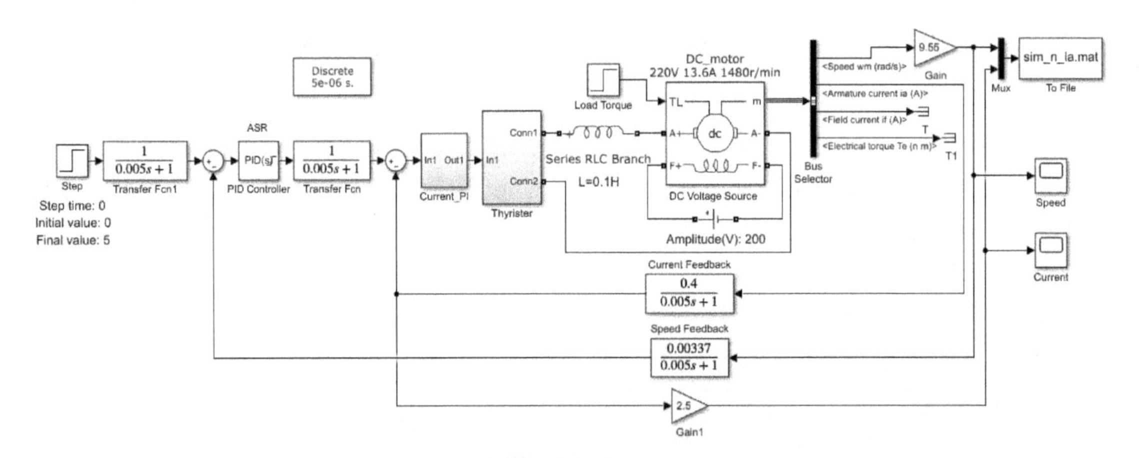

图 3-37 晶闸管整流器-直流电动机双闭环控制系统仿真模型

图 3-37 中各个模块与图 3-31 的电气控制系统结构图各环节对应，转速调节器、电流调节器以及晶闸管触发和整流模块的内部结构与上文所述一致。

（1）控制器参数

电流环调节器的输出电压信号需进一步转化为相位控制信号（即触发延迟角），电压信号与相位控制信号可视为近似线性关系。根据电力电子技术相关知识[97]，晶闸管整流装置输出的最大直流电压$U_d = 2.34U_2 = 2.34 \times 150/\sqrt{2}\text{V} = 248.19\text{V}$，$U_2$ 为输入相电压的有效值，则 ACR 输出的最大值应为 $U_d/76 = 3.266\text{V}$。这里，晶闸管触发和整流装置的放大系数 $K_s =$

76，与第二节保持一致。

依据方程 $\alpha = k_1 u_{\mathrm{ACR}} + k_2$（$u_{\mathrm{ACR}}$为 ACR 的输出，$\alpha$ 为触发延迟角），可得方程组

$$\begin{cases} 90 = k_2 \\ 0 = 3.266k_1 + k_2 \end{cases}$$

解得参数

$$\begin{cases} k_1 = -27.56 \\ k_2 = 90 \end{cases}$$

由于转速调节器和电流调节器均采用 PI 调节方式，转速调节器的表达式为

$$W_{\mathrm{ASR}}(s) = K_{\mathrm{n}} \frac{\tau_{\mathrm{n}} s + 1}{\tau_{\mathrm{n}} s}$$

式中，K_{n} 为转速调节器的比例系数，$K_{\mathrm{n}} = \dfrac{(h+1)\ \beta C_{\mathrm{e}} T_{\mathrm{m}}}{2h\alpha R T_{\Sigma \mathrm{n}}}$；$\tau_{\mathrm{n}}$ 为转速调节器的超前时间常数，$\tau_{\mathrm{n}} = hT_{\Sigma \mathrm{n}}$。

电流调节器的表达式为

$$W_{\mathrm{ACR}}(s) = K_i \frac{\tau_i s + 1}{\tau_i s}$$

式中，K_i 为电流调节器的比例系数，$K_i = K_I \dfrac{\tau_i R}{K_{\mathrm{s}} \beta}$；$\tau_i$ 为电流调节器的超前时间常数，$\tau_i = T_l$。

可将速度调节器与电流调节器的模型化简为

$$W_{\mathrm{ASR}}(s) = \frac{\tau_n s + 1}{\dfrac{\tau_n}{K_n} s}, W_{\mathrm{ACR}}(s) = \frac{\tau_i s + 1}{\dfrac{\tau_i}{K_i} s}$$

与本章第二节中应用的数学模型有所不同，MATLAB/Simulink 环境下的 SimPower-Systems 工具箱中的晶闸管触发和整流装置，以及平波电抗器均为物理模型，故电枢回路总电阻 $R = 1.92\Omega$，电枢电感 $L_{\mathrm{m}} = 0.01\mathrm{H}$，取平波电抗器的电感值 $L_0 = 0.1\mathrm{H}$（电感值具体计算方法可参阅文献［97］），进而可得主回路总电感 $L = 0.11\mathrm{H}$，电枢回路时间常数 $T_l = L/R = 0.0573\mathrm{s}$。

综上，依据“典型系统 PID 控制器的工程设计方法”[6]，可有如下参数：

ASR 参数：$K_{ni} = \dfrac{K_n}{\tau_n} = \dfrac{66.236}{0.0917} = 722.31$，$\tau_n = 0.0917$，$K_{np} = K_n = 66.24$

ACR 参数：$K_{ii} = \dfrac{K_i}{\tau_i} = \dfrac{0.271}{0.0573} = 4.73$，$\tau_i = 0.0573$，$K_{ip} = K_i = 0.27$

由此可见，ASR 和 ACR 的参数与第三章第二节所得两个调节器参数基本一致。

（2）电动机参数

图 3-38 为直流电动机仿真模块的参数设置，其设定情况如下：

电动机采用他励式励磁方式，负载为恒转矩负载。

反电动势（counter - electromotive force）正比于电动机的转速，得

$$E_{\mathrm{o}} = C_{\mathrm{e}} n = 0.131 \times 1480\mathrm{V} = 193.88\mathrm{V}$$

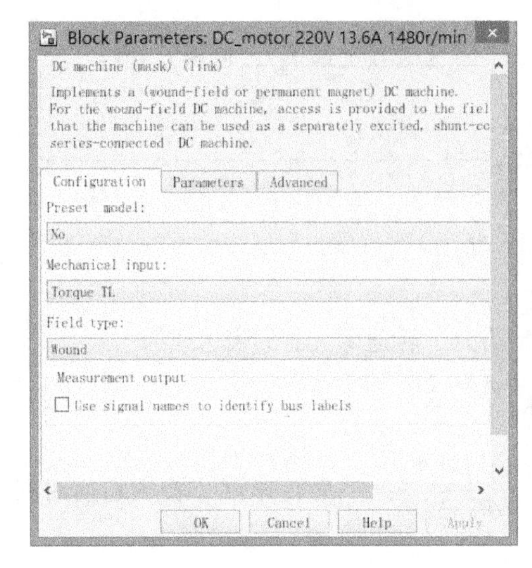

a) Configuration设置页　　　　b) Parameters设置页

图 3-38　直流电动机仿真模型的参数设置

电磁功率为

$$P_e = E_o I_a = 193.88 \times 13.6\text{W} = 2636.768\text{W}$$

励磁电流为

$$I_f = \frac{200}{200}\text{A} = 1\text{A}$$

互感为

$$L_{af} = \frac{C_m}{I_f} = \left(\frac{30}{\pi} \times 0.131/1\right)\text{H} = 1.25\text{H}$$

电机的转动惯量（J）计算如下：

因为

$$T_m = \frac{GD^2 R}{375 C_e C_m}, \quad C_m = \frac{30}{\pi} C_e$$

从而得到

$$GD^2 = \frac{375 C_e C_m T_m}{R}$$

将 $C_m = \frac{30}{\pi} C_e$ 代入得

$$GD^2 = \frac{375 \times 30 C_e^2 T_m}{R \times \pi}$$

又因为

$$T_m = 0.25\text{s}, \quad C_e = 0.131\text{V}\cdot\text{min/r}, \quad R = 1.92\Omega$$

所以

$$GD^2 = \frac{375 \times 30 \times 0.131^2 \times 0.25}{1.92 \times \pi}\text{N}\cdot\text{m}^2 = 8.002\text{N}\cdot\text{m}^2$$

可得系统的转动惯量为

$$J=\frac{GD^2}{4g}=\frac{8.002}{4\times9.8}\mathrm{kg\cdot m^2}=0.204\mathrm{kg\cdot m^2}$$

将上述所得参数填写到图 3-38 所示对话框中，即可得到完整的直流电动机仿真模型。

(3) 调节器的特性分析

为了验证转速/电流调节器的有效性，下面对转速调节器和电流调节器单独进行仿真，用以分析其性能。

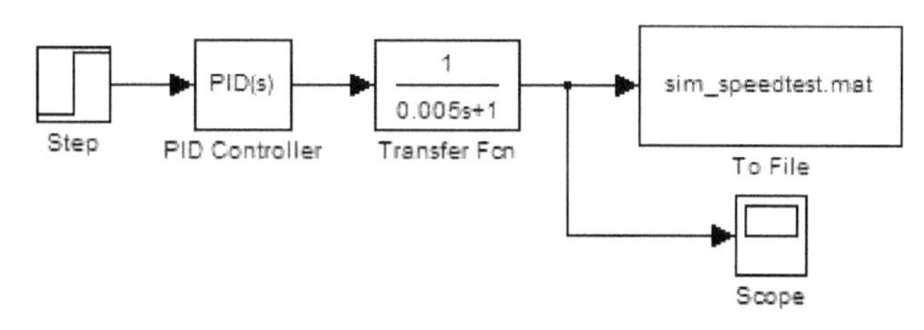

图 3-39　转速调节器的仿真模型

转速调节器的仿真模型如图 3-39 所示，其输出仿真波形如图 3-40 所示，可以看到，转速调节器在很短时间（约 0.03s）即达到输出限幅值（饱和），这与理论设计的结果基本一致。

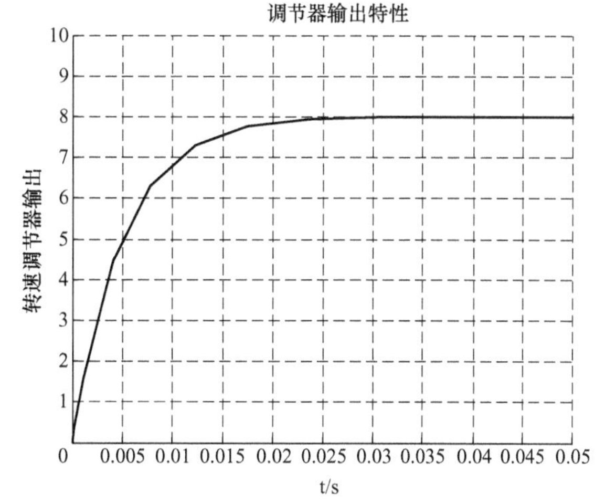

图 3-40　转速调节器的输出仿真波形

电流调节器的仿真模型如图 3-41 所示，其影响结果仿真波形如图 3-42 所示。其中，图 3-42a 为触发延迟角输出，图 3-42b 为对应的整流输出电压平均值。不难看出，仿真实验结果与理论设计结果相一致。

(4) 晶闸管触发与整流装置的特性分析

在控制系统中，采用相位相差 120°的三相交流电源作为整流电路的电源，通过电压测量模块得到线电压作为同步六脉冲发生器的输入，同步六脉冲发生器产生六脉冲向量，对三相桥式全控整流电路的六个晶闸管进行触发，在负载两端可得到整流后的直流电压，如图 3-43 所示。

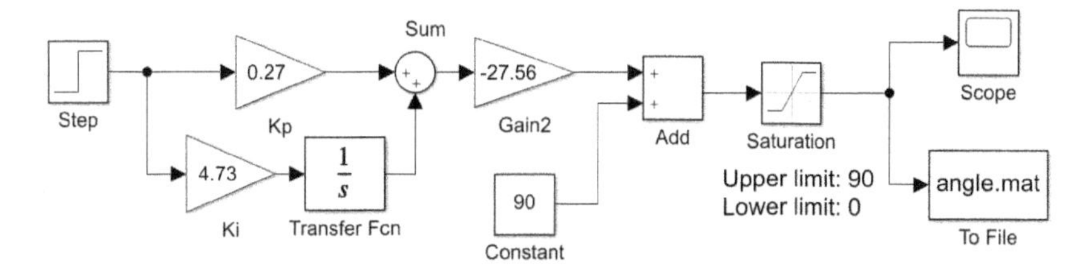

图 3-41　电流调节器测试环节的仿真模型

电动机负载等效为阻感负载。交流电源相电压幅值为 150V，则其有效值 $U_2=150/\sqrt{2}=106\mathrm{V}$。当输入触发延迟角 α 为 0°时，得到各晶闸管两端电压仿真曲线如图 3-44 所示。此时，负载两端的直流电压波形如图 3-45 所示，工频周期内直流电压平均值为 248V，与理论计算结果相一致（$U_d=2.34U_2\cos\alpha$，其中 $U_2=106\mathrm{V}$）。

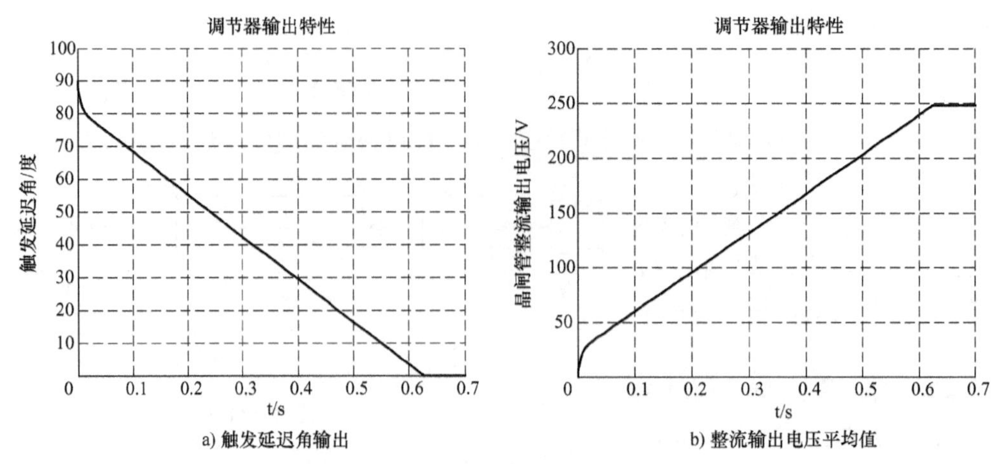

a) 触发延迟角输出　　b) 整流输出电压平均值

图 3-42 电流调节器的影响结果仿真波形

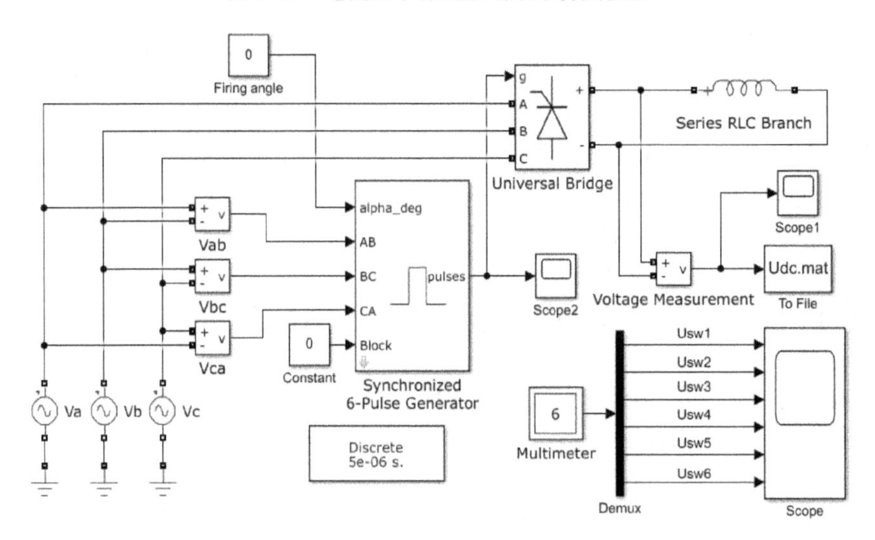

图 3-43 晶闸管触发和整流装置测试环节的仿真模型

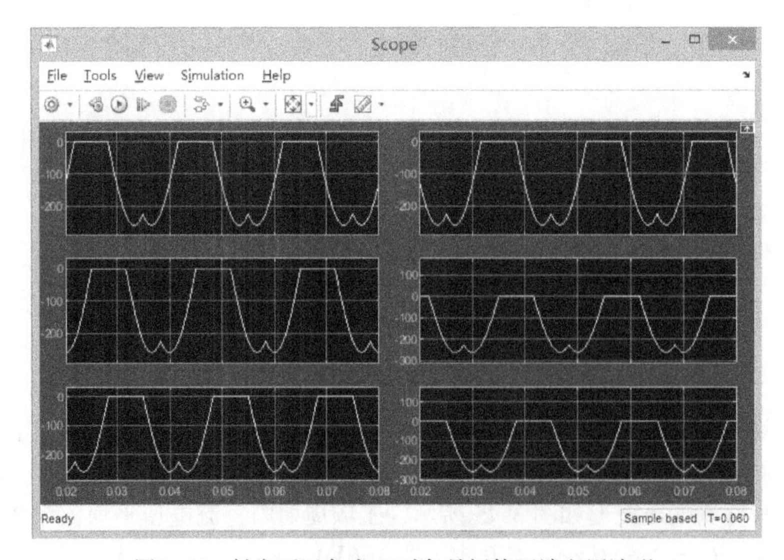

图 3-44 触发延迟角为 0°时各晶闸管两端电压波形

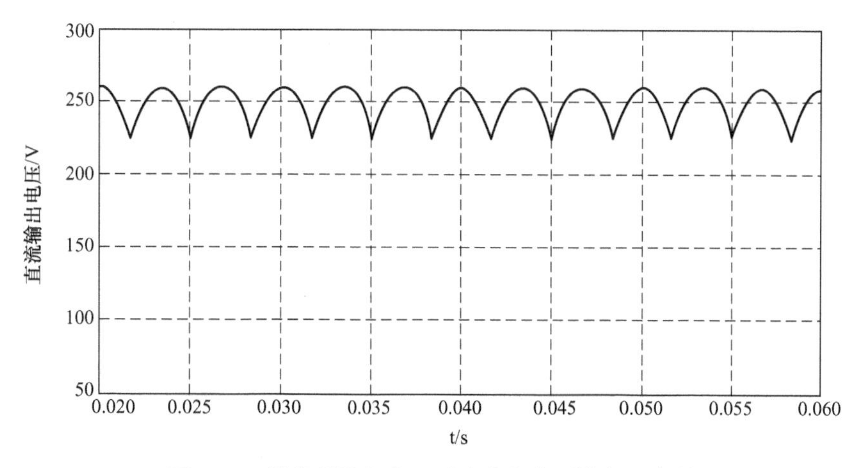

图 3-45 触发延迟角为 0°时直流负载两端电压波形

当输入触发延迟角 α 为 90°时，得到各晶闸管两端电压仿真曲线如图 3-46 所示。此时，负载两端的直流电压波形如图 3-47 所示，工频周期内直流电压平均值为 0V，也与理论计算结果相一致。

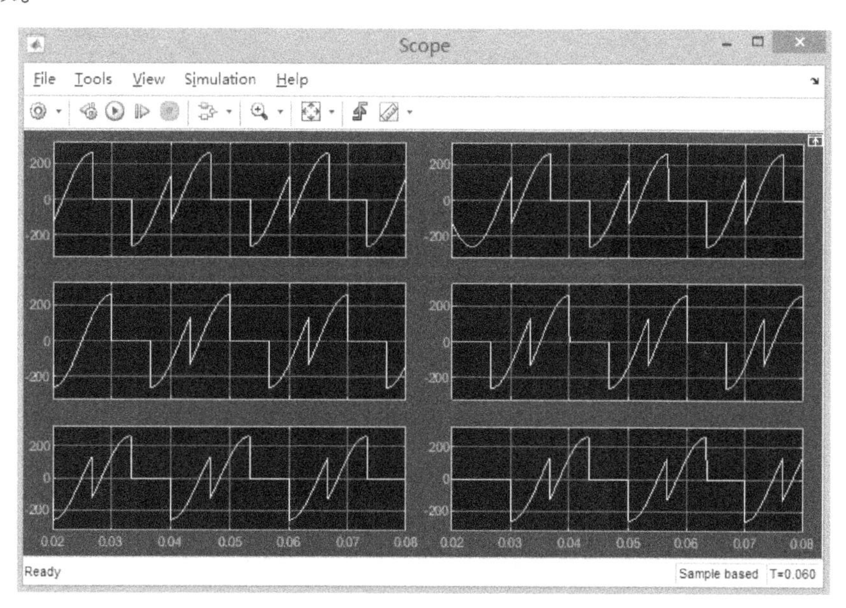

图 3-46 触发延迟角为 90°时各晶闸管两端电压波形

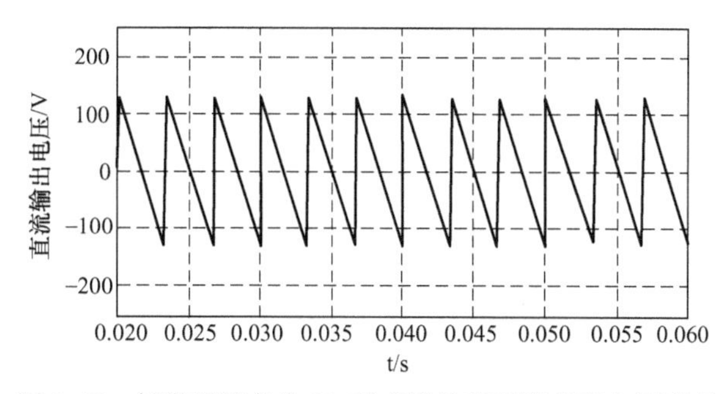

图 3-47 触发延迟角为 90°时直流负载两端直流电压波形

当输入触发延迟角 α 为45°时，得到各晶闸管两端电压仿真波形如图3-48所示。此时，负载两端的直流电压波形如图3-49所示，工频周期内直流电压平均值为176V，也与理论计算结果相一致。

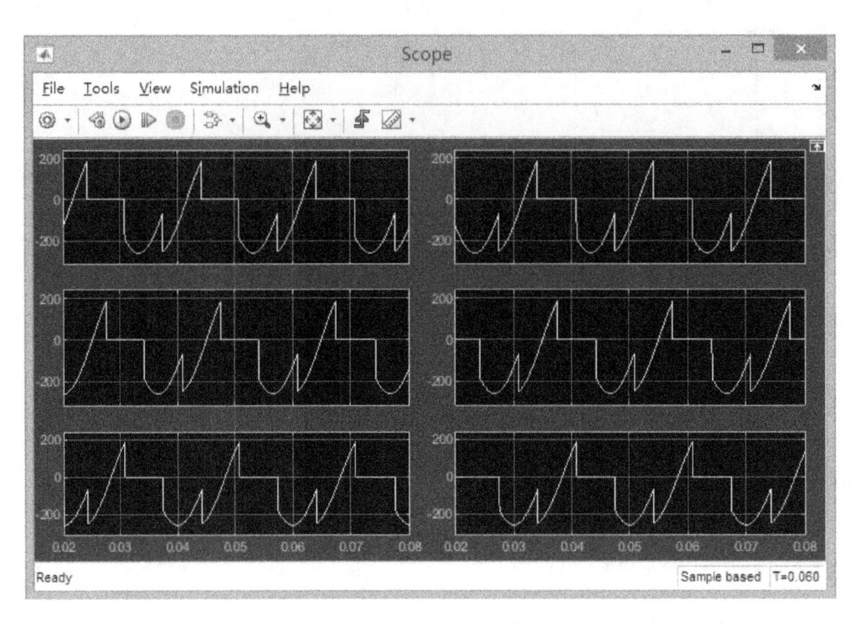

图3-48 触发延迟角为45°时各晶闸管两端电压仿真波形

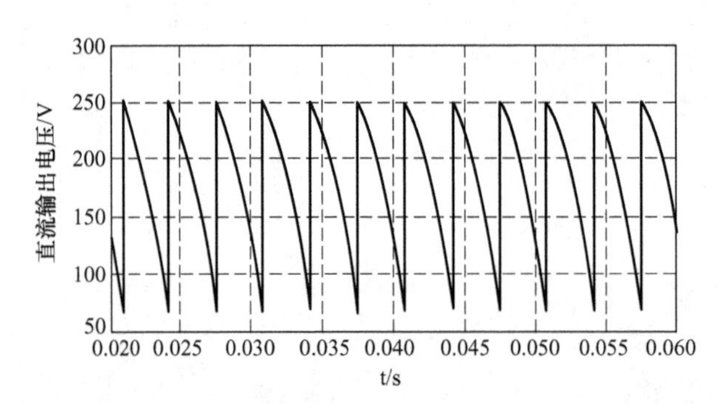

图3-49 触发延迟角为45°时直流负载两端电压波形

（5）开环控制系统起动特性与抗扰特性分析

实验设计：电机空载起动并开环运行于额定转速1480r/min；$t=2\text{s}$ 时，负载转矩从0N·m突增为8N·m。开环及之后的双闭环控制实验中，交流电源相电压幅值为150V，则其有效 $U_2=150/\sqrt{2}=106\text{V}$。

参数计算：在0～2s内，负载转矩虽然为0N·m，但由电动机仿真模型参数设置（见图3-38）可知，电机此时有一定的空载转矩（包括粘滞摩擦转矩和库伦摩擦转矩两部分）。其中，粘滞摩擦系数为0.01N·m·s，库伦摩擦转矩为2N·m。因此，额定转速下的电机空载转矩 $T_0=(0.01\times1480/9.55+2)\text{N}\cdot\text{m}=3.6\text{N}\cdot\text{m}$。对应的电机电枢电流 $I_a=3.6/(0.131\times9.55)\text{A}=2.9\text{A}$。由此可得，此时电机电枢电压 $U_d=(1480\times0.131+2.9\times1.92)\text{V}=200\text{V}$。由 $U_d=2.34U_2\cos\alpha$ 和 $U_2=106\text{V}$，可求得此时三相桥式全控整流电路的触发延迟角应为36.26°。

单击 Simulink 界面上方 Simulation 选项，选择 Model Configuration Parameters，进行 Simulink 仿真解算器设置。设定 Starttime = 0.0，Stop time = 4.0，仿真算法采用针对刚性系统的 ode23tb 解算方法（后续仿真实验均采用这种方法）。负载突变的模拟利用 Step 模块来实现，其参数设置如图 3-50 所示，即 $t=2$s 时负载转矩从 0N·m 突增为 8N·m。将 Step 模块与直流电机仿真模型的 TL 端相连，来模拟负载转矩变化。图 3-51 给出了此时的 Simulink 仿真模型，图 3-52 给出了该系统在突加负载（$\Delta T=8$N·m）情况下电动机电流 I_d 与转速 n 的动态响应曲线。

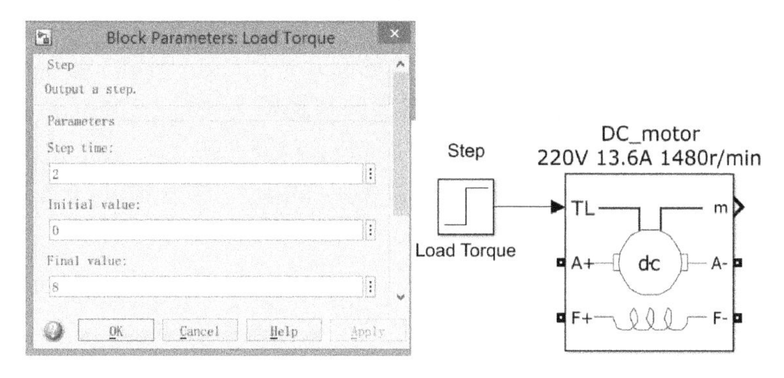

图 3-50 直流电动机负载突变的仿真模拟

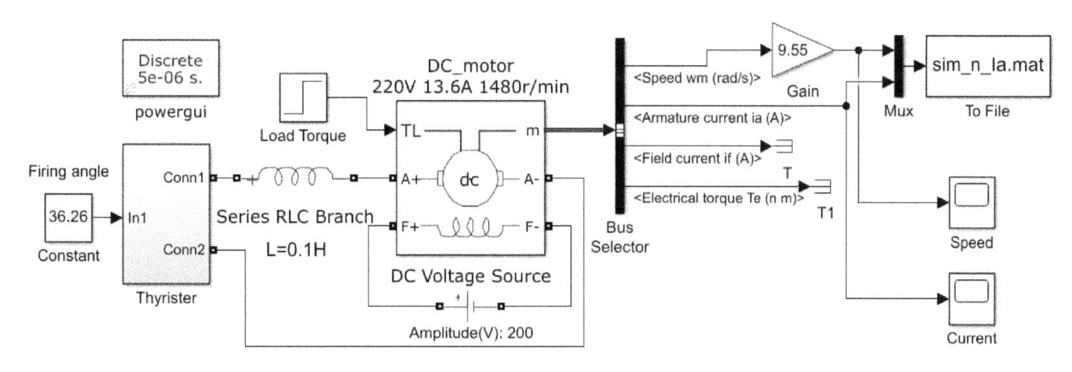

图 3-51 开环控制系统仿真模型

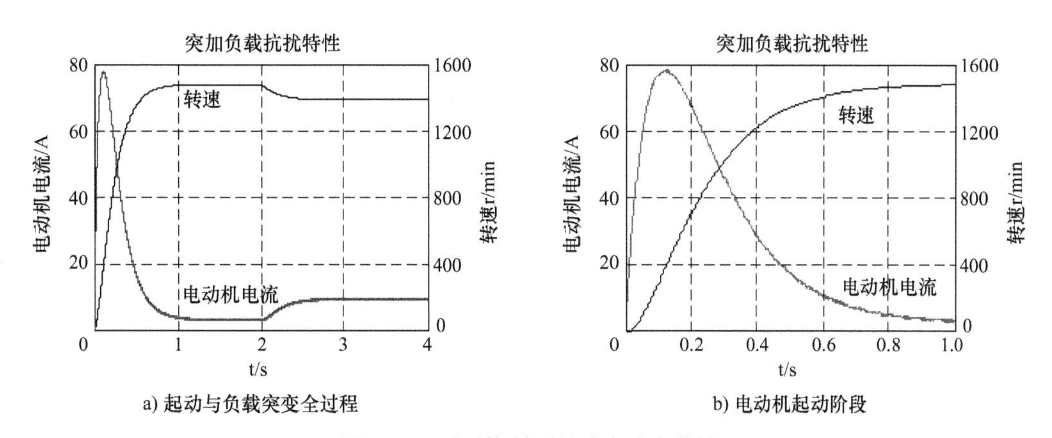

图 3-52 开环控制下的动态响应曲线

从图 3-52 所示仿真结果可以看出：

1）开环系统起动冲击大，起动电流达到 78A，远远大于电机的额定电流和允许的最大电流。实际系统中，虽可通过减压起动或者串电阻起动来限制起动电流，但这又增大了电机的起动时间。如何能实现电机起动安全性与起动速度的兼顾，是值得思考的问题。

2）负载转矩突然增加（$\Delta T = 8\text{N}\cdot\text{m}$）时，电动机的转速降落较大（$\Delta n = 93\text{r/min}$），电动机的机械特性偏软，这也是实际工程中人们不希望的。

以上两个问题都可以通过电动机转速/电流双闭环控制方案来进行完善。

（6）直流电动机转速/电流双闭环控制系统的数字仿真

1）直流电动机转速/电流双闭环控制系统的起动特性分析。选取 Start time = 0.0，Stop time = 3.0，仿真时间从 0s 到 3s。仿真解算器中的仿真算法选择 ode23tb 方法，最大仿真步长（Max step size）设置为 5e-006。同时将 Simulink 仿真模型 Powergui 模块中的仿真类型（Simulation type）设置为 Discrete，采样时间（Sample time）设置为 5e-006。闭环系统的仿真模型如图 3-53 所示。

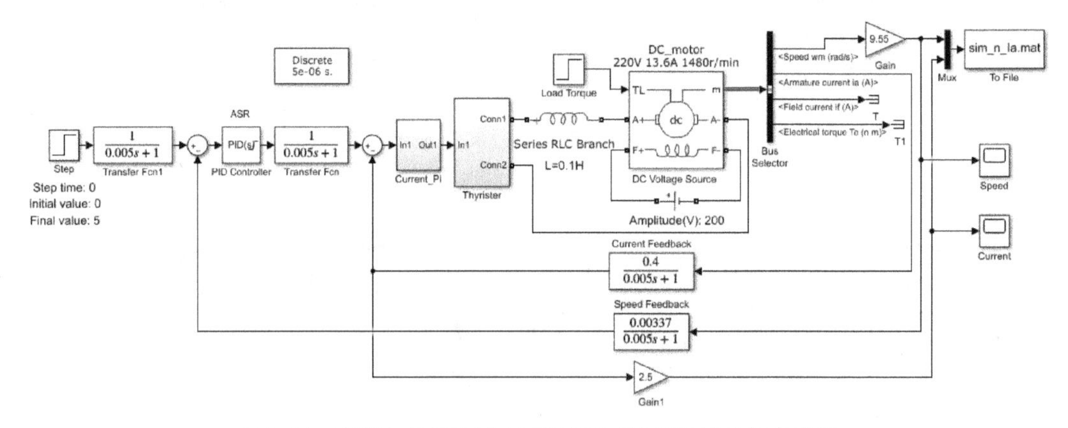

图 3-53 直流电动机转速/电流双闭环控制系统的仿真模型

图 3-54、图 3-55 和图 3-56 分别为 ASR 的输出与电动机转速动态特性仿真结果、ACR 的输出与电动机转速动态特性仿真结果以及电动机电流与电动机转速动态特性仿真结果。其中图 b 分别为图 a 在 0s 附近的放大图。

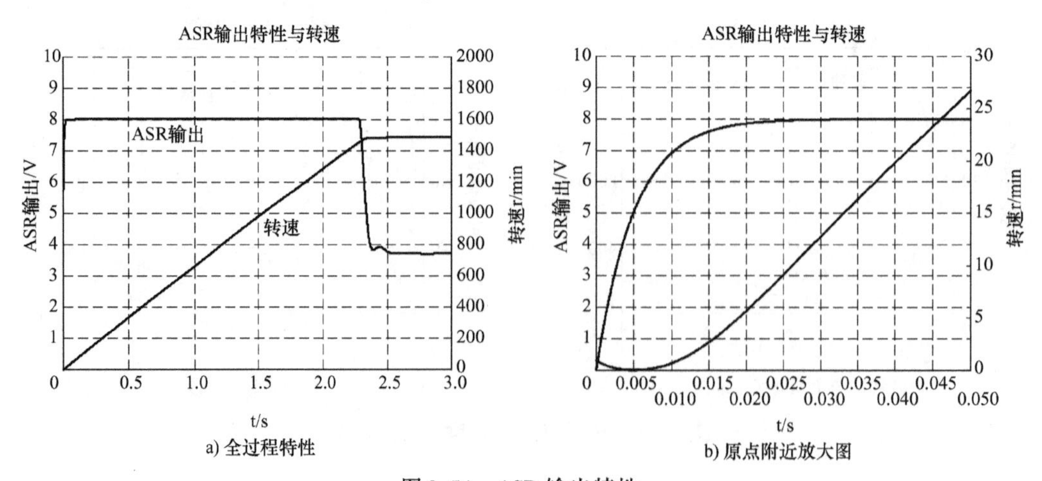

a) 全过程特性

b) 原点附近放大图

图 3-54 ASR 输出特性

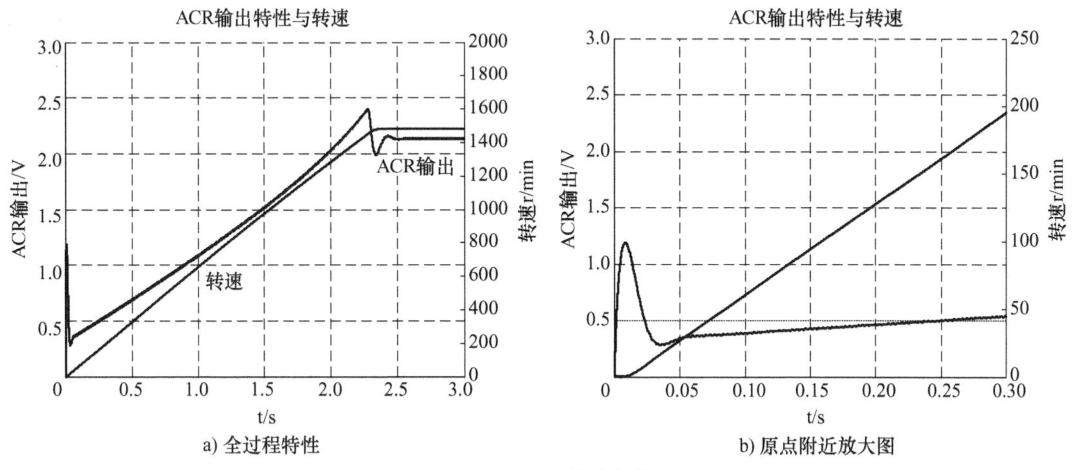

图 3-55　ACR 输出特性

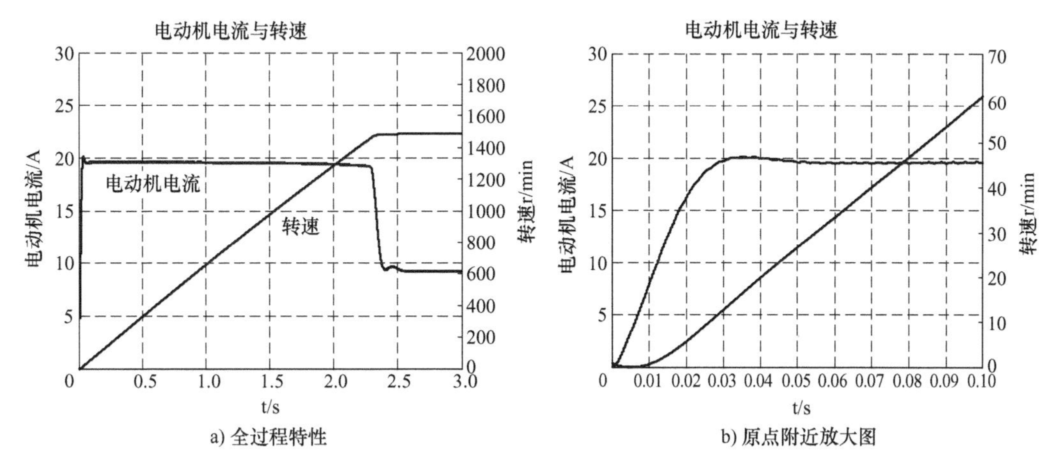

图 3-56　电动机电流特性

仿真结果分析：可以看到，对于系统起动性能指标来说，起动过程中电流的超调量为 5.7%，转速的超调量为 0.2%。这与理论最佳设计的结果基本一致，系统设计已达到预期目的。

2）直流电动机转速/电流双闭环控制系统的抗扰特性分析。在仿真实验中，选取 Start time = 0.0，Stop time = 5.0，仿真时间从 0s 到 5.0s，扰动加入的时间均为 3.0s。

一般情况下，双闭环调速系统的干扰主要是负载突变与电源电压波动两种。图 3-57 绘出了该系统在突加负载（$\Delta T = 8\text{N}\cdot\text{m}$）情况下电动机电流 I_d 与转速 n 的关系；图 3-58 和图 3-59 分别绘出了电源电压突增（相电压峰值从 150V 升高至 170V）和电源电压突减（相电压峰值从 150V 升降低 130V）情况下，电动机电枢电压 U_d 和转速 n 的动态响应曲线。

综上，对于该控制系统的抗扰性能，有如下几点结论：

1）系统对负载的大幅度突变具有良好的抗扰能力，在 $\Delta T = 8\text{N}\cdot\text{m}$ 的情况下系统速降为 $\Delta n = 12\text{r/min}$（0.81%），恢复时间 $t_f = 0.25\text{s}$（开环 $\Delta n = 93\text{r/min}$）。

2）系统对电源电压的大幅波动也同样具有良好的抗扰能力，在 $\Delta U = 20\text{V}$ 的情况下（此处，ΔU 为电源相电压峰值变化范围），系统速降仅为 6r/min（0.4%），恢复时间 $t_f = 0.3\text{s}$。

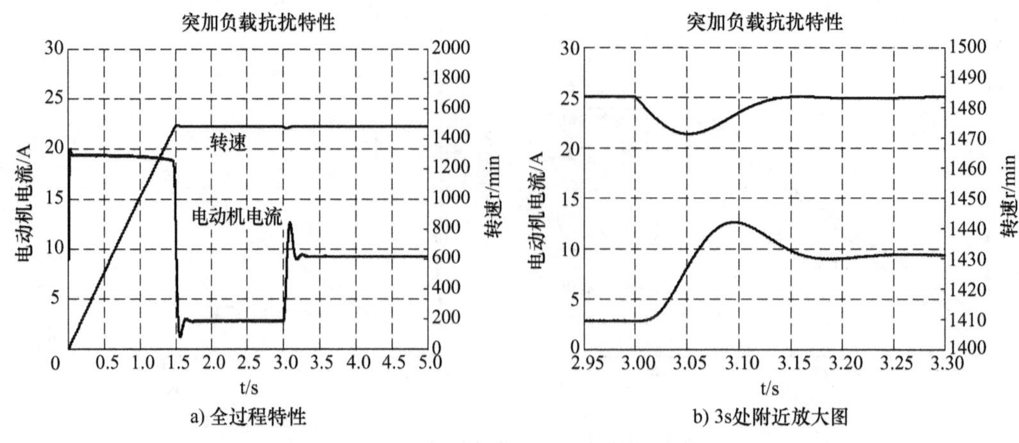

a) 全过程特性　　b) 3s处附近放大图

图 3-57　突加负载时的系统抗扰性能

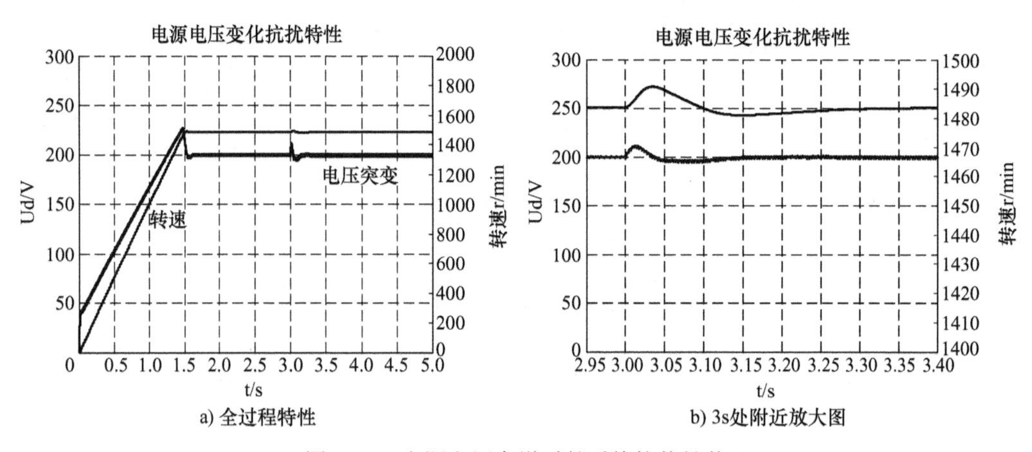

a) 全过程特性　　b) 3s处附近放大图

图 3-58　电源电压突增时的系统抗扰性能

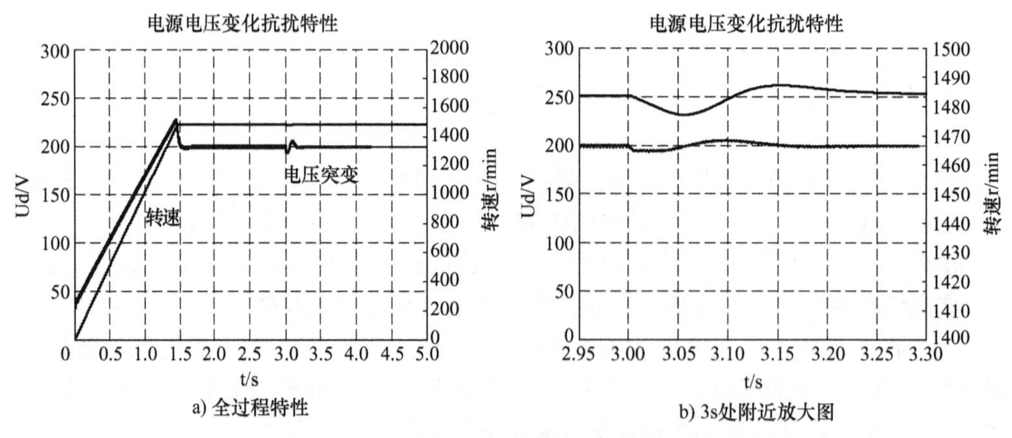

a) 全过程特性　　b) 3s处附近放大图

图 3-59　电源电压突减时的系统抗扰性能

3）系统的起动时间（轻载情况下约为1.5s）与理想的电动机起动特性（约1.3s）相差很小。读者可分析产生偏差的原因。

可见，双闭环控制系统较开环系统的稳态和动态性能有较大的提升，达到了预期设计目标。

3. 仿真程序编制（M 文件）

上述仿真结果/曲线，除采用第二节提到的多变量输出曲线绘制程序外，还可采用如下单变量输出曲线绘制程序：

```
clf;
%数据读取
load speed.mat;
t = signals(1,:);          %时间信号
y = signals(2,:);          %变量
%绘制曲线
plot(t,y);
axis([0 5 0 2000]);
xlabel('时间(s)');
ylabel('电动机转速(r/min)');
title('电动机转速');
grid on;
```

读者可在各自的数字仿真程序设计中灵活运用。

三、数字仿真总结

1）本节详尽地介绍了 SimPowerSystems 工具箱在电力传动控制系统设计与数字仿真中的应用，其对于同类控制系统的设计与数字仿真具有借鉴意义。

2）本节对晶闸管-直流电动机转速控制系统进行数字仿真，证明了基于典型系统理论的 PID 控制器工程设计方法的有效性，闭环控制系统相对开环系统，其稳态和动态性能有了较大提升。

3）在本节的数字仿真实验中，通过所编制的 M 文件实现了仿真结果（曲线）输出的友好化（文字标注、横纵坐标标注等），为读者进行其他仿真实验提供了参考。

第四节 基于 PWM 变换器的直流电动机驱动控制系统仿真

随着电力电子器件制造技术的不断进步，大功率全控型器件——IGBT 的性能不断完善。近年来，德国英飞凌、日本三菱等器件厂商陆续推出了第 7 代 IGBT 器件，中车集团、比亚迪和斯达等国产化 IGBT 品牌发展势头迅猛，这些 IGBT 器件极大地促进了电力传动技术与产品的进步。目前，以 IGBT 开关器件为核心的高性能电力变换装置广泛应用在电力牵引、电动汽车、冶金轧制等工程领域。利用 IGBT 等全控型器件，可以构成脉冲宽度调制（PWM）变换器，并实现斩波控制方式，相比传统晶闸管相控方式，斩波控制方式有着更加优越的性能。

本节首先给出基于 PWM 变换器（H 桥主电路）的直流电动机驱动控制方案的整体结构设计，进而应用 MATLAB/Simulink 的 SimPowerSystems 工具箱，仿真验证系统设计的有效性。

一、基于 PWM 变换器的直流电动机驱动控制方案

图 3-60 给出了基于 PWM 变换器的直流电动机转速/电流双闭环控制系统电气原理图及结构图，系统硬件部分由 PWM 信号发生器、H 桥 PWM 变换器、直流电动机以及转速/电流检测环节组成。与上节相同，ASR 与 ACR 调节器均采用 PI 控制算法。

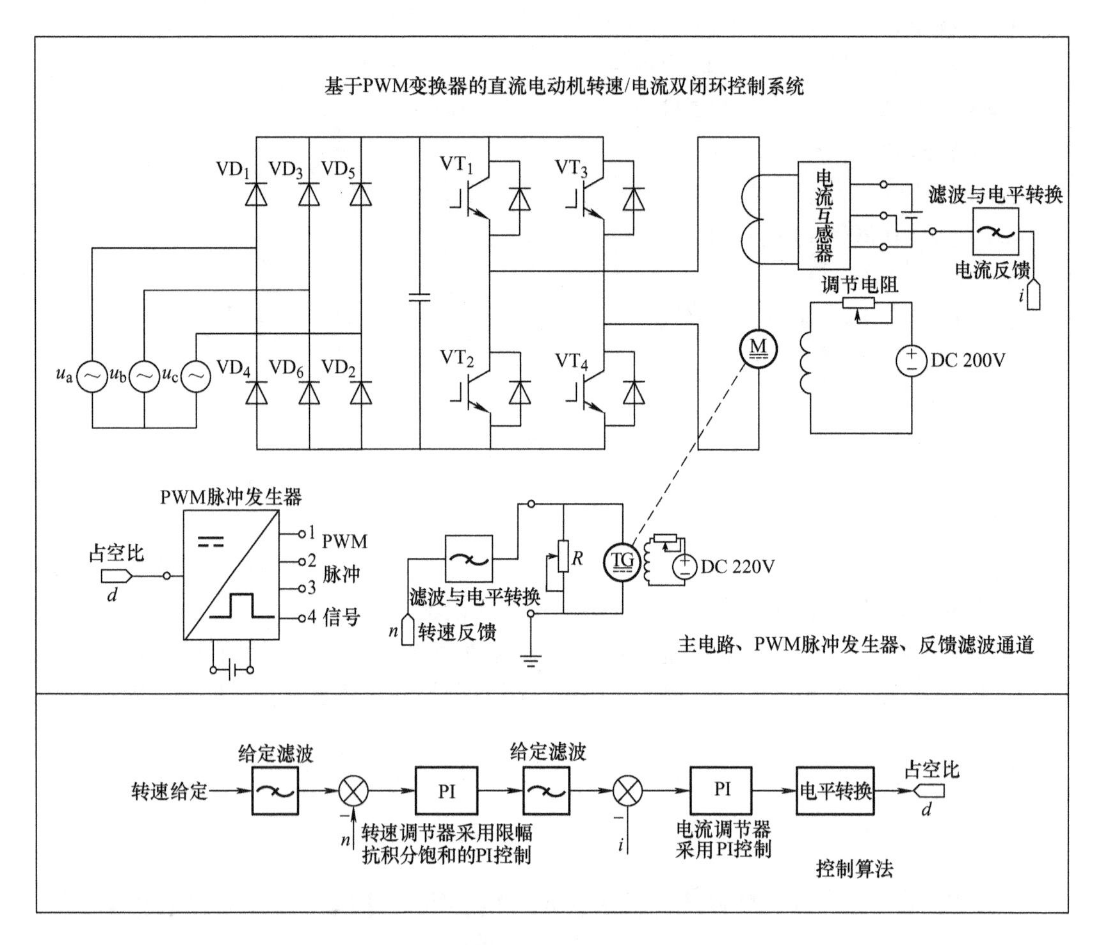

图 3-60　基于 PWM 变换器的直流电动机转速/电流双闭环控制系统电气原理图及结构图

二、基于 SimPowerSystems 工具箱的控制系统数字仿真

1. 仿真模型（程序）的搭建

（1）转速调节器

转速调节器的建模与第三节晶闸管整流器-电动机调速系统的转速调节器建模原理相同，这里不再赘述。

（2）电流调节器

由本章前述内容可知，电流调节器应采用 PI 调节方式，其输出为与占空比有关的调制信号。该调制信号与后级 PWM 信号发生器模块（PWM Generator）内置的三角载波信号进

行比较，产生相应的直流 PWM 波形。由于 PWM 信号发生器模块的输入信号限制在 ±1 之间，因此其前级电流调节器的输出可设置饱和限幅环节，限幅值为 ±1。综上所述，电流调节器的仿真模型如图 3-61 所示。

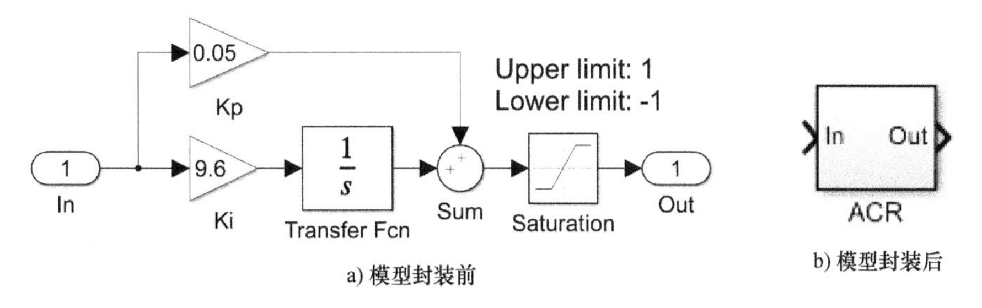

a) 模型封装前　　b) 模型封装后

图 3-61　电流环 PI 调节器仿真模型

（3）PWM 信号发生器

直流脉宽调速系统仿真的关键是 PWM 信号发生器的建模，对于 PWM 信号发生器，采用两个 PWM Generator 模块，此模块自带三角载波，其幅值为 1，且输入信号应在 -1 ~ 1 之间。将输入信号同三角波信号相比较，当比较结果大于 0 时，占空比大于 50%，PWM 波表现为上宽下窄，电动机正转；当比较结果小于 0 时，占空比小于 50%，PWM 波表现为上窄下宽，电动机反转。PWM Generator 模块的参数设置为：调制波外接，载波频率由电力电子开关频率确定，这里设为 10000Hz。

电动机驱动电路采用 H 桥直流 PWM 变换器，其拓扑结构如图 3-62 所示。

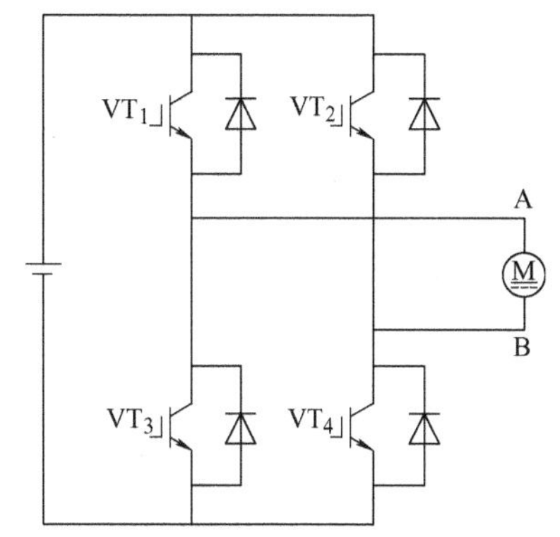

图 3-62　H 桥直流 PWM 变换器拓扑结构

A、B 两端连接电动机电枢绕组两端，通过控制 IGBT 的开通关断来控制桥臂的导通，以此实现电动机的正反转控制；通过控制 IGBT 的导通时间来控制桥臂的通断时间，以脉冲宽度调制方式实现电动机的转速控制。

对于 H 桥 PWM 变换器，这里采用双极性 PWM 调制方式。在电动机运转时，PWM 变换器对角两个 IGBT 的驱动信号应该一致，为此采用 Selector 模块，其参数设置：Index Option 为 Index vector（dialog），Index 为［1 2 4 3］，使得 H 桥主电路对角两管的 PWM 信号相同。PWM 信号发生器及 H 桥直流 PWM 变换器的仿真模型如图 3-63 所示。

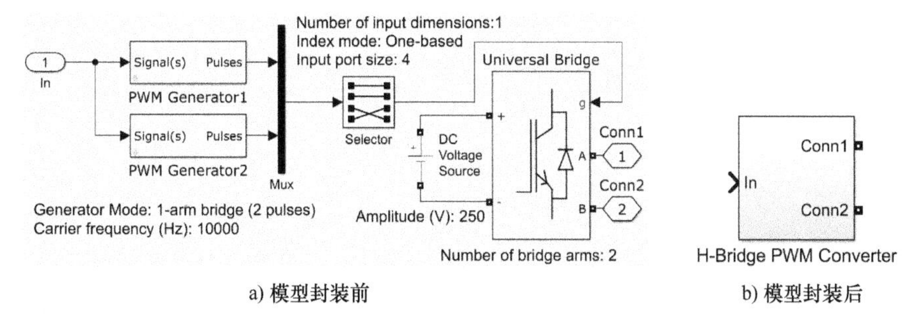

a) 模型封装前　　b) 模型封装后

图 3-63　PWM 信号发生器及 H 桥直流 PWM 变换器的仿真模型

(4) 电动机模型

与第三节晶闸管整流器-电动机调速系统中的内容相同。

2. 直流电动机转速/电流双闭环控制系统的数字仿真

由以上设计，可得基于 PWM 变换器的直流电动机转速/电流双闭环控制系统仿真模型(见图 3-64)。

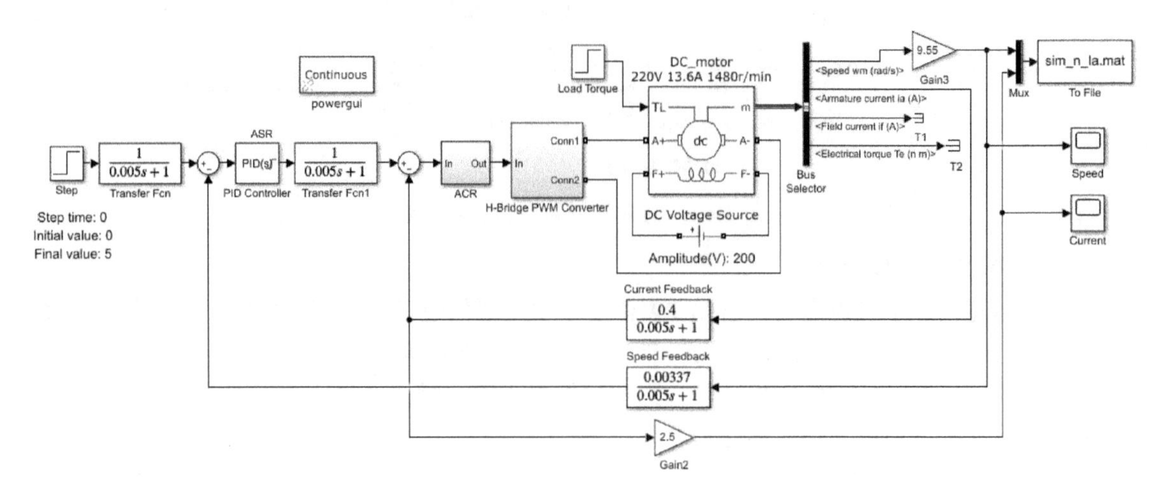

图 3-64 基于 PWM 变换器的直流电动机转速/电流双闭环控制系统仿真模型

图 3-64 中各个模块与图 3-60 中各环节对应，转速调节器、电流调节器以及 PWM 变换器模块的内部结构与前述内容相一致。

(1) 调节器参数

转速环调节器和电流环调节器均采用 PI 调节方式，同第三节晶闸管整流器-电动机调速系统的建模原理相同。不同的是，由于 PWM 调速系统开关频率较高，可以忽略 PWM 变换器的延迟时间；同时，直流 PWM 变换器也不必串联平波电抗器，并取其电压变换比 $K_s = 250$。这样可得电枢回路总电感 $L = L_m = 0.01\text{H}$，总电阻 $R = 1.92\Omega$，电枢回路时间常数 $T_l = L/R = 0.00521\text{s}$，电流环等效时间常数可近似为 $T_{\Sigma i} = T_{oi} = 0.005\text{s}$。

根据上述结果，按照典型系统的设计原则以及本章第二节中推导出的公式，经计算即可得到速度环和电流环调节器的参数。另外，对于转速调节器，与本章第三节相同，其输出限幅为 ±8，并采用 clamping 抗积分饱和算法。

转速调节器为

$$K_{ni} = \frac{K_n}{\tau_n} = \frac{80.98}{0.075} = 1079.73, \quad K_{np} = K_n = 80.98$$

电流调节器为

$$K_{ii} = \frac{K_i}{\tau_i} = \frac{0.05}{0.00521} = 9.60, \quad K_{ip} = K_i = 0.05$$

(2) 电动机参数

同第三节晶闸管整流器-电动机调速系统建模相同，电动机参数设置如图 3-65 所示。

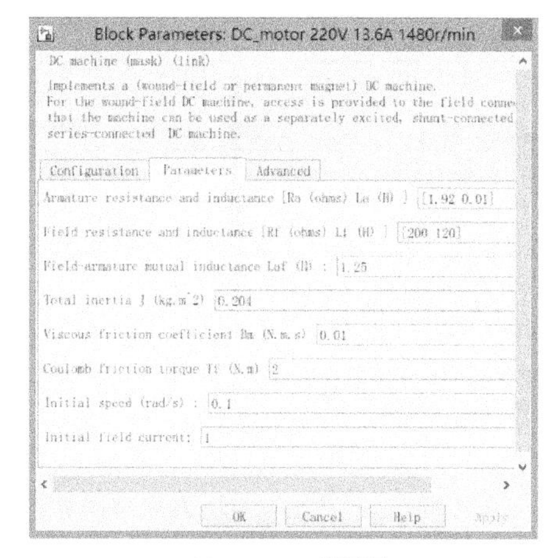

a) Configuration设置页　　b) Parameters设置页

图 3-65　电动机参数设置

（3）调节器性能分析

为验证转速环的抗扰特性和电流环的跟随特性，对转速调节器和电流调节器分别进行仿真分析。转速环的控制特性与第三节晶闸管整流器-电动机调速系统的内容基本相同，这里不再赘述。下面着重分析电流环的控制特性。

对于电流调节器来说，$K_{ip}=0.05$，$K_{ii}=9.60$，得到仿真模型如图 3-66 所示。

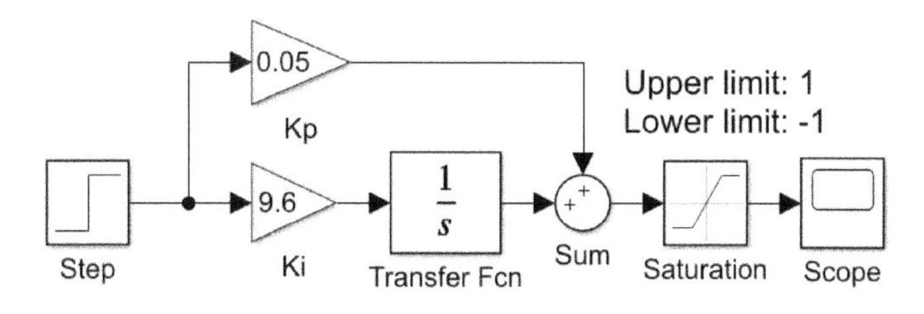

图 3-66　电流调节器仿真模型

电流调节器输出仿真波形如图 3-67 所示，可以看到约 0.6s 电流调节器的输出即达到饱和，与理论分析结果相一致。

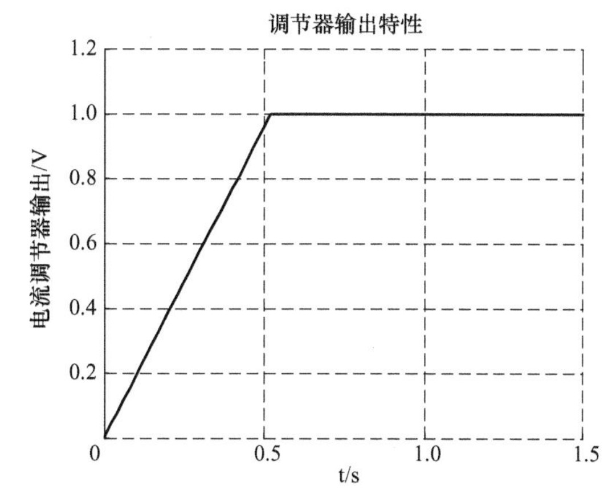

图 3-67　电流调节器输出仿真波形

（4）PWM 信号发生器性能分析

采用常量信号与三角载波进行比较，利用 H 桥直流 PWM 变换器产生正反向电压驱动电动机，其性能测试仿真模型如图 3-68 所示。

输入常量信号为 0.5、-0.5、0、1 时，得到输出电压仿真波形如图 3-69 所示。

（5）三相不控整流桥性能分析

由于 PWM 直流调速系统需要直流电压源供电，因此系统中需要稳定可靠的直流电源。这里采用三相不控整流电路对来自电网的三相交流电进行整流，再采用电容进行滤波，来提供系统所需的直流电压。所设计的三相不控整流电路仿真模型如图 3-70 所示。

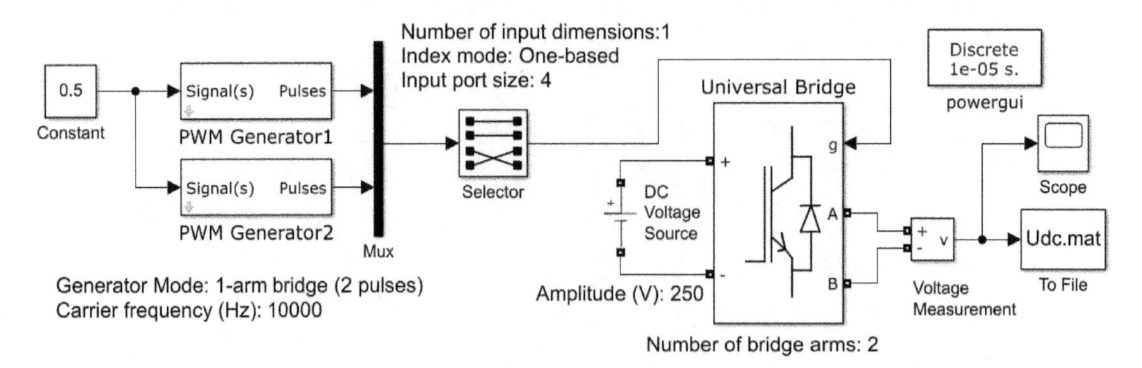

图 3-68 H 桥直流 PWM 变换器性能测试仿真模型

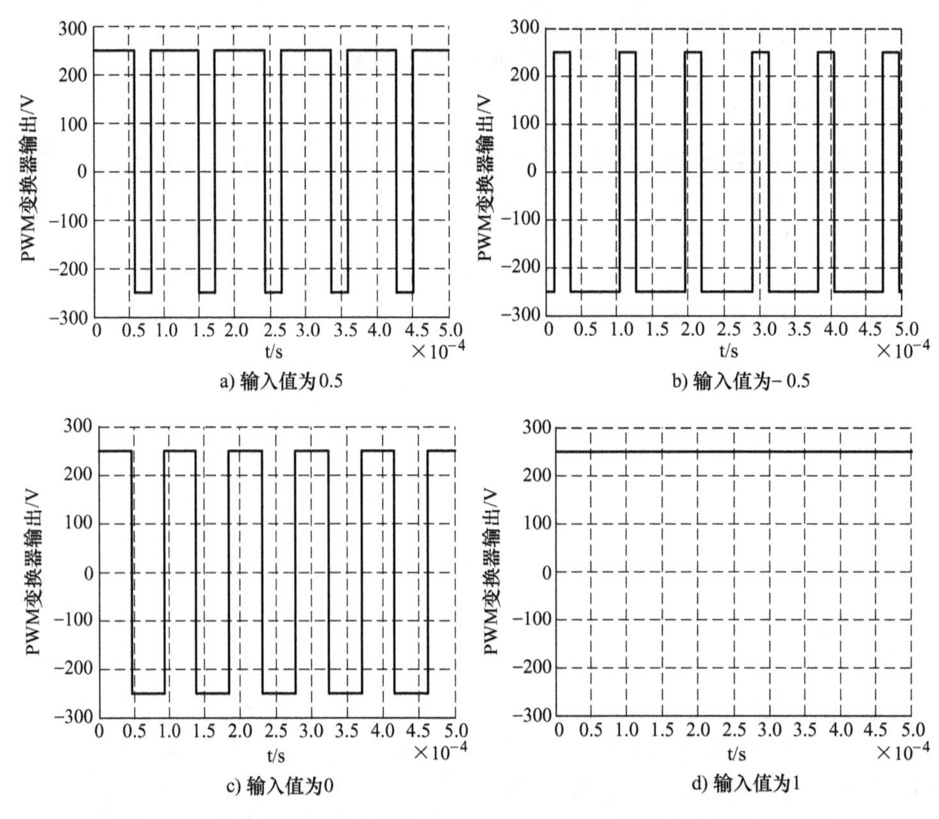

图 3-69 输入常量信号分别为 0.5、-0.5、0、1 时输出电压仿真波形

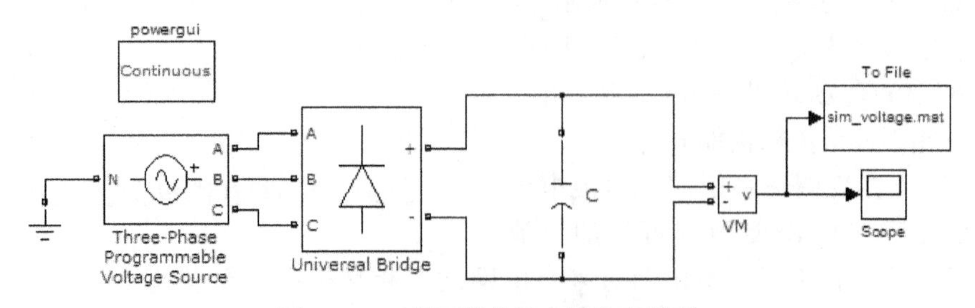

图 3-70 三相不控整流电路仿真模型

在图 3-70 中，交流侧电源采用 SimPowerSystems 中的三相可编程电压源模块，整流桥采用三相不控整流模块。

参数计算：输入直流电压 $U_d = 250V$，整流桥交流电源输入线电压有效值 $U_L = 176.74V$（$U_d = 2.45U_P = 2.45U_L/\sqrt{3} = 1.414U_L$），三相可编程电压源模块的参数设置为 [176.74 0 50]，滤波电容 $C = 5000\mu F$。仿真结果如图 3-71 所示，其输出直流电压平均值为 250V，最大纹波电压约为 0.015V。

除了使用上述三相可编程交流电压源模块来获得可调直流电压外（用于模拟电源电压扰动），也可以采用可控电压源模块（Controlled Voltage Source）与 Step 模块相结合的方式，来获得可调直流电压。这种方法实现起来比较简单，这里不再赘述。

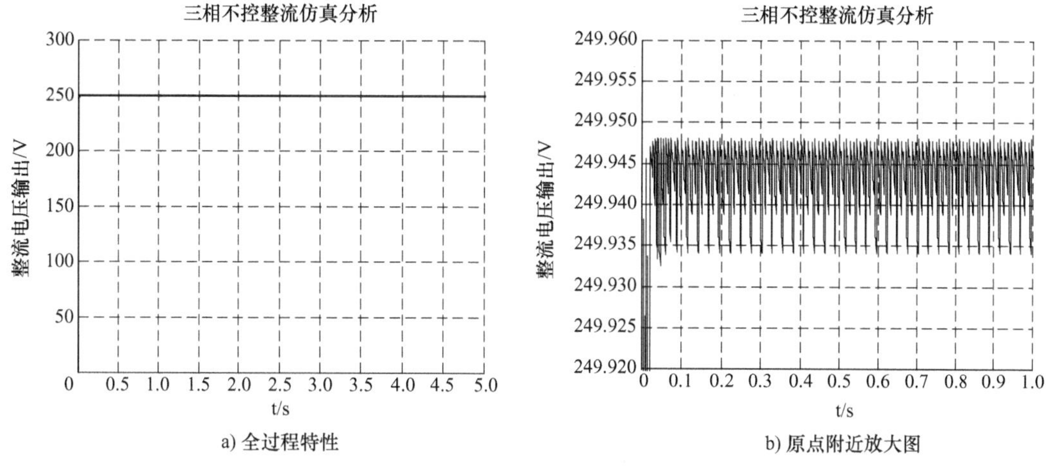

a) 全过程特性　　b) 原点附近放大图

图 3-71 三相不控整流桥仿真结果

（6）开环控制系统起动特性与抗扰特性分析

实验设计：电机空载起动并开环运行于额定转速 1480r/min；$t = 2s$ 时，负载转矩从 0N·m 突增为 8N·m。

与本章第三节基于晶闸管整流器的直流电动机开环控制系统仿真实验相同。额定转速 1480r/min 下，电机电枢电压应为 $U_d = 200V$。由于 H 桥 PWM 变换器的直流输入电压为 250V，则可计算得到此时的控制输入信号为 200/250 = 0.8。

Simulink 仿真解算器设置为 Start time = 0.0，Stop time = 4.0，仿真算法采用 ode23tb，最大仿真步长（Max step size）设置为 1e-006。同时将 Powergui 模块中的仿真类型（Simulation type）设置为 Discrete，采样时间（Sample time）设置为 1e-006。负载突变的模拟仍利用 Step 模块来实现。图 3-72 给出了此时的 Simulink 仿真模型，图 3-73 给出了该系统在突加负载（$\Delta T = 8N \cdot m$）情况下电动机电流 I_d 与转速 n 的动态响应曲线。

从图 3-73 所示仿真结果可以看出：

1）与基于晶闸管整流器的直流电动机开环控制系统仿真结果相比，由于此时电枢回路没有平波电抗器，起动冲击更大，起动电流达到近 100A，远远大于电机的额定电流和允许的最大电流。

2）负载转矩突然增加（$\Delta T = 8N \cdot m$）时，电动机的转速降落较大（$\Delta n = 93r/min$），电动机的机械特性偏软。

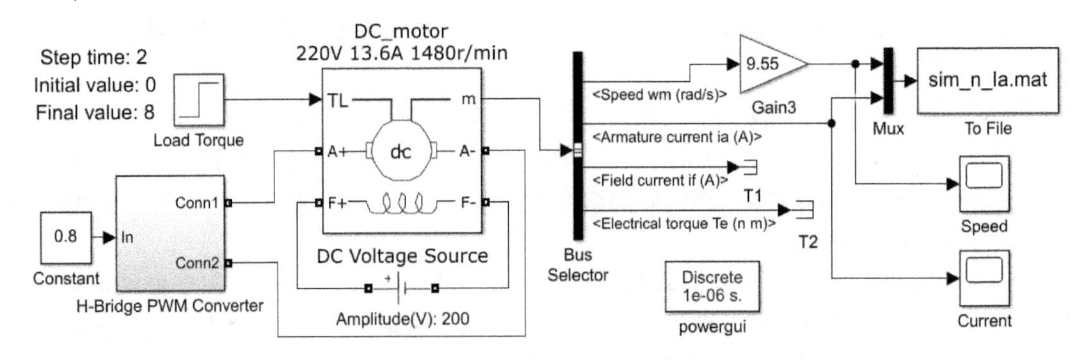

图 3-72 开环控制系统仿真模型

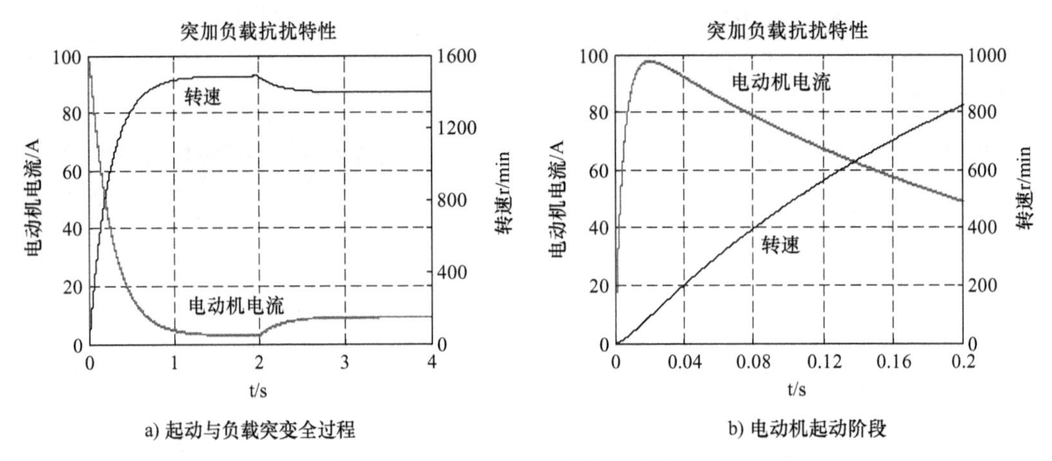

图 3-73 开环控制下的动态响应曲线

以上两个问题同样可以通过电动机转速/电流双闭环控制方案来进行完善。

(7) 直流电动机转速/电流双闭环控制系统的起动特性分析

Simulink 仿真解算器设置为 Start time =0.0，Stop time =4.0，仿真算法采用 ode23tb，最大仿真步长（Max step size）设置为 5e-006。同时将 Powergui 模块中的仿真类型（Simulation type）设置为 Continuous。直流电动机转速/电流双闭环控制系统的仿真模型如图 3-74 所示。

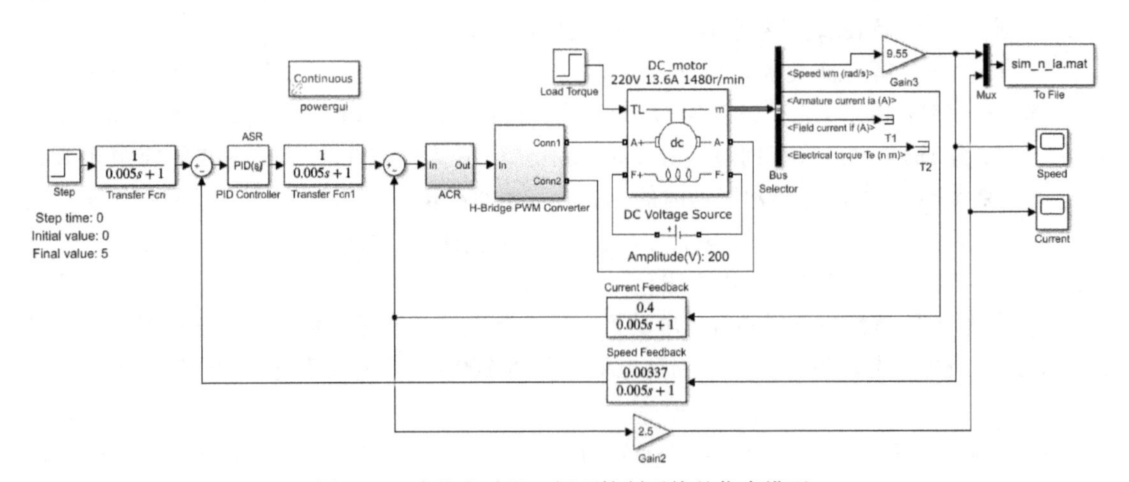

图 3-74 直流电动机双闭环控制系统的仿真模型

仿真结果如图3-75～图3-77所示（其中图b为图a在0s附近的放大图）。

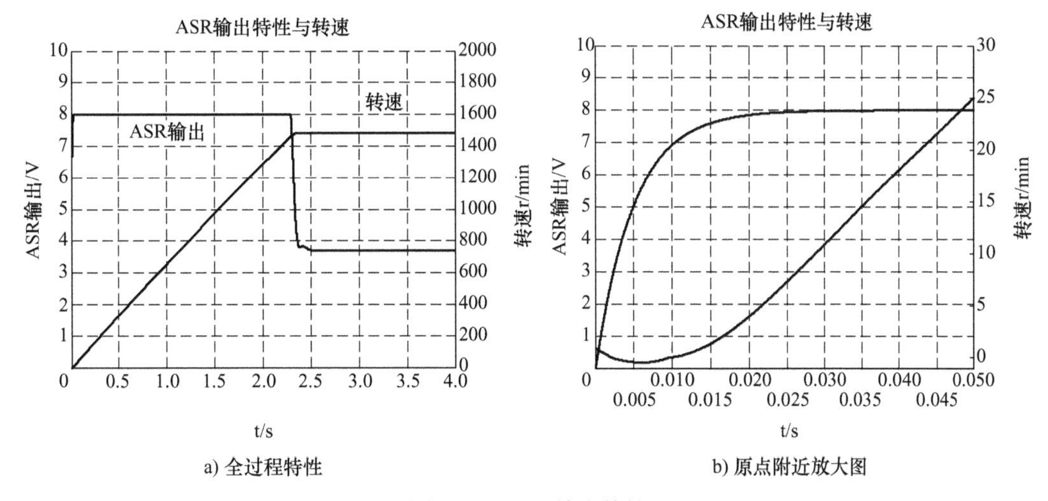

图3-75　ASR输出特性

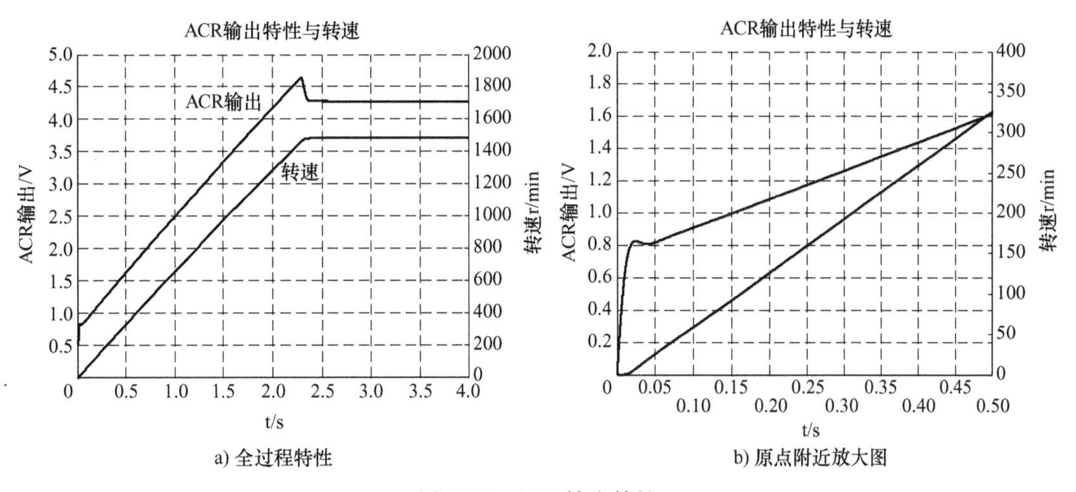

图3-76　ACR输出特性

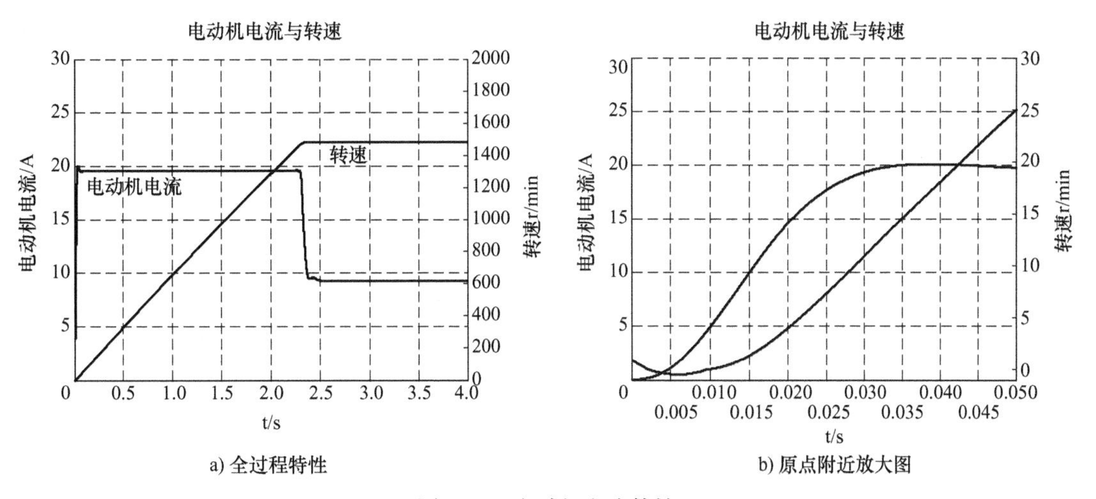

图3-77　电动机电流特性

仿真结果分析：可以看到，在仿真的开始阶段电动机采用最大允许电流起动，达到最快起动方式；当转速接近给定值时，电动机电流进入线性控制。起动过程中电流的超调量为2.9%，转速的超调量为0%，这与理论最佳设计的结果基本一致，该系统对于起动特性设计要求来说（σ_n<4.3%，σ_i<8%），已达到预期目的。

（8）直流电动机转速/电流双闭环控制系统的抗扰性能分析

仿真实验中，选取 Start time = 0.0，Stop time = 4.0，仿真时间为 0 ~ 4.0s。其中，扰动加入的时间为 3.0s。

通常，电力传动控制系统的外部干扰主要是负载突变和电源电压波动。下面主要针对这两种情况，进行仿真实验。图3-78绘出了该系统在突加负载（ΔT = 8N · m）情况下电动机电流 I_d与输出转速 n 的关系，图3-79和图3-80分别绘出了该系统在电源电压突增（H桥PWM变换器输入直流电压从250V升高至280V）和突减（H桥PWM变换器输入直流电压从250V降低至220V）时电动机转速的变化情况。

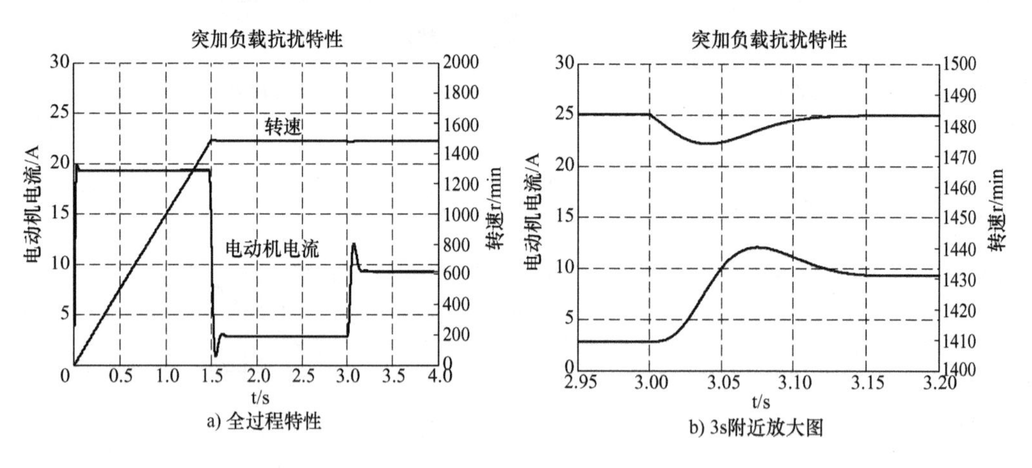

图3-78 突加负载时的系统抗扰性能

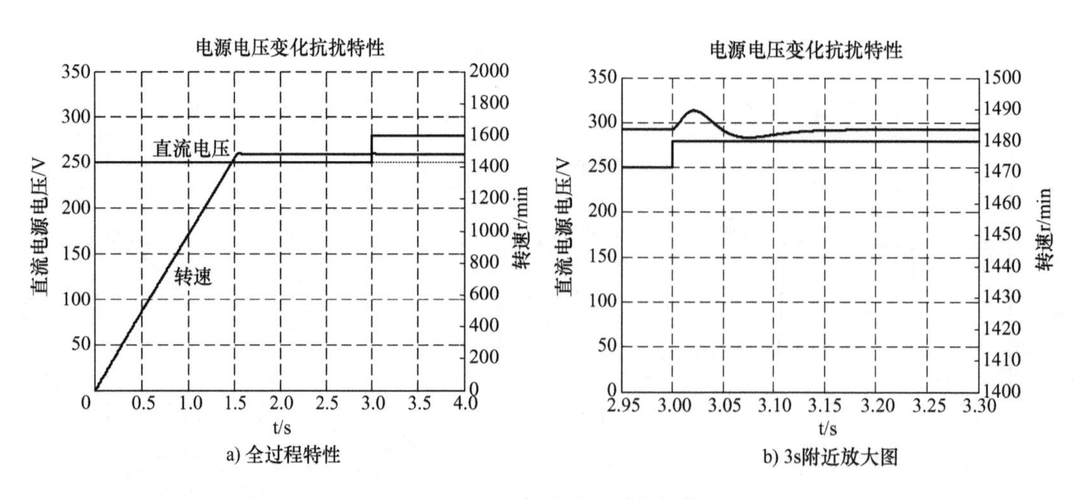

图3-79 电源电压突增时的系统抗扰性能

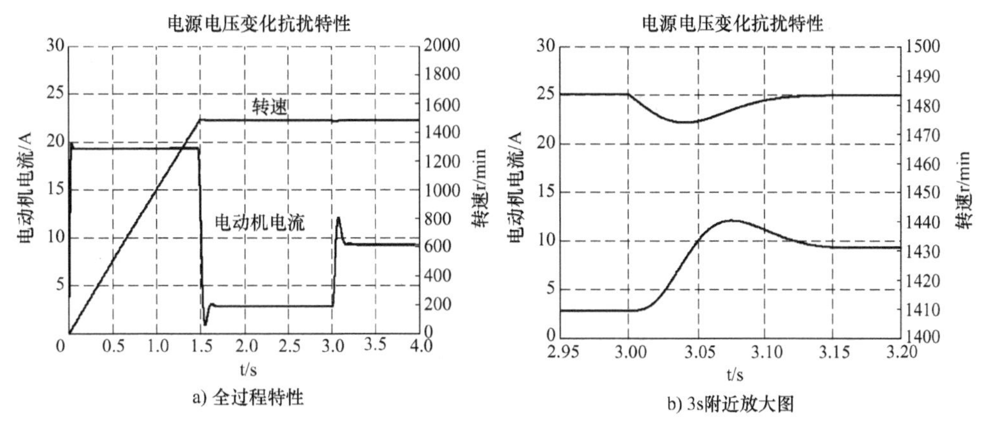

图 3-80 电源电压突减时的系统抗扰性能

仿真结果分析：

1）从以上仿真结果可以看到：系统对负载的大幅度突变和电源电压的波动具有良好的抗扰能力，在 $\Delta T=8\text{N}\cdot\text{m}$ 的情况下，系统速降为 $\Delta n=10\text{r/min}$（$\Delta n\%=0.67\%$），恢复时间为 $t_f=0.2\text{s}$（开环系统 $\Delta n=93\text{r/min}$）；在 $\Delta U=30\text{V}$ 的情况下，系统速降为 $\Delta n=2\text{r/min}$（$\Delta n\%=0.13\%$），恢复时间为 $t_f=0.15\text{s}$。

2）对于晶闸管-电动机调速系统，在 $\Delta T=8\text{N}\cdot\text{m}$ 的情况下，系统速降为 $\Delta n=12\text{r/min}$（$\Delta n\%=0.81\%$），恢复时间为 $t_f=0.25\text{s}$（开环系统 $\Delta n=93\text{r/min}$）。

综上，基于 PWM 变换器的直流电动机调速系统与基于晶闸管整流器的直流电动机调速系统相比，在稳态和动态控制性能上具有优势。

三、数字仿真总结

1）本节详尽地给出了 SimPowerSystems 工具箱中 H 桥直流 PWM 变换器在电力传动控制系统设计与仿真实验中的应用方法。

2）本节继续应用 PID 控制器的工程设计方法，对直流电动机 PWM 调速系统设计方案进行数字仿真实验，证明了基于 PWM 变换器的直流电动机转速/电流双闭环控制方案的可行性和有效性。

3）与基于晶闸管整流器的直流电动机调速系统相比，基于 PWM 变换器的直流电动机调速系统主电路结构简单（电力电子器件更少、无需平波电抗器）、稳态和动态控制性能好。除此之外，其还具有可灵活实现电机正反转控制与可逆运行（即四象限运行）、交流侧功率因数高（如直流电源采用不控整流甚至 PWM 整流）的特点，表现出更好的综合性能。感兴趣的读者可完成本章相关习题，会对此问题有更深入理解。

第五节 问题与探究——一类非线性控制系统数字仿真的效率问题

一、问题提出[88]

起重机作为一种搬运工具，在工业生产中发挥着重要的作用。但是，由于起重机自身结构的原因，使得货物在吊运过程中不可避免会产生摆动；如何有效地消除货物在吊运过程中的摆动以提高起重机的工作效率是长期以来国内外控制领域研究的一个典型问题[89]。变结构控制理论是一种非线性控制理论，自20世纪50年代于莫斯科诞生以来，经过了半个多世纪的完善和发展。特别是近年来，滑模变结构控制理论得到国内外控制界普遍关注和重视。滑模变结构控制器控制规律简单，对系统的数学模型精确性要求不高，可以有效地调和动、静态之间的矛盾且鲁棒性较强，近年来已被广泛应用于处理一些复杂的非线性、时变、多变量耦合及不确定系统[90]。

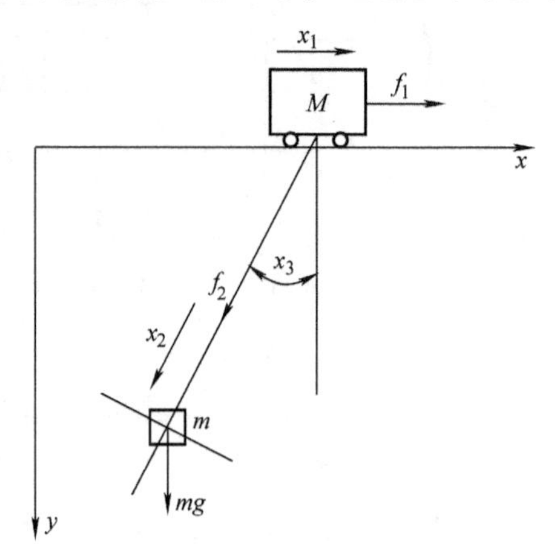

图3-81 典型的起重机系统物理模型

实际的起重机系统比较复杂，除了元件的非线性外，还受到各种干扰，如小车与导轨之间的摩擦、风力的影响等。为了便于分析，对实际系统进行简化，图3-81所示为典型的起重机系统物理模型。针对绳长固定情况，这里讨论时采用二维滑模变结构控制器，同时对起重机的水平位置和摆绳角度进行控制。图3-82所示为控制系统的Simulink仿真模型[91]。

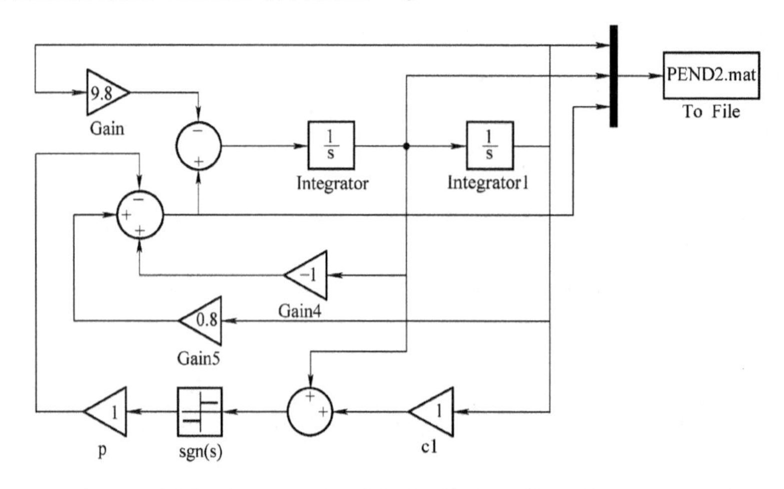

图3-82 二维滑模变结构控制器仿真模型

采用Variable-step的ODE45算法进行Simulink仿真，结果如图3-83所示。可见，当系统仿真时间在1s左右时，速度非常慢，仿真过程停滞不前。

本节将针对上述现象与问题，讨论一类非线性控制系统数字仿真的效率问题。

二、问题分析

1. 过零检测[78]

MATLAB/Simulink在仿真过程中存在“过零检测”问题。过零检测是通过在系统和求解器之间建立对话的方式工作，对话包含的一个内容是事件通知。事件由过零表示，过零在下列两个条件下产生：

1）信号在上一个时间步改变了符号（含变为0和离开0）。

2）模块在上一个时间步改变了模式。

过零是一个重要的事件，表征系统中的不连续性。如果仿真中不对过零进行检测，可能会导致不准确的仿真结果。当采用变步长求解器时，Simulink 能够检测到过零（使用固定步长的求解器，Simulink 不检测过零）。当一个模块通知系统前一时间步发生了过零，变步长求解器就会缩小步长，即便绝对误差和相对误差是可接受的。缩小步长的目的是判定事件发生的准确时间。当然，这样会降低仿真的速度，但这样做对有些模块来讲是至关重要和必要的，因为这些模块的输出可能表示了一个物理值，它的零值有着重要的意义。事实上，只有少量的 Simulink 模块能够发出过零事件通知，如图 3-84 所示。

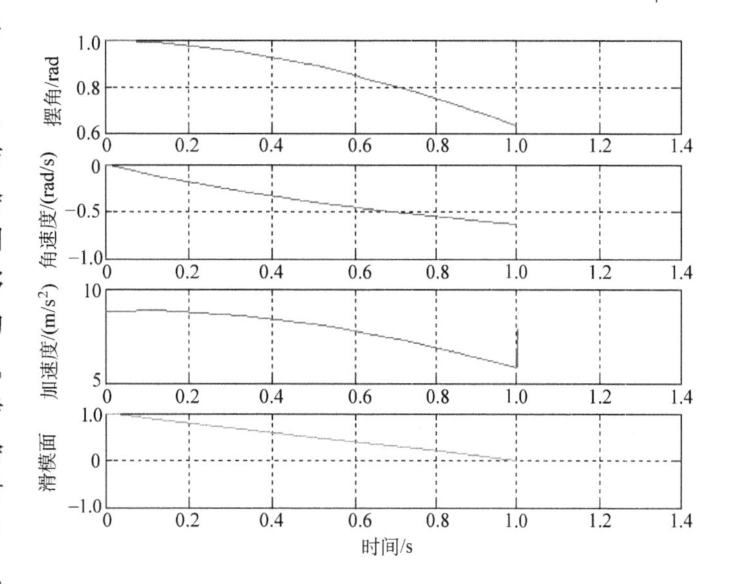

图 3-83　仿真结果

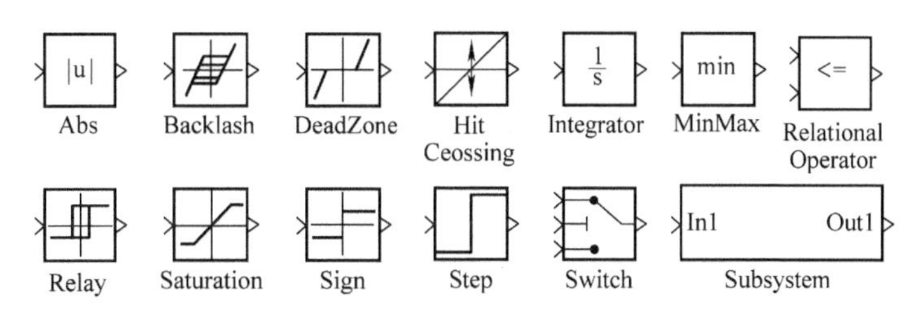

图 3-84　能够产生过零通知的 Simulink 模块

2. 系统仿真停滞的原因

由图 3-82 可知，系统仿真模型中存在不连续模块 Sign，当系统于 1s 左右到达滑模面（$s=0$）时，Sign 模块向系统发出过零通知。而当采用变步长求解器时，Simulink 能够检测到过零状态。如图 3-85、图 3-86 所示，由于滑模面在 1s 处不能正常归零，所以 Sign 模块就反复过零，同时一直向求解器发出过零通知。求解器便相应地一直不停地缩小步长，如图 3-87 所示，系统大约经过 12 个仿真步到达 1s 处时，步长急剧缩小至接近于零。这样，由于仿真步长太小，系统便在不连续处形成了过多的点，超出了系统可用的内存和资源，使得系统进展缓慢，仿真停滞不前[91]。

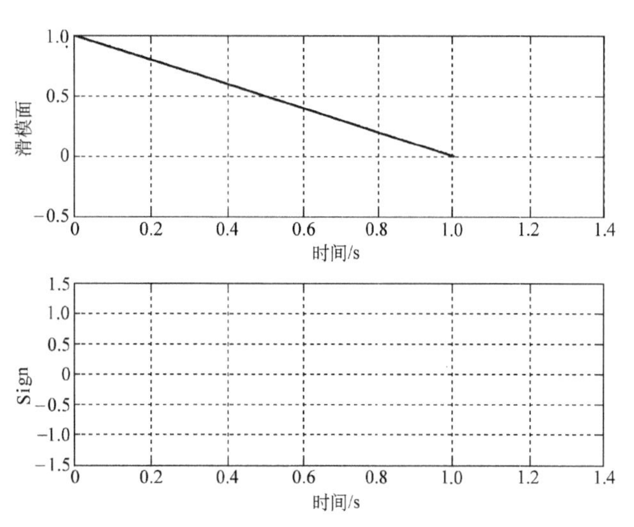

图 3-85　滑模面和 Sign 模块的时域响应

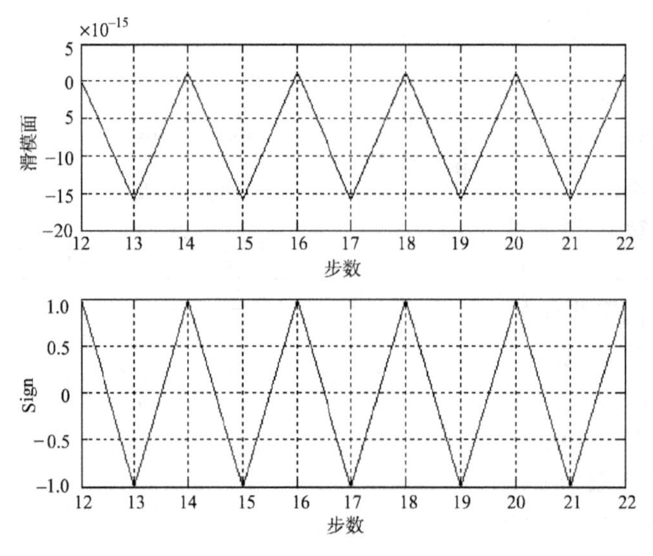

图 3-86 1s 左右时的滑模面和 Sign 响应的局部放大图

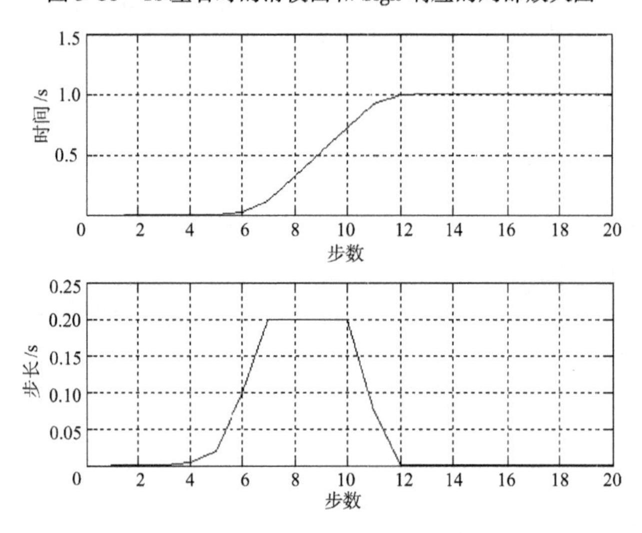

图 3-87 系统仿真步长

3. 提高仿真效率的方法

(1) 速度慢的原因

通过以上分析，我们总结、概括得出了以下几种系统仿真速度慢的原因：

1) 系统方程中存在不连续函数 sign(s)。

2) Simulink 仿真模型中存在能够产生过零通知的 Sign 模块。

3) 采用的变步长求解器具有过零检测并自动调整步长的功能。

(2) 解决策略

基于以上原因，我们提出以下四种解决策略[88]：

1) 采用不能够产生过零通知的 Fcn 函数模块。

2) 取消 Zero crossing detection 功能。

3) 采用 fixed-step 求解器。

4) 柔化 sign(s) 函数，使其连续化。

这四种解决策略，单独任何一种或几种都可行。图 3-88 所示为采用策略 1）的系统 Simulink 仿真模型，图 3-89、图 3-90 所示为仿真结果。

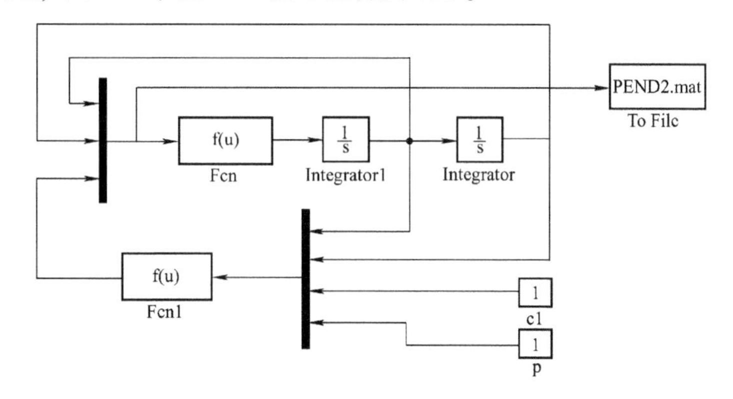

图 3-88　采用 Fcn 函数模块后的系统仿真模型

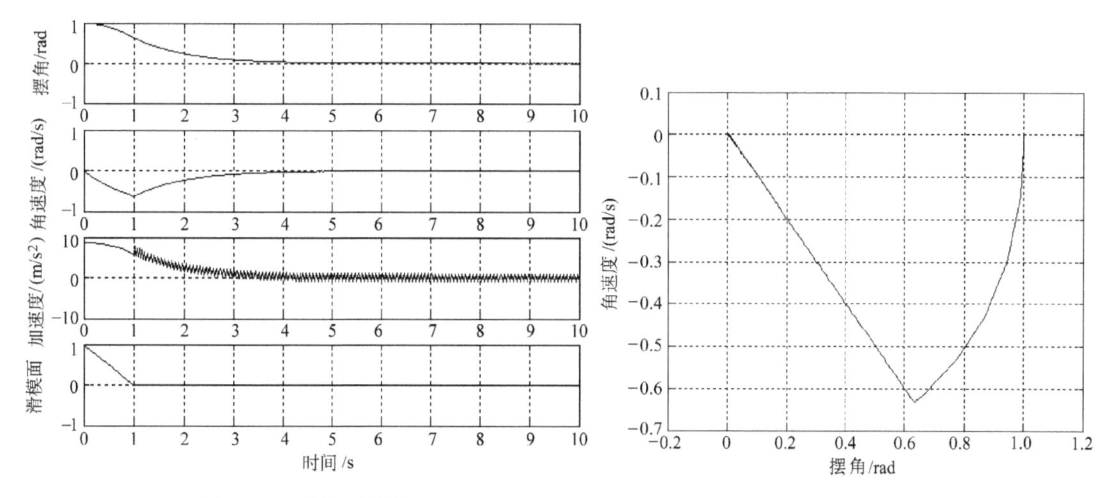

图 3-89　系统时域图　　图 3-90　系统相平面图

由于 Fcn 模块不支持过零，所以系统在不连续的情况下仍然能迅速完成仿真。除此之外，还采用了 fixed-step 求解器和变步长下置 Zero crossing detection 为 off 的仿真方法，其仿真结果也如图 3-89、图 3-90 所示。可见，前三种方法的仿真结果一样。

由上面的仿真结果可以看出：取消系统的过零检测功能之后，仿真速度加快；但是由于仍然存在不连续模块 Sign，所以加速度存在较大的抖振。抖振现象使得控制系统难以工程实现，为了能消除系统因为不连续性而存在的抖振问题，同时加快仿真速度，且不影响系统的仿真效果，设计了第四种控制策略——柔化不连续的 sign(s) 函数，使其连续化。原 sign(s) 函数如图 3-91a 所示，重构后的 sat(s) 函数如图 3-91b 所示。

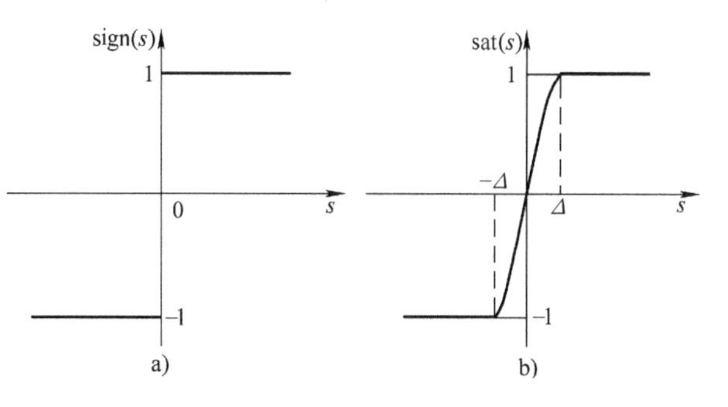

图 3-91　sign(s) 和 sat(s) 函数

其中，sat(s) 函数的表达式为

$$
\operatorname{sat}(s)=\begin{cases}1 & s>\dfrac{\pi}{\sqrt{2}}\varepsilon \\ \sin\left(\dfrac{s}{\sqrt{2}\ \varepsilon}\right) & |s|\leqslant\dfrac{\pi}{\sqrt{2}}\varepsilon \\ -1 & s<-\dfrac{\pi}{\sqrt{2}}\varepsilon\end{cases}
$$

式中，ε 为大于零的正数，且 $\Delta=\dfrac{\pi}{\sqrt{2}}\varepsilon$。当 ε 取无穷小时，sat(s) 函数便非常逼近 sign(s) 函数。采用 sat(s) 函数来代替 sign(s) 函数后的系统仿真模型如图 3-92 所示，系统仿真结果如图 3-93 所示。

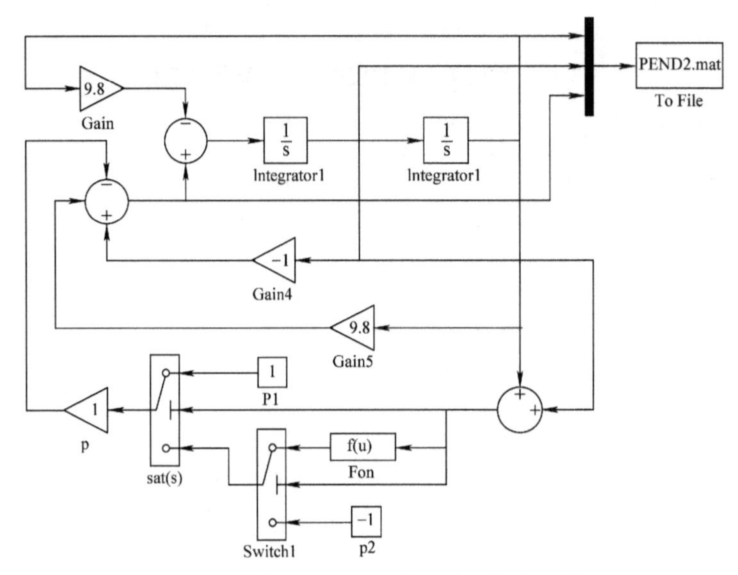

图 3-92 柔化 sign(s) 函数后的系统仿真模型

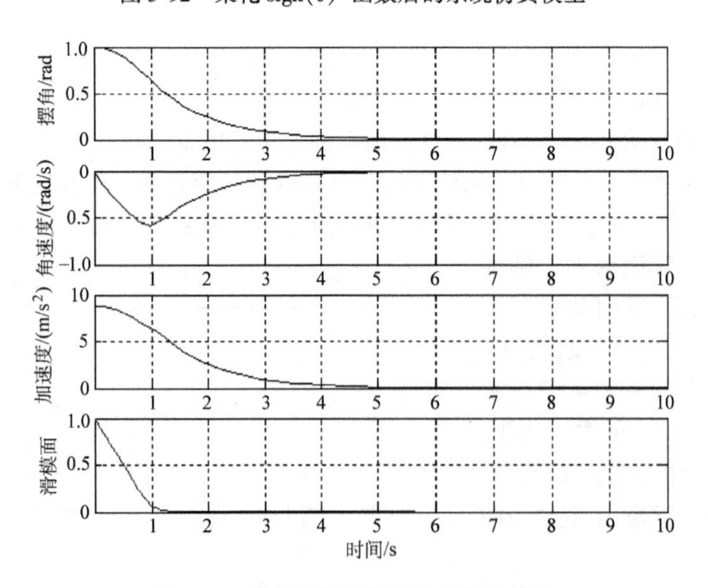

图 3-93 采用连续函数后的系统时域图

通过以上仿真可以看出，采用连续函数 sat(s) 代替不连续函数 sign(s) 后，系统仿真速度加快，不影响系统控制效果，且加速度不存在抖振现象，易于工程实现，能满足人们所期望的结果。

针对上述所提出的四种提高仿真速度的解决策略，综合比较其性能，见表 3-3。

表 3-3　四种提高仿真速度策略的性能比较

方法	指标								
	过零检测	步长	算法选择	连续性	有无抖振	仿真速度	仿真精度	实用性	推荐等级
Fcn 函数模块法	on	变	ODE45	不连续	有	较快	较低	较差	Ⅲ
无过零检测法	off	变	ODE45	不连续	有	较快	较高	较好	Ⅱ
fixed-step 求解器法	on	定	ODE1	不连续	有	快	低	差	Ⅳ
柔化 sgn(s) 函数法	on	变	ODE45	连续	无	快	高	好	Ⅰ

因此，在控制算法中，如果出现了像 sign 这样一类的非连续性模块而影响系统仿真速度和效率，建议采用以下方法处理：

1）最好将 sign(s) 函数进行连续化，这样可以使系统仿真速度快且仿真效果好，无抖振，易于工程实现。

2）可以直接采用 fixed-step 法或者无过零检测法，采用这种方法，仿真速度快。但是这种方法可能忽略一些重要的过零信息，同时由于仍然存在非连续性问题而导致系统抖振的存在。

3）也可以采用 Fcn 函数模块，将运动学方程写成符合 C 语言规范的表达式，但是由于 Fcn 模块不支持过零，结果一些不连续的拐角点被漏掉了。所以在精度要求较高的场合，不宜采用 Fcn 函数模块。

三、几点讨论

1）你了解 Simulink 仿真运行的原理吗？

2）常用的 Simulink 仿真算法有哪些？分别适用于解决什么问题？

3）有哪些环节/过程影响 Simulink 仿真的效率？有何解决策略？

小　　结

本章以直流电动机转速/电流双闭环控制系统设计为案例，系统地阐述了控制系统建模、基于模型的控制器设计、基于 MATLAB 仿真工具的仿真实验分析——控制系统的数字仿真全过程，其中相关内容涉及电路分析、自动控制原理、电机学、电机与拖动、电力电子技术、电力拖动自动控制系统等已学课程，需要读者适时地回顾、理解与应用。现将本章内容总结如下：

1）直流电动机作为经典的电力传动系统设备，其转速/电流的双闭环控制方案是电力传动控制的专业基础，应深入理解与掌握。

2）基于典型系统理论的 PID 控制器工程设计方法，是线性系统理论在电力传动领域的具体应用，其所得到的控制器参数是近似结果，它为实际的控制系统调试提供了有效的初值。

3）晶闸管（半控器件）与 IGBT（全控器件）是电力传动系统的核心部件，由其组成的电力传动控制系统在动态性能、稳态性能与电能质量性能等方面有所不同，建议读者重点思考与理解。

4）MATLAB/Simulink 环境下的 SimPowerSystems 工具箱是专业化的电气工程领域仿真工具，其所提供的电力电子与电力传动系统元器件模型具有更高的仿真精度，建议读者深入了解与应用。

5）对于仿真结果曲线的编辑，本章给出的多变量输出的对比曲线绘制程序适用于多目标（曲线）的展示与文字标注，建议读者在各自的文稿中有效利用。

6）本章内容对于读者系统地理解与掌握控制系统建模与仿真、电力电子与电力传动领域的基础理论与工程概念，培养学生分析与解决复杂工程问题能力具有积极的意义。

本章最后给出了分析、设计与探究型习题，对这些问题的深入理解与思考，有利于读者巩固已有基础，开阔视野。

习 题

3-1 在直流电动机的驱动控制中，相比传统晶闸管相控整流方式，基于 IGBT 全控器件的 PWM 斩波变流控制方式有着更优越的性能；试以实际案例，通过系统建模与仿真实验进行证明。

3-2 对于本章讨论的直流电动机转速/电流双闭环控制系统的建模与仿真实验问题，如将直流电动机调速系统设计为如图 3-94 所示的转速单环系统（直流电动机参数不变），需如何设计转速调节器并完成参数整定？试给出直流电动机转速单环控制系统的设计过程以及 MATLAB 仿真结果，并与本章设计的转速/电流双闭环控制系统进行性能对比。

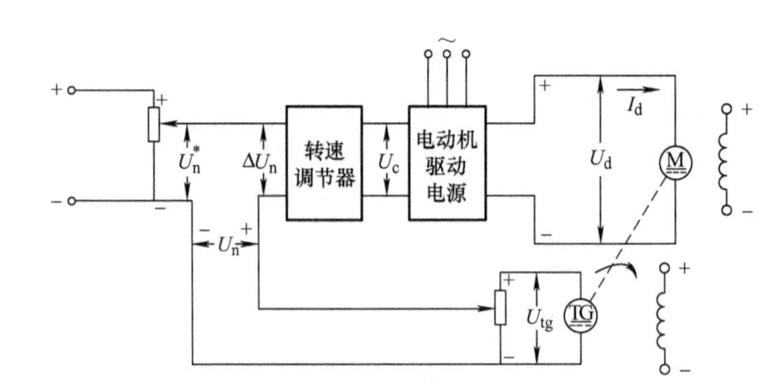

图 3-94 转速单环直流电动机控制系统

3-3 对于直流电动机转速/电流双闭环控制系统，假设直流电动机的励磁电压增大或减小（如图 3-95 所示），试基于 MATLAB 仿真实验结果说明直流电动机的转速将如何变化。

3-4 基于本章内容，试进一步分析如何实现直流电动机的正反转控制（考虑图 3-96 所示龙门刨床工作台速度曲线等工况的实际需求）。基于晶闸管整流器和直流 PWM 变换器，实现直流电动机正反转控制的技术方案有何不同？试分别给出这两种实现方案的 MATLAB 仿真模型与仿真实验结果，并进行性能对比。

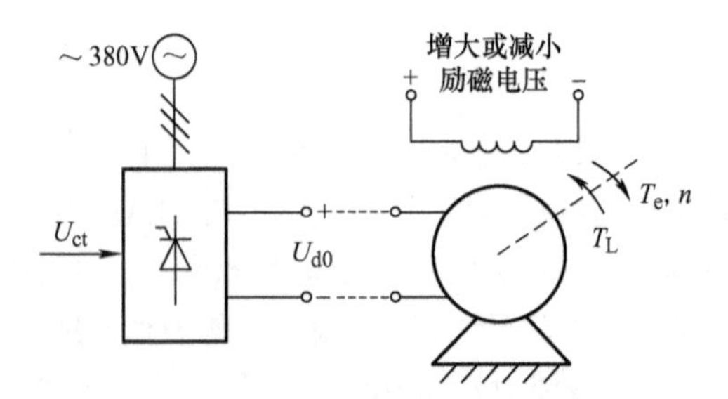

图 3-95 直流电动机驱动控制系统结构图

3-5 对于基于 H 桥结构 PWM 变换器的直流电动机调速系统，PWM 调制方式可分为单极性调制和双极性调制（见图 3-97）；本章采用的方法为双极性 PWM 调制，如想更改为单极性 PWM 调制的话，仿真模型需如何调整？如考虑 PWM 变换器的死区时间，在 MATLAB 仿真模型中需如何实现？试分析死区时间过大或过小对调速控制系统性能会各有何影响。

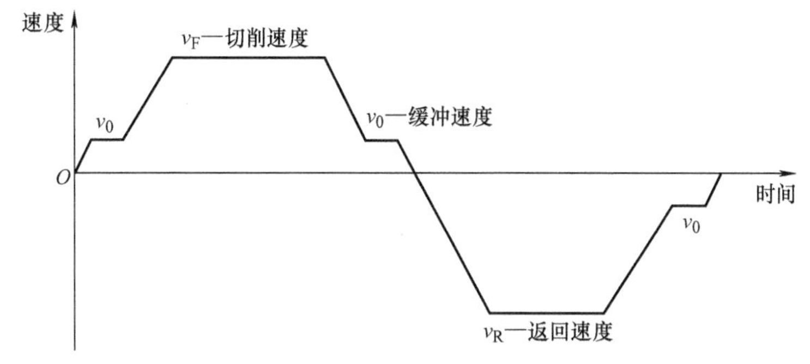

图 3-96　龙门刨床工作台速度曲线

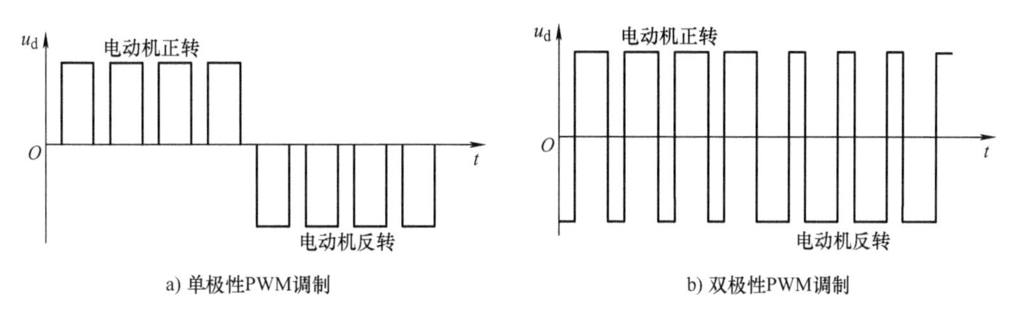

图 3-97　单极性和双极性 PWM 调制时的直流电动机电枢电压波形

3-6　在直流电动机转速控制系统中，如果驱动电源采用晶闸管整流器或二极管整流器，会对电网产生较大的无功功率与谐波污染（见图 3-98）。试通过查阅相关技术资料，陈述国内、国际对于无功与谐波（电能质量）的最新技术标准，并验证本章的相关仿真实验结果是否满足标准要求（使用 MATLAB/Simulink 软件 Powergui 工具箱的 FFT 分析功能进行谐波分析）；同时，如果想进一步提高功率因数、降低谐波，在驱动电源的方案上需做何改进？

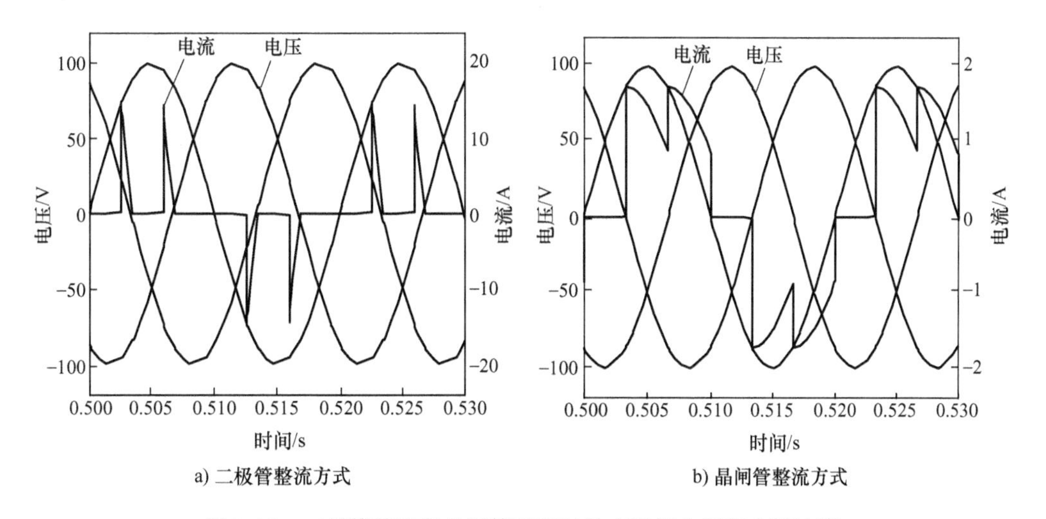

图 3-98　二极管整流和晶闸管整流时的交流侧电压和电流波形

第四章　控制系统 CAD

第一节　概　　述

控制系统计算机辅助设计是一门以计算机为工具进行控制系统设计与分析的技术，简称控制系统 CAD。

20 世纪 50 年代，频域法在控制系统分析与设计中得到迅速的发展，而时域法相对处于停滞状态。其主要原因在于拉普拉斯变换将时域中的微分方程求解转化为频域中的代数运算，而工程师只能通过手工计算和一些图表的帮助来进行控制系统的粗略设计。在这一时期，为了得到复杂系统在时域中的解，曾广泛采用了模拟计算机仿真的方法。模拟计算机的编程方便、运算并行、模块形象等优点，使得它在控制系统 CAD 的历史上占有重要地位。但是，由于数字计算机的迅速发展，模拟机在精度、柔性以及价格等方面的弱点终于无法与数字机抗衡，因此已逐渐被淘汰。

20 世纪 60 年代，数字计算机开始被应用于控制系统的计算机辅助设计，在数字仿真理论、数值算法以及各种应用程序的设计与开发等方面取得了许多建设性的成果。

20 世纪 70 年代，开始出现了控制系统计算机辅助设计的软件包，英国的 H. H. Rosenbrock 学派将线性单变量控制系统的频域理论推广到多变量系统，随后曼彻斯特（Manchester）大学的控制系统中心完成了该系统的计算机辅助设计软件包；日本的古田胜久主持开发的 DPACS-F 软件，在处理多变量系统的分析和设计上也很有特色。同时，国际自动控制领域的知名学者，瑞典隆德（Lund）大学的 K. J. Astrom 和他的学生用状态空间法发展了多变量系统控制理论，其在控制系统 CAD 软件结构上克服了刻板的提问与回答的限制，提出了命令式的人机交互界面，在控制系统 CAD 中给设计者以主动权，将“人机交互”技术提高到一个新阶段。他们先后完成了由 Idpac、Intrac、Modpac、Polpac、Simnon 和 Synpac 等六个软件组成的一整套软件系统，在国际上具有重要影响。

20 世纪 80 年代以来，在众多仿真语言和仿真软件包的基础上，美国的 Mathwork 公司推出了 MATLAB 软件系统，它具有模块化的计算方法，可视化与智能化的人机交互功能，丰富的矩阵运算、图形绘制、数据处理函数、基于模型化图形组态的动态系统仿真工具 Simulink 等优秀软件，而且 Mathwork 公司密切注意科技发展的最新成果，及时地与不同领域的知名专家合作，推出了许多控制系统 CAD 的“工具箱”，被人们誉为“巨人肩上的工具”。

现在，MATLAB 已从单纯的“矩阵实验室”渗透到科学与工程计算的许多领域，成为控制系统 CAD 领域最受欢迎的软件系统。

本章以 MATLAB 及 Simulink 为工具，就经典控制理论、现代控制理论与电力电子系统设计中的一些具体问题进行回顾与讨论，从而使大家进一步体会“控制系统 CAD”技术在控制系统分析、设计及理论学习中的作用和意义。

第二节 经典控制理论 CAD

把用频率法研究单输入–单输出线性定常系统，用传递函数描述控制系统，用根轨迹、频率特性等试凑法设计和分析控制系统的理论与方法，称为经典控制理论。本节我们将讨论其中的固有特性分析、系统设计（校正）方法以及控制系统优化设计等问题。

一、控制系统固有特性分析

当控制系统的数学模型建立以后，就可以采用 CAD 的方法来分析系统自身的性能了，常用的分析方法有时域分析、频域分析和根轨迹三种方法。

1. 时域分析

利用时域分析能够了解控制系统的动态性能，这可以通过系统在输入信号作用下的过渡过程来评判。Simulink 非常适合于做系统的时域分析，下面举例说明。

例 4-1 二阶系统的动态性能分析。

解 为分析方便，通常将二阶系统的闭环传递函数写成如下标准形式

$$\phi(s) = \frac{\omega_n^2}{s^2 + 2\xi\omega_n s + \omega_n^2}$$

式中，ξ 为阻尼比；ω_n 为无阻尼自振角频率。随着阻尼比的不同，系统闭环极点的位置也不同，它可分成以下四种情况：①欠阻尼，即 $0<\xi<1$；②临界阻尼，即 $\xi=1$；③过阻尼，即 $\xi>1$；④无阻尼，即 $\xi=0$。

分别取 $\xi=0$，0.4，0.8，1.0，1.4，$\omega_n=1.0$，二阶系统单位阶跃响应的图形组态及仿真结果如图 4-1 所示。

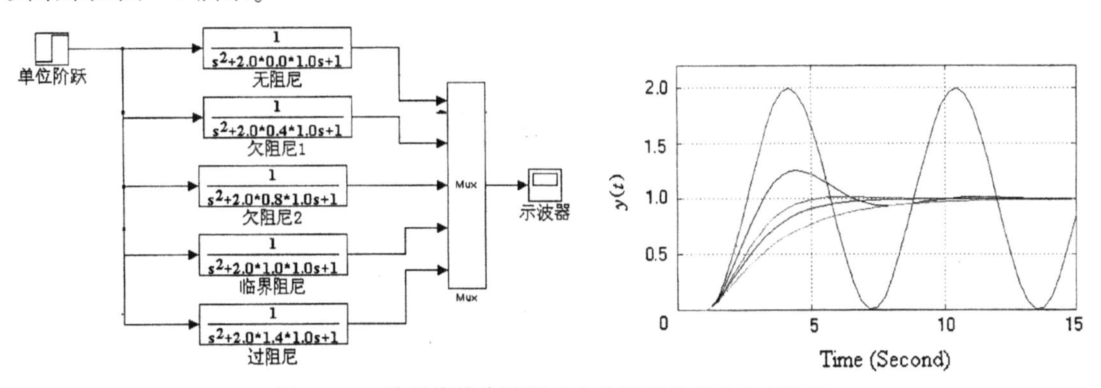

图 4-1 二阶系统单位阶跃响应的图形组态及仿真结果

由图中的仿真结果可以看出，二阶系统在单位阶越函数的作用下，随着阻尼比的减少，振荡程度越来越严重，当 $\xi=0$ 时出现了等幅振荡。当 $\xi\geqslant1$ 时，二阶系统的过渡过程具有单调上升的特性。

在欠阻尼（$0<\xi<1$）特性中，对应 $\xi=0.4\sim0.8$ 时的过渡过程不仅具有比 $\xi=1$ 时更短的响应时间，而且振荡程度也不是很严重。因此，通常希望二阶系统能够工作在 $\xi=0.4\sim0.8$ 的欠阻尼状态。

2. 频域分析

以频率特性作为数学模型来分析、设计控制系统的方法称为频率特性法，它是系统频域分析的主要方法。

频率特性具有明确的物理意义，计算量较小，一般可采用作图的方法或实验的方法求出系统或元件的频率特性，这对于机理复杂或机理不明确而难以列写微分方程的系统或元件，具有重要的实用价值。也正是频率特性法的上述优点，使得它在工程技术领域得到广泛的应用。

实际应用时，由于频率特性 $G(j\omega)$ 的代数表达式较复杂，所以总是采用图形表示法，直观地表达 $G(j\omega)$ 的幅值与相角随频率变化的情况，从中可分析得出系统的静态与动态性能情况。最常用的频率特性图是对数坐标图（即伯德图）。MATLAB 语言中提供了绘制伯德图的专用命令：bode，其表达格式有如下几种：

```
>> bode (num, den)
>> [mag, phase, w] =bode (num, den)
>> [mag, phase] =bode (num, den, w)
```

其中，w 表示频率 ω。第一种命令在屏幕中的上下两部分分别生成幅频特性和相频特性；第二种命令可自动生成一行矢量的频率点；第三个命令可定义所需的频率范围。同时，要绘制伯德图还需下述命令：

```
>> subplot (2, 1, 1), semilogx (w, 20 * log 10 (mag)),
>> subplot (2, 1, 2), semilogx (w, phase),
```

其中，前者的第一个命令把屏幕分成两个部分，并把幅频特性放在屏幕的上半部；第二个命令（即 semilogx）可生成一个半对数坐标图（横轴是以 10 为底的对数值坐标轴，而纵轴则是以 dB 为单位表示的幅值）。后者之命令是将系统相频特性放置在屏幕的下半部分。若想以 Hz 为单位，可用 w/2 * pi 来代替 w。若要指定频率范围，可使用 logspace 命令：

```
>> w = logspace (m, n, npts)
```

其可生成一个以 10 为底的对数向量（$10^m \sim 10^n$），点数（npts）可任意选定。下面举例说明伯德图的绘制过程。

例 4-2 已知某控制系统的开环传递函数为 $G(s)=\dfrac{K}{s(s+1)(s+2)}$，$K=1.5$，试绘制系统的开环频率特性曲线，即系统的伯德图。

解 下面是使用 logspace 命令生成具有 100 个频率点的对数坐标频率特性程序：

```
K=1.5; ng=1.0; dg=poly ([0, -1, -2]);
w=logspace (-1, 1, 100);
[m, p] =bode (K*ng, dg, w);
subplot (2, 1, 1); semilogx (w, 20*log10 (m));
grid; ylabel ('Gain (dB)');
subplot (2, 1, 2); semilogx (w, p); grid;
xlabel ('Frequency (rad/s)'); ylabel ('Phase (deg)');
```

其执行结果如图 4-2 所示，从中可见，系统的幅值裕量和相角裕量分别为 10dB 与 45°。

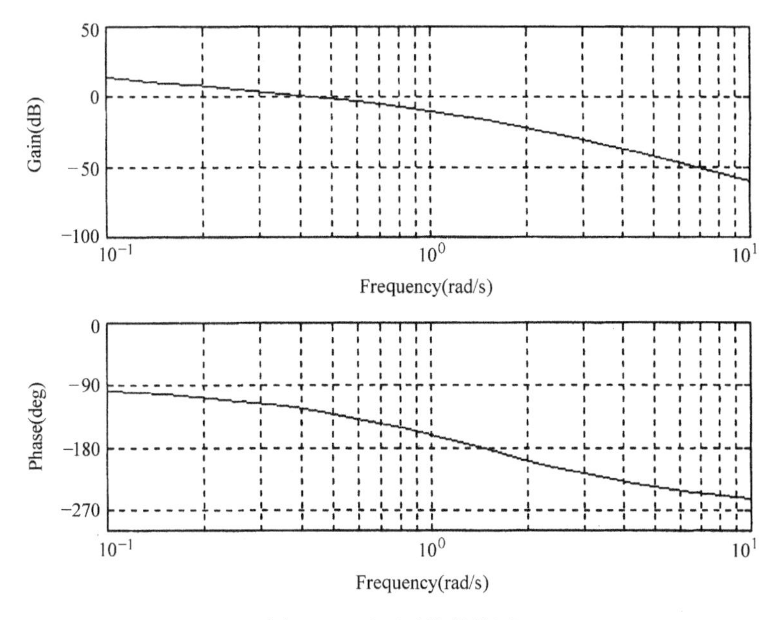

图 4-2　开环系统伯德图

此外，使用 nyquist 与 nichols 命令可以得到系统的另外两种频率响应特性，即复平面上的奈奎斯特图形与尼克尔斯图形。

3. 根轨迹

根轨迹是 W. R. Evans 提出的一种求解闭环系统特征根的非常简便的图解方法。由于控制系统的动态性能是由系统闭环零极点共同决定的，而控制系统的稳定性又是由闭环系统极点唯一确定的。因此，在分析控制系统动态性能时，确定闭环系统的零极点在 S 平面上的位置就显得特别重要。

MATLAB 语言提供了绘制单输入-单输出系统根轨迹的命令 rlocus，其基本形式如下：

```
>> rlocus (num, den)
>> rlocus (num, den, k)
```

执行该命令，根轨迹图会自动生成。如果 K 值给定，则将按照给定的参数绘制，否则增益是自动确定的。

在系统的分析过程中，常常希望确定根轨迹上某一点处的增益值，MATLAB 为此提供了 rlocfind 命令。其首先要得到系统的根轨迹，然后执行如下命令：

```
>> [k, poles] =rlocfind (num, den)
```

执行命令后，将在屏幕上的图形中生成一个十字光标，使用鼠标器移动它至所希望的位置，然后单击左键即可得到该极点的位置坐标值以及它所对应的增益 K 值。下面举例说明根轨迹的绘制过程。

例 4-3　已知某负反馈系统的开环传递函数为 $G(s)H(s)=\dfrac{K}{s(s+1)(s+2)}$，试绘制系统根轨迹。

解　执行语句：ng =1.0；dg =poly（[0，-1，-2]）；rlocus（ng，dg），即可生成图 4-3 所示的系统根轨迹。从中可见，根轨迹的分支数是 3 个，三条根轨迹的起点分别是（0，j0），

(-1, j0), (-2, j0), 终点均为无穷远。

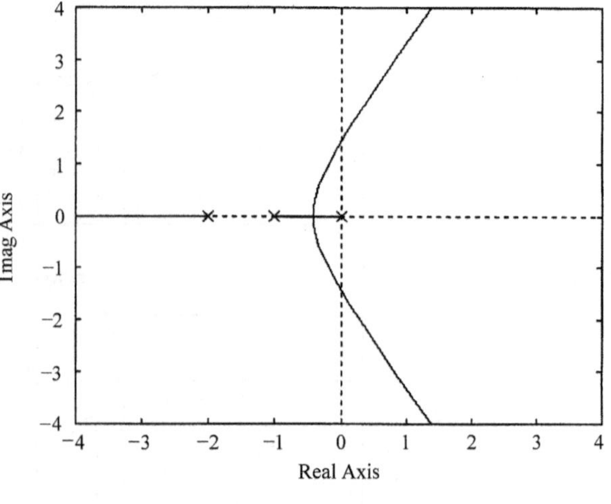

图 4-3 系统根轨迹图

二、控制系统的设计方法

所谓控制系统的设计就是在系统中引入适当的环节，用以对原有系统的某些性能（如上升时间、超调量、过渡过程时间等）进行校正（又称综合），使之达到理想的结果，故又称之为系统的校正与综合。对于采用传递函数描述的控制系统，常用的经典设计方法是根轨迹与频域法。下面介绍几种常用的系统校正方法的计算机辅助设计实现。

1. 超前校正

控制系统中常用的校正装置是带有单一零点与一个极点的滤波器，其传递函数描述为 $K(s)=K_c\dfrac{s+a}{s+b}$。若其零点出现在极点之前（即 $0<a<b$），则称 $K(s)$ 为超前校正，否则称之为滞后校正，其最大的相位补偿点为 $\omega=\sqrt{ab}$。

所有的校正装置都将影响闭环系统的动态性能。一般来讲，超前校正会使系统的相角裕量增加，从而提高系统的相对稳定性，致使闭环系统的频带扩宽，这也正是我们希望的。当然，系统频带的加宽也会带来一定的噪声信号，这也是系统所不希望的。

在频域法中，采用伯德图进行设计是最常见的，其基本思想是：改变原有系统开环频率特性的形状，使其具有希望的低频增益（满足稳态误差的要求）、希望的增益穿越频率（满足响应速度的要求）和充分的稳定裕量。在伯德图设计方法中，为方便起见常常采用如下形式的传递函数的校正装置

$$K(s)=K_c\frac{\alpha TS+1}{TS+1}$$

下面举例说明系统的超前校正方法。

例 4-4 已知被控对象的传递函数为 $G(s)=\dfrac{400}{s(s^2+30s+200)}$，系统的设计指标要求如下：①速度误差常数为 10；②相角裕量为 45°。

解 由速度误差常数的要求可求得 $K_c=5$，则可绘出 $K_cG(j\omega)$ 的伯德图如图 4-4 所示，从中可见，此时系统相角的稳定裕量大约为 32°，因此需要再补偿 13°。

在计算 α 时，应再将 ϕ 加上 5°的裕量，则可得 $\alpha=1.89$。由此可进一步求得：$-10\log\alpha=-2.77\text{dB}$，$\omega_{gc}=9\text{rad/s}$，$T=\dfrac{1}{\sqrt{\alpha}\omega_{gc}}=0.08\text{s}$。由上得校正装置传递函数为

$$K(s)=5\times\frac{0.15s+1}{0.08s+1}$$

不难求得校正后的相角裕量为41°，接近系统设计要求。校正前后系统的模型及动态仿真结果如图4-5所示，从中可见，校正后系统的动态响应速度明显加快，这与理论分析结果是相符的。

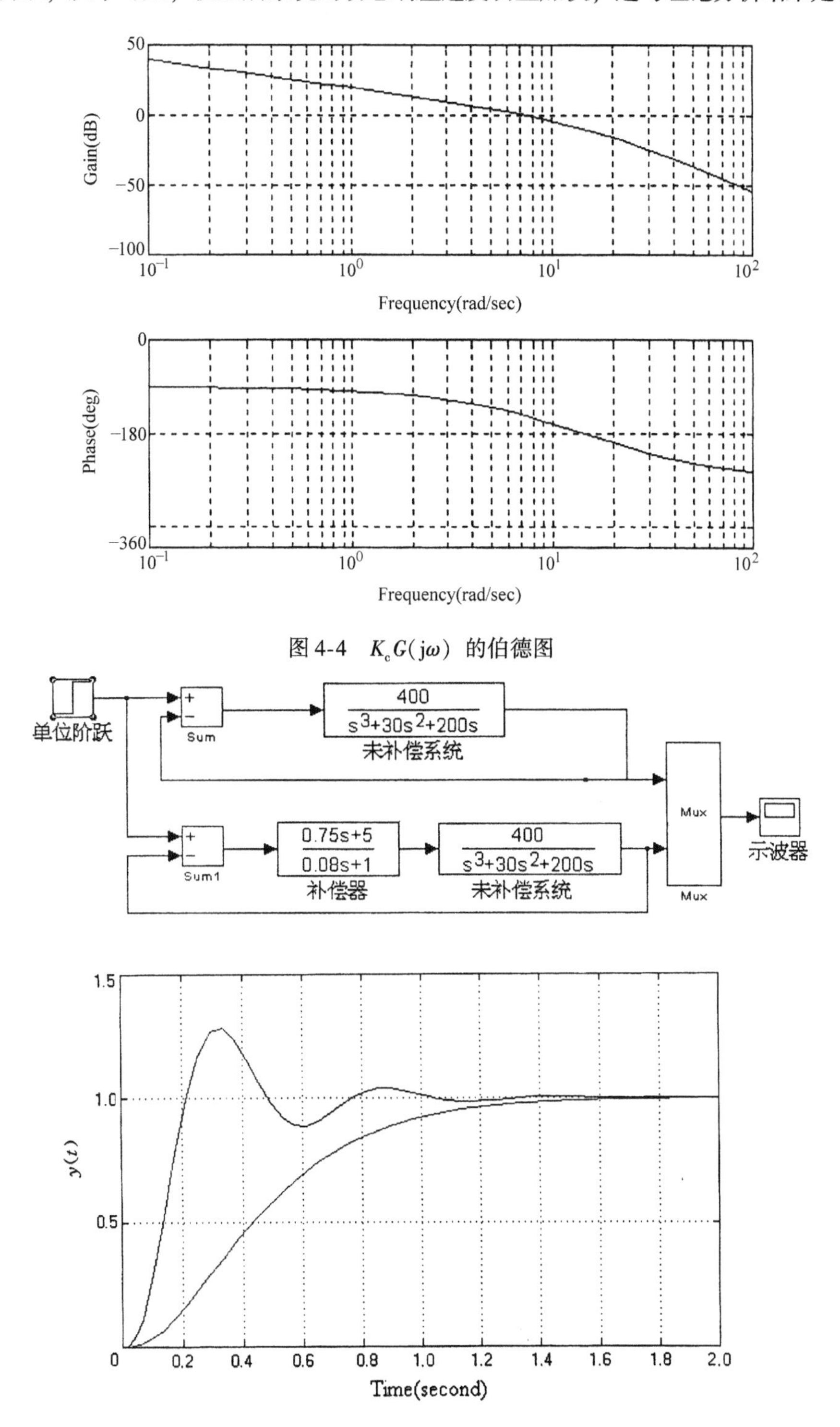

图 4-4　$K_c G(j\omega)$ 的伯德图

图 4-5　系统图形组态及仿真结果

2. 滞后校正

在上述校正装置中若零点出现在极点之后（即 $a>b>0$），则 $K(s)$ 即为滞后校正。由于滞后校正装置给系统加入了滞后的相角，因而将会使得系统的动态稳定性变差。如果原有系统的稳定性已经较差（相角裕量较小），则系统校正中不宜采用滞后校正方法。

滞后校正可降低系统稳态误差。这一点可以假想校正装置在极点非常小（趋于零）的情况下，滞后校正装置将近似于一个积分器，它使得原系统增型，因而可以降低系统的稳态误差。

滞后校正将使得闭环系统的带宽降低（ω_{gc}减小），从而使系统的动态响应速度变慢，这有利于减小外部噪声信号对系统的影响。

下面的例子说明了滞后校正的实现过程。

例 4-5 已知单位负反馈系统固有部分的传递函数为 $G_0(s)=\dfrac{K}{s(s+1)(0.5s+1)}$，若要求系统满足如下性能指标：开环放大倍数 $K_v=5$，相角裕量 $r(\omega_c)\geqslant 40°$，幅值裕量 $K_g\geqslant$ 10dB，试设计校正装置。

解 原有系统的伯德图如图 4-6 所示，从中可见，当 $\omega=1$ 时，$20\log K_v=20\log 5=14\text{dB}$，$\omega_{c0}=2.1\text{rad/s}$，相角裕量 $r_0=-20°$（系统不稳定）。

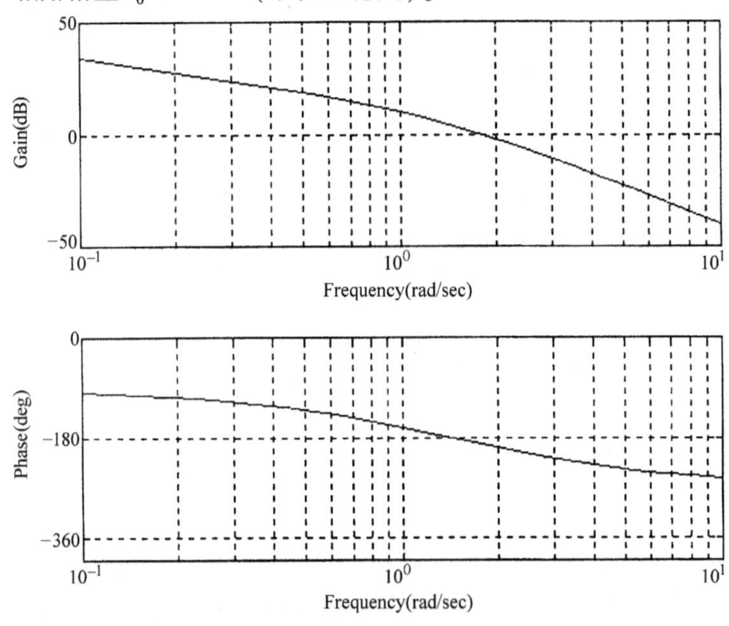

图 4-6 原有系统伯德图

由所要求的校正后 $r(\omega_c)\geqslant 40°$，可以解析求得：$\alpha=0.1$，$T=100\text{s}$，则可得出滞后校正装置为

$$G_c(s)=\frac{10s+1}{100s+1}$$

校正后系统的开环传递函数为

$$G(s)=G_c(s)G_0(s)=\frac{5(10s+1)}{s(s+1)(0.5s+1)(100s+1)}$$

其伯德图如图 4-7 所示，系统图形组态及仿真结果如图 4-8 所示。从中可见，校正后系统具有良好的动态响应过程，而校正前系统动态是不稳定的。

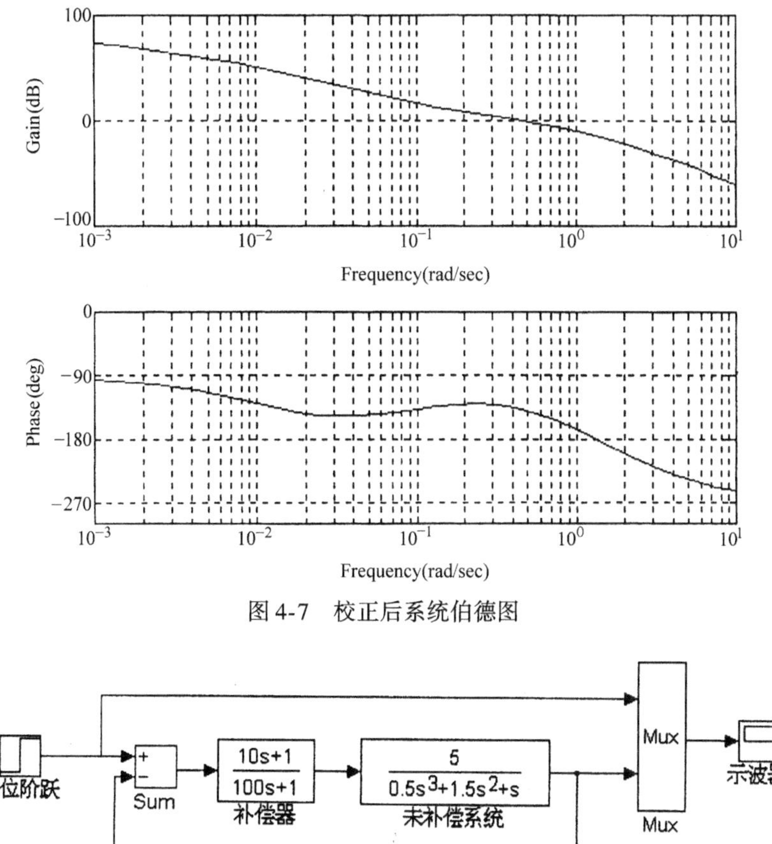

图 4-7　校正后系统伯德图

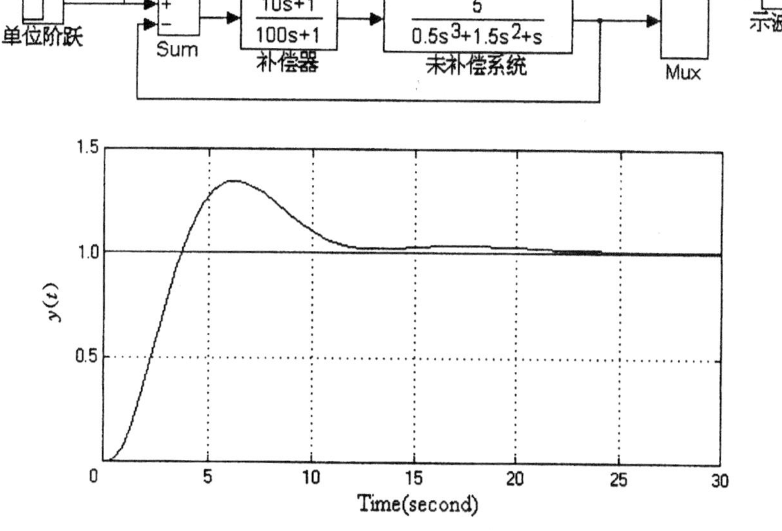

图 4-8　系统图形组态及仿真结果

3. 滞后-超前校正

超前校正是用超前相角对系统实现校正的，其优点是可改善系统的动态性能（加宽系统频带，提高了系统的响应速度）。但同时，它一方面使系统放大倍数有所衰减，不利于改善系统的稳态性能；另一方面系统频带的增加也降低了系统的抗干扰能力。而滞后校正是用高频段的衰减特性对系统进行校正，其作用是改善系统的稳态性能。但同时，它一方面引进了滞后相位而对改善系统的动态性能不利；另一方面系统的频带有所减小，降低了系统的动态响应速度，但增加了系统的抗干扰能力。

从以上分析可见，若同时引入超前校正和滞后校正，可同时改善系统的动态性能与稳态性能，两者的优点得到发挥，而缺点又可以相互补偿。因此，在实际工作中滞后-超前校正也常被人们所采用。下面通过具体例子说明其实现过程。

例 4-6 已知单位负反馈系统固有部分的传递函数为 $G_0(s)=\dfrac{K}{s(s+1)(0.5s+1)}$，要求系统满足下述指标：开环放大倍数 $K_v=10$，相角裕量 $r(\omega_c)\geqslant 40°$，幅值裕量$K_g\geqslant 10\text{dB}$。

解 首先根据所要求的开环放大倍数绘制系统的伯德图（略），从中不难求得未校正系统的相角裕度为 $-33°$，而 $\omega_g=1.4\text{rad/s}$，$K_g<0\text{dB}$。所以，此时系统是不稳定的，需要进行校正。

首先，为了保证响应速度，校正后的剪切频率不应离校正前的剪切频率太远，取 $\omega_c=1.4\text{rad/s}$，则此时有 $\angle G_0(\text{j}\omega_c)=-180°$，$r_0(\omega_c)=0°$，这样所需达到的相角裕量$r(\omega_c)\geqslant 40°$就完全由滞后校正环节给出。根据$\dfrac{1}{T_2}=\left(\dfrac{1}{5}\sim\dfrac{1}{10}\right)\omega_c$ 原则，即可确定滞后校正参数，其中还需考虑到滞后校正环节部分在校正后的剪切频率 ω_c 处的相角不能小于 $-5°$，以及所设计校正环节的实现问题。在这里，取$\dfrac{1}{T_2}=\dfrac{\omega_c}{10}=\dfrac{1.4}{10}=0.14\text{rad/s}$，则 $T_2=\dfrac{1}{0.14}\text{s}=7.14\text{s}$；再取 $\beta=10$，$\dfrac{1}{\beta T_2}=0.014\text{rad/s}$，$\beta T_2=71.4\text{s}$，则所设计的滞后校正装置的传递函数为 $G_{c1}(s)=\dfrac{7.14s+1}{71.4s+1}$。

其次，确定超前校正环节参数的原则是要保证校正后系统剪切频率为 1.4rad/s。同理，可解得如下的超前校正装置的传递函数为 $G_{c2}(s)=\dfrac{1.43s+1}{0.143s+1}$。从上可得滞后-超前校正环节之传递函数为

$$G_c(s)=G_{c1}(s)G_{c2}(s)=\frac{(1.43s+1)(7.14s+1)}{(0.143s+1)(71.4s+1)}$$

校正后闭环系统的单位阶跃响应及其图形组态如图 4-9 所示，从中可见，校正后系统具有良好的动态响应，比原系统的性能有明显改善。

4. 反馈校正

改善控制系统的性能，除采用上述三种串联校正方案以外，反馈校正也是广泛采用的系统设计方法之一。

对于前向通道上传递函数为 $G_0(s)$ 的单位闭环负反馈控制系统，所谓反馈校正就是在反馈通道上设置一校正装置 $H_c(s)$，在满足 $|G_0(\text{j}\omega)H_c(\text{j}\omega)|\gg 1$ 的条件下，则在我们感兴趣的频段里，就可以用$\dfrac{1}{H_c(\text{j}\omega)}$取代原有闭环系统的特性，进而消除 $G_0(s)$ 中参数变化对系统性能的影响。当然 $H_c(s)$ 中的参数要有一定的稳定性和精度。通常称上述感兴趣的频段为接受校正频段。

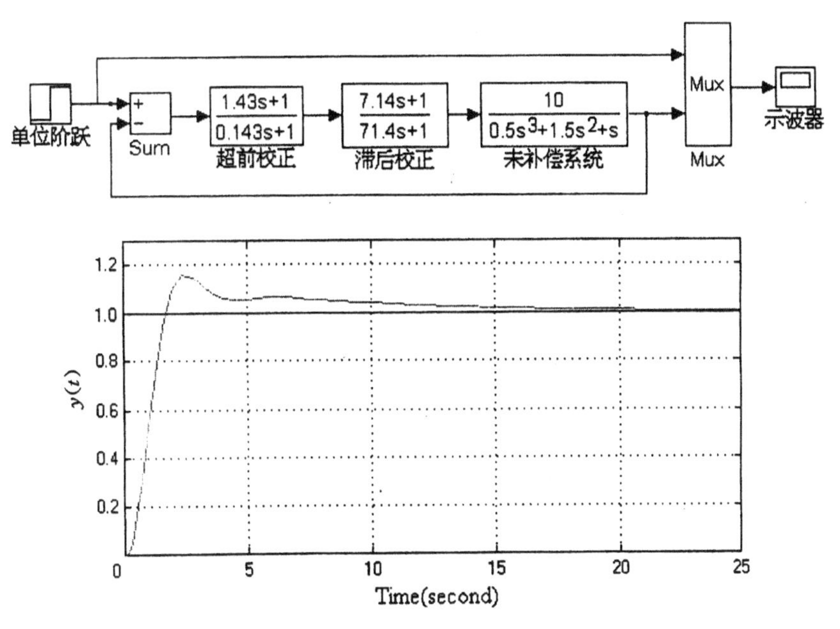

图 4-9 系统图形组态及仿真结果

控制系统采用反馈校正，除了能够获得与串联校正相同的效果外，还可赋予控制系统一些有利于改善系统控制性能的特殊功能。例如，比例负反馈可以减小其所包围环节的惯性，从而扩展系统频带；可以减小原有系统参数变化对系统性能的影响；可以消除系统不可变部分中不希望的特性等。

下面通过一具体例子说明反馈校正的实现过程。

例 4-7 已知某位置随动系统动态结构如图 4-10 所示，若要求满足如下性能指标：①开环放大倍数 $K_v=100$；②超调量 $\delta \leqslant 23\%$；③过渡过程时间 $t_s \leqslant 0.6s$。试设计反馈校正装置 $H_c(s)$ 。

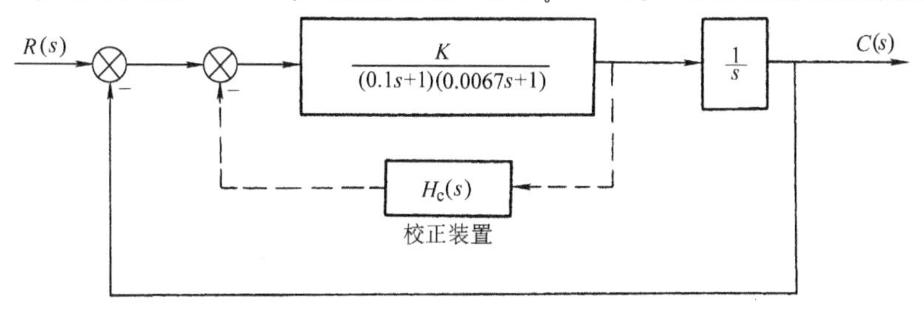

图 4-10 位置随动系统动态结构图

解 为便于确定 $H_c(s)$ 的参数，将图 4-10 等效成图 4-11 所示形式，并令 $sH_c(s)=H'_c(s)$，首先设计 $H'_c(s)$，然后再确定 $H_c(s)$ 的参数。

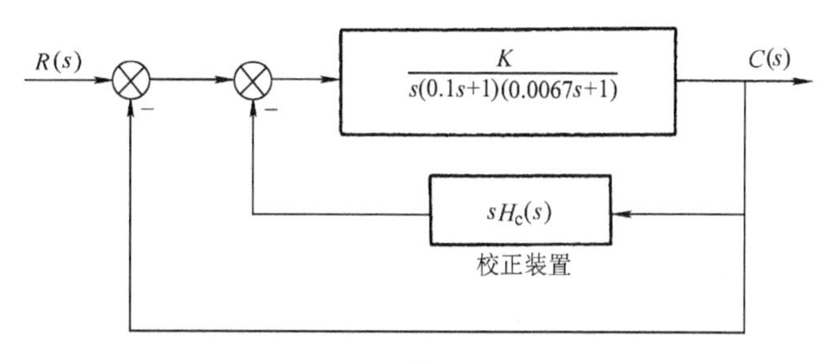

图 4-11 等效结构图

1）按要求的开环放大倍数 K_v 绘制不可变部分的伯德图，求未校正时的相角裕度和幅值裕度。

此时，不可变部分的传递函数为

$$G_0(s)=\frac{100}{s(0.1s+1)(0.0067s+1)}$$

由其伯德图（略），可求得 $\omega_{c0}=31\text{rad/s}$。进而，可经计算求得 $r_0(\omega_{c0})=6.3°$，$\omega_g=\sqrt{\frac{1}{0.1\times0.0067}}\text{rad/s}=38.6\text{rad/s}$。可见，原系统是稳定的，但其动态指标不符合要求，需进行校正处理。

2）求取期望频率特性。对于给定的时域指标 δ、t_s，可转成相应的频域指标，即由

$$\begin{cases}M_r=0.6+2.5\delta=0.6+2.5\times0.23=1.175\\ \sin r(\omega_c)=\dfrac{1}{M_r}\end{cases}$$

可求得 $r(\omega_c)=58°$，由

$$\begin{cases}k=2+1.5(M_r-1)+2.5(M_r-1)^2=2.34\\ \omega_c=\dfrac{k\pi}{t_s}=\dfrac{2.34\times3.14}{0.6}\text{rad/s}=12.246\text{rad/s}\end{cases}$$

可近似取 $\omega_c=12\text{rad/s}$，由

$$\begin{cases}h=\dfrac{M_r+1}{M_r-1}=12.4\approx12\\ \omega_3\geqslant\dfrac{2h}{h+1}\omega_c=22\text{rad/s}\\ \omega_2\leqslant\dfrac{\omega_3}{h}=6.9\text{rad/s}\end{cases}$$

取 $\omega_3=83\text{rad/s}$，$\omega_2=5\text{rad/s}$。

另外，低频段的转折频率 ω_1 可由几何法求取为 $\omega_1=0.6\text{rad/s}$。这样即可确定校正后系统的开环传递函数为

$$G_e(s)=\frac{100}{s\left(\frac{1}{0.6}s+1\right)(0.0067s+1)}\frac{\left(\frac{1}{5}s+1\right)}{\left(\frac{1}{83}s+1\right)}$$

3）校验性能指标。采用传统的计算方法不难验证：校正后系统的 $r(\omega_c)=57.5°$，$K_v=100\text{s}^{-1}$，δ 与 t_s 也均满足设计要求。图4-12给出了校正前/后系统的图形组态及动态仿真结果，从中可见，校正后的系统动态性能明显得到改善，超调量 $\delta<23\%$，但过渡过程时间大于0.6s，约为0.8s，这是传统设计方法中存在一定误差所造成的，实际中可再适当做一些微调，以使指标达到要求。

4）确定校正装置的 $H_c(s)$ 参数。因为低于 ω_1 和高于 ω_3 的频段不需进行校正，所以只需考虑 $\omega_1(=0.6\text{rad/s})\sim\omega_3(=83\text{rad/s})$ 的校正频段。由原系统频率特性及校正后系统的希望特性可推得：$H_c'(s)=\dfrac{K_n s^2}{\frac{1}{5}s+1}=\dfrac{K_n s^2}{0.2s+1}$，$K_n=\dfrac{1}{K_v\omega_1}=0.0167$，进而求得反馈校正装置的传递函数为

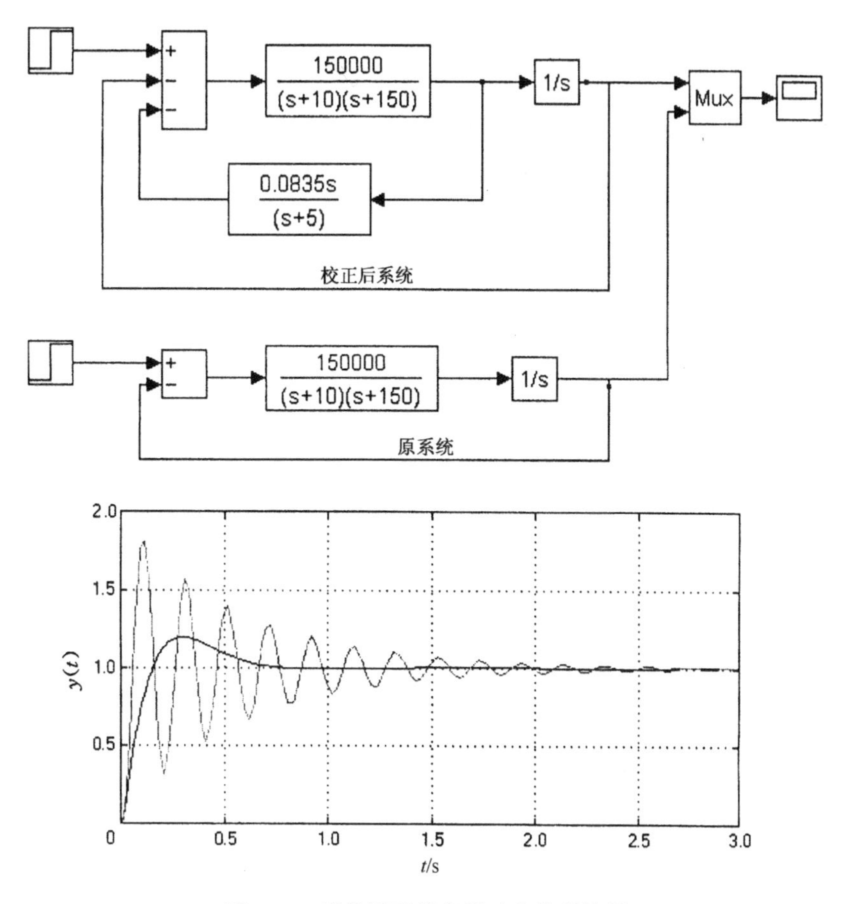

图 4-12　系统图形组态及动态仿真结果

$$H_c(s)=\frac{H_c'(s)}{s}=\frac{0.0167s}{0.2s+1}$$

5. 设计方法小结

本节所述的设计方法属于经典控制理论的范畴，其实质上是用试探的方法来研究单输入-单输出线性定常系统的设计问题，因此其设计方案并不是绝对唯一的。概括起来有如下几点：

1）超前校正是利用超前校正环节（PD 或近似 PD 的控制规律）所提供的超前相角，增加校正后系统的相角裕度，并改变系统伯德图的中频段，使剪切频率增加，从而拓宽了系统的频带，提高了系统的快速性与相对稳定性。

2）滞后校正是利用滞后校正环节（或近似 PI 的控制规律）较小的转折频率来改变系统的中低频段特性，使固有部分的伯德图下移，剪切频率变小，频带宽度减小，利用固有部分所提供的相角裕度满足稳定裕度的设计要求，因此其适用于对快速性要求不高的系统。滞后校正可以在增加系统开环放大倍数的前提下保持系统的相对稳定性，在效果上可以提高系统的稳态精度。

3）滞后-超前校正综合了两种校正方法的优缺点，其既可有效地提高系统的动态响应速度，又可提高系统的稳态精度。

4）反馈校正是在中频段按期望特性来设计反馈环节，以在这一可校正频段上使闭环系统的频率特性主要由反馈环节的特性决定。因此，其可以消除中频段中不需要的特性并可有效抑制参数变化对系统性能的影响。

5）串联校正与反馈校正比较，前者设计容易、结构简单、易于实现且成本较低，而后者设计略显复杂，实现起来成本较高，但其校正后系统的性能相对较好。

总之，在控制系统设计中究竟采用哪种校正形式，在某种程度上取决于具体系统的结构及对系统的要求和被控对象的性质，也可应用专门化的 CAD 软件进行设计与分析。

三、控制系统的优化设计

所谓优化设计就是在所有可能的设计方案中寻找具有最优目标（或结果）的设计方法。它以一定的数学原理为依据，借助于数字计算机强大的分析计算能力，在自动控制、机械设计、经济管理和系统工程等方面为人们所广泛应用。

控制系统的优化设计包括两方面的内容：一方面是控制系统参数的最优化问题，即在系统构成确定的情况下选择适当的参数（对于非线性、时变系统，传统设计方法是难以实现的），以使系统的某种性能达到最佳；另一方面是系统控制器结构的最优化问题，即在系统控制对象确定的情况下选择适当的控制结构（或控制规律），以使系统的某种性能达到最佳。

本小节只讨论控制系统参数的优化设计问题。

1. 优化设计中的几个概念

一般情况下，由于优化设计是相对某些具体设计要求或某一人为规定的优化指标来寻优的，所以优化设计所得结果往往是相对的最优方案。图 4-13 给出了优化设计的流程框图，下面简要介绍其中的几个概念。

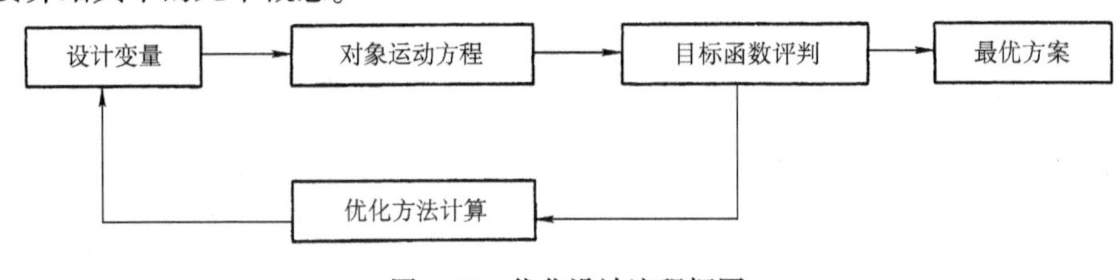

图 4-13 优化设计流程框图

（1）设计变量

在优化设计中，将某些有待选择的量值称为设计变量（如系统参数）。通常，设计变量的初始值（可任意设定）不影响优化的结果，但影响优化设计的效率（计算时间）。

（2）约束条件

在优化设计中，某些设计变量的结果可能超出了某些设计要求的限制（不满足工程技术的要求）；计算机应能自动抛弃不合理的设计方案，而去继续寻找最优化方案，以提高优化设计的效果。这些限制条件在数学上称之为约束条件。

（3）目标函数

实际上，真正意义上的“最优”是很难寻求的，我们所说的“最优”是指在一定“条件”下的最优，目标函数就是人们设计的一个“条件”。目标函数的选择是整个优化设计过程中最重要的决策之一，其选择得如何将直接影响最终结果。

（4）目标函数值的评定与权函数（罚函数）

在优化设计中，往往有几种方案可以被选择，如果各方案都满足约束条件的话，则目标函数值最小的即为最优方案。但是，在一个优化设计问题中，约束条件往往有好几项，而各种方案所满足的约束条件往往不一致，在这种情况下，怎样评判各个方案的优劣呢？这就需要把几个约束条件统一起来考虑再进行评判，在数学上有如下的综合目标函数

$$OBJ(\alpha)=OBJ_0(\alpha)+\sum_{i=1}^{m}C_i g_i^2(\alpha)$$

式中，$OBJ_0(\alpha)$ 为不考虑约束的目标函数；$g_i(\alpha)$，$i=0$，1，$\cdots m$，为 m 个约束条件；C_i 为大于零的数，表示第 i 个约束在设计中所占的比重，称为权；$\sum_{i=1}^{m}C_i g_i^2(\alpha)$ 为权函数。

2. 优化设计原理——单纯形法

优化设计就是要寻找一组最优的设计变量以使目标函数取值最小（或最大），所以从数学上讲就是求取函数的极值问题，在工程上称之为“寻优问题”。但是，在工程上的一些实际问题中很难列写出其函数表示关系，因此常规由函数导数寻优的方法（梯度法）在许多工程问题上（如非线性时变控制系统中参数的优化）是不适用的。

在经典的优化设计方法中还有一类不必计算目标函数梯度的直接搜索方法，称之为随机试验法（或探索法）。大家可能都有这样的直观感觉，若能计算出（或测试出）若干点（即设计变量）处的函数值，然后将它们进行比较，从它们之间的大小关系就可以判断出函数变化的大致趋势，以作为搜索方向的参考。常见的这一类优化方法有黄金分割法（又称0.618 优选法）、单纯形法及随机射线法等，其中单纯形法以其概念清晰、实现便利等优良性能广泛为人们所采用，下面就其优化设计原理做一简要介绍。

（1）单纯形

所谓单纯形是指变量空间内最简单的规则形体。如在二维平面内正三角形即为单纯形，而在三维空间内正四面体为单纯形。

（2）单纯形法的寻优原理

为便于说明，现以二维情况加以讨论。如图 4-14 所示，设初始单纯形 3 个顶点 A、B、C 的坐标值为（x_{1i}，x_{2i}），$i=1$，2，3，它相当于三个设计方案（例如为 PI 调节器参数的三种方案），可以分别计算出（或试验出）相应的三个目标函数值，然后比较出大小，称目标函数值最大的点为“坏点”，次之为“次坏点”，最小的点为“好点”。这样，单纯形法的寻优过程可概括为如下几点：

1）寻优规则。设$\triangle ABC$ 的 A 点为坏点，于是抛弃 A 点，将三角形沿 BC 边翻转，得到一个新的$\triangle A_1BC$。重复这一过程，即不断地抛弃坏点，建立新点。若坏点重复，则应抛弃次坏点，继续上述过程。

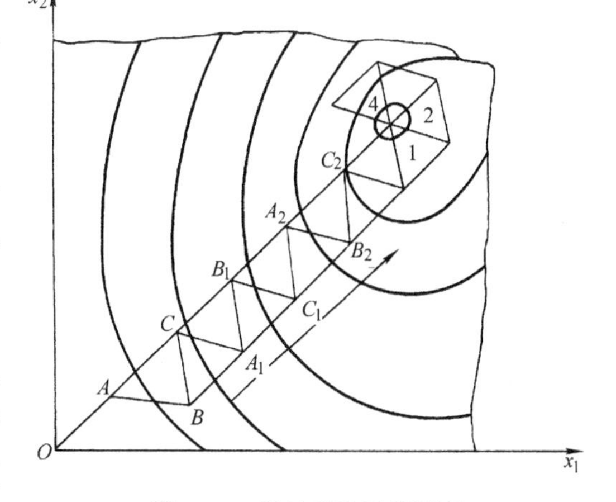

图 4-14　单纯形法寻优原理

2）终点判别。当三角形逐渐接近峰顶（最优值）时，会出现三角形绕同一“好点”转圈的情况，即出现好点重复的现象。若用 T 表示单纯形绕最优点重复翻转的次数，N 表示变量的维数，则当 $T\geqslant1.65N$ 时说明三角形已达到峰顶（极值点）。

3）精度调整。如果对所设计变量的精度要求较高，可将单纯的边长 a 值缩小，而后继续上述寻优过程，直到满意为止。

单纯形法最终所得到的“好点”即为最优设计方案，对应的变量值为最优设计参数。

(3) 单纯形顶点的坐标计算

单纯形的翻转具有一个特点，即新得到的单纯形仅增加一个新点，其余各顶点不变。所以单纯形顶点的坐标计算关键在于求解新点的坐标，这是一个几何问题，不难推导 n 个变量时的新点坐标计算公式如下

$$\text{新点坐标} = \frac{2}{n} \times (\text{留下 } n \text{ 点坐标之和}) - (\text{抛弃点的坐标})$$

3. 目标函数的选取

对于不同的优化设计问题，其目标函数的选取方式是不一样的，下面所述目标函数的选取方式是针对图 4-15 所示控制系统而言的。

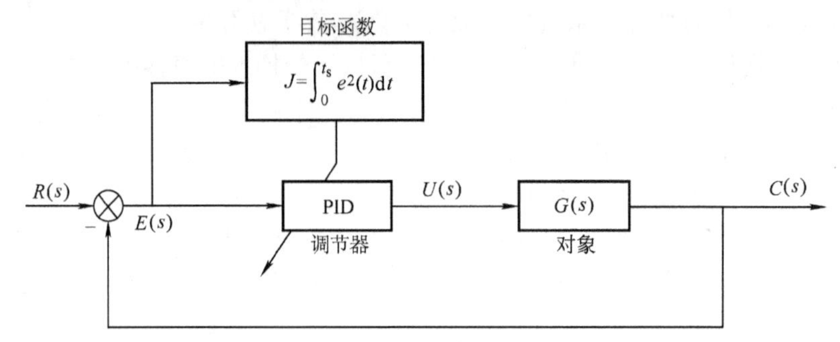

图 4-15 控制系统调节器参数优化设计原理图

控制系统参数的优化设计中，常用的目标函数有以下几种：

1）IAE 准则，即 $J = \int_0^{t_s} |e(t)| \mathrm{d}t$。

2）ISE 准则，即 $J = \int_0^{t_s} e^2(t) \mathrm{d}t$。

3）ITAE 准则，即 $J = \int_0^{t_s} t|e(t)| \mathrm{d}t$。

4）ITSE 准则，即 $J = \int_0^{t_s} te^2(t) \mathrm{d}t$。

5）ISTAE 准则，即 $J = \int_0^{t_s} t^2|e(t)| \mathrm{d}t$。

6）ISTSE 准则，即 $J = \int_0^{t_s} t^2e^2(t) \mathrm{d}t$。

这些目标函数对于同一个优化问题，其优化结果是不相同的，使控制系统所具有的动态性能也不一样（如快速性、超调量等），具体应用哪一种目标函数还需在实际应用中适当地加以选择，下面举例说明。

例 4-8 对于位置伺服系统，一般要求具有“快速–无超调”的阶跃响应特性，试选择优化设计的目标函数。

解 经验表明，ITAE 准则可使控制系统具有快速响应特性，因此所选目标函数中应含有 ITAE 准则。如何达到系统动态响应“无超调”的目的呢？我们只需在目标函数中加入对

系统超调量的约束即可。则系统参数优化的目标函数为

$$J = \int_0^{t_s} t \mid e(t) \mid \mathrm{d}t + \alpha \int_0^{t_s} E(t)\,\mathrm{d}t$$

式中, $E(t) \in [(r(t) - c(t)) < 0]$; α 为 $E(t)$ 的加权系数。实际应用表明，只要适当选取 α 值，参数优化后系统可以达到“快速-无超调”的目的。

4. 实例分析

对基于单纯形法的无限定多变量优化问题，MATLAB 提供了可直接应用的函数，其语句格式为

X = fmins('函数名',初值),

下面通过例题说明其具体用法。

例 4-9 已知图 4-15 所示系统中，调节器为 PI 结构，对象传递函数 $G(s) = \frac{1}{10s+1}e^{-s}$，若希望系统对单位阶跃给定具有快速响应特性，试确定调节器参数 K_p、K_i 值。

解 首先，设计一个函数，定名为 optm. m，在这个函数中以 K_p、K_i 为自变量，ITSE 准则下的目标函数为输出；采用命令行仿真方式进行计算，其仿真函数为 sim()，调用格式为

$[t, \boldsymbol{x}, y]$ = sim('. mdl 文件名',仿真时间,仿真初值)

式中，t 是仿真的时间向量；$\boldsymbol{x}$ 为状态变量矩阵；y 为 . mdl 文件的输出。

其次，使用 Simulink 建立仿真模型文件（命名为 optzhang. mdl），如图 4-16 所示。

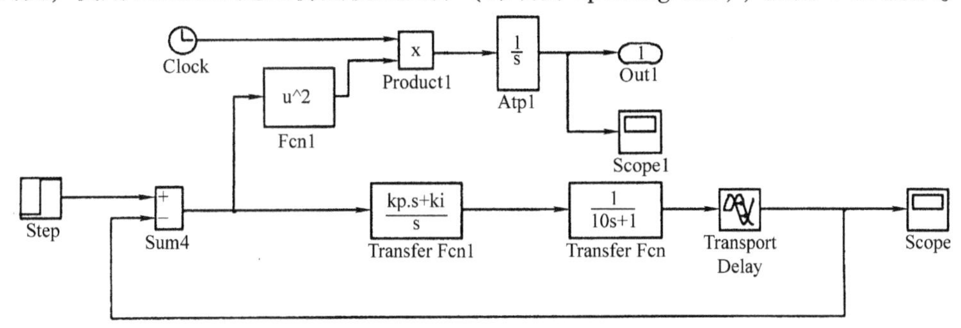

图 4-16 单纯形法优化设计的图形组态

上述设计的源程序如下：

主程序：tryopt. m

```
global kp;
global ki;
global i;
i=1;
result=fmins ('optm', [2 1])
```

优化的目标函数：optm. m

```
function ss=optm (x)
global kp;
global ki;
global i;
kp=x (1);
```

```
ki = x (2);
i = i + 1
[tt, xx, yy] = sim ('optzhang', 40, []);
yylong = length (yy);
ss = yy (yylong);
```

优化计算时，在 MATLAB 的命令窗口运行主程序即可得到优化的参数 K_p 及 K_i，而优化后系统的动态性能可以利用 MATLAB 的各种手段进行观察与处理，图 4-17 给出了优化设计的时域仿真结果，其中曲线 1 为优化前的动态响应（$K_p=2$，$K_i=1$），曲线 2 为优化后系统的动态响应（$K_p=6.9461$，$K_i=0.58827$）。可见，系统的动态响应速度提高了很多，而且超调量也很低，系统动态性能得到有效的改善。

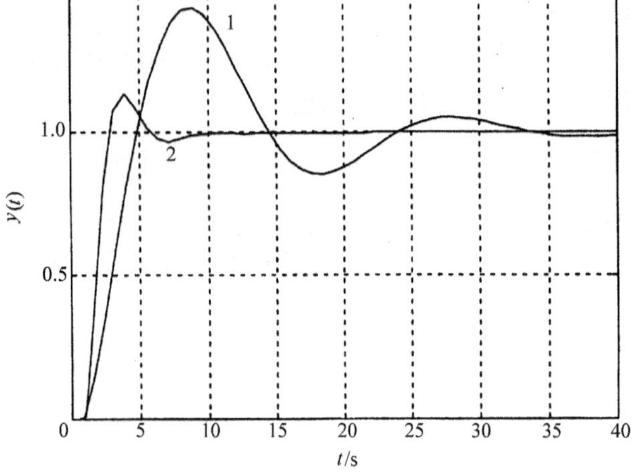

图 4-17 优化设计的时域仿真结果

5. 实际应用中的几个问题

（1）优化设计结果的有效性问题

尽管人们总是在设法使系统性能指标达到最优化，但在实际问题中还要考虑效果是否显著。比如，采用不同的目标函数进行优化设计所得到的最优参数值对控制系统固有的参数变化的敏感程度就不完全相同（如 ISE 不很灵敏，ITAE 较灵敏）。通常是将不太灵敏的指标函数应用于系统固有参数值不是太确切的优化设计中。因此，有时我们宁可让所得参数适当地偏离“最优”值，以求得其他指标的改善。

（2）局部最优与全局最优问题

在优化设计过程中应注意所得到的解可能为局部极值点，而不是我们所寻求的全局范围内的极值点。一般情况下，如果从不同的初点开始寻优，而能得到相同的结果，则称这一结果为全局最优解，否则就是局部最优解。

（3）寻优速度问题

尽管单纯形法非常适合于非线性控制系统的参数优化问题，但其寻优速度并不理想，相对较慢，在某种程度上影响了它的应用。通常人们是在初值、步长与精度三方面进行协调，以使寻优速度（或优化设计效率）得以提高，具体方法大家很容易想象出，这里就不做详谈了。

（4）“在线”应用问题

通常情况下，由于优化设计算法比较繁琐、收敛速度不理想等原因，使得优化设计仅停留在“离线”应用的水平上，即只是在计算机上做理论分析与设计。现在，由于数字计算机在硬件及软件水平上都已有较大进步，尤其是网络技术在控制系统（如分布式控制系统）中的逐步应用为优化技术的“在线”应用开辟了广阔前景。优化设计技术现已在“参数自整定温度控制器”“位置伺服系统的自寻最优控制”及“电气控制系统运行状态的自动诊断”等问题上得到实际应用。经验表明[42]，对于一类具有重复运动特性的位置伺服系统

(如定位测试系统),只要初值选择得当,基于单纯形法的调节器参数自整定方法具有良好的收敛特性,完全可以“在线”应用,以实现系统运行状态的自寻最优控制。

第三节 基于双闭环 PID 控制的一阶倒立摆控制系统设计

在图 4-18 所示的“一阶倒立摆控制系统”中,通过检测小车位置与摆杆的摆动角,来适当控制驱动电动机拖动力的大小,控制器由一台工业控制计算机(IPC)完成。

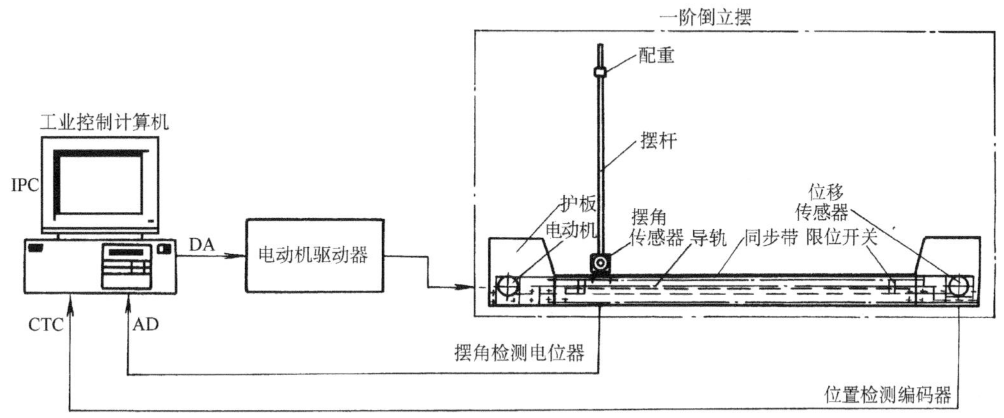

图 4-18 一阶倒立摆控制系统

本节将借助于“Simulink 封装技术——子系统”,在模型验证的基础上,采用双闭环 PID 控制方案,实现倒立摆位置伺服控制的数字仿真实验。

一、系统模型

1. 对象模型

由第二章第二节可知:

1)一阶倒立摆精确模型为

$$\begin{cases}\ddot{x}=\dfrac{(J+ml^2)F+lm(J+ml^2)\sin\theta\cdot\dot{\theta}^2-m^2l^2g\sin\theta\cos\theta}{(J+ml^2)(m_0+m)-m^2l^2\cos^2\theta}\\[2ex]\ddot{\theta}=\dfrac{ml\cos\theta\cdot F+m^2l^2\sin\theta\cos\theta\cdot\dot{\theta}^2-(m_0+m)mlg\sin\theta}{m^2l^2\cos^2\theta-(m_0+m)(J+ml^2)}\end{cases}$$

当小车的质量 $m_0=1\text{kg}$,倒摆振子的质量 $m=1\text{kg}$,倒摆长度 $2l=0.6\text{m}$,重力加速度取 $g=10\text{m/s}^2$ 时得

$$\begin{cases}\ddot{x}=\dfrac{0.12F+0.036\sin\theta\cdot\dot{\theta}^2-0.9\sin\theta\cos\theta}{0.24-0.09\cos^2\theta}\\[2ex]\ddot{\theta}=\dfrac{0.3\cos\theta\cdot F+0.09\sin\theta\cos\theta\cdot\dot{\theta}^2-6\sin\theta}{0.09\cos^2\theta-0.24}\end{cases}$$

2)若只考虑 θ 在其工作点 $\theta_0=0$ 附近($-10°<\theta<10°$)的细微变化,可近似认为

$$\begin{cases}\dot{\theta}^2\approx 0\\ \sin\theta\approx\theta\\ \cos\theta\approx 1\end{cases}$$

由此得到简化的近似模型为

$$\begin{cases}\ddot{x} = -6\theta + 0.8F \\ \ddot{\theta} = 40\theta - 2.0F\end{cases}$$

其等效动态结构图如图4-19所示。

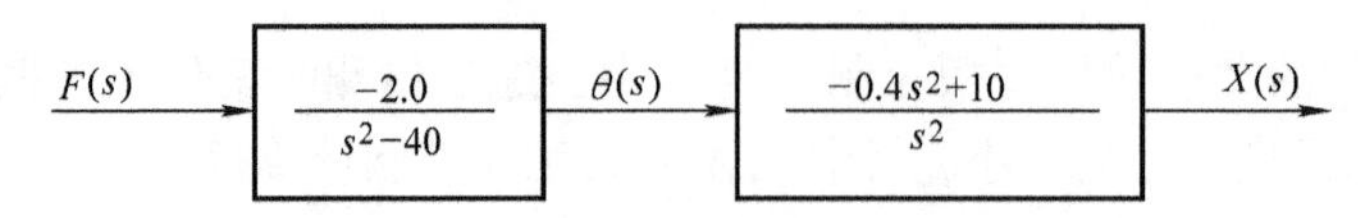

图4-19 一阶倒立摆系统等效动态结构图

2. 电动机、驱动器及机械传动装置的模型

假设：选用日本松下电工MSMA021型小惯量交流伺服电动机，其有关参数如下：

驱动电压：$U=0\sim100\text{V}$ 额定功率：$P_N=200\text{W}$

额定转速：$n=3000\text{r/min}$ 转动惯量：$J=3\times10^{-6}\text{kg}\cdot\text{m}^2$

额定转距：$T_N=0.64\text{N}\cdot\text{m}$ 最大转距：$T_M=1.91\text{N}\cdot\text{m}$

电磁时间常数：$T_l=0.001\text{s}$ 机电时间常数：$T_m=0.003\text{s}$

经传动机构变速后输出的拖动力为$F=0\sim16\text{N}$；与其配套的驱动器为MSDA021A1A，控制电压$U_{DA}=(0\sim\pm10)\text{V}$。

若忽略电动机的空载转矩和系统摩擦，就可认为驱动器和机械传动装置均为纯比例环节，并假设这两个环节的增益分别为K_d和K_m。

对于交流伺服电动机，其传递函数可近似为

$$\frac{K_v}{T_mT_ls^2+T_ms+1}$$

由于是小惯性的电动机，其时间常数T_l、T_m相对都很小，这样可以进一步将电动机模型近似等效为一个比例环节K_v。

综上所述，电动机、驱动器、机械传动装置三个环节就可以合成为一个比例环节

$$G(s)=K_dK_vK_m=K_s$$

$$K_s=F_{max}/U_{max}=16/10=1.6$$

二、模型验证

尽管上述数学模型系经机理建模得出，但其准确性（或正确性）还需运用一定的理论与方法加以验证，以保证以其为基础的仿真实验的有效性。模型验证的理论与方法是一专门技术，本书受篇幅所限不能深入阐述。下面给出的是一种“必要条件法”，即我们所进行的模型验证实验的结果是依据经验可以判定的，其正确的结果是“正确的模型”所应具备的“必要性质”。

1. Simulink子系统

如同大多数程序设计语言中的子程序（如C语言中的函数、MATLAB中的M文件）功能，Simulink中也有类似的功能——子系统。子系统通过将大的复杂的模型分割成几个小的模型系统，使得整个系统模型更加简捷，可读性更强。

把已存在的Simulink模型中的某个部分或全部封装成子系统的操作程序如下：

1）首先使用范围框将要“封装”成子系统的部分选中，包括模块和信号线（见图 4-20）。为了使范围框圈住所需要的模块，常常需要事先重新安排各模块的位置（注意：这里只能用范围框，而不能用 Shift 键逐个选定）。

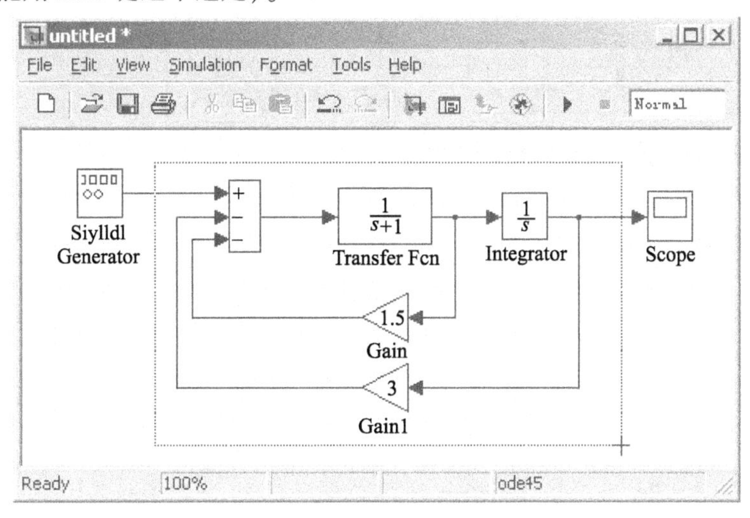

图 4-20 选择要封装的模块

2）在模块窗口菜单选项中选择［Edit >> Create Subsystem］，Simulink 将会用一个子系统模块代替选中的模块组，如图 4-21 所示。

3）所得子系统模块将有默认的输入和输出端口。输入端口和输出端口的默认名称分别为 In1 和 Out1。调整子系统和模型窗口的大小，使之更加美观，如图 4-22 所示。

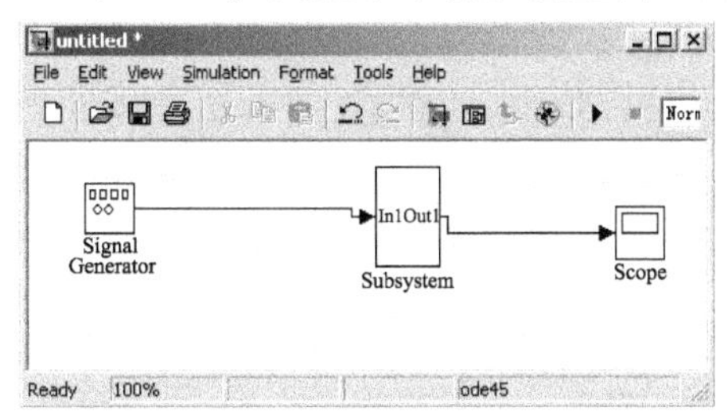

图 4-21 封装后的模型图

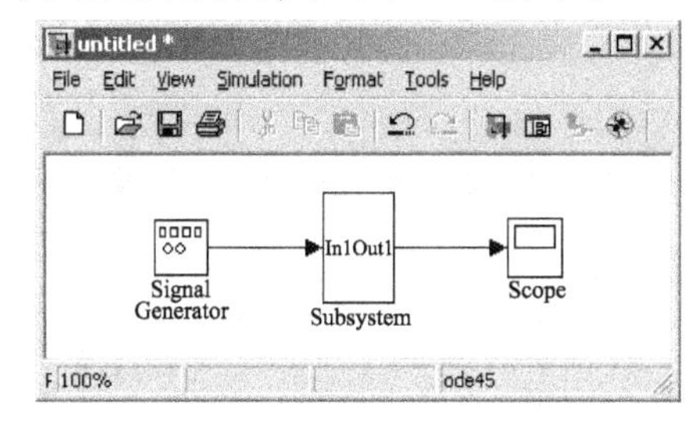

图 4-22 调整子系统和模型窗口的大小和方位

若想查看子系统的内容或对子系统进行再编辑，可以双击子系统模块，则会出现一个显示子系统内容的新窗口。在窗口内除了原始模块外，Simulink 自动添加输入模块和输出模块，分别代表子系统的输入端口和输出端口。改变其标签会使子系统的输入输出端口的标签也随之变化。

这里需要注意的是菜单命令［Edit >> Create Subsystem］没有相反的操作命令，即一旦将一组模块封装成子系统，就没有可以直接还原的处理方法了（UNDO 除外）。因此，在封装子系统前应将模型保存，作为备份。

2. 仿真验证

（1）模型封装

采用仿真实验的方法在 MATLAB 的 Simulink 图形仿真环境下进行模型验证实验，其原理如图 4-23 所示。其中，上半部分为精确模型仿真图，下半部分为简化模型仿真图。

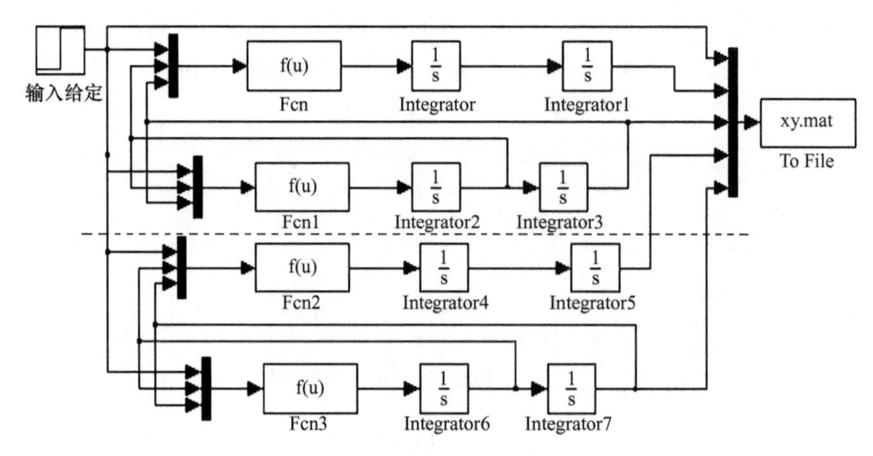

图 4-23 模型验证原理图

利用前面介绍的 Simulink 压缩子系统功能可将验证原理图更加简捷地表示为图 4-24 所示的形式。

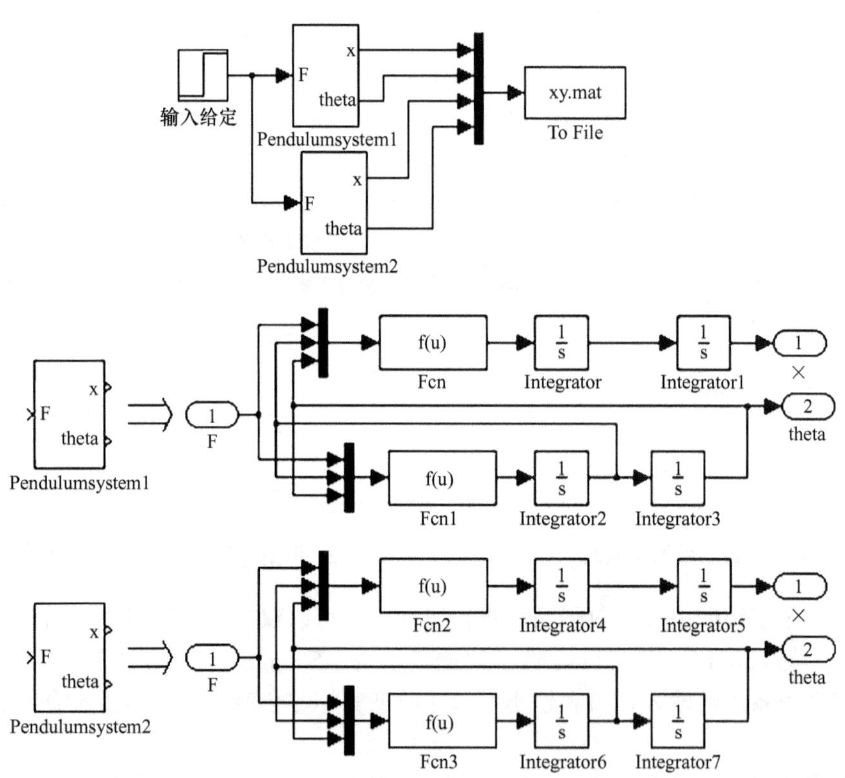

图 4-24 利用子系统封装后的框图

其中，由得到的精确模型和简化模型的状态方程，可得到 Fcn、Fcn1、Fcn2 和 Fcn3 的函数形式为

Fcn:(0.12 * u[1] +0.036 * sin(u[3]) * power(u[2],2) -0.9 * sin(u[3]) * cos(u[3]))/(0.24 -0.09 * power(cos(u[3]),2))

Fcn1:(0.3 * cos(u[3]) * u[1] +0.09 * sin(u[3]) * cos(u[3]) * power(u[2],2) -6 * sin(u[3]))/(0.09 * power(cos(u[3]),2) -0.24)

Fcn2:0.8 * u[1] -6 * u[3]

Fcn3:40 * u[3] -2.0 * u[1]

(2)实验设计

假定使倒立摆在（$\theta=0$，$x=0$）初始状态下突加微小冲击力作用，则依据经验知，小车将向前移动，摆杆将倒下。下面利用仿真实验来验证正确数学模型的这一“必要性质”。

(3) 编制绘图子程序

```
% Inverted pendulum
% Model tesl in open loop
% Singnals recuperation
%将导入到 xy. mat 中的仿真试验数据读出
load xy. mat
t = signals(1,:);                            %读取时间信号
f = signals(2,:);                            %读取作用力 F 信号
x = signals(3,:);                            %读取精确模型中的小车位置信号
q = signals(4,:);                            %读取精确模型中的倒立摆摆角信号
xx = signals(5,:);                           %读取简化模型中的小车位置信号
qq = signals(6,:);                           %读取简化模型中的倒立摆摆角信号
% Drawing control and x (t) response signals
%画出在控制力的作用下的系统响应曲线
%定义曲线的横纵坐标、标题、坐标范围和曲线的颜色等特征
figure (1)                                   %定义第一个图形
hf = line (t, f (:));                        %连接时间-作用力曲线
grid on;
xlabel ('Time (s)')                          %定义横坐标
ylabel ('Force (N)')                         %定义纵坐标
axis ([0 1 0 0.12])                          %定义坐标范围
axet = axes ('Position', get (gca,'Position'), ...
        'XAxisLocation','bottom', ...
        'YAxisLocation','right','Color','None', ...
        'XColor','k','YColor','k');          %定义曲线属性
ht = line (t, x,'color','r','parent', axet);   %连接时间-小车位置曲线
ht = line (t, xx,'color','r','parent', axet);  %连接时间-小车速度曲线
ylabel ('Evolution of the x position (m)')   %定义坐标名称
axis ([0 1 0 0.1])                           %定义坐标范围
title ( 'Response x and x'' in meter to a f (t) pulse of 0.1 N') %定义曲线标题名称
gtext ('\ leftarrow f (t)'), gtext ('x (t)  \ rightarrow') , gtext ('\ leftarrow x'' (t)')
% drawing control and theta (t) response singals
```

```
figure (2)
hf = line (t, f (:));
grid on
xlabel ('Time')
ylabel ('Force in N')
axis ([0 1 0 0.12])
axet = axes ('Position', get (gca,'Position'), ...
         'XAxisLocation','bottom', ...
         'YAxisLocation','right','Color','None', ...
         'XColor','k','YColor','k');
ht = line (t, q,'color','r','parent', axet);
ht = line (t, qq,'color','r','parent', axet);
ylabel ('Angle evolution (red)')
axis ([0 1 -0.3 0])
title('Response \theta(t) and \theta''(t) in rad to a f(t)pulse of 0.1 N')
gtext('\leftarrow f(t)'),gtext('\theta(t)\rightarrow'),gtext('\leftarrow \theta''(t)')
```

(4) 仿真实验

执行该程序的结果如图4-25所示。从中可见，在0.1N的冲击力作用下，摆杆倒下（θ由零逐步增大），小车位置逐渐增加，这一结果符合前述的实验设计，故可以在一定程度上确认该“一阶倒立摆系统”的数学模型是有效的。同时，由图也可看出，近似模型在0.8s以前与精确模型非常接近，因此，也可以认为近似模型在一定条件下可以表述原系统模型的性质。

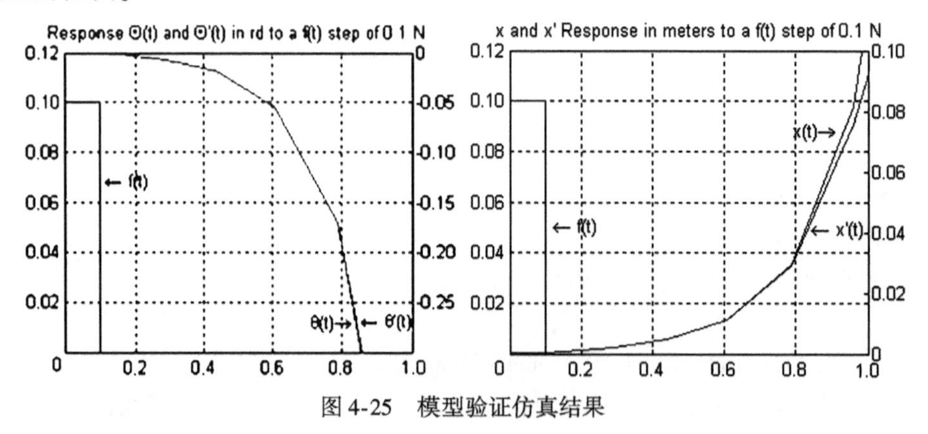

图4-25 模型验证仿真结果

三、双闭环PID控制器设计

从图4-19所示的一阶倒立摆系统动态结构图中不难看出，对象传递函数中含有不稳定的零极点，即该系统为一个“自不稳定的非最小相位系统”。

由于一阶倒立摆系统位置伺服控制的核心是“在保证摆杆不倒的条件下，使小车位置可控”（注：此处本应证明系统的“可控性”，受篇幅所限，感兴趣的读者请见本章第四节）。因此，依据负反馈闭环控制原理，将系统小车位置作为“外环”，而将摆杆摆角作为

“内环”，则摆角作为外环内的一个扰动，能够得到闭环系统的有效抑制（实现其直立不倒的自动控制）。

综上所述，设计一阶倒立摆位置伺服控制系统如图 4-26 所示。剩下的问题就是如何确定控制器（校正装置）$D_1(s)/D_1'(s)$ 和 $D_2(s)/D_2'(s)$ 的结构与参数。

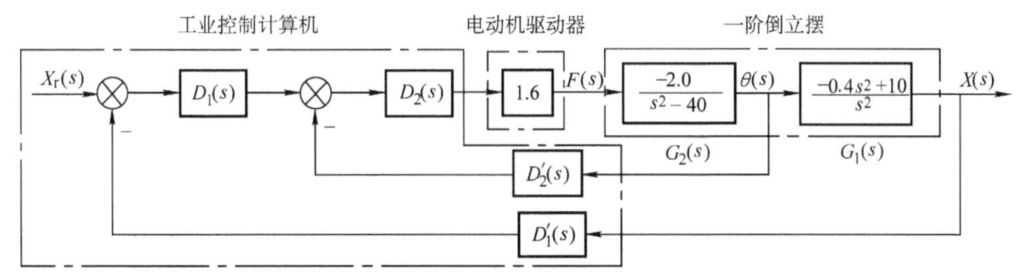

图 4-26　一阶倒立摆位置伺服控制系统动态结构图

1. 内环控制器的设计

（1）控制器结构的选择

考虑到对象为一个非线性的自不稳定系统，故拟采用反馈校正，这是因为其具有如下特点：

1）削弱系统中非线性特性等不希望特性的影响。

2）降低系统对参数变化的敏感性。

3）抑制扰动。

4）减小系统的时间常数。

所以，对系统内环采用反馈校正进行控制。

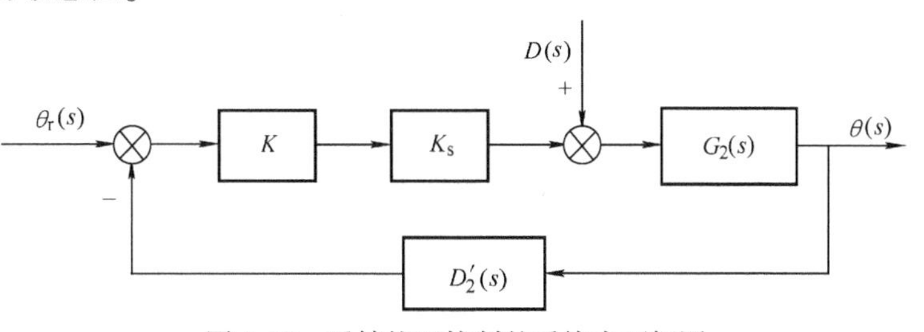

图 4-27　反馈校正控制的系统内环框图

图 4-27 为采用反馈校正控制的系统内环框图。其中，K_s 为伺服电动机与减速机构的等效模型（已知 $K_s=1.6$），反馈控制器 $D_2'(s)$ 可有 PD、PI、PID 三种形式，那么应该采用什么形式的反馈校正装置（控制器）呢？下面，我们采用绘制各种控制器下的闭环系统根轨迹的方法进行分析，以选出一种适合的控制器结构。

图 4-28 给出了各种控制器结构下内环系统的根轨迹，其中暂定 $D_2(s)=K$ 为纯比例环节。从图中不难看出，采用 PD 结构的反馈控制器可使系统结构简单，使原先不稳定的系统稳定，所以，选定反馈校正装置的结构为 PD 结构的控制器。

综上有 $D_2'(s)=K_{p2}+K_{d2}s$，同时为了加强对干扰量 $D(s)$ 的抑制能力，在前向通道上加一个比例环节 $D_2(s)=K$，从而有系统内环动态结构如图 4-29 所示。

（2）控制器参数的整定

首先暂定比例环节 $D_2(s)$ 的增益 $K=-20$，又已知 $K_s=1.6$。这样可以求出内环的传递函数为

$$W_2=\frac{KK_sG_2(s)}{1+KK_sG_2(s)D_2'(s)}=\frac{-20\times1.6\times\dfrac{-2.0}{s^2-40}}{1+(-20)\times1.6\times\dfrac{-2.0}{s^2-40}(K_{p2}+K_{d2}s)}=\frac{64}{s^2+64K_{d2}s+64K_{p2}-40}$$

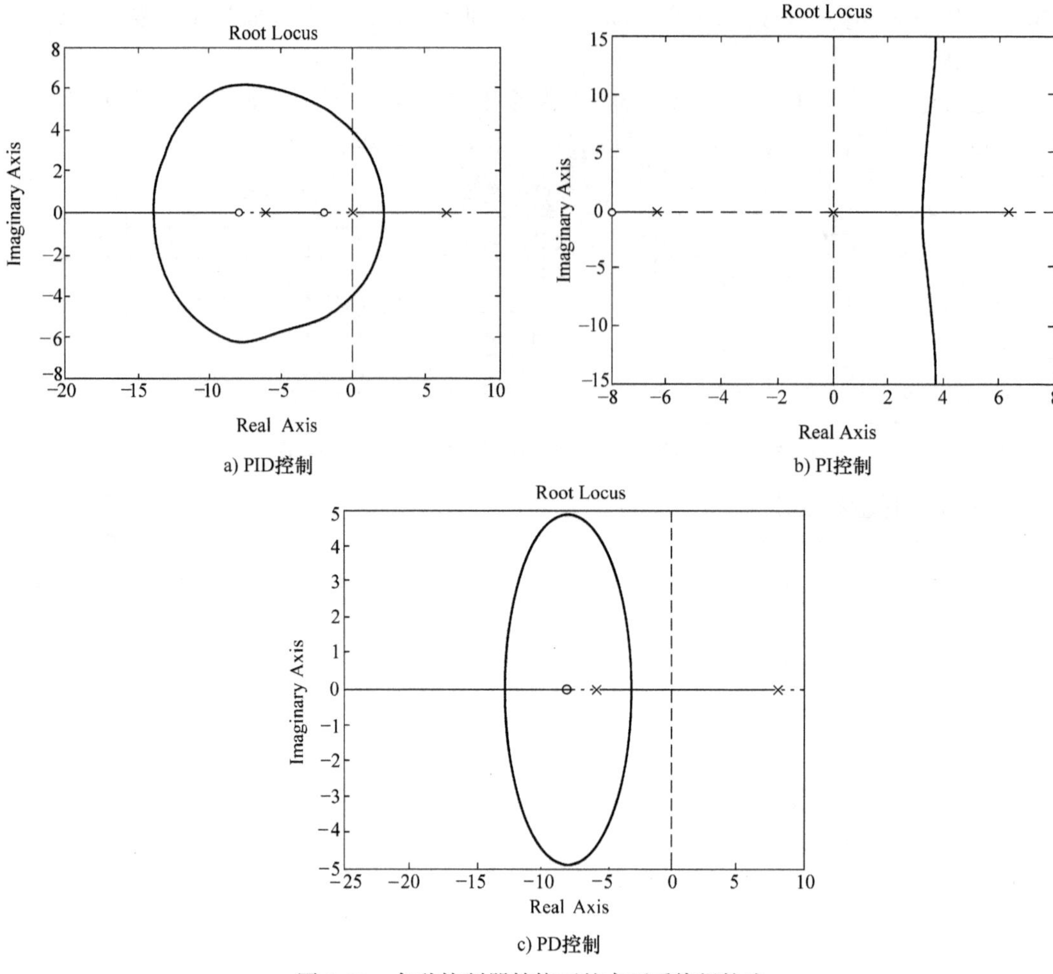

a) PID控制　b) PI控制　c) PD控制

图4-28　各种控制器结构下的内环系统根轨迹

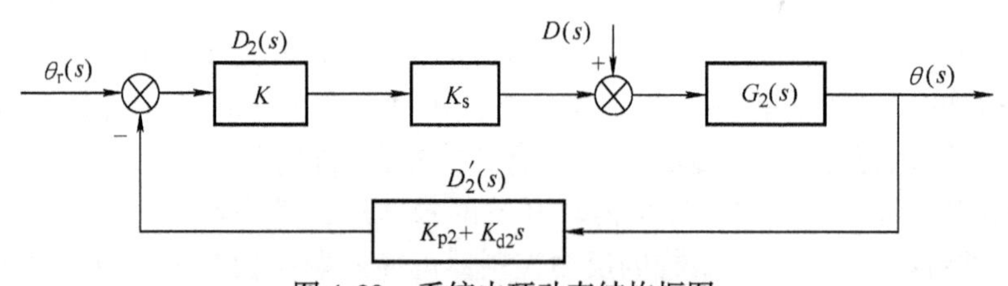

图4-29　系统内环动态结构框图

由于对系统内环的特性并无特殊的指标要求，因此对于这一典型的二阶系统，采取典型参数整定办法，即以保证内环系统具有“快速跟随性能特性”（使阻尼比$\zeta=0.7$，闭环增益$K=1$即可）为条件来确定反馈控制器的参数K_{p2}和K_{d2}，这样就有

$$\begin{cases}64K_{p2}-40=64\\64K_{d2}=2\times0.7\times\sqrt{64}\end{cases}$$

由上式得

$$\begin{cases}K_{p2}=1.625\\K_{d2}=0.175\end{cases}$$

系统内环的闭环传递函数为

$$W_2(s)=\frac{64}{s^2+11.2s+64}$$

（3）系统内环的动态跟随性能指标

1）理论分析。系统内环的动态跟随性能指标如下：

$$固有频率\ \omega_n=\sqrt{64}\,\text{rad/s}=8\,\text{rad/s}$$

$$阻尼比\ \zeta=0.7$$

$$超调量\ \sigma\%=e^{\frac{-\zeta\pi}{\sqrt{1-\zeta^2}}}\times100\%=4.6\%$$

$$调节时间\ t_s\approx\frac{3}{\zeta\omega_n}=0.536\text{s}\ （5\%允许误差所对应的\ t_s）$$

2）仿真实验。根据得到的内环系统的闭环传递函数，很容易搭建 Simulink 仿真模型，如图 4-30 所示。

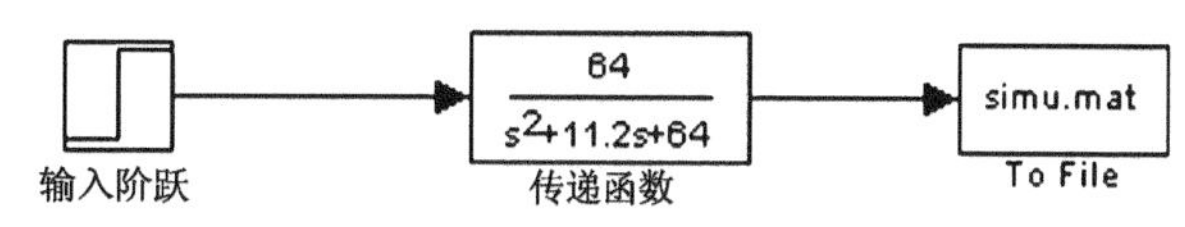

图 4-30　搭建的 Simulink 仿真图

编写绘图子程序如下：

```
%将导入到 simu. mat 中的仿真试验数据读出
load simu. mat
t = signals (1,:);
x = signals (2,:);
hf = line (t, x (:));
figure (1)
axis([0 2 0 1.2])
grid on
xlabel ('Time (s)')
ylabel ('The response of the step signal (100%)')
title ('Respones')
```

得到的仿真图形如图 4-31 所示。

从仿真图中可以很清楚地得知，其响应时间和超调量与理论分析的值相符合。

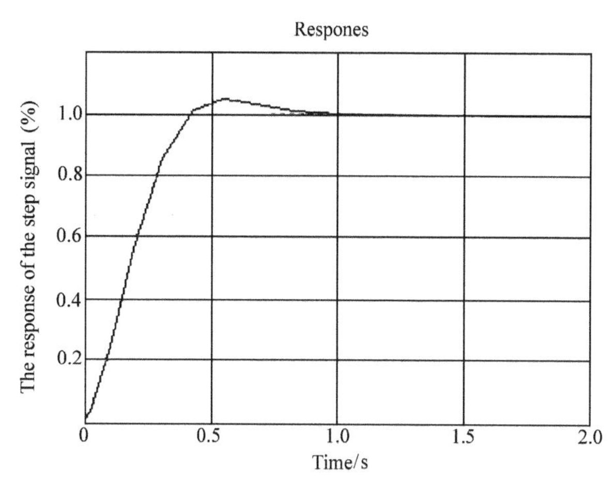

图 4-31　单位阶跃信号作用下的响应曲线

2. 系统外环控制器设计

外环系统前向通道的传递函数为

$$W_2(s)G_1(s)=\frac{64}{s^2+11.2s+64}\times\frac{-0.4s^2+10}{s^2}=\frac{64(-0.4s^2+10)}{s^2(s^2+11.2s+64)}$$

可见，系统开环传递函数可视为一

个高阶（四阶）且带有不稳定零点的“非最小相位系统”，为了便于设计，需要先对它进行一些必要的简化处理（否则，不便利用经典控制理论与方法对其进行设计）。

（1）系统外环模型的降阶[6]

对于一个高阶系统，当高次项的系数小到一定程度时，该环节对系统的影响可忽略不计。这样可降低系统的阶次，以使系统得到简化。

1）对内环等效闭环传递函数的近似处理。由上可知，系统内环闭环传递函数为

$$W_2(s)=\frac{64}{s^2+11.2s+64}$$

若可以将高次项 s^2 忽略，则可以得到近似的一阶传递函数为

$$W_2(s)\approx\frac{64}{11.2s+64}=\frac{1}{0.175s+1}$$

近似条件可以由频率特性导出，即

$$\begin{aligned}W(\mathrm{j}\omega)&=\frac{64}{(\mathrm{j}\omega)^2+11.2(\mathrm{j}\omega)+64}\\&=\frac{64}{(64-\omega^2)+11.2\mathrm{j}\omega}\approx\frac{64}{64+11.2\mathrm{j}\omega}\end{aligned}$$

所以，近似条件是 $\omega_c^2\leqslant\frac{64}{10}$，即 $\omega_c\leqslant2.52$。

2）对象模型 $G_1(s)$ 的近似处理。我们知道对于 $G_1(s)=\frac{-0.4s^2+10}{s^2}$，如果可以将分子中的高次项（$-0.4s^2$）忽略，则环节可近似为二阶环节，即 $G_1(s)\approx10/s^2$。

同理，近似条件是 $0.4\omega_c^2\leqslant\frac{10}{10}$，即 $\omega_c\leqslant1.58$。

经过以上的处理后，系统开环传递函数被简化为

$$W_2(s)\ G_1(s)\approx\frac{57}{s^2(s+5.7)}$$

近似条件为 $\omega_c\leqslant\min(2.52,1.58)=1.58$。

（2）控制器设计[6]

图4-32给出了系统外环前向通道上传递函数的等效过程，从最终的简化模型上不难看出，这是一个二型系统。鉴于一阶倒立摆位置伺服控制系统对抗扰性能与跟随性能的要求（对摆杆长度、质量的变化应具有一定的抑制能力，同时可使小车有效定位），可以将外环

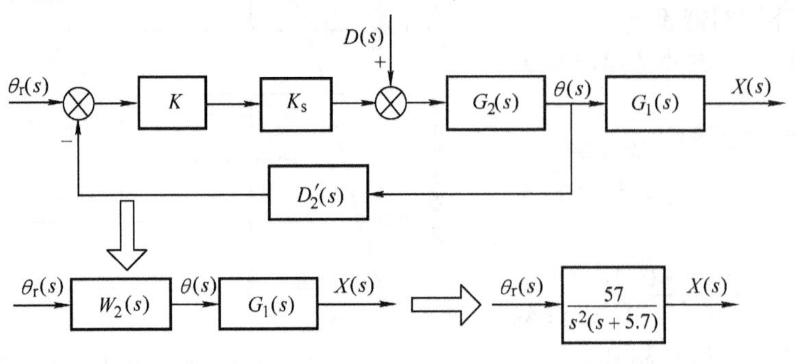

图4-32 模型简化过程

系统设计成典型Ⅱ型系统的结构形式。同时，系统还应满足前面各环节的近似条件，即系统外环的截止角频率 $\omega_c \leq 1.58$。

为了满足以上对系统的设计要求，不难发现所需要加入的调节器 $D_1(s)$ 也应为 PD 的形式。设加入的调节器为 $D_1(s)=K_p(\tau s+1)$，同时，为使系统有较好的跟随性能，采用单位反馈($D_1'(s)=K=1$)来构成外环反馈通道，如图 4-33 所示。此时系统的开环传递函数为

$$W(s)=W_2(s)G_1(s)D_1(s)=\frac{57}{s^2(s+5.7)}K_p(\tau s+1)$$

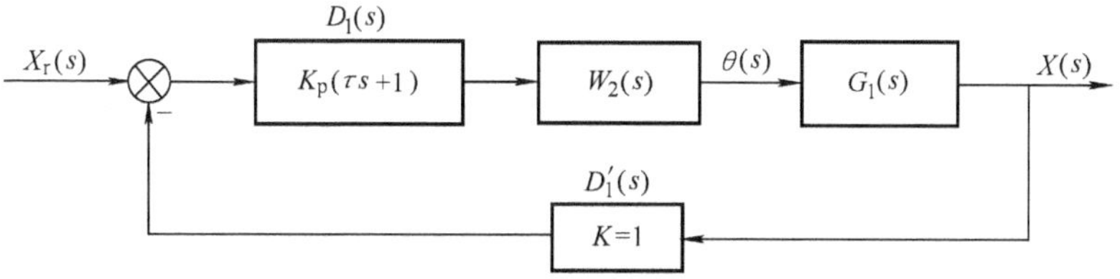

图 4-33　闭环系统结构图

为保证系统剪切频率 $\omega_c \leq 1.58$，不妨取 $\omega_c=1.2$，则由“典型Ⅱ型”系统最佳参数（中频宽 $h=5$）可知：$h=\dfrac{\tau}{1/5.7}$，则 $\tau=\dfrac{5}{5.7}=0.877$，取 $\tau=1$，则有系统开环传递函数 $W(s)=\dfrac{10K_p(s+1)}{s^2(0.175s+1)}$；再由“典型Ⅱ型”系统伯德图特性（$K=\omega_1\omega_c$）可知：$10K_p=1\times 1.2$，则有 $K_p=0.12$。

综上所述，求出外环调节器的两个参数：$K_p=0.12$，$\tau=1$，这样得到完整的系统仿真结构如图 4-34 所示。

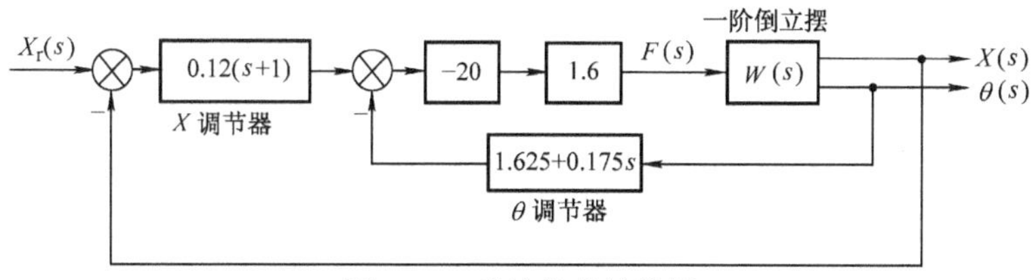

图 4-34　系统仿真结构图

四、仿真实验

综合上述内容，有图 4-35 所示的 Simulink 仿真系统结构图。需要强调的是，其中的对象模型为精确模型的封装子系统形式。

系统仿真绘图子程序及仿真结果如下：

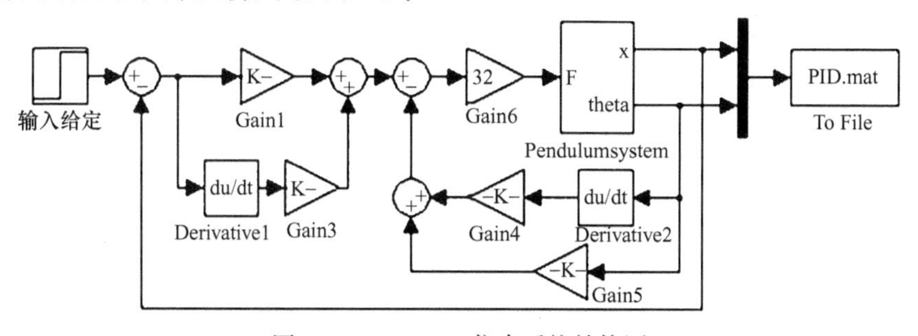

图 4-35　Simulink 仿真系统结构图

1. 绘图子程序

```
% Inverted PID
% singnals recuperation
%将导入到 PID. mat 中的仿真实验数据读出
load PID. mat
t = signals (1,:);
q = signals (2,:);
x = signals (3,:);
% drawing x (t) and theta (t) response signals
%画小车位置和摆杆角度的响应曲线
figure (1)
hf = line (t, q (:));
grid on
xlabel ('Time (s)')
ylabel ('Angle evolution (rad)')
axis ( [0 10 -0.3 1.2])
axet = axes ('Position', get (gca,'Position'), ...
             'XAxisLocation','bottom', ...
             'YAxisLocation','right','Color','None', ...
             'XColor','k','YColor','k');
ht = line (t, x,'color','r','parent', axet);
ylabel ('Evolution of the x position (m)')
axis ( [0 10 -0.3 1.2])
title ('\ theta (t) and x (t) Response to a step input')
gtext ('\ leftarrow x (t)'), gtext ('\ theta (t) \ uparrow')
```

2. 仿真结果

图4-36给出了仿真实验结果，从中可见，双闭环 PID 控制方案是有效的。

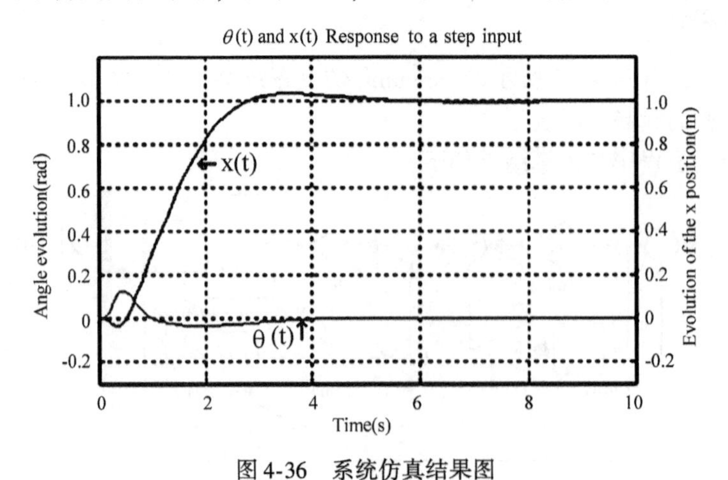

图4-36 系统仿真结果图

为检验控制系统的鲁棒性能，还可以改变倒立摆系统的部分参数来检验一下系统是否具有一定的鲁棒性。例如，将倒立摆的摆杆质量改为 1.1kg，此时的 Simulink 仿真框图仍如图 4-35 所示，只是将 Fcn 和 Fcn1 做如下修改：

Fcn：(0.132 * u[1] +0.0436 * sin(u[3]) * power(u[2],2) - 1.090 * sin(u[3]) * cos(u[3]))/(0.2772 -0.1090 * power(cos(u[3]),2))

Fcn1：(0.33 * cos(u[3]) * u[1] + 0.109 * sin(u[3]) * cos(u[3]) * power(u[2],2) -6.93 * sin(u[3]))/(0.109 * power(cos(u[3]),2) -0.2772)

其仿真结果如图 4-37 所示。

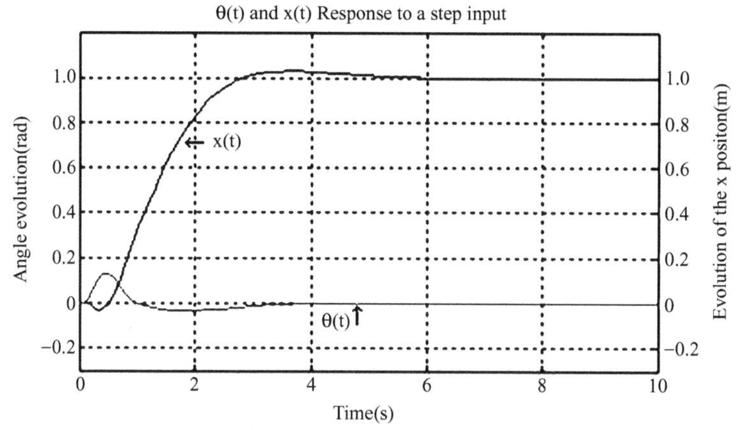

图 4-37　变参数时系统的仿真结果

从仿真结果可见，控制系统仍能有效地控制其保持倒立摆直立，并使小车移动到指定位置，系统控制是有效的。

为了进一步验证控制系统的鲁棒性，并便于进行比较，不妨改变倒立摆的摆杆质量和长度多做几组实验。部分仿真实验的结果如图 4-38 和图 4-39 所示。

可见，所设计的双闭环 PID 控制器在系统参数的一定变化范围内能有效地工作，保持摆杆直立，并使小车有效定位，控制系统具有一定的鲁棒性。

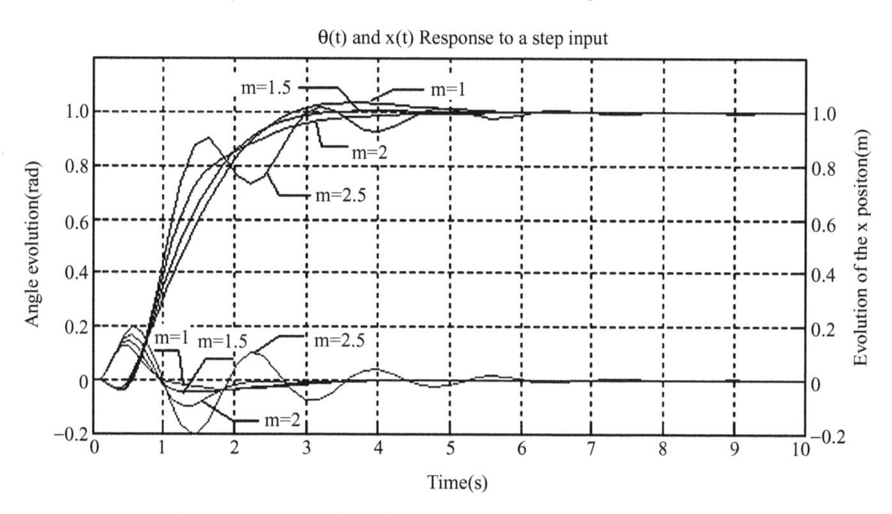

图 4-38　摆杆长度不变而摆杆质量变化时系统仿真结果

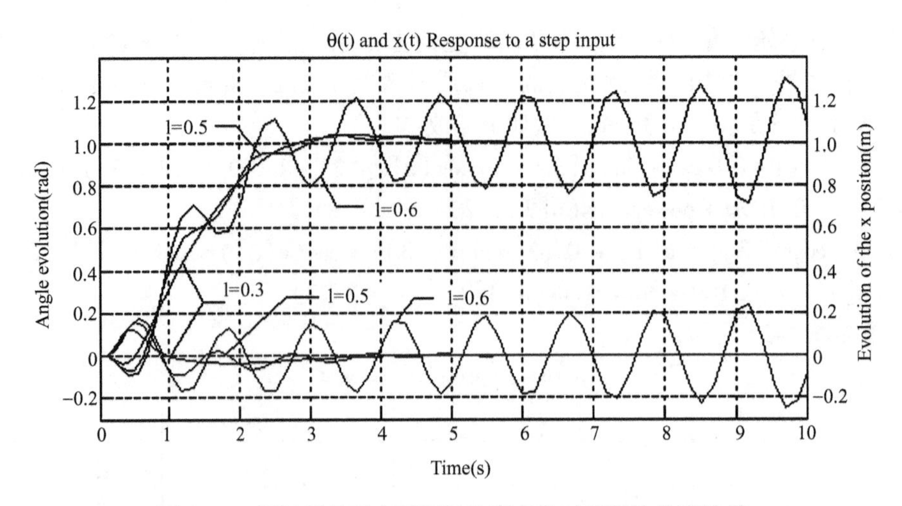

图 4-39 摆杆质量不变而摆杆长度变化时系统的仿真结果

五、结论

1）本节从理论上证明了所设计的“一阶直线倒立摆”双闭环 PID 控制方案是可行的。

2）本节的结果在实际应用时（实物仿真）还有如下问题：

① 微分控制规律易受“噪声”干扰，具体实现时应充分考虑信号的数据处理问题。

② 如采用模拟式旋转电位器进行摆角检测，在实际应用中检测精度不佳。

③ 实际应用中还需考虑初始状态下的起摆过程控制问题。

3）一阶直线倒立摆的控制问题是一个非常典型且具有明确物理意义的运动控制系统问题，对其深入的分析与应用研究，有助于提高我们分析问题与解决问题的能力。

第四节 现代控制理论 CAD

把以线性代数为数学工具，用状态空间法描述系统内部的动力学性能，研究系统的稳定性、能控性、能观性等定性问题，用极点配置、最优控制、状态反馈等理论及方法设计与分析控制系统概括为现代控制理论。

现代控制理论是在经典控制理论的基础上发展起来的，但又不同于经典控制理论，主要表现在以下几个方面：

1）现代控制理论是以多变量、线性及非线性系统为研究对象的。在近代的工业过程控制、飞行器控制等许多领域中，被控对象变得日趋复杂，其中包括了多变量耦合问题、参数时变问题和非线性问题。现代控制理论正是为了处理这样一类复杂的控制系统而发展起来的。

2）现代控制理论是以时域中的状态空间方法对系统进行数学描述的，并在此基础上对系统进行各种定性的和定量的分析以及希望的控制规律设计。

3）现代控制理论以现代数学方法为主要分析手段，如线性代数、微分方程及微分几何等现代数学理论在最优控制、离散事件系统、非线性系统的控制问题中都有广泛的应用，甚至诸如模糊、混沌及神经元等最新的数学方法也已经在许多控制系统分析与设计问题中得到应用并取得良好的效果。

4）现代控制理论的研究与应用是以计算机为主要工具的，计算机技术的迅猛发展极大地促进了其广泛深入的应用与推广。

5）现代控制理论是以 Pontriagin 极大值原理、Bellman 动态规划以及 Kalman 滤波技术为其形成的标志。

现代控制理论的内容较多，而 MATLAB（及其工具箱）中几乎包含了所有控制理论与控制系统分析、设计的内容，这为现代控制理论 CAD 带来极大的便利。因此，本节将以“线性二次型最优控制”和“模型参考自适应控制”为主要内容，进一步说明 MATLAB（控制系统工具箱）与 Simulink 的应用方法，以使我们能够达到触类旁通的目的。

一、线性二次型最优控制器设计

线性二次型最优控制器设计方法是 20 世纪 60 年代发展起来的一种应用较多的最优控制系统设计方法。设对象是以状态空间形式给出的线性系统，而目标函数为对象状态和控制输入的二次型函数。二次型问题就是在线性系统的约束条件下，选择适当的控制输入使得二次型目标函数达到最小。

各种问题的二次型公式的优点是它们可以导出易于实现和分析的线性控制率。下面主要考虑二次型调节器的问题。假定系统在平衡点处，并期望在有干扰的情况下，也能维持在平衡点（即设定点）。这样，控制的目标就是使外部干扰对系统的影响最小，这也可以与跟踪或伺服控制问题相比较，它们的目标是跟踪给定参考输入或其他外部输入。跟踪问题也可以转换为二次型调节器问题。

1. 基本原理

设线性定常系统状态方程为

$$\dot{\boldsymbol{x}}(t) = \boldsymbol{A}\boldsymbol{x}(t) + \boldsymbol{B}\boldsymbol{u}(t) \tag{4-1}$$

式中　$\boldsymbol{x}(t)$为 n 维状态向量；$\boldsymbol{u}(t)$为 r 维控制向量；$\boldsymbol{A}$ 为 $n\times n$ 型常量矩阵；$\boldsymbol{B}$ 为 $n\times r$ 型常量矩阵，并假定控制向量 $\boldsymbol{u}(t)$ 不受约束。

二次型性能指标为

$$J = \int_{t_0}^{t_f} L(\boldsymbol{x},\boldsymbol{u})\,\mathrm{d}t$$

式中，$L(\boldsymbol{x},\boldsymbol{u})$为 $\boldsymbol{x}$ 和 $\boldsymbol{u}$ 的二次型函数。若终端时间 t_f 趋于∞，则系统属于无限长时间状态调节器问题，可以证明，由此可导出线性控制律为

$$\boldsymbol{u}(t) = -\boldsymbol{K}\boldsymbol{x}(t) \tag{4-2}$$

式中，$\boldsymbol{K}$ 为 $r\times n$ 型矩阵。

因此，基于这种二次型性能指标的最优控制系统的设计，就简化为矩阵 $\boldsymbol{K}$ 中元素的求取。

具体二次型性能指标如下

$$J = \int_0^{\infty} (\boldsymbol{x}^{\mathrm{T}}\boldsymbol{Q}\boldsymbol{x} + \boldsymbol{u}^{\mathrm{T}}\boldsymbol{R}\boldsymbol{u})\,\mathrm{d}t \tag{4-3}$$

式中，$\boldsymbol{Q}$ 为 $n\times n$ 型半正定实对称常数矩阵；$\boldsymbol{R}$ 为 $r\times r$ 型正定实对称常数矩阵。最优控制的目标就是求取 $\boldsymbol{u}(t)$，使得性能指标式(4-3) 达到最小值。

求解此类问题有许多种方法。这里采用的是基于 Lyapunov 第二方法的求解方法。

通常，先进行控制系统设计，然后再检查其稳定性。但是，也可以先给出稳定性条件，

然后再在这些限制条件下设计系统。如果将 Lyapunov 第二方法作为最优控制器设计基础的话，则可以保证系统是渐进稳定的。

对于一大类控制系统来说，已经证明在 Lyapunov 函数与用于最优控制设计的二次型性能指标之间具有一种直接的关系。

式(4-3) 中的矩阵 $\boldsymbol{Q}$ 和 $\boldsymbol{R}$ 决定了系统误差与控制能量消耗之间的相对重要性。下面来求解此最优控制问题。将式(4-2) 代入式(4-1)，可得

$$\dot{\boldsymbol{x}} = \boldsymbol{A}\boldsymbol{x} - \boldsymbol{B}\boldsymbol{K}\boldsymbol{x} = (\boldsymbol{A} - \boldsymbol{B}\boldsymbol{K})\boldsymbol{x}$$

在下面的推导中，设矩阵 $\boldsymbol{A}-\boldsymbol{B}\boldsymbol{K}$ 是稳定的，即 $\boldsymbol{A}-\boldsymbol{B}\boldsymbol{K}$ 的特征具有负实部。将式(4-2) 代入式(4-3)，得

$$\begin{aligned} J &= \int_0^\infty (\boldsymbol{x}^{\mathrm{T}}\boldsymbol{Q}\boldsymbol{x} + \boldsymbol{x}^{\mathrm{T}}\boldsymbol{K}^{\mathrm{T}}\boldsymbol{R}\boldsymbol{K}\boldsymbol{x})\mathrm{d}t \\ &= \int_0^\infty \boldsymbol{x}^{\mathrm{T}}(\boldsymbol{Q} + \boldsymbol{K}^{\mathrm{T}}\boldsymbol{R}\boldsymbol{K})\boldsymbol{x}\mathrm{d}t \end{aligned}$$

设对任意 x 都有

$$\boldsymbol{x}^{\mathrm{T}}(\boldsymbol{Q} + \boldsymbol{K}^{\mathrm{T}}\boldsymbol{R}\boldsymbol{K})\boldsymbol{x} = -\frac{\mathrm{d}}{\mathrm{d}t}(\boldsymbol{x}^{\mathrm{T}}\boldsymbol{P}\boldsymbol{x})$$

式中，$\boldsymbol{P}$ 为正定实对称矩阵，则可导出

$$\begin{aligned} \boldsymbol{x}^{\mathrm{T}}(\boldsymbol{Q}+\boldsymbol{K}^{\mathrm{T}}\boldsymbol{R}\boldsymbol{K})\boldsymbol{x} &= -\dot{\boldsymbol{x}}^{\mathrm{T}}\boldsymbol{P}\boldsymbol{x} - \boldsymbol{x}^{\mathrm{T}}\boldsymbol{P}\dot{\boldsymbol{x}} \\ &= -\boldsymbol{x}^{\mathrm{T}}[(\boldsymbol{A}-\boldsymbol{B}\boldsymbol{K})^{\mathrm{T}}\boldsymbol{P}+\boldsymbol{P}(\boldsymbol{A}-\boldsymbol{B}\boldsymbol{K})]\boldsymbol{x} \end{aligned}$$

由 Lyapunov 第二方法可知，对于给定的正定矩阵 $\boldsymbol{Q}+\boldsymbol{K}^{\mathrm{T}}\boldsymbol{R}\boldsymbol{K}$，如果矩阵 $\boldsymbol{A}-\boldsymbol{B}\boldsymbol{K}$ 是稳定的，则存在正定矩阵 $\boldsymbol{P}$，使得

$$(\boldsymbol{A} - \boldsymbol{B}\boldsymbol{K})^{\mathrm{T}}\boldsymbol{P} + \boldsymbol{P}(\boldsymbol{A} - \boldsymbol{B}\boldsymbol{K}) = -(\boldsymbol{Q} + \boldsymbol{K}^{\mathrm{T}}\boldsymbol{R}\boldsymbol{K}) \tag{4-4}$$

成立，由此可求出 J 为

$$\begin{aligned} J &= \int_0^\infty \boldsymbol{x}^{\mathrm{T}}(\boldsymbol{Q} + \boldsymbol{K}^{\mathrm{T}}\boldsymbol{R}\boldsymbol{K})\boldsymbol{x}\mathrm{d}t = -\boldsymbol{x}^{\mathrm{T}}\boldsymbol{P}\boldsymbol{x}\Big|_0^\infty \\ &= -\boldsymbol{x}^{\mathrm{T}}(\infty)\boldsymbol{P}\boldsymbol{x}(\infty) + \boldsymbol{x}^{\mathrm{T}}(0)\boldsymbol{P}\boldsymbol{x}(0) \end{aligned}$$

由于假定 $\boldsymbol{A}-\boldsymbol{B}\boldsymbol{K}$ 的所有特征值都具有负实部，因此有 $\boldsymbol{x}(\infty)\to 0$。这样可得到

$$J = \boldsymbol{x}^{\mathrm{T}}(0)\boldsymbol{P}\boldsymbol{x}(0) \tag{4-5}$$

即 J 可由初始条件 $\boldsymbol{x}(0)$ 和 $\boldsymbol{P}$ 得到。

由于 $\boldsymbol{R}$ 为正定实对称矩阵，因此可将 $\boldsymbol{R}$ 写成

$$\boldsymbol{R} = \boldsymbol{T}^{\mathrm{T}}\boldsymbol{T}$$

式中，$\boldsymbol{T}$ 为一非奇异矩阵。这样式(4-4) 可写成

$$(\boldsymbol{A}^{\mathrm{T}} - \boldsymbol{K}^{\mathrm{T}}\boldsymbol{B}^{\mathrm{T}})\boldsymbol{P} + \boldsymbol{P}(\boldsymbol{A} - \boldsymbol{B}\boldsymbol{K}) + \boldsymbol{Q} + \boldsymbol{K}^{\mathrm{T}}\boldsymbol{T}^{\mathrm{T}}\boldsymbol{T}\boldsymbol{K} = 0$$

上式经整理还可写成

$$\boldsymbol{A}^{\mathrm{T}} + \boldsymbol{P}\boldsymbol{A} + [\boldsymbol{T}\boldsymbol{K} - (\boldsymbol{T}^{\mathrm{T}})^{-1}\boldsymbol{B}^{\mathrm{T}}\boldsymbol{P}]^{\mathrm{T}}[\boldsymbol{T}\boldsymbol{K} - (\boldsymbol{T}^{\mathrm{T}})^{-1}\boldsymbol{B}^{\mathrm{T}}\boldsymbol{P}] - \boldsymbol{P}\boldsymbol{B}\boldsymbol{R}^{-1}\boldsymbol{B}^{\mathrm{T}}\boldsymbol{P} + \boldsymbol{Q} = 0$$

即有

$$\boldsymbol{x}^{\mathrm{T}}[\boldsymbol{T}\boldsymbol{K} - (\boldsymbol{T}^{\mathrm{T}})^{-1}\boldsymbol{B}^{\mathrm{T}}\boldsymbol{P}]^{\mathrm{T}}[\boldsymbol{T}\boldsymbol{K} - (\boldsymbol{T}^{\mathrm{T}})^{-1}\boldsymbol{B}^{\mathrm{T}}\boldsymbol{P}]\boldsymbol{x}$$

由于上式是非负的，其最小值为零，即

$$\boldsymbol{T}\boldsymbol{K} = (\boldsymbol{T}^{\mathrm{T}})^{-1}\boldsymbol{B}^{\mathrm{T}}\boldsymbol{P}$$

因此可求得 J 取极小值时的最优反馈增益矩阵为

$$K = T^{-1}(T^{\mathrm{T}})^{-1}B^{\mathrm{T}}P = R^{-1}B^{\mathrm{T}}P \tag{4-6}$$

最优控制 $\boldsymbol{u}(t)$ 为

$$\boldsymbol{u}(t) = -\boldsymbol{K}x(t) = -\boldsymbol{R}^{-1}\boldsymbol{B}^{\mathrm{T}}\boldsymbol{P}\boldsymbol{x}(t)$$

式(4-6) 中的矩阵 $\boldsymbol{P}$ 必须满足式(4-4) 或者满足方程

$$\boldsymbol{A}^{\mathrm{T}}\boldsymbol{P} + \boldsymbol{P}\boldsymbol{A} - \boldsymbol{P}\boldsymbol{B}\boldsymbol{R}^{-1}\boldsymbol{B}^{\mathrm{T}}\boldsymbol{P} + \boldsymbol{Q} = 0 \tag{4-7}$$

式(4-7) 称为代数 Riccati 方程。

综上所述，系统的设计步骤可概括如下：

1）求解式(4-7) Riccati 方程，求得矩阵 $\boldsymbol{P}$。如果正定矩阵 $\boldsymbol{P}$ 存在（对某些系统，可能不存在），则系统是稳定的或矩阵 $\boldsymbol{A}-\boldsymbol{B}\boldsymbol{K}$ 是稳定的。

2）将此矩阵 $\boldsymbol{P}$ 代入方程式(4-6)，得到的即为最优反馈增益矩阵 $\boldsymbol{K}$。

2. MATLAB（控制系统工具箱）实现

MATLAB 控制系统工具箱中提供了完整的解决线性二次型最优控制问题的命令及算法，其中命令 lqr 和 lqry 可以直接求解二次型调节器问题以及相关的 Riccati 方程。这两个命令的格式如下：

[K，P，E] =lqr（A，B，Q，R，N）

[K，P，E] =lqry（A，B，C，D，Q，R）

式中，K 为最优反馈增益矩阵；P 为对应 Riccati 方程的唯一正定解（若矩阵 $\boldsymbol{A}-\boldsymbol{B}\boldsymbol{K}$ 是稳定矩阵，则总有 $\boldsymbol{P}$ 的正定解存在）；E 为 $\boldsymbol{A}-\boldsymbol{B}\boldsymbol{K}$ 的特征值；N 为可选项，其代表交叉乘积项的加权矩阵。lqry 命令用于求解二次调节器问题的特例，即目标函数中用输出 $\boldsymbol{y}$ 来代替状态 $\boldsymbol{x}$，则目标函数为

$$J = \int_0^{\infty}(\boldsymbol{y}^{\mathrm{T}}\boldsymbol{Q}\boldsymbol{y} + \boldsymbol{u}^{\mathrm{T}}\boldsymbol{R}\boldsymbol{u})\mathrm{d}t$$

下面的讨论可进一步说明。

3. 问题讨论——一阶直线倒立摆系统的线性二次型最优控制

（1）理论设计

1）系统的状态空间描述。由第二章第二节可知：一阶直线倒立摆系统状态空间描述方程为

$$\dot{\boldsymbol{X}} = \begin{bmatrix}\dot{x}_1\\ \dot{x}_2\\ \dot{x}_3\\ \dot{x}_4\end{bmatrix} = \begin{bmatrix}0 & 1 & 0 & 0\\ 40 & 0 & 0 & 0\\ 0 & 0 & 0 & 1\\ -6 & 0 & 0 & 0\end{bmatrix}\begin{bmatrix}x_1\\ x_2\\ x_3\\ x_4\end{bmatrix} + \begin{bmatrix}0\\ -2\\ 0\\ 0.8\end{bmatrix}u = \boldsymbol{A}\boldsymbol{X} + \boldsymbol{B}u$$

$$\boldsymbol{Y} = \begin{bmatrix}\theta\\ x\end{bmatrix} = \begin{bmatrix}1 & 0 & 0 & 0\\ 0 & 0 & 1 & 0\end{bmatrix}\begin{bmatrix}x_1\\ x_2\\ x_3\\ x_4\end{bmatrix} = \boldsymbol{C}\boldsymbol{X}$$

其中：$\boldsymbol{X}=[\theta,\ \dot{\theta},\ x,\ \dot{x}]^{\mathrm{T}}$；$u=F$；$\boldsymbol{Y}=[\theta,\ x]^{\mathrm{T}}$。

2）系统可控性和可观性的判定。“可控性与可观性是现代控制理论的重要贡献之一”。我们事先确定“所研究问题的可控性”，有助于避免对一些“不可控制的问题”进行徒劳的工作；而对“所研究问题可观性”的判断，有助于了解“能否利用系统有限的可测输出量来求取系统的全部状态变量”，进而实现对系统实施“全状态反馈控制”。

① 可控性的判定。从上述系统状态空间描述可知，系统阶数为 $n=4$，控制量为 U，即 $M=1$，所以，可控性矩阵 $\boldsymbol{V}$ 为 4×4 矩阵，$\boldsymbol{V}$ 的秩数是 4（系统可控制的充要条件）。

矩阵 $\boldsymbol{V}$ 可由下式求得：

$$\boldsymbol{V}=[\boldsymbol{B}\quad \boldsymbol{AB}\quad \boldsymbol{A}^2\boldsymbol{B}\quad \boldsymbol{A}^3\boldsymbol{B}]$$

其中

$$\boldsymbol{B}=\begin{bmatrix}0\\-2\\0\\0.8\end{bmatrix}\quad \boldsymbol{AB}=\begin{bmatrix}-2\\0\\0.8\\0\end{bmatrix}\quad \boldsymbol{A}^2\boldsymbol{B}=\begin{bmatrix}0\\-80\\0\\12\end{bmatrix}\quad \boldsymbol{A}^3\boldsymbol{B}=\begin{bmatrix}-80\\0\\12\\0\end{bmatrix}$$

因此，$\boldsymbol{V}$ 可表示为

$$\boldsymbol{V}=\begin{bmatrix}0&-2&0&-80\\-2&0&-80&0\\0&0.8&0&12\\0.8&0&12&0\end{bmatrix}$$

这个 4×4 矩阵的秩数是 4，因为该矩阵所有的列都是相互独立的，因此就可确认该系统是可控的。

对于“一阶倒立摆系统的可控性问题”，尽管我们依据经验或直觉也可以判断出来（例如：人用手指尖顶一木杆现象），但是，对于有些问题仅凭直觉就不然了，例如“一阶双摆控制问题”（参见本章习题 4-14）。

② 系统可观性的判定。因为 $n=4$，系统的输出有两个（角度 θ 和位移 x）所以 $L=2$，可观性矩阵 $\boldsymbol{S}$ 的阶数为 8×4，表示为

$$\boldsymbol{S}=\begin{bmatrix}\boldsymbol{C}\\\boldsymbol{CA}\\\boldsymbol{CA}^2\\\boldsymbol{CA}^3\end{bmatrix}\quad \text{其中}\ \boldsymbol{C}=\begin{bmatrix}1&0&0&0\\0&0&1&0\end{bmatrix}$$

$\boldsymbol{CA}$、$\boldsymbol{CA}^2$、$\boldsymbol{CA}^3$ 由下式给出：

$$\boldsymbol{CA}=\begin{bmatrix}0&1&0&0\\0&0&0&1\end{bmatrix}\quad \boldsymbol{CA}^2=\begin{bmatrix}40&0&0&0\\-6&0&0&0\end{bmatrix}\quad \boldsymbol{CA}^3=\begin{bmatrix}0&40&0&0\\0&-6&0&0\end{bmatrix}$$

因此，可观性矩阵 $\boldsymbol{S}$ 如下：

$$S=\begin{bmatrix}1.0 & 0 & 0 & 0\\0 & 0 & 1 & 0\\0 & 1.0 & 0 & 0\\0 & 0 & 0 & 1\\40 & 0 & 0 & 0\\-6 & 0 & 0 & 0\\0 & 40 & 0 & 0\\0 & -6 & 0 & 0\end{bmatrix}$$

显见可观性矩阵 $\boldsymbol{S}$ 的前4行相互独立，因此可观性矩阵 $\boldsymbol{S}$ 的秩数是4，与系统阶数 $n=4$ 一致，所以系统是可观测的。

下面，再利用 MATLAB 语言求解一阶倒立摆系统的可控性与可观性：

采用状态变量反馈的控制系统，其能控性和能观性可以用 MATLAB 的 ctrb 函数和 obsv 函数来直接加以检验。能控性函数 ctrb 的输入是系统矩阵 A 和输入矩阵 B，而输出则是能控性矩阵 P；同理，obsv 函数的输入是系统矩阵 A 和输出矩阵 C，而输出则是能观性矩阵 Q。输入如下语句：

```
P=ctrb(A,B)          ;%计算能控性矩阵
N=rank(P)            ;%计算能控性矩阵的秩
```

如果 N=n=4,则证明系统为能控;否则,系统为不能控。

```
Q=obsv(A,C)          ;%计算能观性矩阵
N=rank(Q)            ;%计算能观性矩阵的秩
```

如果 N=n=4,则证明系统为能观测;否则,系统为不能观测。

通过已知的 A、B 和 C，可以证明：系统是能控和能观测的。

综上所述，该一阶倒立摆系统是可控制的，同时也是可观测的。

3）线性二次型最优控制系统设计。对于一阶倒立摆系统，由于控制量为单一的 U，即 $\boldsymbol{R}$ 为一阶矩阵，可取 $\boldsymbol{R}=1$；对于 $\boldsymbol{Q}$，取

$$\boldsymbol{Q}=\operatorname{diag}[q_{11}\quad q_{22}\quad q_{33}\quad q_{44}]$$

可见，对于任意一组 $\boldsymbol{Q}$ 中的参数，我们都可以得到其对应的最优反馈控制量。

当 q_{11}，q_{22}，q_{33}，q_{44} 较大时，控制量权重相对较小，将需要较大作用力。根据不同的要求，可取不同矩阵 $\boldsymbol{Q}$，这里取 $q_{11}=q_{22}=200$，$q_{33}=q_{44}=50$，则由 MATLAB 中提供的解决线性二次最优控制问题的命令 $K=lqr\ (A,\ B,\ Q,\ R)$，可得：$K=(121.31,\ 12.12,\ 5.03,\ 7.67)$，从而有如下控制方程和图 4-40 所示的控制系统结构图。

$$F=-[121.31\quad 12.12\quad 5.03\quad 7.67]\boldsymbol{X}+r$$

图 4-40 所示的全状态反馈控制系统在实际实现中存在着“$\dot{\theta}$ 与 $\dot{x}$”测量不准问题（这是因为“微分”作用对信号噪声非常敏感，而使得 $\dot{\theta}$ 与 $\dot{x}$ 的检测结果不可用）。因此，还有如图 4-41 所示的基于状态观测器的一阶倒立摆控制方案。

有关状态观测器的设计与应用问题，受篇幅所限此处就不再赘述了。

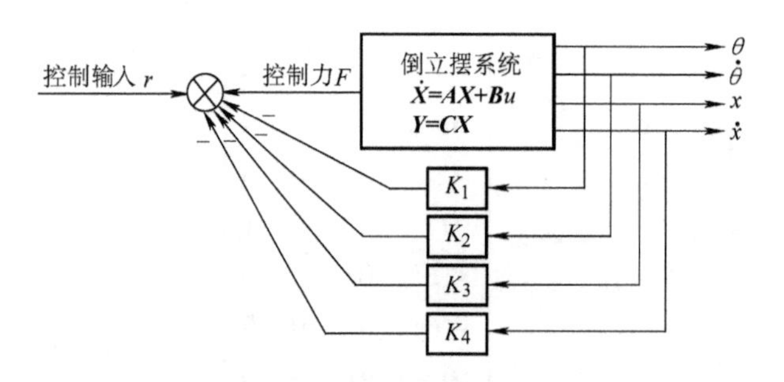

图 4-40 控制系统结构图

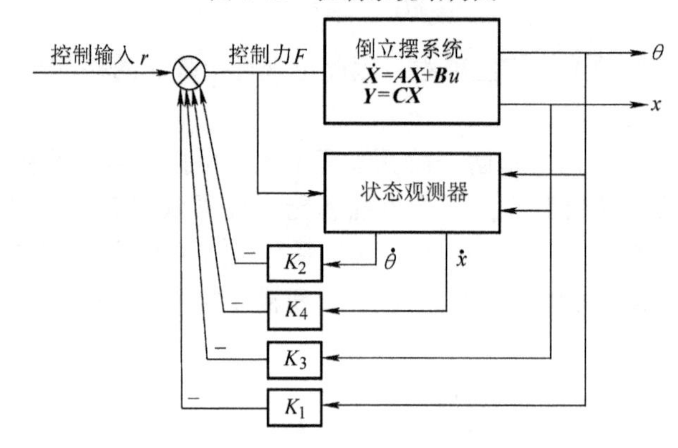

图 4-41 基于状态观测器的一阶倒立摆控制方案

(2) 仿真实验

1) 基于系统状态空间描述的仿真。

① 系统仿真结构如图 4-42 所示。

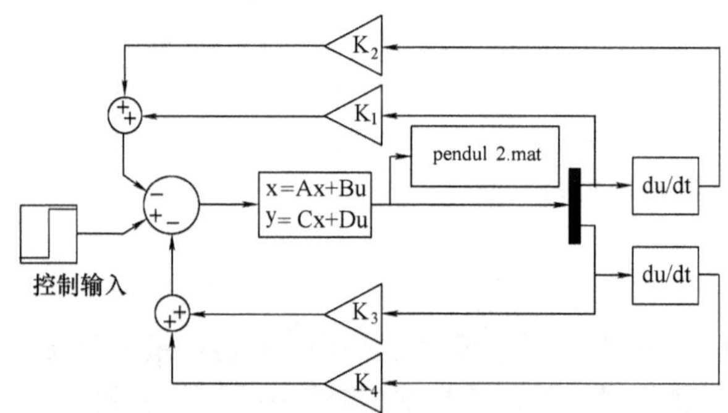

图 4-42 系统仿真结构图

② 仿真程序:

```
% Inverted pendulum2
% signals recuperation
%将导入到 pendul2. mat 中的仿真实验数据读出
load pendul2. mat
t = signals (1,:);
q = signals (2,:);
x = signals (3,:);
```

```
% drawing x(t) and theta(t) response signals
%画摆杆线速度和摆角角速度的曲线图
%定义图形名称、标题、横纵坐标名和坐标范围，画出曲线
figure(1)
hf = line(t,q(:));
xlabel('Time(s)')
ylabel('Angle evolution(rad)')
axis([0 10 -0.1 0.3])
axet = axes('Position',get(gca,'Position'),...
        'XAxisLocation','bottom',...
        'YAxisLocation','right','Color','None',...
        'XColor','k','YColor','k');
ht = line(t,x,'color','r','parent',axet);
ylabel('Evolution of the x position(m)')
axis([0 10 -0.1 0.3])
title('\theta(t) and x(t) Response to a step input')
gtext('\leftarrow x(t)'),gtext('\theta(t)\uparrow')
```

③ 仿真结果如图 4-43 所示。

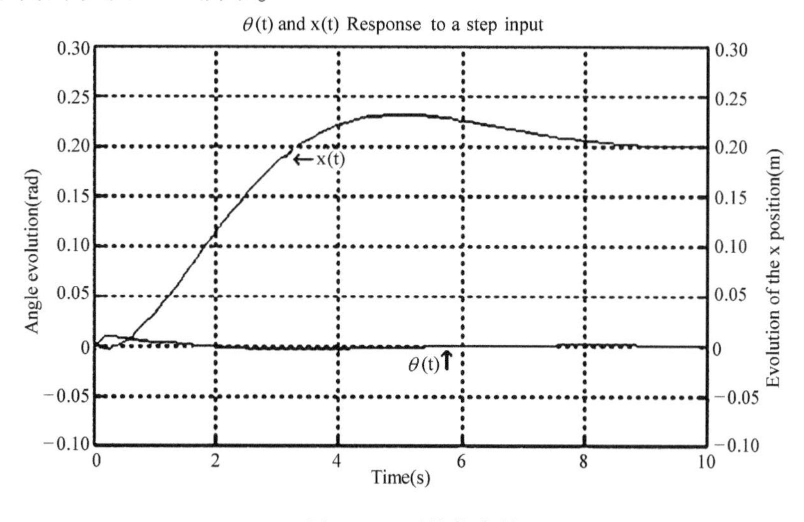

图 4-43 系统仿真结果

2）基于系统精确模型的仿真。以系统精确模型代替图 4-42 中的近似模型（状态空间描述），重新进行仿真实验。

① 系统仿真结构如图 4-44 所示。

② 仿真结果如图 4-45 所示。

3）鲁棒性实验。为了进一步检验控制器的鲁棒性能，不妨改变倒立摆的摆杆质量和长度多做几组实验，同时为了便于比较，将几个仿真结果绘在同一坐标下，实验的仿真结果如图 4-46 和图 4-47 所示。

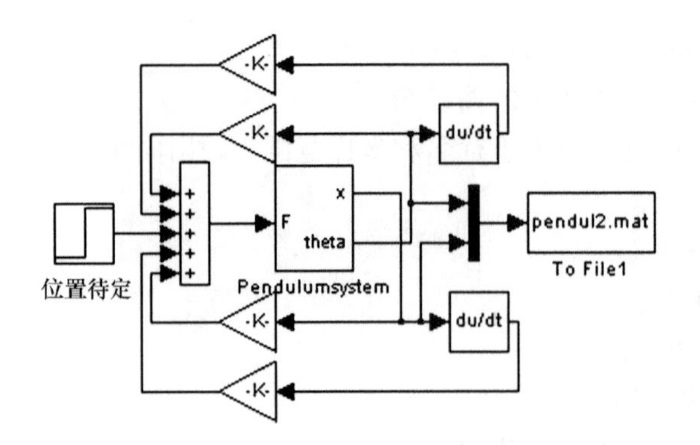

图 4-44 系统仿真结构图

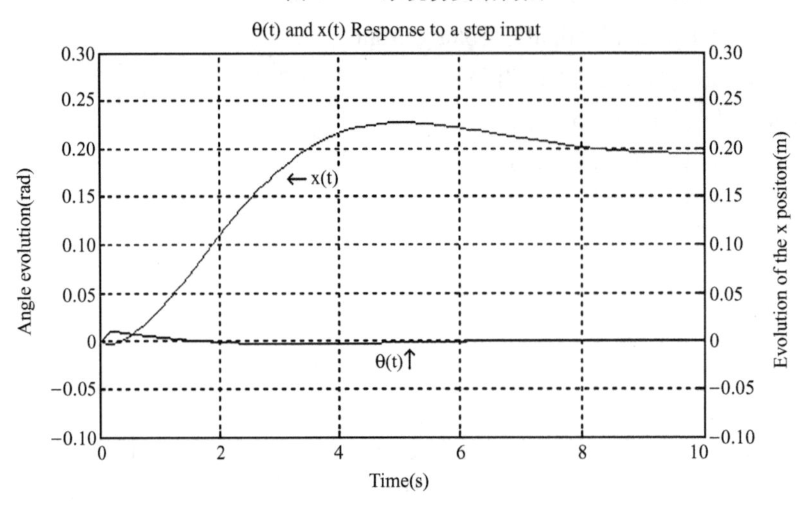

图 4-45 以精确模型为控制对象的仿真结果图

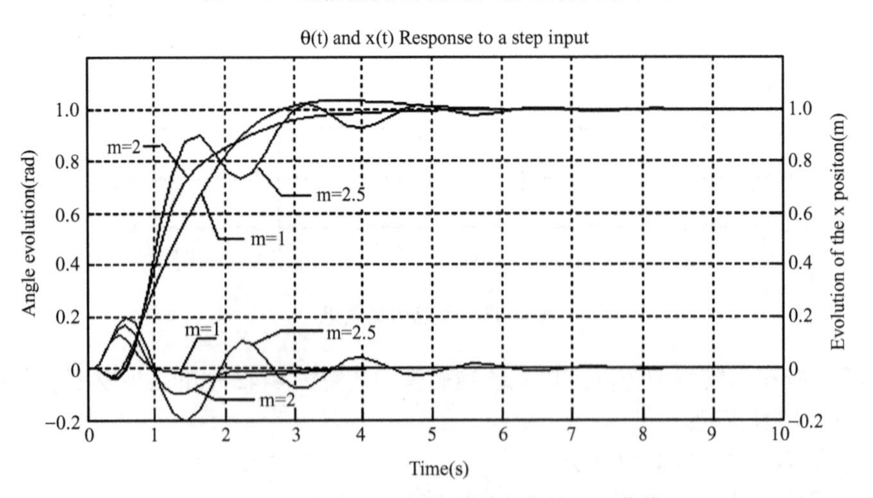

图 4-46 摆长不变摆杆质量变化的一组曲线

（3）结论

1）线性二次型最优控制策略通过全状态反馈控制的方式，可以同时达到小车位置伺服控制和摆角控制的目的，并实现了系统动态性能的最优。

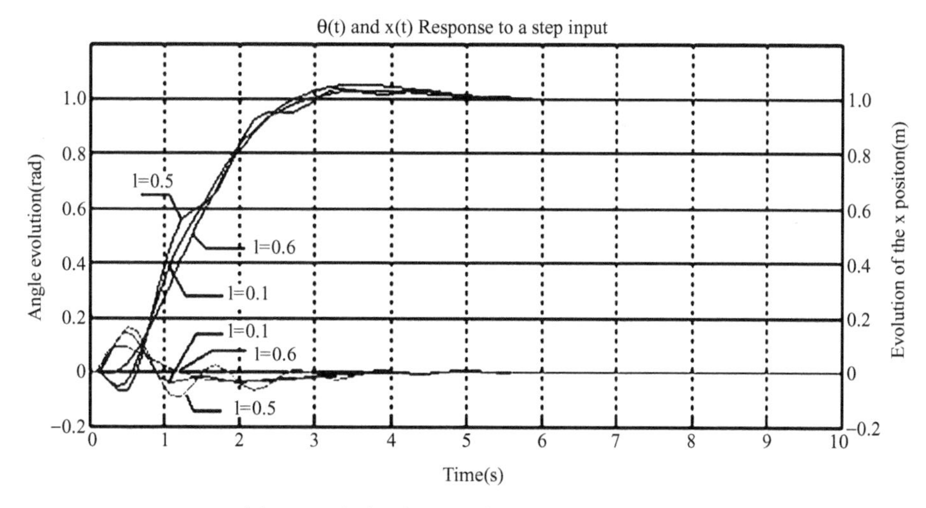

图 4-47 摆杆质量不变摆长变化的一组曲线

2）从图 4-43 与图 4-45 的仿真结果可见，近似模型与精确模型的动态响应是很相近的，这也从另一方面说明，前面所述的模型简化是合理的。

3）系统具有较好的鲁棒性，具体表现在系统对摆长与摆杆质量两参数的大范围变化（3～4 倍）表现出较强的不敏感性。

二、模型参考自适应控制系统设计

在经典控制理论中要设计一个性能良好的反馈控制系统，通常需要掌握被控对象的数学模型，然而，实际上有一些被控对象的数学模型事先难以获得，或者模型的参数是经常变化的。对于这样的被控对象，一般的控制方法往往难以得到满意的性能。如果系统本身能够不断地测量被控对象的性能或参数，并把系统当前的运行指标与期望的性能指标相比较，进而改变控制器的结构或参数，就可以使系统运行在某种意义下的最优或次优状态。按照这样的思想建立的控制系统，称为自适应控制系统。

自适应控制的思想于 20 世纪 50 年代提出，当时主要针对具体的设计方案进行讨论，没有形成一个理论体系。20 世纪 60 年代现代控制理论发展所取得的一些成果，例如状态空间法、稳定性理论、最优控制、随机控制、参数估计等，为自适应控制理论的形成和发展创造了条件。20 世纪 70 年代以来自适应控制理论的研究有了显著的进展，提出了一系列的控制方案，并出现了许多实际应用的例子。微处理器的迅猛发展一方面为自适应控制的应用创造了技术条件，另一方面也促进了自适应控制理论的发展。

1. 自适应控制系统的构成

根据设计原理和结构的不同，自适应控制系统可分为如下几种形式：

（1）变增益自适应控制系统

变增益自适应控制系统的结构如图 4-48 所示。当控制器的参数随工作状况和环境的变化而变化时，通过测量系统的某些变量，按照规定的程序可改变控制器的增益结构。这种系统具有结构简单和响应迅速的特点，但是，难以完全克服系统参数变化带来的影响。

（2）模型参考自适应控制系统

模型参考自适应控制系统的基本结构如图 4-49 所示。它由两个环路组成，内环由调节

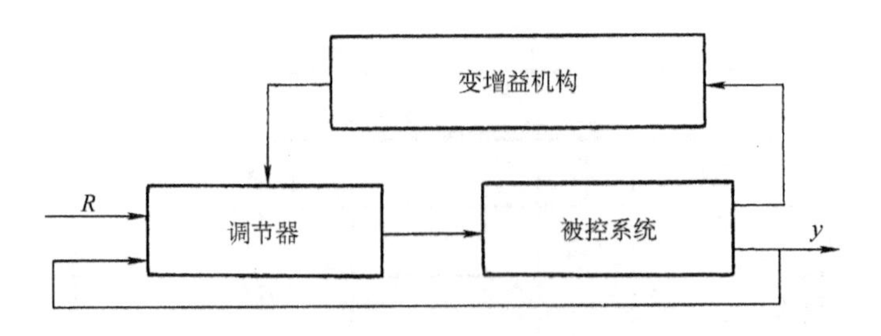

图4-48 变增益自适应控制系统结构

器和被控对象组成可调系统，外环由参考模型与自适应机构组成。参考模型代表某个优化指标。当被控对象受干扰影响使运行特性偏离了最优轨迹时，参考模型的输出与被控对象的输出相比较产生了一个广义误差 e。该误差通过自适应机构，根据一定的自适应规律产生反馈作用，以修正调节器的参数或产生一个辅助的控制信号，促使可调系统跟踪参考模型，使广义误差趋于极小值。

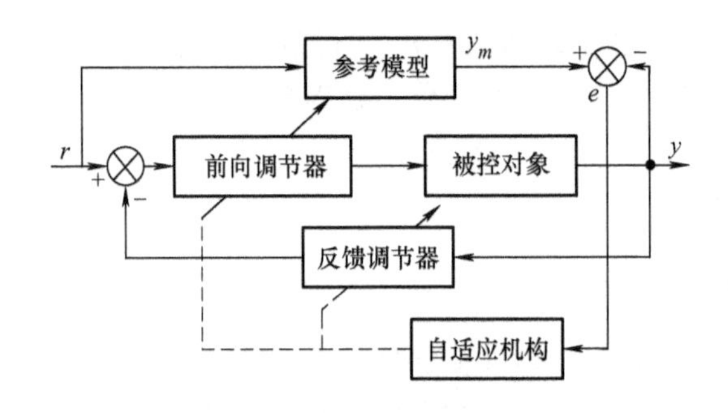

图4-49 模型参考自适应控制系统结构

模型参考自适应控制设计方法主要依据李亚普诺夫稳定性理论和超稳定理论，可以适用于线性控制系统和非线性控制系统，这样可以保证系统在稳定的前提下对系统的参数变化具有适应性，并提高有关的性能指标。

(3) 自校正控制系统

自校正控制系统也称为参数自适应系统，其一般结构如图4-50所示。它也有两个环路，一个环路由调节器和被控对象组成，类似于通常的反馈控制系统；另一个环路由递推参数辨识器与调节器参数设计计算机组成。自校正控制系统将在线参数辨识与调节器的设计有机地结合在一起。在运行过程中，首先进行被控对象的参数辨识，然后根据参数辨识的结果进行调节器参数的选择设计，并根据设计结果修正调节器参数以达到有效地消除被控对象参数扰动所造成的影响。

2. 卫星跟踪望远镜模型参考自适应控制系统

下面要研究的对象是美国国家航空航天局的24in(1in=0.0254m)光学跟踪望远镜，它用于激光测距和光学通信实验。由于激光束很窄，因此系统对动态跟踪精度要求很高，位置误差应小于0.16in·s。望远镜工作于三种方式：搜索方式、自动跟踪方式和程序跟踪方式。一般来说，在运行过程中，由于受到望远镜仰角的变化以及过盈量轴承的采用（以保证系统具有较高的回转精度），负载惯量、转矩和动静摩擦发生变化是不可避免的，因此采用常规的控制很难完成上述三个任务，于是考虑采用模型参考自

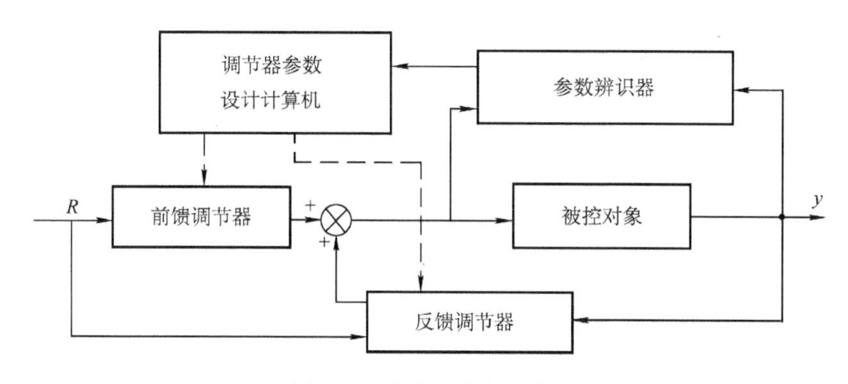

图 4-50　自校正控制系统

适应控制方法。

望远镜的伺服控制系统如图 4-51 所示，其中 u 为自适应控制信号，f 代表主轴系统摩擦力的特性，它与机构的运行速度有明显的非线性关系，其关系如图 4-52 所示，也称之为库仑摩擦。

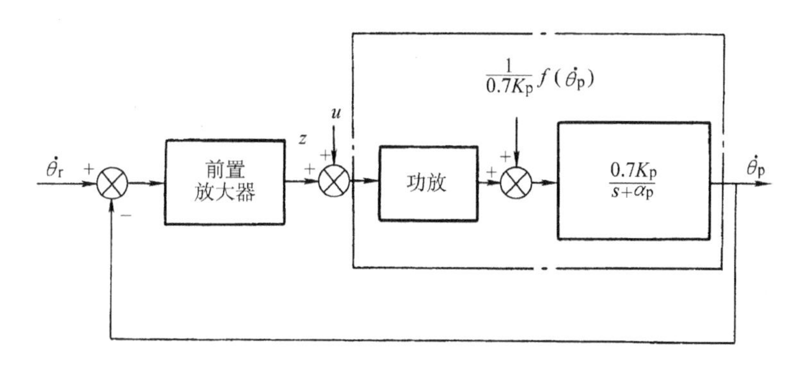

图 4-51　望远镜伺服控制系统结构图

根据模型参考自适应理论[34,35]，可以得到自适应控制信号 u 的形式为

$$u = K_1\theta_p + K_2 z + K_3 \text{sgn}\dot{\theta}_p$$

$$K_1(t) = B_1\int_0^t \dot{e}\theta_p \text{d}t + C_1\dot{e}\theta_p$$

$$K_2(t) = B_2\int_0^t \dot{e}z\text{d}t + C_2\dot{e}z$$

$$K_3(t) = B_3\int_0^t \dot{e}\text{sgn}\dot{\theta}_p\text{d}t + C_3\dot{e}\text{sgn}\dot{\theta}_p$$

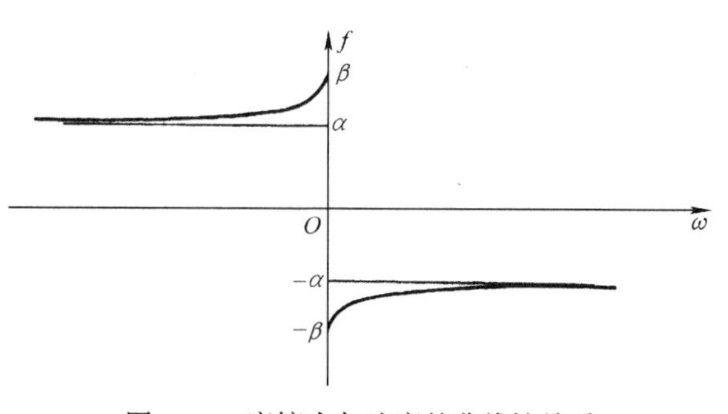

图 4-52　摩擦力与速度的非线性关系

式中，K_1、K_2、K_3 为可调参数，它们由自适应机构调节；第三项($K_3(t)$)用来补偿轴承摩擦(库仑摩擦)的影响。

3. 仿真实验研究

下面以程序跟踪方式为例介绍模型参考自适应控制在卫星跟踪望远镜位置伺服系统中的具体应用。系统首先根据已知的数据对卫星未来轨线作出预测，再把预测信号经前馈补偿器加到指令信号中去，图 4-53 给出了程序跟踪自适应控制方案的仿真结构。

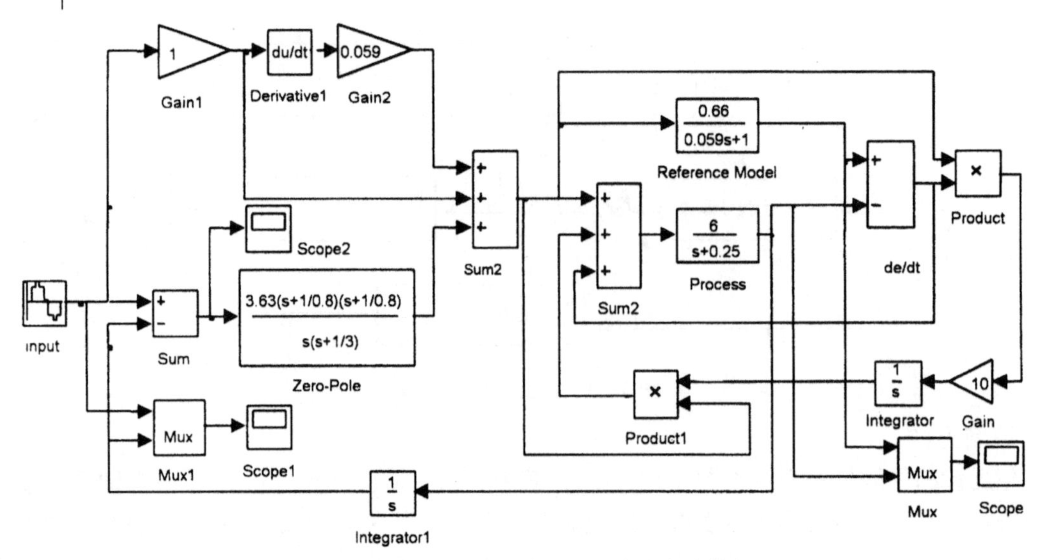

图 4-53 程序跟踪自适应控制方案仿真结构

（1）常规控制策略时望远镜的位置跟踪特性

对于图 4-53 所示系统，将自适应环节去掉，控制器采用 PID 结构，则仿真结果如图 4-54 所示，从中可见，系统跟踪有误差，而且在过零点处有抖动。这一结果显然是我们所不希望的，应该解决之。

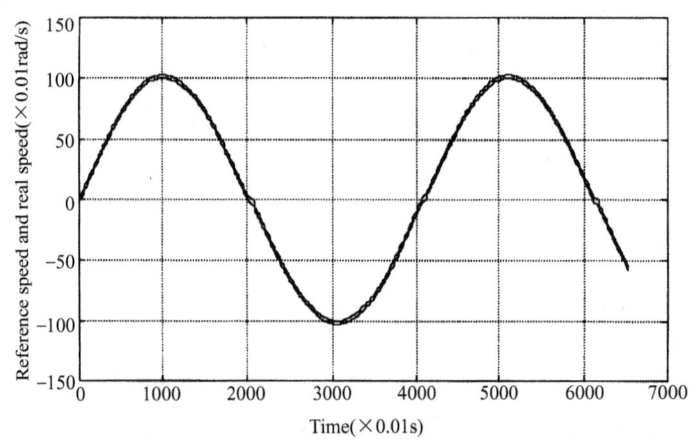

图 4-54 常规控制策略时的仿真结果

（2）采用自适应控制策略解决这一问题

解决方案如图 4-53 所示。

1）设参考位置输入为正弦信号，角频率为 0.2rad/s，幅值为 1.0rad/s，对象传递函数为 $6/(s+0.25)$。通过仿真可得如下位置跟踪曲线（见图 4-55）、位置跟踪误差曲线（见图 4-56）及速度跟踪曲线（见图 4-57）。从上述仿真结果可见，系统动态跟踪特性明显得到改善。

2）比较对象参数变化对系统性能的影响。设参考位置输入不变，对象传递函数变为 $4/(s+0.4)$。仿真得如下位置跟踪曲线（见图 4-58）、位置跟踪误差曲线（见图 4-59）及速度跟踪曲线（见图 4-60）。从中可见，对象模型参数的变化对系统动态跟踪性能基本上没有影响。

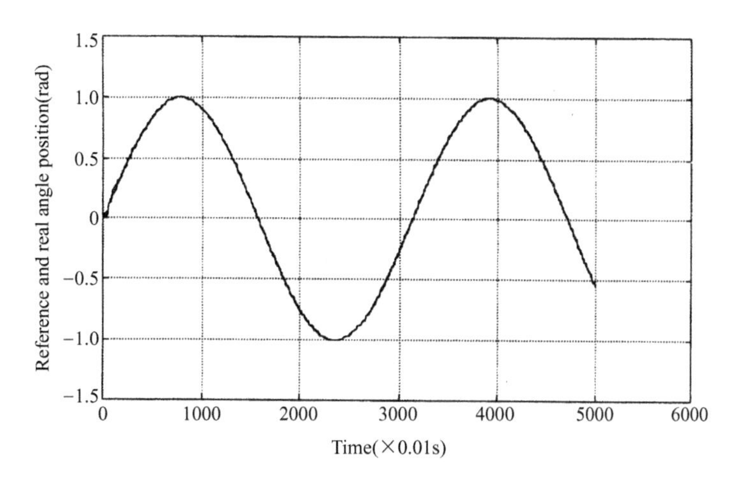

图 4-55　正弦输入信号的位置跟踪曲线（一）

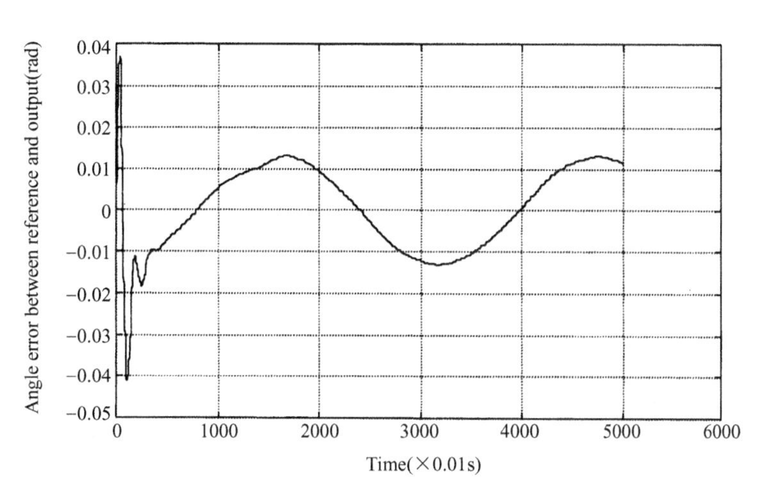

图 4-56　正弦输入信号的位置跟踪误差曲线（一）

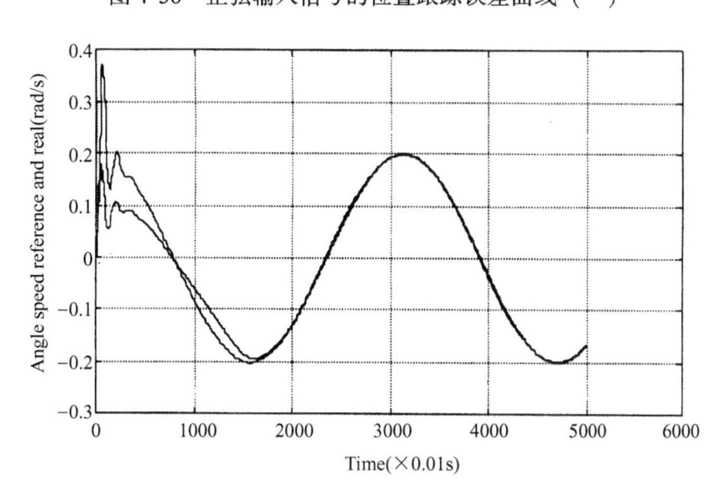

图 4-57　正弦输入信号的速度跟踪曲线（一）

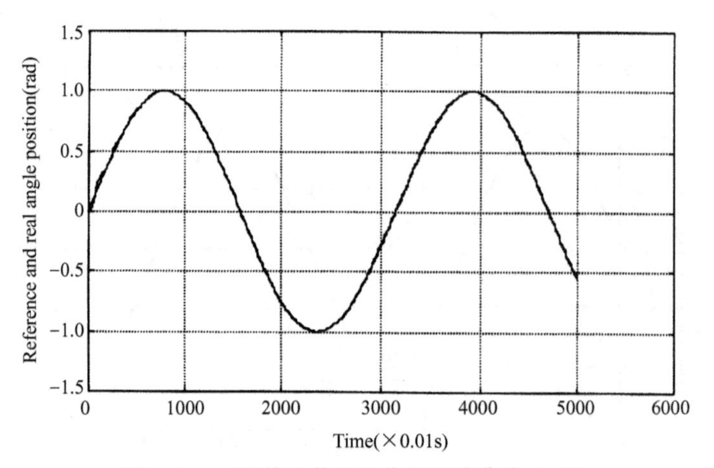

图 4-58 正弦输入信号的位置跟踪曲线（二）

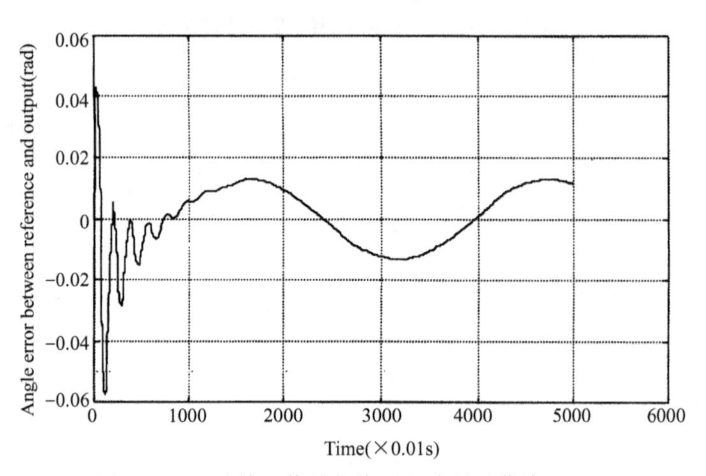

图 4-59 正弦输入信号的位置跟踪误差曲线（二）

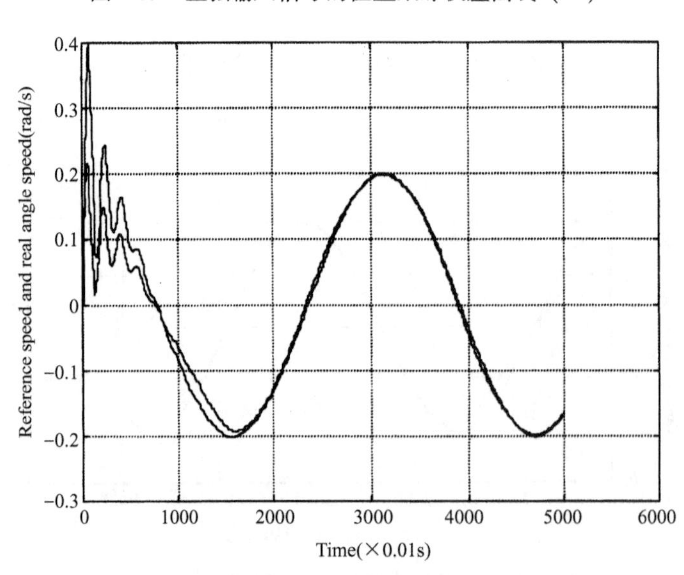

图 4-60 正弦输入信号的速度跟踪曲线（二）

(3) 仿真实验

从上述的仿真实验结果可以看出，模型参考自适应控制方法对系统模型的依赖性要低于常规的控制方法，对于慢变化的参数时变系统和某些非线性问题具有良好的鲁棒性；同时，它能够较好地克服低速情况下非线性摩擦(库仑摩擦)对控制系统带来的影响。当然，自适应控制系统的复杂程度要高于常规的控制方法，具体应用时还要考虑许多工程问题。

第五节　基于时间最优控制的起重机防摆控制技术研究

一、问题的提出

在图 4-61 所示的起重机系统中，为使重物尽快地由 A 点移动至 B 点(同时,还要保证重物在抵达 B 点处时满足 $|\theta| \leqslant \Delta$ 条件)，希望通过控制量 $u(t)$ 适当控制小车的运行加速度 $\ddot{x}$ 来实现这一目标。

显然，这是一个最优控制问题。本节将借助于 Simulink 封装技术(子系统)，在模型验证的基础上，采用时间最优控制方案，实现起重机防摆控制的系统仿真实验。

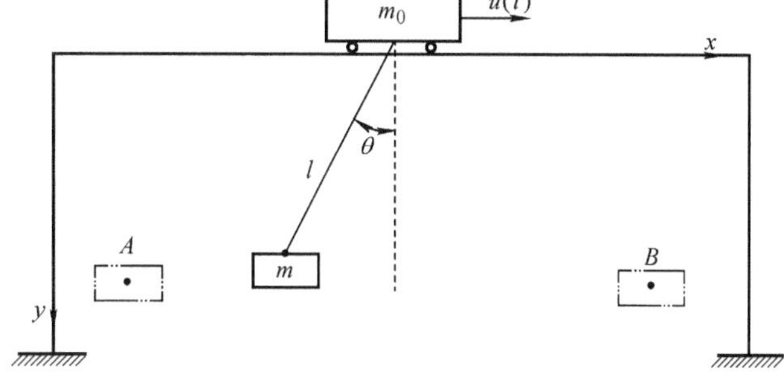

图 4-61　起重机系统原理图

二、时间最优控制[55]

最优控制问题，是人们在从事的研究工作中经常碰到的问题。采取什么手段能够实现以最小的代价换取最大的收益是最优控制要研究的主要问题。

维纳(Wiener)在 1940 年提出了相对于某个性能指标进行设计的概念；1950 年，米顿纳尔(Medonel)首先将这个概念用于研究继电器系统在单位阶跃激励作用下过渡过程时间最短的控制问题；在科技史中，庞特里亚金(Понтрягин，Л. С.)、贝尔曼(Bellman)等人根据大量的工程实际问题(如航空、航天、飞行器控制等问题)，总结并提出了按某一给定的性能指标设计最优控制系统的理论——“极大值原理”“动态规划”。

“如何将已有的控制理论应用于工程实际问题，是从事自动化技术研究与应用人员的任务”。

1. 时间最优控制问题的数学描述

设受控系统的状态方程为

$$\begin{cases} \dot{x}(t) = f[x(t), u(t), t], & x \in R^n \\ x(t_0) = x_0 \end{cases}$$

给定的终端状态为 $x(t_f) = x_f$，控制变量的约束为 $u(t) \in U \in R^r$。

若欲选择允许的最优控制函数 $u^*(t)$，其将使得受控系统的状态方程从初始状态 x_0 出发，转移到终端状态 x_f 的过程所需要的时间最短(即 $(t_f - t_0) = \min$)，称这一问题为时间最优控制问题。

时间最优控制问题的性能指标函数可表示为

$$J = \int_{t_0}^{t_f} 1 \mathrm{d}t = t_f - t_0$$

2. 时间最优控制的必要条件

根据极大值原理可知，线性系统的时间最优控制有解的必要条件是，控制域 U 必须是"有界闭集"，且最优控制函数必定取这个闭集 U 的边界值。由此可得出时间最优的控制为

$$U=\left\{\boldsymbol{u}=\begin{bmatrix}u_1\\u_2\\\vdots\\u_r\end{bmatrix}\quad |u_i|\leqslant a_i,\ i=1,\ 2,\ \cdots,\ r\right\}$$

由此可见，允许控制的时间最优控制系统是 Bang-Bang 型控制系统，只有继电型非线性系统才能实现时间最优控制。

3. 相平面分析法

对于如下方程所示的二阶系统，使用"状态平面图"分析系统运动状态比较方便。

$$\begin{cases}\dot{x}_1(t)=f_1[t,x_1(t),x_2(t)]\\\dot{x}_2(t)=f_2[t,x_1(t),x_2(t)]\end{cases}$$

所谓"状态平面"，一般为二维平面，其水平轴记为 x_1，垂直轴记为 x_2。假设$[x_1(t),x_2(t)]$表示该运动系统状态的一个解，则当 t 为固定值时，其"解"对应于状态平面上的一个点；当 t 连续变化时，其"解"在状态平面上形成的运动轨迹称为状态平面轨迹；当该二阶系统的形式满足 $\dot{x}_1(t)=x_2(t)$时，习惯上把这一特殊情况下的状态平面称为相平面，相应的状态平面轨迹称为相平面轨迹，或简称为相轨迹。

三、系统建模

由第二章第二节内容可知，定摆长起重机系统在（$D=\eta=0$）条件下的精确模型为

$$\begin{cases}\ddot{x}=\dfrac{F-(g\cos\theta+l\dot{\theta}^2)m\sin\theta}{m_0+m\sin^2\theta}\\[2ex]\ddot{\theta}=\dfrac{(F\cos\theta-ml\dot{\theta}^2\cos\theta\sin\theta-(m_0+m)g\sin\theta}{l(m_0+m\sin^2\theta)}\end{cases}$$

其在（$\sin\theta\approx\theta$，$\cos\theta\approx1$，$\dot{\theta}^2\sin\theta\approx0$）近似条件下的简化模型如图 4-62 所示。

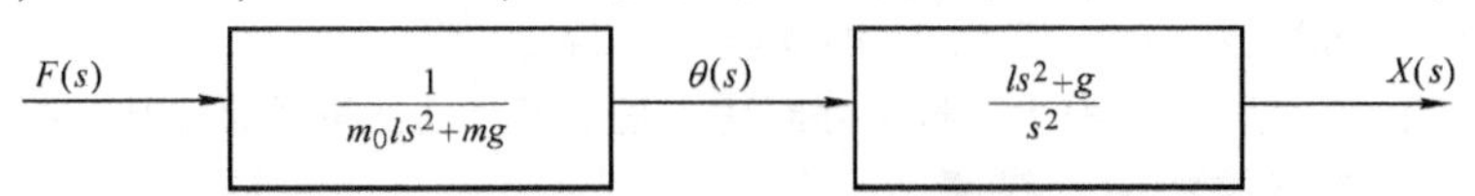

图 4-62 起重机系统动态结构图

系统在 $m_0=50\text{kg}$、$m=5\text{kg}$、$l=1\text{m}$、$g=9.8\text{m/s}^2$ 条件下的简化模型为

$$\begin{cases}F=50\ddot{x}+49\theta\\\ddot{x}=\ddot{\theta}+9.8\theta\end{cases}$$

其等效动态结构图又可表示为图 4-63 所示的形式。

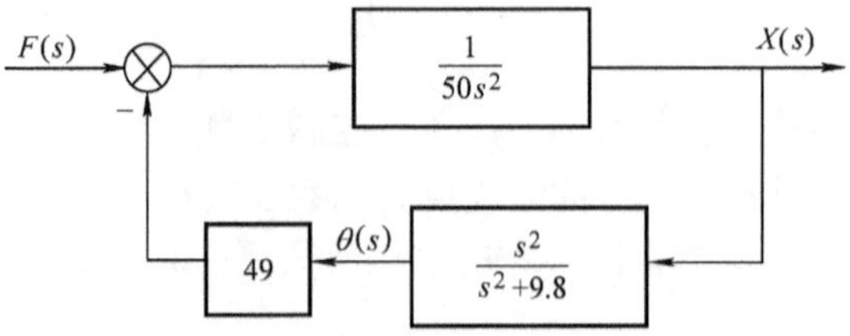

图 4-63 起重机系统等效动态结构图

四、模型验证

1. 模型封装

利用前面介绍的 Simulink 封装子系统功能，可使模型验证原理表示得更加简捷。如图 4-64

所示，上半部分为简化模型仿真图，下半部分为精确模型仿真图。

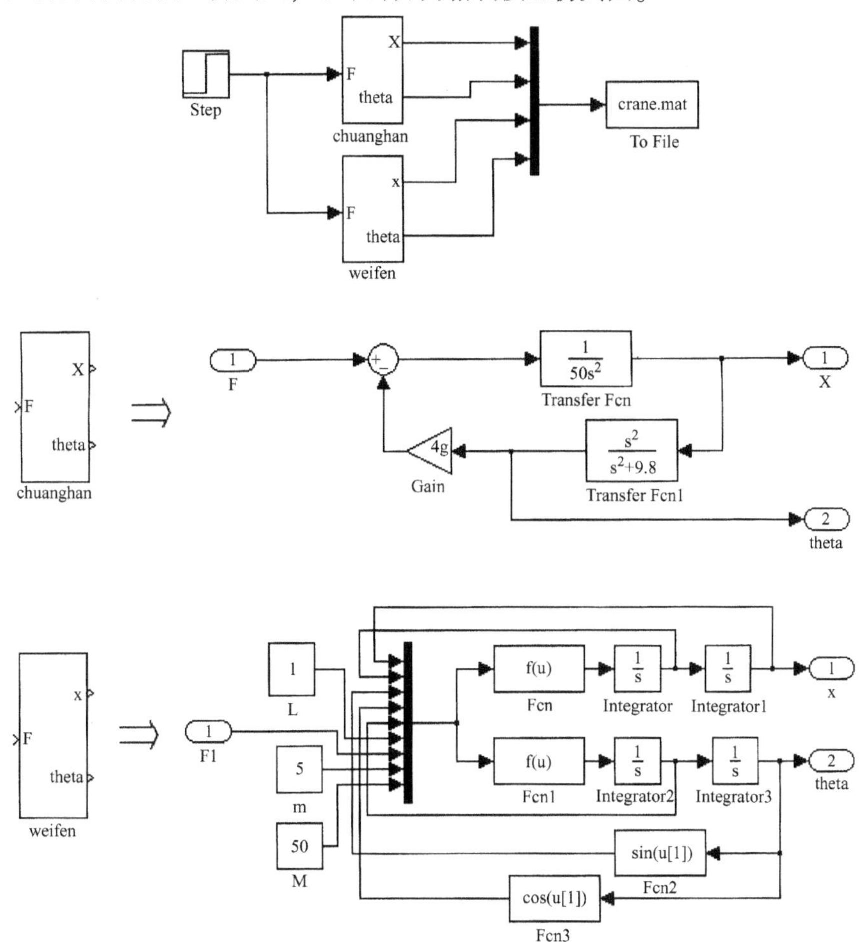

图 4-64　利用子系统封装后的模型框图

其中：

Fcn:(u[7] -9.8*u[8]*u[3]*u[4] -u[8]*u[6]*u[5]*u[5]*u[3])/(u[9] + u[8]*u[3]*u[3])

Fcn1:((u[7] -9.8*u[8]*u[3]*u[4] -u[8]*u[6]*u[5]*u[5]*u[3])/(u[9] + u[8]*u[3]*u[3]))*u[4]/u[6] -9.8*u[3]/u[6]

2. 模型验证

同本章第三节中的验证方法一样，下面用“必要条件法”来验证我们所建立的数学模型具备正确模型应具备的必要性质。

(1) 实验设计

假定使起重机在($\theta=0$, $x=0$)初始状态下，突加一有限恒定作用力，则依据经验可知，小车位移将不断增大，而重物将在小车的一侧做往复摆动。这一结果可根据图 4-65

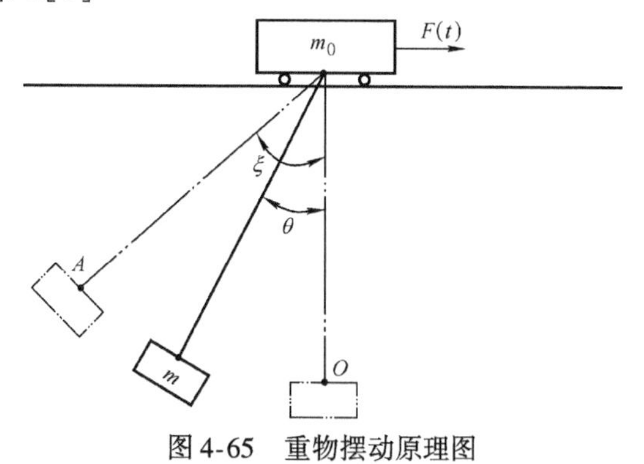

图 4-65　重物摆动原理图

所示的原理予以说明：由于小车受到一恒定力的作用，因此初始状态 O 点为重物相对小车摆动的一个极限点，该恒定力的作用也将使得重物相对小车的摆动存在另一个摆动的极限点 A；同时，我们也知道，单摆运动的极限点为不稳定点，因此，在这一恒力作用的过程中，重物将在小车一侧的两极限点间做往复摆动。

所以，在突加恒定作用力拖动下，小车将向前移动，负载将在（$0\leqslant\theta\leqslant\xi$）区间内摆动（其中 ξ 值与作用力大小有关）。下面利用仿真实验来验证正确数学模型应具有的这一必要性质。

（2）仿真实验

执行图 4-64 所示的程序之结果如图 4-66 所示（该结果曲线绘制时，可通过将第三节中绘制曲线的程序略做修改得到），从中可见，在 1N 恒定拖动力作用下，负载不断地在 $\theta\in[0,\xi]$ 区间内摆动，小车位移逐渐增加。这一结果符合前述的实验设计，故可以在一定程度上确认：该起重机系统的数学模型是有效的。

同时，由图 4-66 中也可看出，近似模型与精确模型的曲线基本上是重合的，因此，也可以认为近似模型在一定条件下可以表述原系统模型的性质。

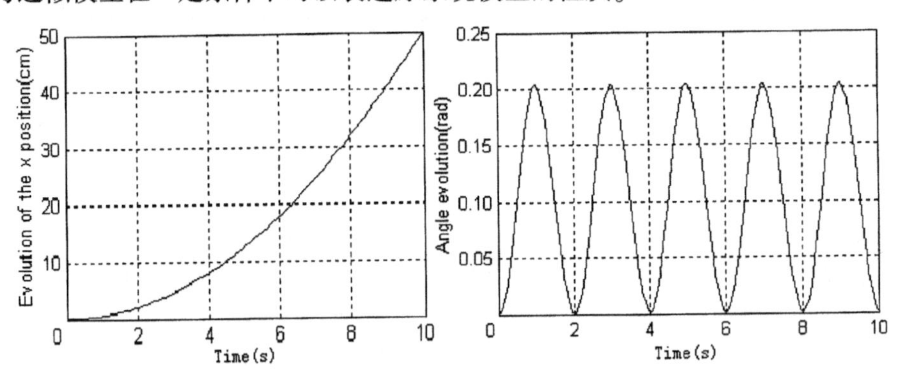

图 4-66 单位阶跃信号时的系统响应曲线

五、时间最优控制策略

由于起重机防摆控制问题的核心是在有效消除重物摆动的条件下，使小车可靠定位，因此，可通过对重物摆动性质的分析，找到负载摆动的特点，以便采取有效的策略进行控制。

1. 负载摆动问题的数学描述

设 $a=\ddot{x}$ 表示小车的水平加速度，则由图 4-62 所示的定摆长起重机系统简化模型可得起重机系统的摆动规律为

$$\ddot{\theta}+\frac{g}{L}\theta=\frac{a}{L}$$

再假设小车的最大加速度为 a_{m}，设 $u=\dfrac{\ddot{x}}{a_{\mathrm{m}}}$，则有

$$|u|\leqslant 1$$

这样负载摆动方程可写成

$$\ddot{\theta}+\frac{g}{L}\theta=\frac{a_{\mathrm{m}}}{L}u$$

为了便于进行分析，将上式化为状态方程形式，令 $\omega^2=\dfrac{g}{L}$，$K=\dfrac{a_{\mathrm{m}}}{L}$；取状态为 $x_1=\dfrac{\omega}{K}\theta$，

$x_2=\frac{1}{K}\dot{\theta}$，得到负载摆动的状态方程为

$$\begin{bmatrix}\dot{x}_1\\ \dot{x}_2\end{bmatrix}=\begin{bmatrix}0 & \omega\\ -\omega & 0\end{bmatrix}\begin{bmatrix}x_1\\ x_2\end{bmatrix}+\begin{bmatrix}0\\ 1\end{bmatrix}u$$

针对该状态方程描述的起重机系统摆动规律，根据系统的控制要求，提出系统控制的性能指标为

$$J=\int_0^{t_f}\mathrm{d}t$$

即要寻求一种最优控制规律 $u(t)$，其能使状态从原点（0，0）（起动前或制动前）经过一个中间状态（ζ_1，ζ_2）后，以最短的时间重新回到原点（摆动为零）。

2. 相平面分析

为研究负载的摆动规律（以实现有效的控制），显然依据相轨迹分析最为直接，因此，首先需要在相平面上绘制系统的相轨迹。

负载摆动状态方程的状态转移矩阵为

$$\boldsymbol{\Phi}(t,0)=\mathrm{e}^{At}=\mathrm{e}^{\begin{bmatrix}0 & \omega\\ -\omega & 0\end{bmatrix}t}=\begin{bmatrix}\cos\omega t & \sin\omega t\\ -\sin\omega t & \cos\omega t\end{bmatrix}$$

其解为

$$\begin{bmatrix}x_1(t)\\ x_2(t)\end{bmatrix}=\boldsymbol{\Phi}(t,0)\begin{bmatrix}x_1(0)\\ x_2(0)\end{bmatrix}+\int_0^t\boldsymbol{\Phi}^{-1}(\tau,0)\begin{bmatrix}0\\ u(\tau)\end{bmatrix}\mathrm{d}\tau$$

$$=\begin{bmatrix}\cos\omega t & \sin\omega t\\ -\sin\omega t & \cos\omega t\end{bmatrix}\begin{bmatrix}x_1(0)\\ x_2(0)\end{bmatrix}+\int_0^t\begin{bmatrix}\cos\omega(t-\tau) & -\sin\omega(t-\tau)\\ \sin\omega(t-\tau) & \cos\omega(t-\tau)\end{bmatrix}\begin{bmatrix}0\\ u(\tau)\end{bmatrix}\mathrm{d}\tau$$

为了使时间最优，取控制规律

$$u(t)=\Delta\quad(\Delta=\pm1,0)$$

则可得

$$\begin{cases}x_1(t)=\left[x_1(0)-\dfrac{\Delta}{\omega}\right]\cos\omega t+x_2(0)\sin\omega t+\dfrac{\Delta}{\omega}\\ x_2(t)=-\left[x_1(t)-\dfrac{\Delta}{\omega}\right]\sin\omega t+x_2(0)\cos\omega t\end{cases}$$

设 $\omega x_1(t)$，$\omega x_2(t)$为新的状态，上式可整理为

$$[\omega x_1(t)-\Delta]^2+[\omega x_2(t)]^2=[\omega x_1(0)-\Delta]^2+[\omega x_2(0)]^2$$

以 $\omega x_1(t)$为横坐标，以 $\omega x_2(t)$为纵坐标，可作出系统负载摆动的相平面图如图 4-67 所示。

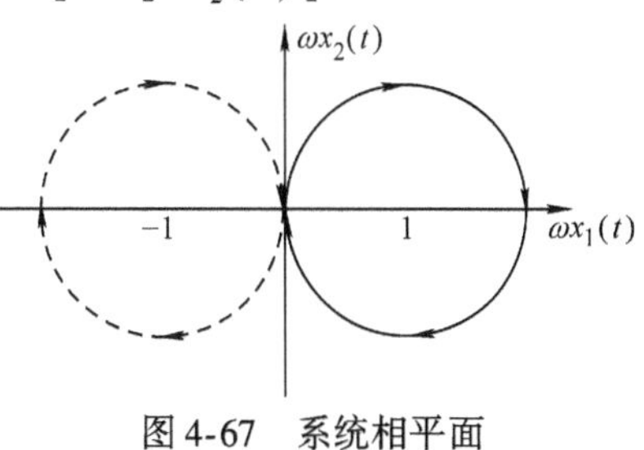

图 4-67　系统相平面

由图 4-67 可知，系统的相平面轨迹为一个以$(\Delta,0)$为圆心，以 $R=\sqrt{[\omega x_1(0)-\Delta]^2+[\omega x_2(0)]^2}$为半径的圆(顺时针运动,旋转的角度为 $\theta=\omega t$)。当处于圆点时(即 $\omega x_1(0)=\omega x_2(0)=0$)，摆角与其加速度

均为零，即摆动为零；若小车的加速度为零，小车处于匀速运动状态，则不产生摆动。振荡的幅值为 $A(t)=\sqrt{[\omega x_1(t)]^2+[\omega x_2(t)]^2}$，摆动的幅值与状态振荡的幅值相关，即 $A(t)$ 越大，摆动的角度越大。

3. 消摆控制策略

（1）消摆策略

由前面的分析可知，当起动时，始终使加速度处于最大，即 $u(t)=1$，摆动的状态运动轨迹如图4-67中的右半平面的实线所示，若当状态运动一周回到原点时，摆角及摆速均为零。此时停止加速，使小车处于匀速运动状态，则摆动将被消除，继续匀速行走时重物将没有摆动现象。同理，当制动停车过程中，始终以最大减速度减速，即 $u(t)=-1$，摆动状态运动轨迹如图4-67虚线所示。当状态运动回到原点时，停止减速，则摆动也将被消除，同时，完成负载定位。

该消摆控制策略加减速的时间 t_s 相同，均为走完一个完整圆周使用的时间，即有

$$\omega t_s=2\pi,\ \left(\omega^2=\frac{g}{L}\right)$$

（2）消摆控制策略中的时间切换序列

假设起重机的起制动最大加速度为 a_m，最大速度为 v_m，绳长为 l，要行走的距离为 s。下面给出消摆的切换时间序列。

当满足 $t_s=2\pi\sqrt{\frac{l}{g}}$ 时，如图4-68所示，可以算出时间切换的各个时刻：

$$t_1=t_s=2\pi\sqrt{\frac{l}{g}}$$

$$t_2=\frac{S}{v_m}$$

$$t_3=t_1+t_2=\frac{S}{v_m}+2\pi\sqrt{\frac{l}{g}}$$

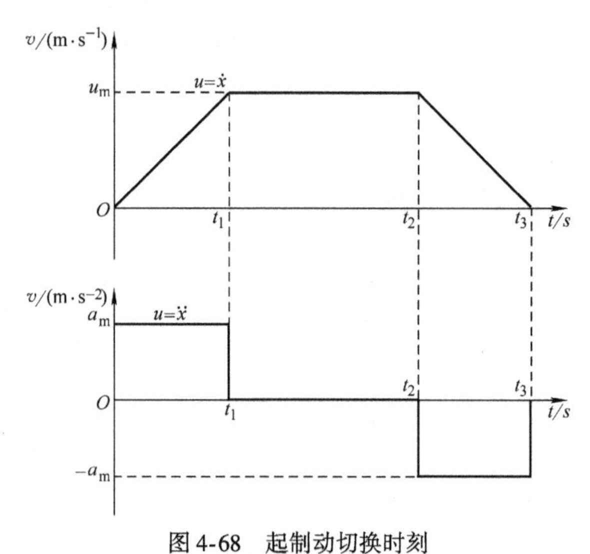

图4-68 起制动切换时刻

六、仿真实验

综合上述内容，建立图4-69所示的“起重机防摆控制系统”Simulink仿真系统结构图。其中，控制器输出为加速度，经乘以小车质量后等效为作用在小车上的拖动力（此处有近似）。

1. 绘图子程序

```
% crane
% signals recuperation
load optimal. mat
t = signals(1,:);
p = signals(2,:);
v = signals(3,:);
```

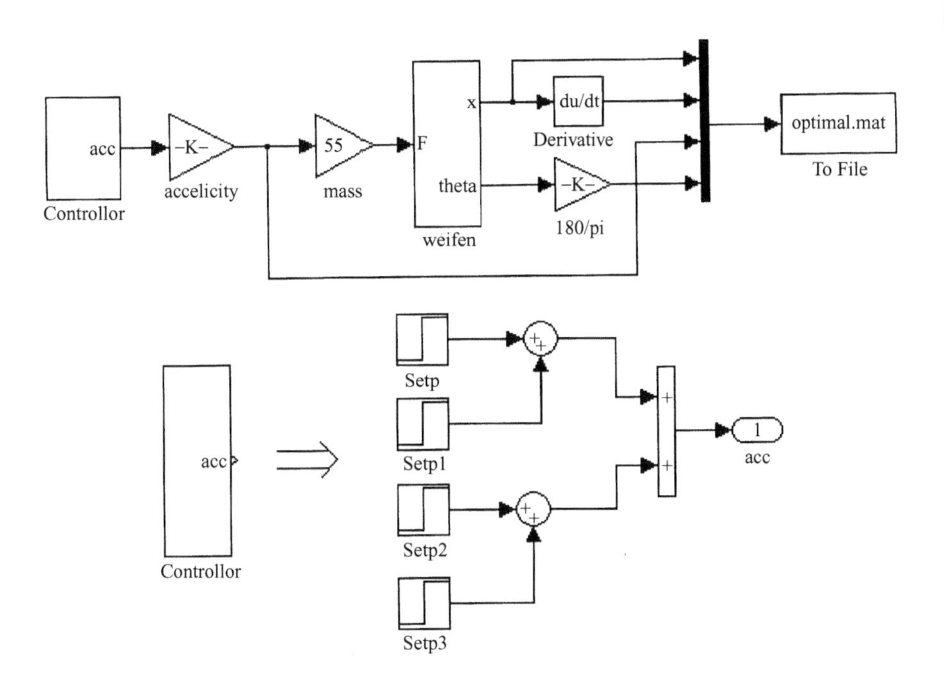

图 4-69 Simulink 仿真系统结构图

```
a = signals(4,:);
theta = signals(5,:);
% drawing control and theta(t) response signals
subplot(4,1,1);
plot(t,p);
grid on;
ylabel('positon');
subplot(4,1,2);
plot(t,v);
grid on;
ylabel('velocity')
subplot(4,1,3);
plot(t,a);
grid on;
ylabel('acceleration')
subplot(4,1,4);
plot(t,theta);
grid on;
ylabel('angle')
xlabel('Time')
```

2. 仿真结果

图 4-70 给出了系统在最大加速度为 0.5m/s²，小车行走距离为 5m，摆长为 1m 条件下的仿真实验结果。从中可见，经“时间最优控制”后的起重机系统，重物的摆动得到有效减小，仿真结果重现了理论分析结果。

因此，基于时间最优控制的消摆控制方案是有效的。

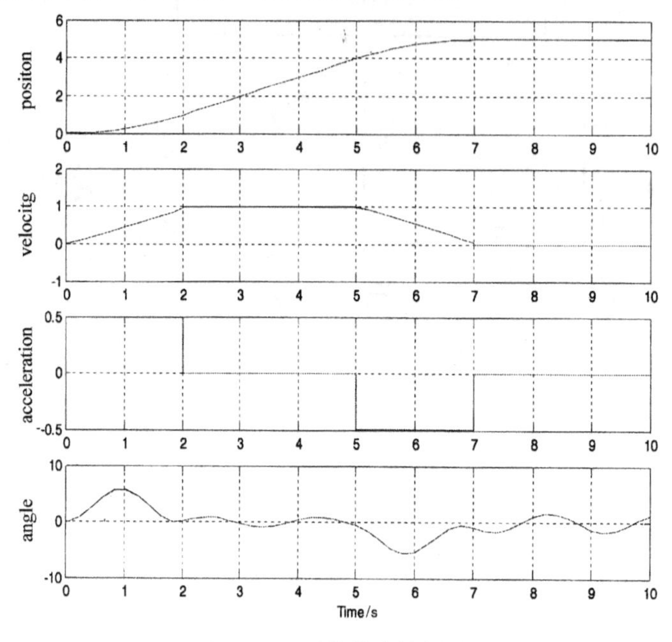

图 4-70　系统仿真结果图

七、结论

1）本节从理论上证明了所设计的基于时间最优控制的起重机防摆控制方案是可行的。

2）本节的结果在实际应用时（实物仿真）还有如下特点：

①　在实际控制过程中不需要检测摆角，从而使得控制系统比较简单。

②　在实际应用过程中该控制方法要求电动机的加速度能够得到很好的控制，同时要求摆角的初始状态必须为零。

③　由于该时间最优控制方案实质上为开环控制，因此，在实际应用过程中需要自行增加位置环，以保证小车的定位精度。

3）图 4-70 给出的仿真结果中尽管证明了控制策略的有效性，但是其最终还是没有完全消除摆动。这其中有两方面的原因：一是用控制器输出（加速度）乘以小车质量后系“近似等效”为作用在小车上的拖动力（当重物摆动时，作用在小车上的合力是个变量）；二是系统的防摆控制策略设计是在近似模型上进行的，而我们最终的系统仿真实验是在精确模型上进行的。这些近似是造成仿真结果与理论分析间有误差的主要原因。感兴趣的读者可以针对这个问题进一步展开讨论。

4）起重机防摆控制问题也是一个非常典型且具有明确物理意义的运动控制系统问题，同样也可以采用双闭环 PID 控制、模糊控制、线性二次型最优控制等算法进行有效控制。感兴趣的读者可以仿照书中的相关内容进行仿真实验研究。

第六节 电力电子系统 CAD

一、引言

电力电子系统通过利用电力电子器件与控制算法，可实现各种形式的电能变换与机电控制，其广泛应用于工业、交通运输、电力系统、计算机系统、新能源系统和家用电器等领域中。根据电能变换的形式，电力电子系统主要包括整流器、逆变器、DC/DC 变换器和 AC/AC 变换器四大类。

MATLAB/Simulink 软件中的 SimPowerSystems 仿真工具箱是实现电力电子系统 CAD 的重要工具；利用该仿真工具箱可高效、便捷地对电力电子系统进行仿真分析和设计，其主要包括电源模块库（Electrical Sources）、电气元件模块库（Elements）、电力电子元件模块库（Power Electronics）、电机模块库（Machines）、测量仪器模块库（Measurements）、相量元件模块库（Phasor Elements）和附加电气模块库（Extras）等，如图 4-71 所示。由 SimPowerSystems 仿真工具箱中各模块组成的电路和系统，可以进一步与 Simulink 模型库中的控制单元组合成开环/闭环控制系统，通过研究在不同控制方案下系统的动态与稳态响应，可为控制系统分析与产品设计提供依据。

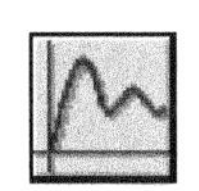

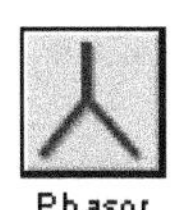

图 4-71 SimPowerSystems 仿真工具箱的各子模块库

本节将利用 SimPowerSystems 仿真工具箱，以 AC/DC 变换器（整流器）和 DC/DC 变换器为案例，探讨电力电子系统 CAD 的原理与应用问题。其中，AC/DC 变换器主要包括二极管整流器、晶闸管整流器和 PWM 整流器；DC/DC 变换器主要包括降压型、升压型和升降压型 DC/DC 变换器。下面将分别对其进行阐述。

二、二极管整流器

电力二极管（Power Diode）在 20 世纪 50 年代初期就获得应用，当时被称为半导体整流器，并逐步取代了“汞弧整流器”。它的结构和工作原理与电子电路中的二极管基本相同，都以半导体 PN 结为基础（如图 4-72 所示），具有正向导通、反向截止的电特性。为了承受高电压和大电流，电力二极管大多采用垂直导电结构，并增加一层低掺杂 N 区，形成 P-i-N 结构。电力二极管是不可控器件，其导通和关断完全是由其在主电路中所承受的电压和电流决定；虽然是不可控器件，但其结构和原理简单，工作可靠，所以直到现在仍然被大量地应用在众多的电气设备中。

整流电路是电力电子电路中出现最早的一种拓扑结构，它的作用是将交流电能变为直流电能供给直流用电设备。近年来，在交-直-交变频器、不间断电源和开关电源等应用场合中，大多采用二极管不控整流电路，经电容滤波后提供直流电源，供后级的逆变器、斩波器使用。

1. 基本原理

二极管整流电路通常采用单相桥式与三相桥式两种拓扑结构，这里主要介绍单相桥式结构，其电路拓扑如图 4-73 所示。其中 u_s为交流电源，VD_1 ~ VD_4 为二极管，C 为电解电容器，R 为负载电阻，i_s为交流侧电流，i_d为直流侧电流，u_{dc}为直流侧电压。

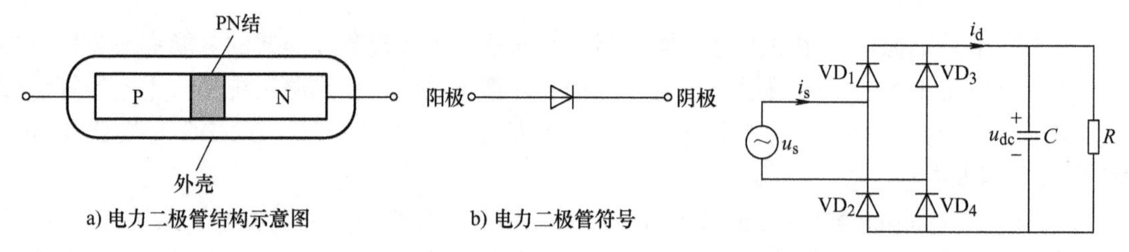

a) 电力二极管结构示意图　　b) 电力二极管符号

图 4-72 电力二极管结构和符号

图 4-73 二极管整流电路拓扑

该电路的基本工作过程为：在交流电源 u_s正半周过零点至 $u_s = u_{dc}$前，由于 $u_s \leqslant u_{dc}$，因此二极管均不导通，此时电容 C 为电阻 R 供电，u_{dc}下降；当 $u_s > u_{dc}$之后，二极管 VD_1 和 VD_4导通，交流电源 u_s向电容 C 充电，同时向电阻 R 供电，u_{dc}上升。在交流电源 u_s负半周，电路的工作过程与正半周的工作原理相同。

2. 仿真模型建立

在 MATLAB/Simulink 软件环境下，采用 SimPowerSystems 工具箱搭建二极管整流电路的仿真模型，如图 4-74 所示。具体过程如下：

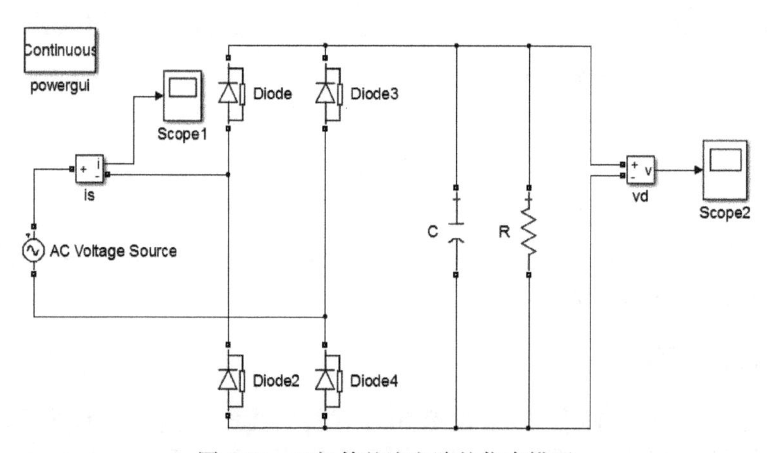

图 4-74 二极管整流电路的仿真模型

1）建立一个仿真模型的新文件，在 MATLAB 的菜单栏上单击 Simulink Library，在弹出窗口的菜单栏上单击 File，选择 New→Model，这时出现一个空白的仿真平台，在该平台上可以建立电路的仿真模型。

2）添加电路元器件模块，在 Simulink Library 浏览器中选择 Simscape→SimPowerSystems 模型库（其包括的各子模块库如图 4-71 所示），在模型库中提取需要的模块放在仿真平台上，组成二极管整流电路的主要元器件有交流电源、二极管、*RLC* 负载、电流和电压传感器等；同时，还需要选择 Powergui 模块，以保证仿真模型正常运行。

3）将元器件移动到合适的位置，根据二极管整流器的电气原理图将元器件连接起来，并添加示波器（Scope）观测电压和电流波形。

4）根据仿真任务设置模型参数，双击模块图标弹出参数设置对话框，按照框中提示输入各参数。其中，交流电压源的电压有效值为220V，频率为50Hz，初始相角为0°；在电压设置中要输入的是电压峰值，在该栏中需输入“220 × sqrt（2）”；设置滤波电容为1000μF，负载电阻为20Ω；二极管直接使用默认设置即可。

3. 仿真结果分析

在参数设置完毕后即可开始仿真，仿真时间设为0.4s，通过示波器可观察仿真结果；直流侧电压 u_{dc} 的仿真波形如图4-75所示，u_{dc} 在215 ~ 308V之间波动；网侧电流 i_s 的仿真波形如图4-76所示，可以看到网侧电流畸变严重。

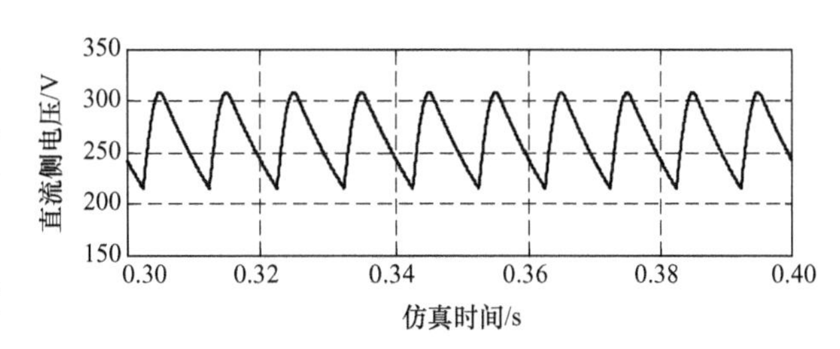

图4-75　直流侧电压 u_{dc} 的仿真波形

通过Powergui模块可以很方便地分析网侧电流的总谐波畸变率（THD），具体方法为：在电流示波器的设置中，在History里勾选save data to workspace，设置变量名（Variable name）为is，如图4-77所示；双击Powergui模块，在出现的界面中单击FFT Analysis，设置基波频率为50Hz，最大频率可根据需要自行设置，这里设为2000Hz。单击Display，得到网侧电流的总谐波畸变率为111.13%（见图4-78），可以看到二极管整流电路的网侧电流谐波含量很大，其谐波注入电网会对电网造成严重的污染。

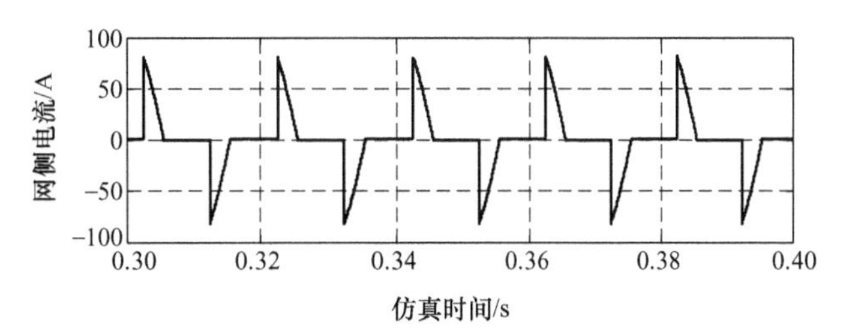

图4-76　网侧电流 i_s 的仿真波形

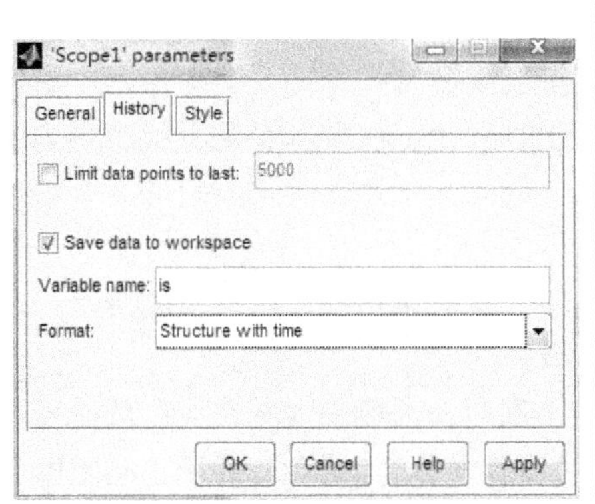

图4-77　示波器设置对话框

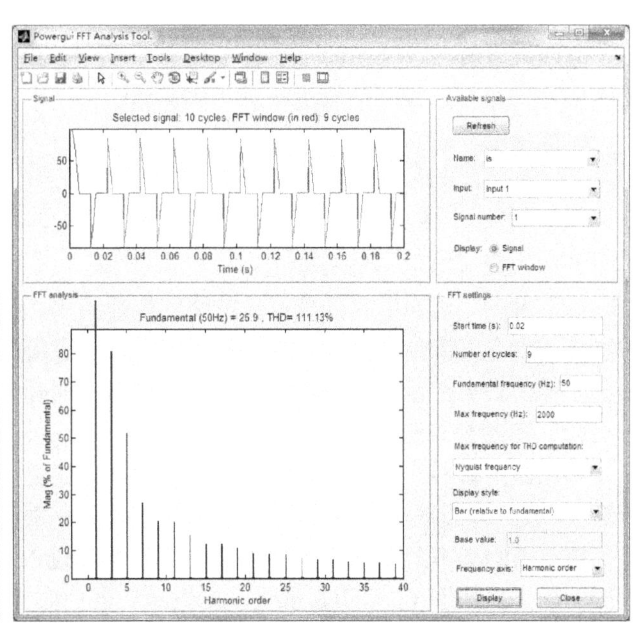

图4-78　网侧电流谐波分析结果

三、晶闸管整流器

1. 基本原理

为弥补二极管不可控的问题，1957 年美国通用电气公司开发出世界上第一只晶闸管（原称可控硅）。由于其开通时间可控，得到了工业界广泛欢迎和应用，从此开辟了电力电子技术迅速发展的新时代。晶闸管属于半控型器件，可通过施加触发脉冲控制晶闸管的导通，但不能控制其关断。可通过控制其导通时刻，达到控制输出电压的要求。本节将对采用晶闸管的单相半波可控整流电路和单相桥式全控整流电路进行仿真分析，以期深入理解晶闸管的工作特性。

（1）单相半波可控整流电路

采用晶闸管器件作为开关器件的单相半波可控整流器，其电路拓扑如图 4-79a 所示。该电路的基本工作过程：当交流电压 u_2进入正半周时，晶闸管 VT 承受正向电压，若此时无触发脉冲，晶闸管处于正向阻断状态，电路中无电流流过，晶闸管端电压等于 u_2，直流侧电压 u_d为零；在 $\omega t=\alpha$ 时刻，给晶闸管施加触发脉冲，晶闸管立即导通，此时晶闸管端电压为零（忽略导通压降），直流侧电压等于 u_2。当交流电压 u_2进入负半周时，晶闸管 VT 承受反向电压关断，此时电路中无电流，晶闸管端电压等于 u_2，直流侧电压 u_d为零。整个工作过程中电压波形如图 4-79b 所示。

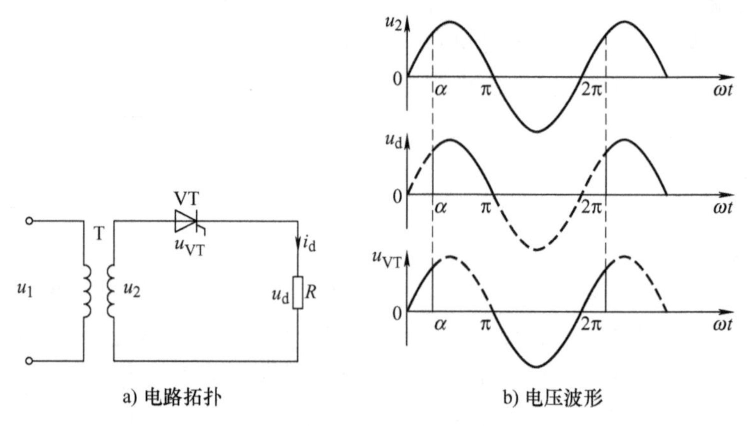

图 4-79 电阻性负载单相半波可控整流电路及波形

改变触发脉冲时刻，即改变触发延迟角 α，输出电压 u_d将随之发生变化；由于 u_d仅在交流电压 u_2正半周出现，故称为半波可控整流。

整流输出电压 u_d在一个电源周期的平均值为

$$U_d=\frac{1}{2\pi}\int_{\alpha}^{\pi}\sqrt{2}U_2\sin\omega t\mathrm{d}(\omega t)=\frac{\sqrt{2}}{2\pi}U_2(1+\cos\alpha)=0.45U_2\frac{(1+\cos\alpha)}{2} \tag{4-8}$$

式中，U_2为交流电压 u_2的有效值。

从上可见，单相半波可控整流电路的拓扑简单，直流电压输出的脉动大，变压器二次侧的电流中含有直流分量，其会造成变压器铁心的直流磁化。因此，在实际设备上很少得到应用。单相桥式全控整流电路能够很好地解决这一问题。

（2）单相桥式全控整流电路

采用晶闸管器件作为开关器件的单相桥式全控整流器，其电路拓扑如图 4-80a 所示，晶闸管 VT_1和 VT_2组成一对桥臂，VT_3和 VT_4组成另一对桥臂。

该电路的基本工作过程如下：当交流电压 u_2进入正半周时，晶闸管 VT_2和 VT_3承受反向电压关断，晶闸管 VT_1和 VT_4承受正向电压，若此时无触发脉冲，VT_1和 VT_4处于正向阻断状态，电路中无电流流过，VT_1和 VT_4承受 u_2的一半，VT_2和 VT_3承受 $-u_2$的一半，直流侧电压

u_d为零；在 $\omega t=\alpha$ 时刻，给 VT_1 和 VT_4施加触发脉冲，VT_1和 VT_4立即导通，此时 VT_1和 VT_4承受电压为零（忽略导通压降），VT_2和 VT_3承受 $-u_2$，直流侧电压等于 u_2。

当交流电压 u_2进入负半周时，VT_1和 VT_4承受反向电压关断，VT_2和 VT_3承受正向电压，触发延迟角仍选为 α。故在触发脉冲施加之前，VT_2和 VT_3处于正向阻断状态，此时电路中无电流流过，VT_1和 VT_4承受 u_2的一半，VT_2和 VT_3承受 $-u_2$的一半，直流侧电压 u_d为零；触发脉冲施加之后，VT_2和 VT_3导通，此时 VT_2和 VT_3承受电压为零（忽略导通压降），VT_1和 VT_4承受 u_2，直流侧电压等于 $-u_2$。整个工作过程中电压波形如图 4-80b 所示。

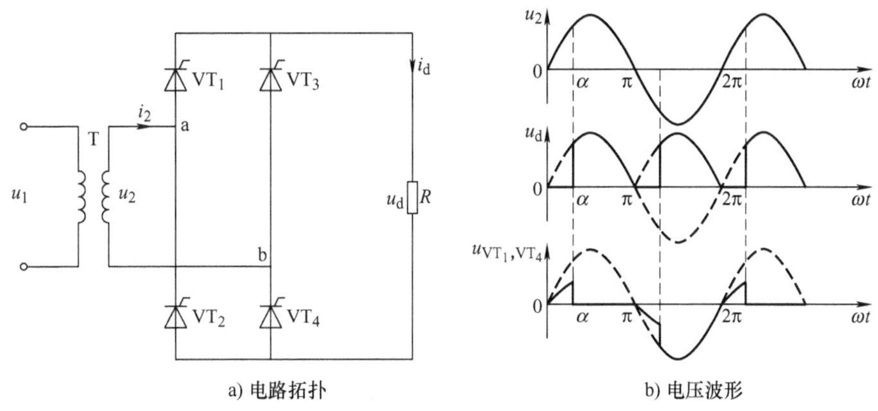

a) 电路拓扑　　b) 电压波形

图 4-80　电阻性负载单相桥式全控整流电路及波形

改变触发脉冲施加时刻（即改变触发延迟角 α），输出电压 u_d将随之发生变化，由于 u_d在交流电压 u_2两个半周均有出现，故称为全波整流。整流输出电压 u_d在一个电源周期的平均值为

$$U_d=\frac{1}{\pi}\int_{\alpha}^{\pi}\sqrt{2}U_2\sin\omega t\mathrm{d}(\omega t)=\frac{2\sqrt{2}}{\pi}U_2\frac{(1+\cos\alpha)}{2}=0.9U_2\frac{(1+\cos\alpha)}{2}\qquad(4\text{-}9)$$

2. 仿真模型建立

根据图 4-79 和图 4-80 所示的电路拓扑，在 MATLAB/Simulink 环境下搭建控制系统仿真模型如图 4-81 和图 4-82 所示。

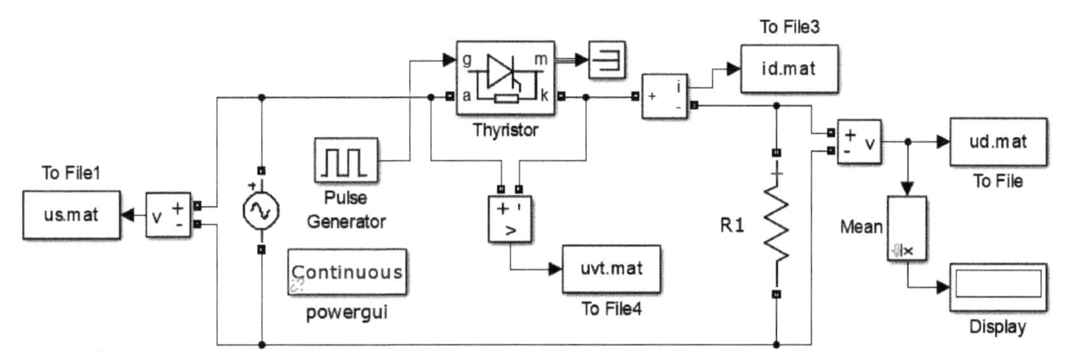

图 4-81　单相半波可控整流电路的仿真模型

仿真模型中，交流电源采用 SimPowerSystems—Specialized Technology—Electrical Sources 中的 AC Voltage Source；晶闸管采用 SimPowerSystems—Specialized Technology—Power Electroincs 中的 Thyristor 模块；电压、电流测量采用 SimPowerSystems—Specialized Technology—Measurements 中的 Voltage Measurement 和 Current Measurement 模块；平均值计算采用 Sim-

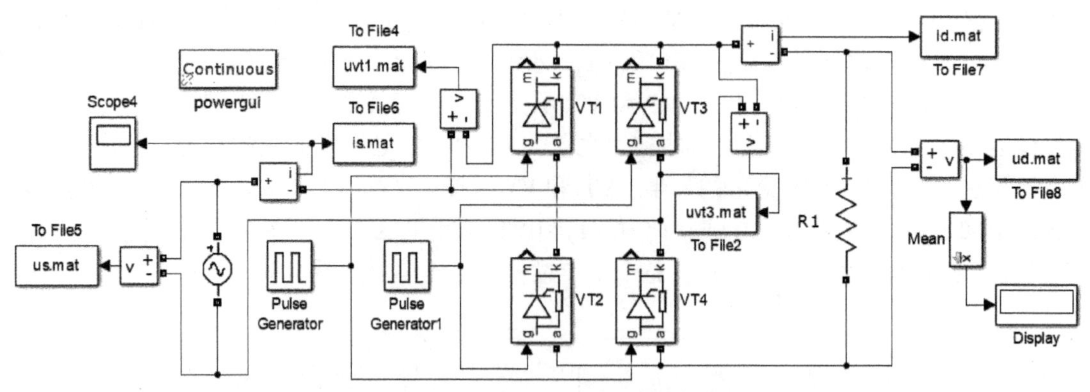

图 4-82　单相桥式全控整流电路的仿真模型

PowerSystems—Specialized Technology—Control and Measurement Library 中的 Mean 模块；触发脉冲选用 Simulink—Sources 中的 Pulse Generator。

3. 仿真结果分析

仿真参数：交流电压有效值220V，频率50Hz，负载电阻20Ω，触发延迟角选为60°。触发脉冲“Pulse Generator”模块参数设置如图 4-83 所示。单相半波可控整流电路仿真模型中“Pulse Generator”模块参数设置如图 4-83a 所示，单相桥式全控整流电路仿真模型中两个触发脉冲“Pulse Generator”和“Pulse Generator1”模块参数设置如图 4-83a 和图 4-83b 所示。

```
Source Block Parameters: Pulse Generator
Pulse Generator
Output pulses:

 if (t >= PhaseDelay) && Pulse is on
   Y(t) = Amplitude
 else
   Y(t) = 0
 end

Pulse type determines the computational technique used.

Time-based is recommended for use with a variable step
solver, while Sample-based is recommended for use with a
fixed step solver or within a discrete portion of a model
using a variable step solver.

Parameters
Pulse type: Time based
Time (t): Use simulation time
Amplitude:
3
Period (secs):
0.02
Pulse Width (% of period):
10
Phase delay (secs):
60/360*0.02
☑ Interpret vector parameters as 1-D

OK  Cancel  Help  Apply
```

a) Pulse Generator

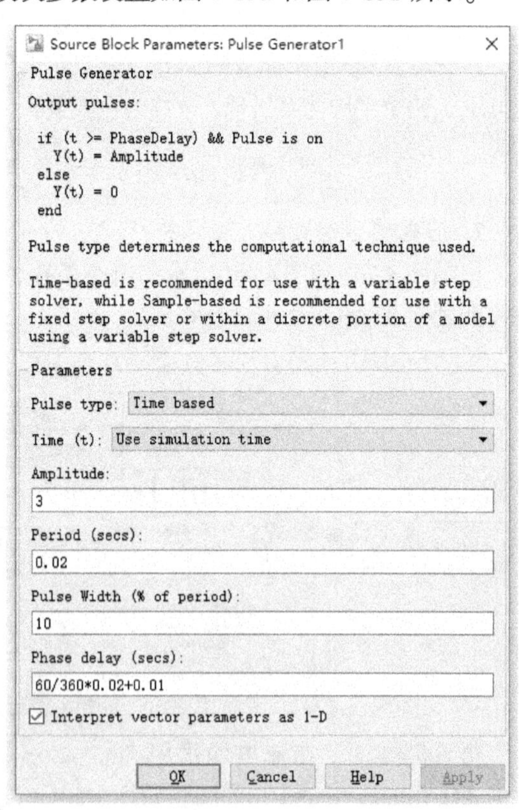

b) Pulse Generator1

图 4-83　触发脉冲模块设置

单相半波可控整流电路仿真结果如图 4-84 所示。由仿真结果可以看出，输出电压、电流波形与理论分析波形一致。实际直流电压平均值 74.04V 小于根据式(4-8) 计算得到的理论值 74.25V，这是由于晶闸管存在导通压降所致。仿真结果验证了所设计的单相半波可控整流电路的有效性。

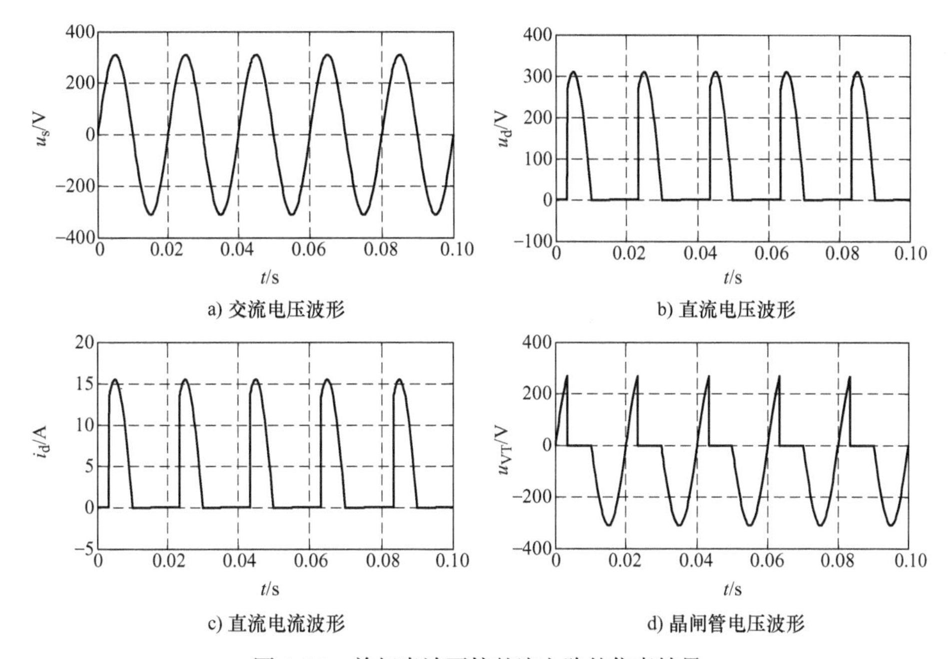

图 4-84　单相半波可控整流电路的仿真结果

单相桥式全控整流电路仿真结果如图 4-85 所示。由仿真结果可以看出，输出电压、电流波形与理论分析波形一致。实际直流电压平均值 147.4V 小于根据式(4-9) 计算得到的理论值 148.5V，这是由于晶闸管存在导通压降所致。仿真结果验证了所设计的单相桥式全控整流电路的有效性。

综上，仿真结果表明：与二极管整流器相比，采用晶闸管整流电路可以实现输出电压的有效调节；同时，相对于单相半波可控整流电路，单相桥式全控整流电路解决了网侧电流存在直流分量的问题，有更高的变压器利用率。

四、PWM 整流器

1. 基本原理

自 20 世纪 80 年代以来，为解决晶闸管不能实现自关断的问题，电力电子行业先后诞生了一批全控型功率半导体器件。其中，以绝缘栅双极晶体管（Insulated Gate Bipolar Transistor，IGBT）、MOS 型场效应晶体管（Metal Oxide Semiconductor Field Effect Transistor，MOSFET）为代表的新一代功率器件的广泛使用，标志着电力电子变换器正式迈入了“全控”时代。

MOSFET 通过栅极驱动电压控制漏极电流，其开关频率较高，驱动电路结构简单且功率小；但是，其容量小、耐压低的缺点致使它只适用于功率等级低于 10kW 的场合。IGBT 是由双极结型晶体管（Bipolar Junction Transistor，BJT）与 MOSFET 组合而成的复合三端全控

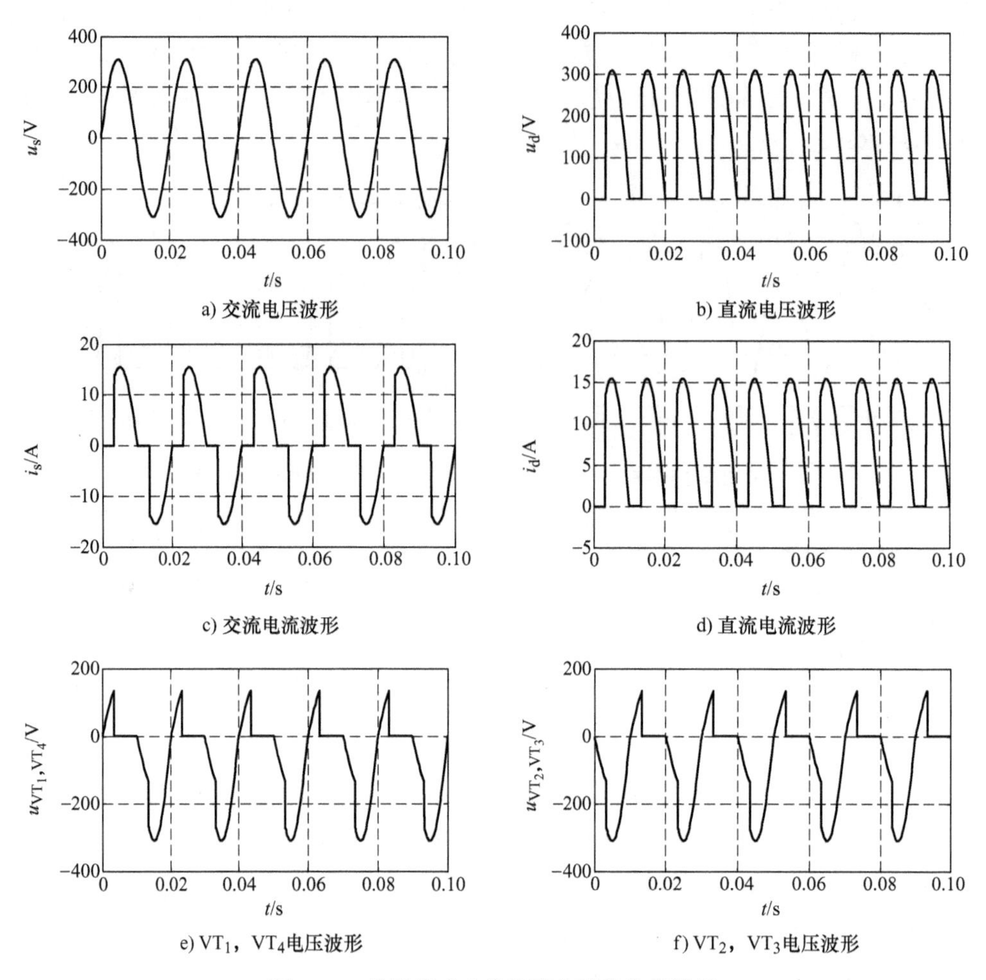

图4-85 单相桥式全控整流电路的仿真结果

型器件，虽然开关频率稍低于MOSFET，但它综合了BJT与MOSFET的优点，饱和压降低，驱动功率小，耐压高。自1986年投入市场以来，已广泛应用于电机变频驱动器、电力并网变换器、开关电源等民用与工业领域。

由于IGBT通常在电力电子变换器的桥臂中成对使用，市场上涌现出多种多样的IGBT集成模块（见图4-86）。为满足实际电路的需求，IGBT通常反并联一个快恢复续流二极管，并将其封装在一起，制成IGBT模块/桥臂，如图4-86b所示。图4-86c所示的智能功率模块（Intelligent Power Module，IPM）集成度更高，通常包含六个IGBT及其驱动/保护电路，可以直接作为三相整流器/逆变器的三相桥臂使用，大大缩小了电力电子变换器的体积，缩短了设计与研发周期，增强了系统的可靠性。

近年来，电力电子行业的发展对半导体功率器件提出了越来越高的要求。以IGBT为代表的全控型器件虽已在电力电子与电力传动等领域得到了广泛的应用，但现有器件的耐压等级与开关频率限制了其在某些特定工业场合的应用。随着半导体材料科学与制造工艺的迅速发展，以碳化硅（SiC）与氮化镓（GaN）为代表的宽禁带半导体功率器件崭露头角。宽禁带半导体功率器件击穿场强高，热导率高，饱和电子漂移速率快，能在高压、高温、高频的

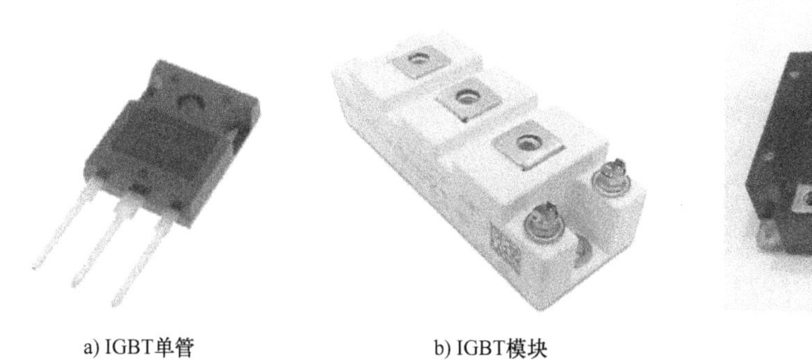

a) IGBT单管　　b) IGBT模块　　c) 智能功率模块

图 4-86　IGBT

恶劣条件下稳定运行，可有效提高电力电子变换器在复杂工况下运行的安全性与可靠性。在工业界掌握低成本、大批量制造宽禁带半导体功率器件的工艺后，相信其一定能够引领电力电子行业进入一个全新的时代。

本节将以 IGBT 为例，介绍全控型功率半导体器件在电力电子系统中的应用。采用全控型功率器件作为开关管的单相 AC/DC 变换器也称作单相脉宽调制（Pulse Width Modulation，PWM）整流器，其电路拓扑如图 4-87 所示，电路中涉及的物理量符号及其意义如表 4-1 所示。

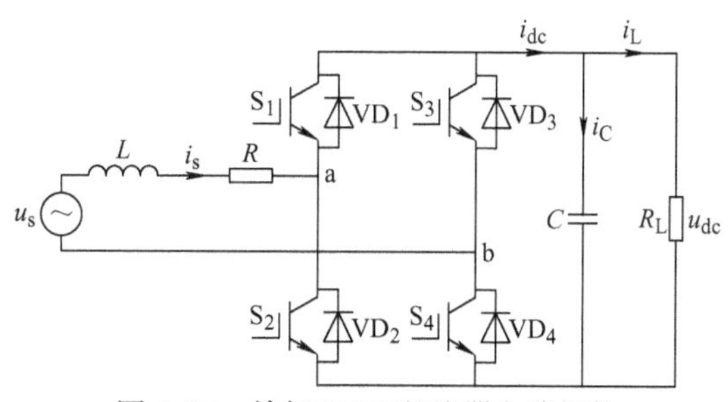

图 4-87　单相 PWM 整流器电路拓扑

表 4-1　相关物理量符号及其意义

符　　号	说　　明	符　　号	说　　明
i_s	网侧电流	i_{dc}	直流侧输出电流
u_s	网侧电压	u_{dc}	直流侧电压
L	网侧电感	i_C	直流侧电容电流
R	网侧电感等效电阻	i_L	负载电流
C	直流侧滤波电容	S_A	S_1/S_2开关管驱动信号
R_L	负载电阻	S_B	S_3/S_4开关管驱动信号

在图 4-87 中，网侧电感 L 用于能量的存储与释放，电阻 R 为电感的等效电阻，直流侧电容 C 用于稳定直流侧电压，通过驱动两个桥臂的四个 IGBT，即可实现交流到直流的变换。

二极管不控整流与晶闸管相控整流使整流器交流侧电流谐波含量很大，功率因数较低。为此可采用 PWM 技术，其原理可简述为：将一个正弦波 N 等分，可以得到 N 个脉宽相等、幅值不等的脉冲序列；将这些脉冲序列用 N 个幅值相等而宽度不等的脉冲替换，使替换前后的 N 个脉冲的中点重合、面积相等，替换后所得到的波形称作 SPWM（Sinusoidal PWM）波形，这种脉宽调制技术称作 PWM 技术。

在单相 PWM 整流器的控制中，将网侧希望输出的波形（即工频正弦波）作为“调制信号”，使其与“载波信号”（通常采用等腰三角波）对比，在波形相交时刻改变相应 IGBT 的开关状态，即可在交流输入端 ab 之间产生 SPWM 波 u_{ab}。所生成的 SPWM 波中包含与工频调制信号同频且幅值成比例的基波分量，以及与载波频率相关的高频谐波。经过网侧电感的滤波作用，SPWM 波中的高频谐波成分被滤除，仅剩工频基波成分，进而实现了网侧电流谐波的有效抑制。感兴趣的读者可以参阅文献［97］，对 PWM 技术进行深入研究。

为便于建立单相 PWM 整流器的数学模型，对于四个 IGBT 的开通与关断，定义开关函数 S_A 与 S_B 如下，可以得到 PWM 整流器简化电路如图 4-88 所示。

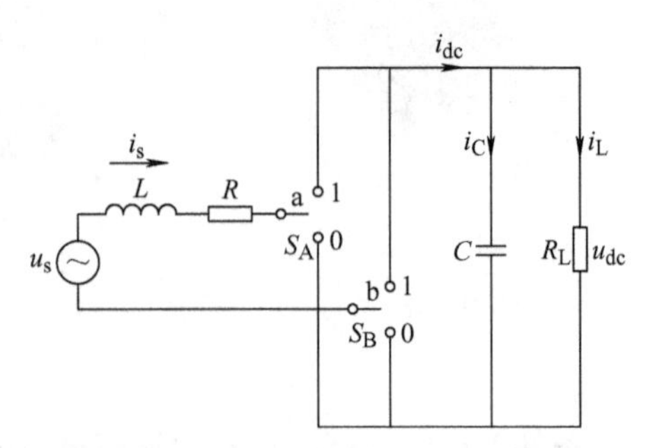

图 4-88 单相 PWM 整流器简化电路

$$S_A=\begin{cases}1 & S_1\text{ 或 }VD_1\text{ 导通}\\0 & S_2\text{ 或 }VD_2\text{ 导通}\end{cases}$$
$$S_B=\begin{cases}1 & S_3\text{ 或 }VD_3\text{ 导通}\\0 & S_4\text{ 或 }VD_4\text{ 导通}\end{cases} \tag{4-10}$$

在不同的开关状态下，可以得到 ab 两点之间的端电压为

$$u_{ab}=\begin{cases}u_{dc} & S_A=1, S_B=0\\0 & S_A=S_B\\-u_{dc} & S_A=0, S_B=1\end{cases} \tag{4-11}$$

因此可得

$$u_{ab}=(S_A-S_B)u_{dc} \tag{4-12}$$

忽略开关管损耗，根据交流侧与直流侧功率守恒，即 $u_{ab}i_s=u_{dc}i_{dc}$，可以得到

$$i_{dc}=(S_A-S_B)i_s \tag{4-13}$$

根据基尔霍夫电压定律，网侧电压满足

$$u_s=u_{ab}+Ri_s+L\frac{di_s}{dt} \tag{4-14}$$

根据基尔霍夫电流定律，直流侧电流满足

$$i_{dc}=C\frac{du_{dc}}{dt}+\frac{u_{dc}}{R_L} \tag{4-15}$$

联立上述各式，可得

$$\begin{cases}\dfrac{di_s}{dt}=\dfrac{u_s}{L}-\dfrac{R}{L}i_s-\dfrac{(S_A-S_B)}{L}u_{dc}\\[2mm]\dfrac{du_{dc}}{dt}=\dfrac{(S_A-S_B)}{C}i_s-\dfrac{1}{R_LC}u_{dc}\end{cases} \tag{4-16}$$

式(4-16) 即为单相 PWM 整流器的数学模型。

此外，对于单相 PWM 整流器电路拓扑，可以通过理论推导证明其直流侧电压中存在二倍工频（即 100Hz）的波动，详细的推导过程请参阅文献［98］。工业上通常会在直流侧添加 LC 串联谐振电路对其进行滤除，其电路结构如图 4-89 所示。

LC 谐振电路的等效阻抗 Z 可以表示为

$$Z = \mathrm{j}\omega L_1 + \frac{1}{\mathrm{j}\omega C_1} = \mathrm{j}\left(\omega L_1 - \frac{1}{\omega C_1}\right) \tag{4-17}$$

为滤除直流侧电压中 100Hz 谐波，即当 $\omega = 2\pi f = 200\pi\mathrm{rad/s}$ 时，应使 $Z=0$，代入式(4-17) 可得 $L_1C_1 = 2.53\times10^{-6}$，可选取 $L_1 = 1.15\mathrm{mH}$，$C_1 = 2200\mu\mathrm{F}$。而对于 50Hz 工频分量，LC 串联谐振电路呈现出容抗特性，将 $\omega = 100\pi\mathrm{rad/s}$ 与解得的 LC 参数代入上式，解得其等效电容值为 2931μF，该等效电容与电路中原有的直流侧电容并联，共同抑制直流侧电压纹波。

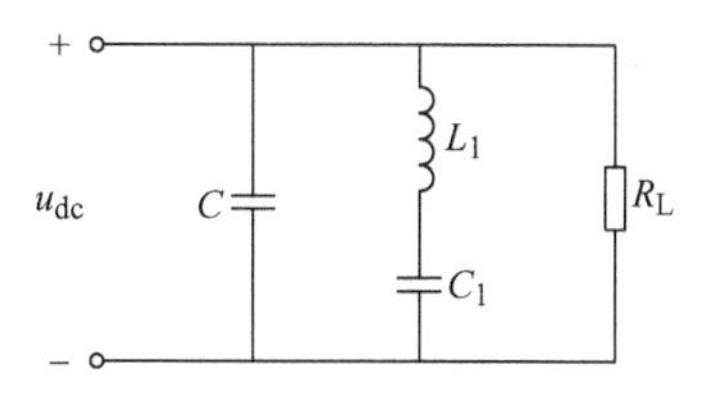

图 4-89 LC 串联谐振电路结构

2. 控制系统设计

单相 PWM 整流器通常采用闭环控制方案，对网侧电流与直流侧电压进行闭环控制。其控制目标为：实现网侧“单位功率因数控制”，即网侧电流为工频正弦波，且与网侧电压同相位；维持直流侧电压稳定并连续可调。为此，设计系统内环为电流环，外环为电压环，得到的双闭环 PID 控制系统结构如图 4-90 所示。

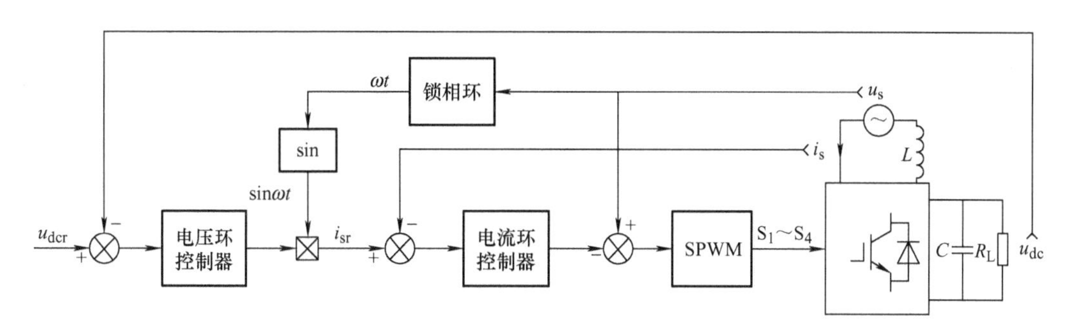

图 4-90 单相 PWM 整流器双闭环 PID 控制系统结构

首先设计电流内环控制器，考虑 PWM 调制的小惯性特性，可以设计电流内环的控制系统结构如图 4-91 所示[98]。

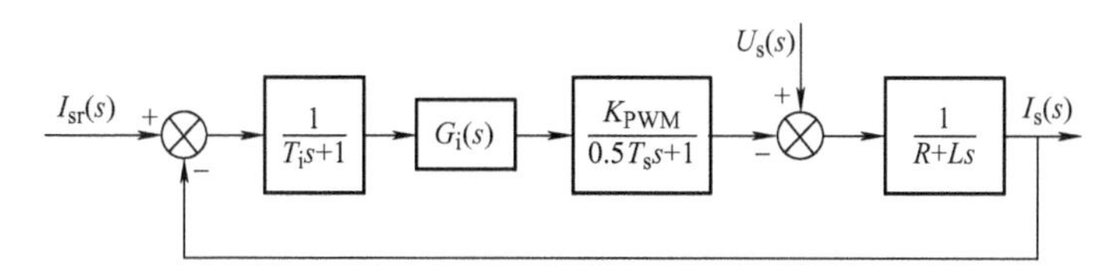

图 4-91 电流内环控制系统结构

图 4-91 中，$I_{sr}(s)$ 为电流给定值，T_i为电流环采样周期，$G_i(s)$ 为电流内环控制器，T_s为 PWM 整流器开关周期，K_{PWM}为整流器桥路等效增益。电流内环采用了网侧电压 $U_s(s)$ 前馈的控制方式，在设计内环控制器 $G_i(s)$ 时，可以将 $U_s(s)$ 作为前向通道的扰动予以忽略。

电流环控制采用 PI 调节器，即 $G_i(s) = K_{Pi} + K_{Ii}/s$。由于实际控制系统中通常存在

$T_i=T_s$的关系，将图4-91中的惯性环节合并，可以得到简化后的控制结构如图4-92所示。

根据图4-92，电流内环开环传递函数为

$$W_{oi}(s)=\frac{K_{PWM}(K_{Pi}s+K_{Ii})}{s(1.5T_s s+1)(Ls+R)} \tag{4-18}$$

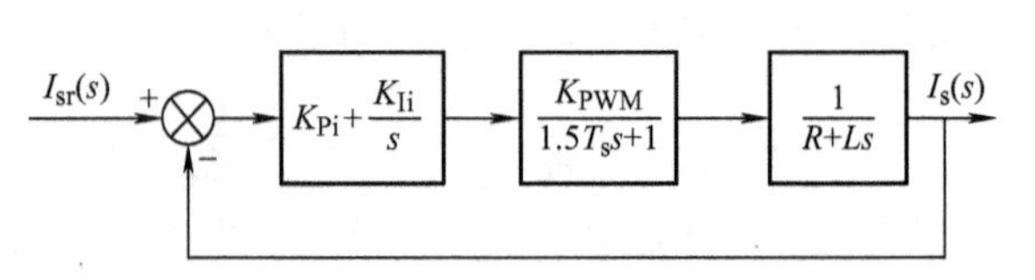

图4-92 简化后的电流内环控制结构

为保证电流内环具有快速跟随性能，可以按照典型Ⅰ型系统设计方法来进行控制器整定。首先，将系统零点$-K_{Ii}/K_{Pi}$与极点$-R/L$对消，即

$$-\frac{K_{Pi}}{K_{Ii}}=-\frac{L}{R} \tag{4-19}$$

此时式(4-18)可以简化为一个二阶系统，根据典型Ⅰ型系统参数整定方法，其阻尼比应满足

$$\xi=\frac{1}{2}\sqrt{\frac{1}{1.5T_s\frac{K_{PWM}K_{Pi}}{L}}}=0.707 \tag{4-20}$$

联立以上两式，解得PI控制器参数为

$$\begin{cases}K_{Pi}=\dfrac{L}{3K_{PWM}T_s}\\ K_{Ii}=\dfrac{R}{3K_{PWM}T_s}\end{cases} \tag{4-21}$$

此时，电流环闭环传递函数为

$$W_{ci}(s)=\frac{1}{4.5T_s^2s^2+3T_s s+1} \tag{4-22}$$

根据高阶系统降阶近似处理方法，闭环传递函数可以简化为

$$W_{ci}(s)\approx\frac{1}{3T_s s+1} \tag{4-23}$$

由式(4-23)可以看出，电流环按照典型Ⅰ型系统设计，当开关频率足够高时，电流内环可以等效为一个惯性环节，其时间常数为$3T_s$。

对于电压外环控制，应尽可能提高其抗扰性能，因此可以构造成典型Ⅱ型系统对其控制器进行设计。结合式(4-23)所示的电流内环闭环传递函数，可以得到电压外环控制系统结构如图4-93所示。

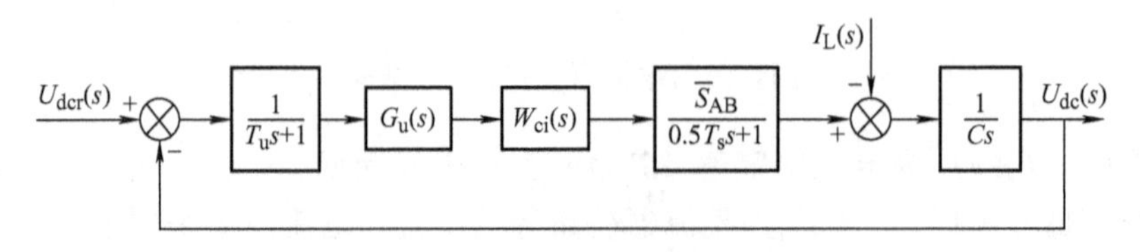

图4-93 电压外环控制系统结构

图4-93中，$U_{dcr}(s)$为直流侧电压给定值，T_u为电压环采样周期，通常取$T_u=T_s$，

$G_u(s)$为电压环控制器，$\overline{S}_{AB}$为一个开关周期内 S_A与 S_B之差的平均值。与电流环控制器设计过程类似，$I_L(s)$ 可以作为前向通道的扰动予以忽略，将一个周期内的开关函数 $\overline{S}_{AB}$等效为 1，合并图 4-93 中的惯性环节，可以得到简化后的电压外环控制系统结构如图 4-94 所示。

由图 4-94 可知，当电压外环采用 PI 控制器时，即可按照典型Ⅱ型系统设计方法进行控制器参数整定，此时电压外环的开环传递函数可以表示为

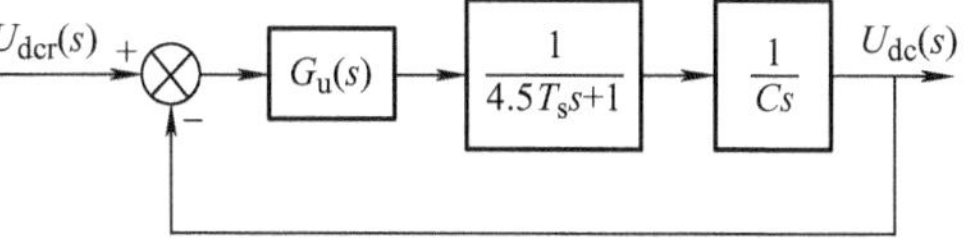

图 4-94　简化后的电压外环控制系统结构

$$W_{ov}(s)=\frac{K_{Iv}\left(\frac{K_{Pv}}{K_{Iv}}s+1\right)}{Cs^2(4.5T_s s+1)} \tag{4-24}$$

式中，K_{Pv}为电压外环 PI 控制器的比例系数；K_{Iv}为其积分系数。根据典型Ⅱ型系统设计方法可以得到[6]

$$\begin{cases}h=\dfrac{K_{Pv}}{4.5T_s K_{Iv}}\\[2ex]\dfrac{K_{Iv}}{C}=\dfrac{h+1}{2h^2(4.5T_s)^2}\end{cases} \tag{4-25}$$

式中，h 为中频宽。将式(4-25) 代入式(4-24) 即可实现 PI 控制器参数整定，即

$$\begin{cases}K_{Pv}=\dfrac{C(h+1)}{9hT_s}\\[2ex]K_{Iv}=\dfrac{C(h+1)}{2h^2\ (4.5T_s)^2}\end{cases} \tag{4-26}$$

在按照典型Ⅱ型系统进行参数整定时，为综合考虑控制器的跟随性与抗扰性，通常取 $h=5$。

由于上述参数整定过程中采用了一些近似与降阶处理，因此通过计算直接得到的 PI 控制器参数仍需在仿真中进一步微调：增大比例系数可以加快调节速度、减小误差，但过大的比例系数会使系统稳定性下降，引起被控量的振荡；增大积分系数可以减小系统的稳态误差，但积分系数过大则会导致较大的超调量，根据此规律即可在仿真中对电压环的 PI 控制器参数进行微调，进一步提高控制系统稳态和动态性能。

此外，在电流内环控制中，由于电流给定值为正弦量，可以通过理论推导证明：经典 PI 控制器无法实现正弦给定的零稳态误差跟踪。而采用比例谐振（Proportional Resonant，PR）控制器，可实现正弦量的稳定精确跟踪，感兴趣的读者可以参阅文献［98］，对 PR 控制器原理进行深入研究。

3. 仿真模型建立

本节将结合 MATLAB 数字仿真，重点分析 PWM 整流器与二极管/晶闸管整流器相比，在网侧电流谐波与直流侧电压纹波抑制方面的优势。

根据图 4-87 所示的电路拓扑与图 4-90 所示的控制系统结构，在 MATLAB/Simulink 环境下搭建控制系统仿真模型如图 4-95 所示，仿真参数如表 4-2 所示。

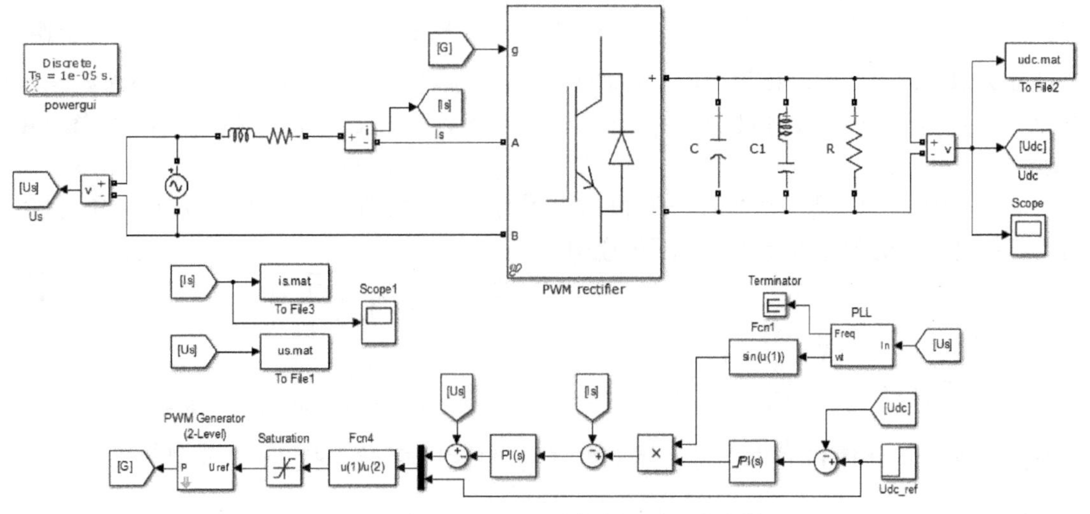

图 4-95 单相 PWM 整流器控制系统的仿真模型

表 4-2 仿真参数与取值

参 数	取 值	参 数	取 值
网侧电压有效值	220V	负载电阻	50Ω
网侧电感	10mH	电流环 PI 控制器参数	200，200
网侧电阻	0.01Ω	电压环 PI 控制器参数	0.5，10
直流侧电容	2200μF	电压环 PI 控制器限幅值	±30
直流侧 *LC* 电路电感值	1.15mH	饱和限幅环节限幅值	±1
直流侧 *LC* 电路电容值	2200μF	开关频率	1kHz

PWM 整流器采用 SimPowerSystems—Specialized Technology—Power Electroincs 中的 Universal Bridge 模块。其中，该模块的 Number of bridge arms 设置为 2，即两个桥臂四个 IGBT。

SPWM 波形生成采用 SimPowerSystems—Specialized Technology—Control and Measurement Library—Pulse & Signal Generators 中的 PWM Generator（2-Level）模块。其中，该模块的 Generator type 设置为 Single-phase full-bridge-Bipolar modulation（4 pulses），Mode of operation 设置为 Unsynchronized，Carrier frequency 设置为 1000。

为同步电网电压的相位，单相 PWM 整流器的控制系统还需用到锁相环（Phase Locked Loop，PLL），采用 SimPowerSystems—Specialized Technology—Control and Measurement Library—PLL 中的 PLL 模块。其中，Initial inputs 设置为［0，50］。

4. 交流电流谐波分析

在 Simulink 仿真模型中，直流侧电压给定值为 350V，直流侧两个电容电压的初始值均设定为 264V（1.2 倍网侧交流电压有效值，即 1.2×220V = 264V，对应于 PWM 整流器工作于二极管不控整流状态下的直流侧电压）。PWM Generator（2-Level）模块中的 Carrier frequency 设置为 1000Hz，当该模块 Generator type 设置为 Single-phase full-bridge-Bipolar modulation（4 pulses）时，全控型器件的开关频率和载波频率相同，即均为 1000Hz。$t = 0$s 时刻，PWM 整流器从二极管不控整流状态切换到 PWM 整流状态，稳态时网侧电压电流仿真结果如图 4-96 所示。

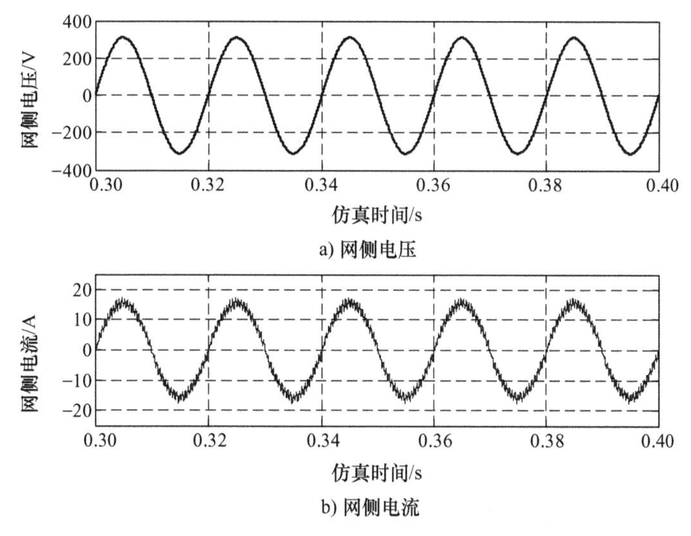

图 4-96　单相 PWM 整流器网侧电压电流波形

由图 4-96 可知，网侧电流为正弦波，且与网侧电压保持同相位，仿真结果验证了单相 PWM 整流器电流环控制的有效性。为定量分析单相 PWM 整流器在网侧电流谐波抑制方面的优势，图 4-97 给出了 1kHz 开关频率下网侧电流 THD。

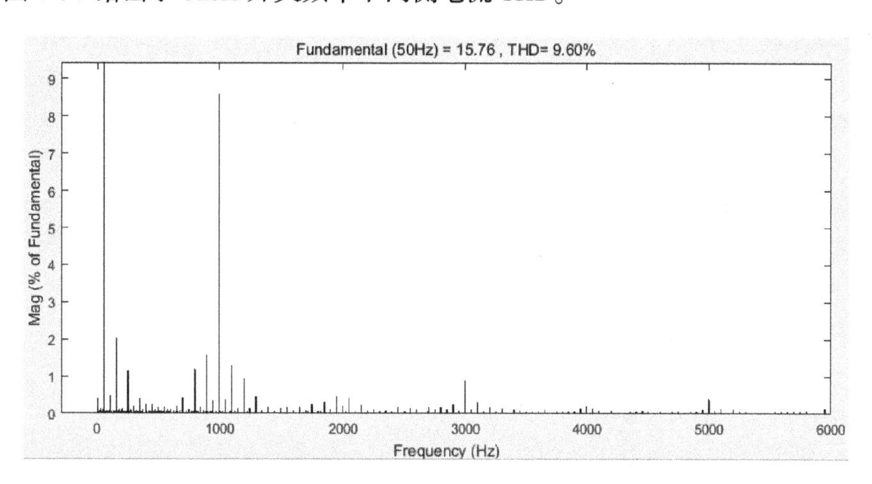

图 4-97　1kHz 开关频率下网侧电流 THD

如图 4-97 所示，IGBT 开关频率为 1kHz 时，网侧电流 THD 为 9.60%，与二极管/晶闸管整流的网侧 THD 相比大幅降低。此外，从网侧电流的频谱图可以观察到，谐波主要出现在开关频率整数倍及其附近。将 IGBT 开关频率提高至 10kHz，即将 PWM Generator（2-Level）模块中的 Carrier frequency 设置为 10000，该模块 Generator type 仍需设置为 Single-phase full-bridge-Bipolar modulation（4 pulses），可以得到网侧电流 THD 如图 4-98 所示。

由图 4-98 可知，提高 IGBT 开关频率后，网侧电流 THD 从 9.60% 降至 3.65%，证明提高 IGBT 开关频率可以有效降低网侧电流 THD。此外，为使电力电子变换器的工业应用更加规范化，国际电气和电子工程师协会（Institute of Electrical and Electronics Engineers，IEEE）规定了工业并网电力电子变换器交流侧电流 THD 不能高于 5% 的国际标准。对比图 4-97 与图 4-98 可知，通过提高 IGBT 的开关频率至 10kHz 后，所设计的单相 PWM 整流器网侧电流

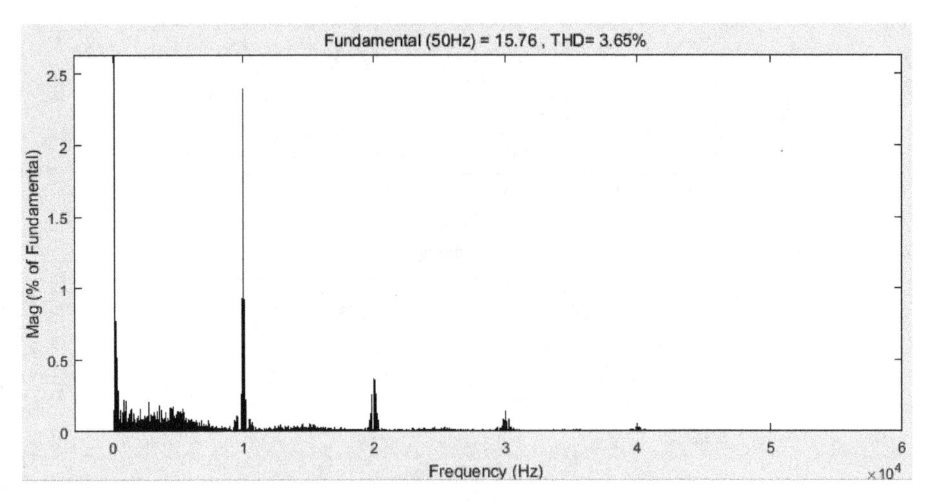

图 4-98 10kHz 开关频率下网侧电流 THD

THD 已符合 IEEE 标准。

综上，仿真结果表明：与二极管/晶闸管整流器相比，采用全控型电力电子器件与斩波控制技术的 PWM 整流器可以有效降低网侧电流谐波含量，此类变换器的运行对电网造成的无功与谐波影响更小。同时，一般情况下全控型器件的开关频率越高，网侧电流 THD 越小。

5. 直流电压纹波分析

作为 AC/DC 变换器，直流侧电压的纹波含量也是变换器性能的一个重要评价指标。在 1kHz 的 IGBT 开关频率下，若不采用 *LC* 串联谐振电路，单相 PWM 整流器直流侧电压仿真结果如图 4-99 所示。

由图 4-99 可以看出，单相 PWM 整流器直流侧电压中存在的 100Hz 纹波幅值约为 8V。采用 *LC* 串联谐振电路后，得到直流侧电压波形如图 4-100 所示。

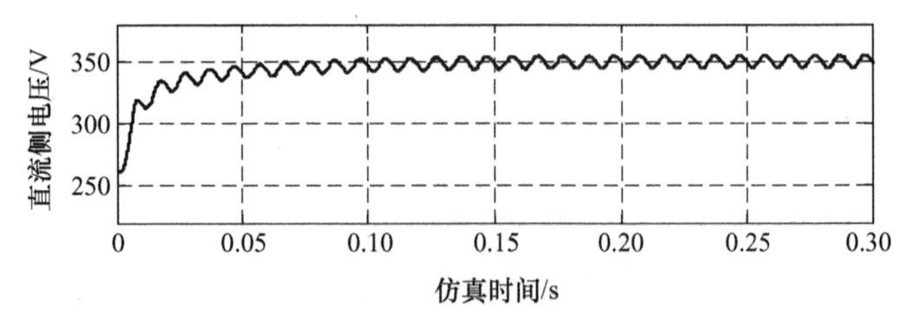

图 4-99 不采用 *LC* 电路时直流侧电压波形

如图 4-100 所示，*LC* 串联谐振电路可以有效抑制直流侧电压 100Hz 纹波成分，电压波形振荡基本消除，0.1s 后电压稳定在给定值 350V。与二极管/晶闸管整流器的直流侧电压相比，PWM 整流器直流侧电压纹波得到了有效抑制。

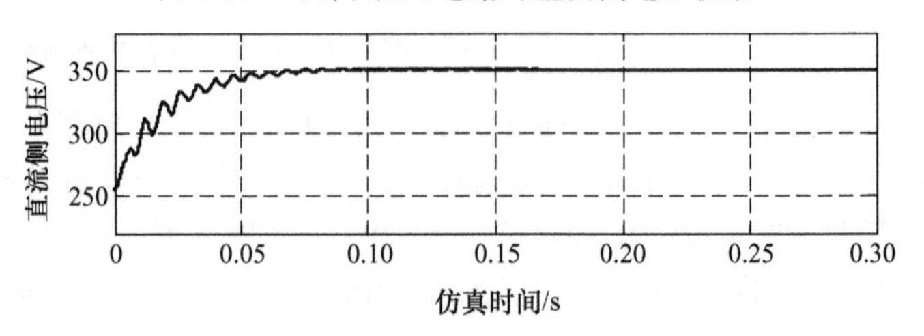

图 4-100 采用 *LC* 电路后直流侧电压波形

综合分析三种整流器的直流侧电压纹波特性可知，整流器直流侧电压纹波主要通过直流侧滤波电容进行抑制，在一定范围内电容值越大，滤波效果越好；另外，电容值过大将会影响直流侧电压调节速度，因此选取电容时应综合考虑其滤波效果与时间常数之间的平衡。

对于单相 PWM 整流器直流侧固有的二倍频纹波，需采取特殊的措施（例如 *LC* 谐振电路、有源功率解耦电路等）进行滤除，感兴趣的读者可进一步参考文献［99］。

五、降压型 DC/DC 变换器

1. 基本原理

降压型 DC/DC 变换器一般也简称为 Buck 变换器，通常采用功率 MOSEFT、IGBT 等全控型电力电子器件，其电路拓扑如图 4-101 所示。

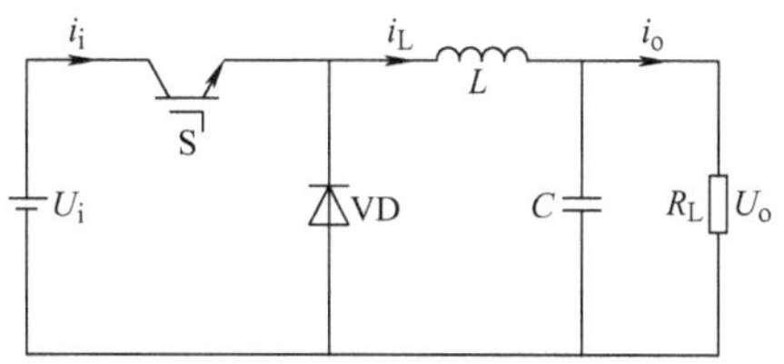

图 4-101　Buck 变换器的电路拓扑

在图 4-101 中，当开关管 S 处于导通状态时，二极管 VD 承受反向电压关断，电流流过电感 L 向负载供电。稳态时输入输出电压保持不变，电感电流可近似为线性增长，IGBT 的导通时间用 t_{on}表示，则电感电流增加量可表示为

$$\Delta i_{L+} = \frac{(U_i - U_o)}{L} t_{on} \tag{4-27}$$

当开关管 S 处于关断状态时，由于电感电流经二极管续流，电感电流近似线性下降，IGBT 关断时间用 t_{off}表示，则电感电流减少量可表示为

$$\Delta i_{L-} = \frac{U_o}{L} t_{off} \tag{4-28}$$

当电路工作于稳态时，一个周期内电感电流增加量与电感电流减少量相等，即

$$\Delta i_{L+} = \Delta i_{L-} \tag{4-29}$$

联立式(4-27)～式(4-29)，可得

$$U_o = \frac{t_{on}}{t_{on} + t_{off}} U_i = \frac{t_{on}}{T_s} U_i \tag{4-30}$$

这里，$T_s = t_{on} + t_{off}$为一个开关周期，进而定义 IGBT 驱动信号的占空比 D 为

$$D = t_{on}/T_s \tag{4-31}$$

联立上述两式，可得 Buck 变换器输入输出电压关系为

$$U_o = DU_i \tag{4-32}$$

2. 仿真模型建立

根据图 4-101 所示的电路拓扑，在 MATLAB/Simulink 环境下搭建电路仿真模型如图 4-102 所示，仿真参数如表 4-3 所示。

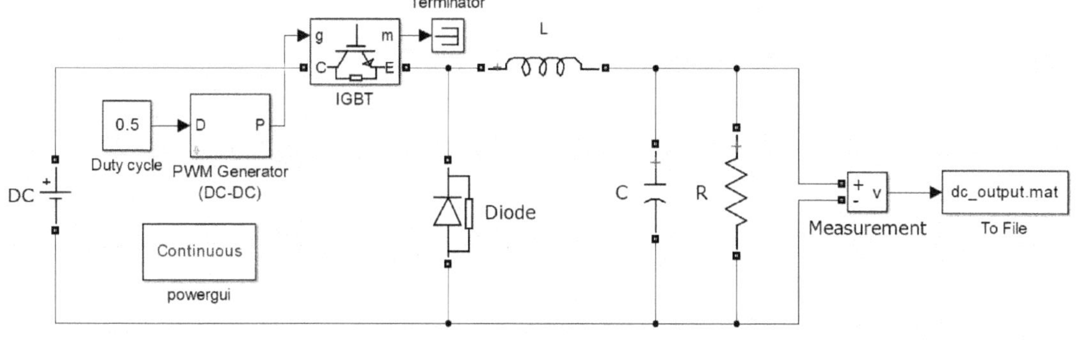

图 4-102　Buck 变换器的仿真模型

表 4-3 仿真参数与取值

参 数	取 值	参 数	取 值
输入电压	100V	负载电阻	20Ω
电感	1mH	电容	100μF

仿真模型中，PWM 信号发生器采用 SimPowerSystems—Specialized Technology—Control and Measurement Library—Pulse & Signal Generators 中的 PWM Generator（DC-DC）模块。其中，Switching frequency 参数设置为 10000。仿真中，Buck 变换器采用直接给定占空比的方式开环控制。

首先，给定 PWM Generator 的占空比为 0.5，开关频率为 10kHz，所得到的输出电压波形如图 4-103 所示。此时，Buck 变换器输出电压在 49.1V 上下波动，输出电压平均值比式(4-32) 计算所得理论值 50V 小，这是由于功率器件存在导通压降所致。由于直流电容两端电压初始值为 0，上电瞬间电容相当于短路，所以输出电压暂态存在过冲。改变占空比至 0.2，得到的输出电压波形如图 4-104 所示。

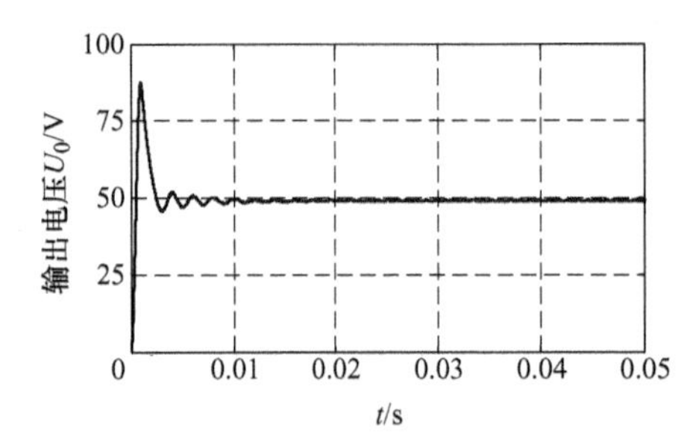

图 4-103 占空比为 0.5 时的输出电压波形

图 4-104 占空比为 0.2 时的输出电压波形

由图 4-104 可知，Buck 变换器输出电压在 19.15V 上下波动，同样由于功率器件的导通压降，致使电压输出值略低于式(4-32) 理论计算值（20V）。仿真结果验证了 Buck 变换器的基本原理和功能。

3. 应用案例——LED 驱动器功率因数校正电路

在工业应用中，Buck 变换器因其结构简单、体积小、成本低等优点，已成为应用最为普遍的 DC/DC 变换器。LED 具有高效率、低污染、长寿命和高可靠性等诸多优点，将逐步替代传统光源，成为照明产业的核心，LED 灯具及驱动器如图 4-105 所示。

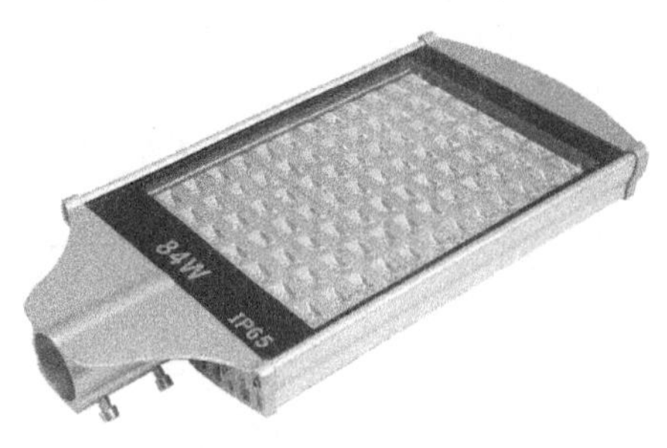

a) 灯具

b) 驱动器

图 4-105 LED 灯具及驱动器

高压输入 LED 驱动器两级电路拓扑结构如图 4-106 所示，前级为一级降压型（Buck 型）功率因数校正器（Power Factor Correction，PFC），后级为一级隔离型 DC/DC 变换器。Buck 型 PFC 采用双闭环控制，电压外环控制输出母线电压，电流内环控制交流侧输入电流跟踪正弦电压波形以提高功率因数。详细内容可参阅文献［100］。需要说明的是，PFC 电路除可采用 Buck 型 PFC 外，还可采用 Boost 型、Buck-Boost 型 PFC 等形式。

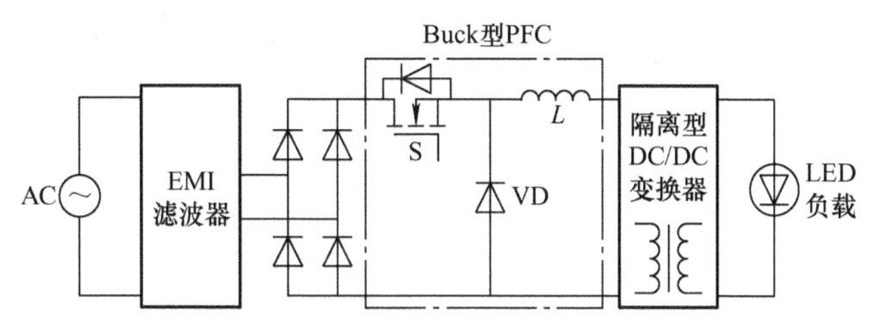

图 4-106　高压输入 LED 驱动器两级电路拓扑结构

六、升压型 DC/DC 变换器

1. 基本原理

升压型 DC/DC 变换器一般也简称为 Boost 变换器。与 Buck 变换器类似，Boost 变换器通常采用功率 MOSFET、IGBT 等全控型电力电子器件作为开关器件，其电路拓扑如图 4-107 所示。

在图 4-107 中，当开关管 S 处于导通状态时，输入电压 U_i 向电感 L 充电，电容 C 上的电压向负载电阻 R_L 供电；如果电容 C 很大，基本可以保持电阻上的电压 U_o 恒定不变。当开关管 S 处于关断状态时，低压侧 U_i 与电感 L 共同向电容 C 充电，同时保持负载 R_L 上的电压不变。通过电感 L 储能带来的电压泵升作用以及电容 C 的稳压作用，可使 Boost 变换器的输出电压高于输入电压。

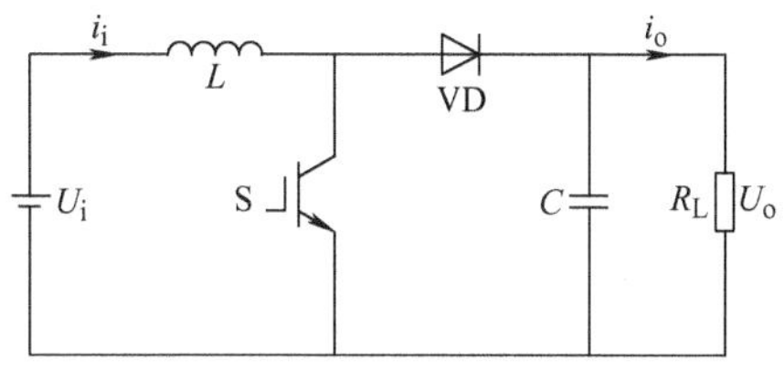

图 4-107　Boost 变换器的电路拓扑

由“伏秒平衡原理”[69,106]：稳态时一个开关周期 T_s 内电感 L 两端电压 u_L 对时间的积分为零，即

$$\int_0^{T_s} u_L \mathrm{d}t = 0 \tag{4-33}$$

当 S 导通时，$u_L = U_i$；当 S 关断时，$u_L = U_i - U_o$。于是有

$$U_i t_{on} = (U_o - U_i) t_{off} \tag{4-34}$$

因此，Boost 变换器输出电压与输入电压间的关系为

$$U_o = \frac{1}{1-D} U_i \tag{4-35}$$

式中，D 为占空比，详见式(4-31)。

2. 仿真模型建立

根据图 4-107 所示的电路拓扑，在 MATLAB/Simulink 环境下搭建电路仿真模型如图 4-108 所示，仿真参数如表 4-4 所示。

表 4-4　仿真参数与取值

参　数	取　值	参　数	取　值
输入电压	20V	负载电阻	20Ω
电感	1mH	电容	100μF

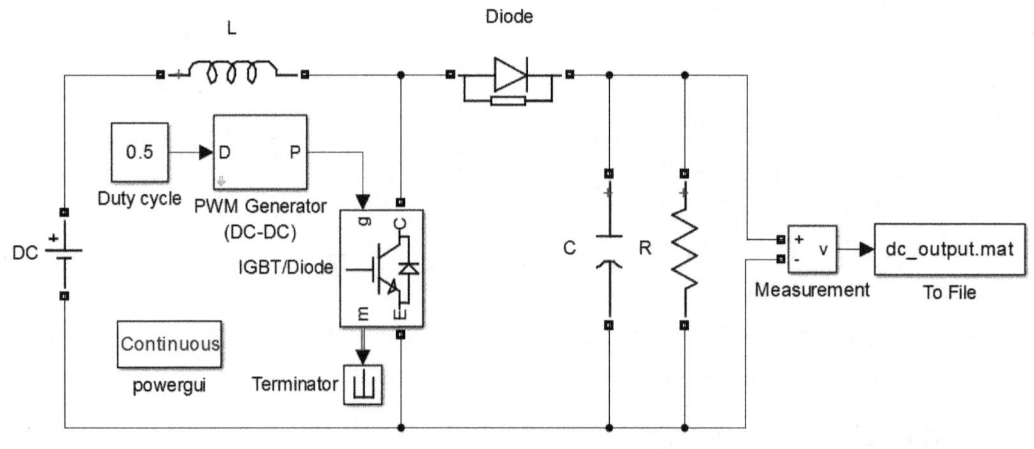

图 4-108 Boost 变换器的仿真模型

在仿真模型中，PWM 信号发生器采用 SimPowerSystems—Specialized Technology—Control and Measurement Library—Pulse & Signal Generators 中的 PWM Generator（DC-DC）模块。其中，Switching frequency 参数设置为 10000。仿真中，Boost 变换器采用直接给定占空比的开环控制方式。

首先，给定 PWM Generator 占空比为 0.5，开关频率为 10kHz，所得到的输出电压波形如图 4-109 所示。

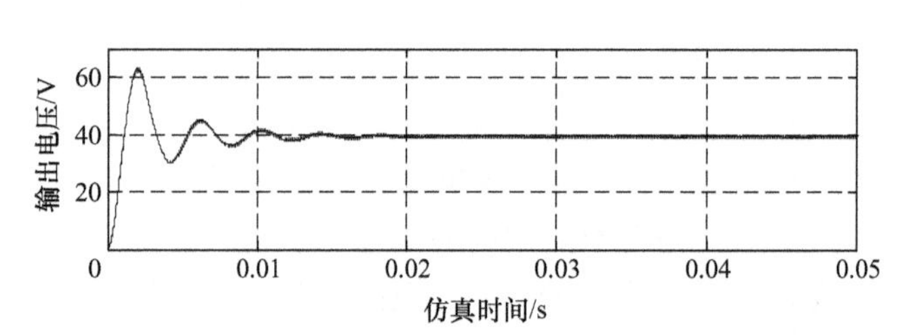

图 4-109 占空比为 0.5 时的输出电压波形

如图 4-109 所示，Boost 变换器输出电压经过约 0.02s 稳定在 40V，与式(4-35) 计算所得结果基本相符。改变 PWM Generator 占空比至 0.8，得到的输出电压波形如图 4-110 所示。

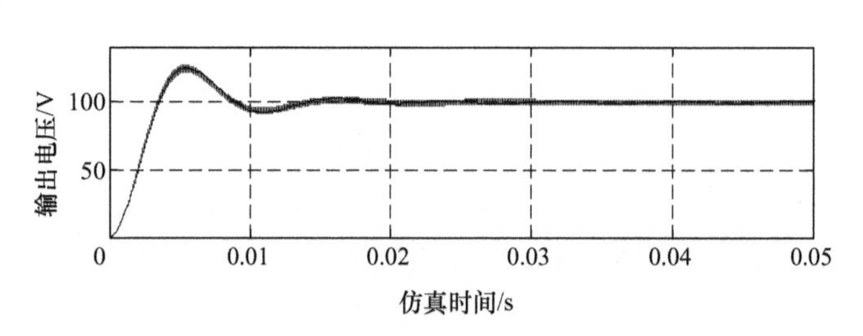

图 4-110 占空比为 0.8 时的输出电压波形

由图 4-110 可知，Boost 变换器输出电压经过小幅超调稳定在 100V，与式(4-35) 计算所得结果基本相符。仿真结果验证了 Boost 变换器的基本原理和功能。

3. 应用案例——光伏发电系统最大功率点跟踪

下面将以光伏发电系统的最大功率点跟踪问题为例，介绍 Boost 变换器在工业领域中的应用。光伏（Photovoltaic，PV）系统即太阳能发电系统（如图 4-111 所示），它利用太阳能电池板所采用半导体材料的光伏效应，直接将太阳光辐射能转化为电能，最终经过电能变换环节输出至电网。

一种光伏并网逆变器电路拓扑如图 4-112 所示，光伏组件转换得到的低压直流电，经过本节所介绍的 Boost 变换器提高电压等级，再经过逆变器实现直流到交流的变换，由电感 L_2

a) 光伏电池板　　b) 光伏并网逆变器

图 4-111 光伏发电系统

滤波后同步至电网。为提高光伏组件的发电效率，并网逆变器通常采用最大功率点跟踪（Maximum Power Point Tracking，MPPT）控制方案：当图 4-112 中 Boost 变换器与其后级负载的等效阻抗，与光伏组件的内阻相等时，光伏组件即可实现最大功率输出[101]。

图 4-112 光伏并网逆变器电路拓扑

如图 4-107 所示，Boost 变换器的等效输入阻抗与等效输出阻抗可以分别表示为

$$R_{\mathrm{i}}=\frac{U_{\mathrm{i}}}{I_{\mathrm{i}}},\ R_{\mathrm{o}}=\frac{U_{\mathrm{o}}}{I_{\mathrm{o}}} \tag{4-36}$$

假设 Boost 变换器变换前后功率守恒，由式(4-35) 和式(4-36) 可得

$$R_{\mathrm{i}}=R_{\mathrm{o}}(1-D)^2 \tag{4-37}$$

通过改变 Boost 变换器的占空比 D，即可调整阻抗 R_{i}大小，使其与光伏组件的内阻匹配，以实现 MPPT 控制。在实际控制系统中，由于 Boost 变换器后级负载的不确定性，其等效输出阻抗 R_{o}并非“常值”，因此，上述方法仅为一种理想的 MPPT 控制方案。目前，工业上常用的 MPPT 控制方法主要包括定电压跟踪法、扰动观察法、电导增量法等，感兴趣的读者可以参阅文献［101］，以对此问题进行深入了解。

七、升降压型 DC/DC 变换器

1. 基本原理

升降压型 DC/DC 变换器包括多种电路拓扑，其中一种简单的电路结构为 Buck-Boost 变换器，其拓扑结构如图 4-113 所示。该电路的工作原理是：当开关管 S 导通时，电源 U_{i}经 S 向电感 L 充电，电容 C 保持其两端电压基本恒定并向负载 R 供电；当开关管 S 关断时，电感 L 中储存的能量向电容 C 和负载 R 供电，

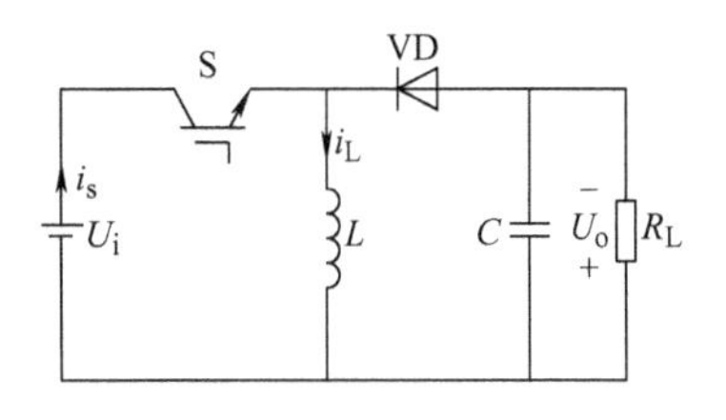

图 4-113 Buck-Boost 变换器的拓扑结构

由于负载电压的极性为下正上负，与电源电压极性相反，因此该电路也称为反极性变换器。

由“伏秒平衡原理”[69,106]可知：稳态时一个开关周期 T_s 内电感 L 两端电压 u_L 对时间的积分为零，即

$$\int_0^{T_s} u_L \mathrm{d}t = 0$$

当S导通时，$u_L = U_i$；当S关断时，$u_L = -U_o$。于是有

$$U_i t_{on} = U_o t_{off}$$

因此直流输出电压为

$$U_o = \frac{t_{on}}{t_{off}} U_i = \frac{D}{1-D} U_i$$

由上式可知，通过改变占空比 D，可以改变输出电压幅值。当 $0 < D < 1/2$ 时，输出电压小于电源电压，为降压变换器；当 $1/2 < D < 1$ 时，输出电压大于电源电压，为升压变换器。

2. 仿真模型建立

Buck-Boost 变换器的仿真模型如图4-114所示，该模型采用IGBT作为开关器件，其PWM驱动信号由脉冲发生器Pulse Generator产生，通过该模块可设定PWM信号的周期和占空比。

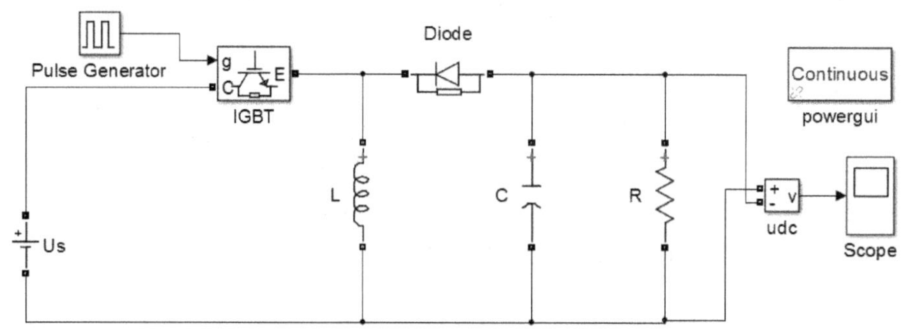

图4-114 Buck-Boost 变换器的仿真模型

设升降压型变换器电源电压为50V，电感 L 为1mH，电容 C 为1000μF，电阻 R 为20Ω，PWM脉冲周期为0.0001s，令占空比 D 分别为0.3、0.5和0.7，得到电容两端电压如图4-115所示，电压幅值分别约为20V、49V和114V，与理论值21V、50V和117V相接近，实验结果与理论分析相符。

3. 应用案例——直流光伏模块并网系统

在直流光伏模块并网控制系统中，用于串联直流集成光伏系统的DC/DC变换器通常有Buck、Boost和Buck-Boost等形式。当功率等级高，需串联多个集成光伏模块时，应选择Buck变换器；当较少的集成光伏模块串联时，应选择Boost变换器；当由于条件限制，不同组串所需集成光伏模块的个数有多有少时，应选择调压范围更宽的Buck-Boost变换器。

除反极性Buck-Boost变换器外，Buck-Boost变换器还有同极性输出拓扑结构，后者具有开关损耗和导通损耗小、效率高、对无源器件容量要求低等优点。单个同极性Buck-Boost直流集成光伏模块如图4-116所示，其由一个光伏模块和一个Buck-Boost变换器集合而成。Buck-Boost变换器由两个开关管 S_1 和 S_2、两个续流二极管 VD_1 和 VD_2、一个电感 L、输入电容 C_1 和输出电容 C_2 组成。感兴趣的读者可以参阅文献［102］，以对此问题进行深入了解。

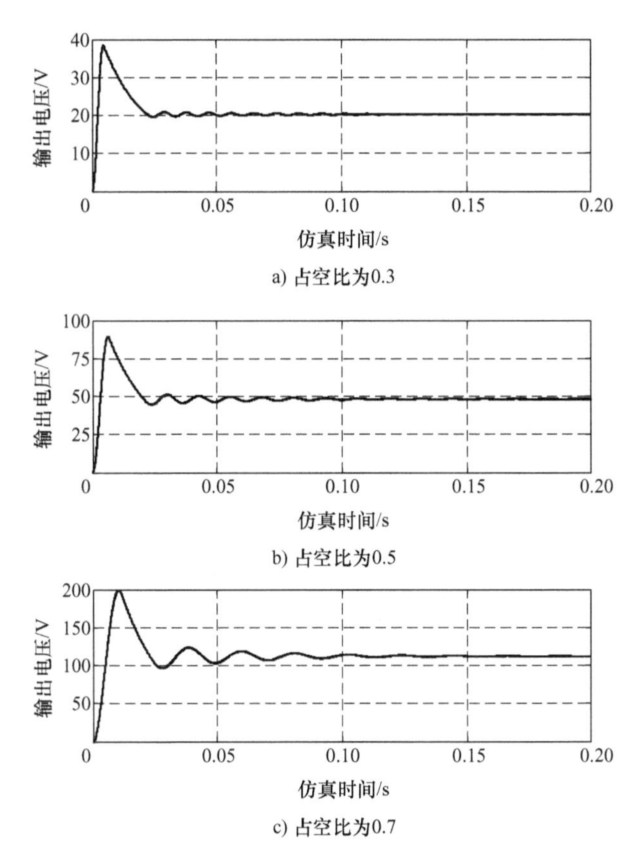

图 4-115　不同占空比时的直流输出电压波形

八、结论

本节基于 SimPowerSystems 仿真工具箱，以三种 AC/DC 变换器（整流器）和三种 DC/DC 变换器为例，给出了电力电子系统常见问题的 CAD 示例。归纳起来可有以下几点结论：

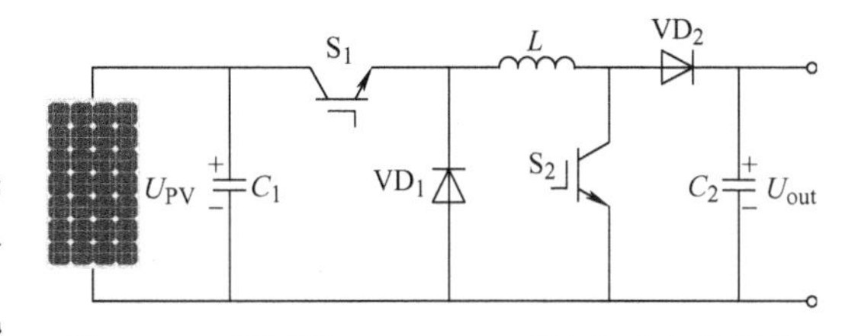

图 4-116　同极性 Buck-Boost 直流集成光伏模块

1）利用 SimPowerSystems 仿真工具箱可以非常方便地对电力电子系统进行计算机辅助设计，丰富了电力电子系统分析与测试实验手段，提高了研究开发效率。

2）利用 SimPowerSystems 仿真工具箱对电力电子系统进行仿真时，直接将相应的电气元器件相连，即可构成变换器的电路仿真模型，不仅省去了对电力电子系统进行数学建模的过程（这部分工作已由仿真工具软件开发者完成），而且所得到的电路仿真模型更加专业与接近实际工况，仿真结果的可信度高。

3）由于篇幅所限，本节仅针对整流器和 DC/DC 变换器进行了电力电子系统 CAD 设计，所提及的仿真分析与研究方法还可推广到逆变器和 AC/AC 变换器的 CAD 应用中。

4）将 SimPowerSystems 仿真工具箱强大的电力电子系统仿真功能与 MATLAB/Simulink 卓越的控制系统分析与设计功能相结合，可进一步推动电力电子变换器控制系统的设计、仿真实验与工程实现。感兴趣的读者可参考本章下一节以及本书第五章的相关内容。

5）由图4-103、图4-104、图4-109、图4-110、图4-115可见，由于上电初始时刻电容电压为零，因此DC/DC变换器上电后会有较大冲击。实际系统中，可在主电路或控制电路中采取“软起动”措施，避免起动冲击。例如，上电起动时可在主电路短时接入电阻、限制起动电流。

第七节　基于经典频域法的DC/DC变换器控制系统设计

一、引言

电力电子技术是利用电力电子器件对电能进行变换和控制的技术，主要包括DC/DC、AC/DC、DC/AC和AC/AC四种电能变换形式。本节将以Buck降压型DC/DC变换器为例，结合本章中的经典控制理论CAD和电力电子系统CAD相关内容，开展基于经典控制理论（频域法）的DC/DC变换器控制系统设计；同时，第五章还将进一步探讨三相电压型PWM整流器（AC/DC变换器）的单位功率因数控制系统设计问题。进而，对于电力电子变换器的控制问题将沿循控制对象从简单的DC/DC变换器到相对复杂的三相电压型PWM整流器，模型特征从单输入单输出系统到多输入多输出系统，控制方法从经典频域法到非线性控制方法的思路展开论述，以使读者对电力电子系统的建模、仿真与控制问题有更加全面的理解与掌握。

二、DC/DC变换器的数学建模

DC/DC变换器可将直流电转换为另一固定电压或可调电压的直流电，有时也称为直流斩波电路，其可应用于开关电源、直流传动系统、电动车能量变换存储等领域。DC/DC变换器包括Buck、Boost、Buck/Boost、Cuk、Sepic和Zeta这六种基本直流斩波电路，以及正激、反激、半桥、全桥和推挽等间接直流变换电路[103-106]。下面将以最基本的Buck降压型直流变换器为例（见图4-117），讨论DC/DC变换器的控制系统设计问题。

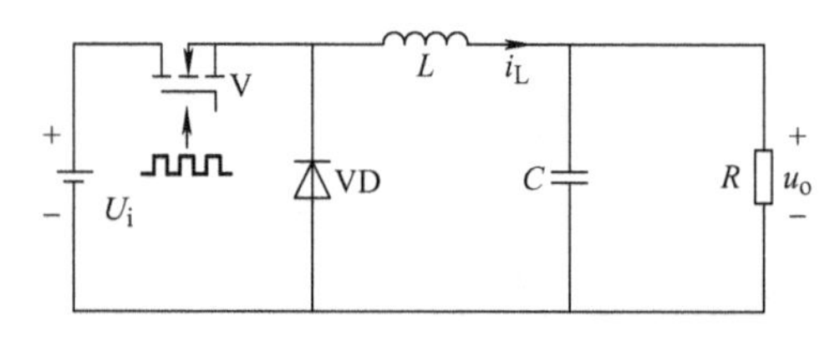

图4-117　Buck降压型直流变换器的拓扑结构

在图4-117中，U_i表示直流输入电压，u_o为直流输出电压，i_L为电感电流，R为负载电阻，L和C分别为滤波电感和滤波电容，VD为二极管，V为功率开关器件。在连续导电模式（Continuous Conduction Mode，CCM）下，由基尔霍夫电压和电流定律，可建立Buck变换器的数学模型如式(4-38)所示。

$$\begin{cases} i_L = C\dfrac{\mathrm{d}u_o}{\mathrm{d}t} + \dfrac{u_o}{R} \\ u_o = sU_i - L\dfrac{\mathrm{d}i_L}{\mathrm{d}t} \end{cases} \tag{4-38}$$

式中，s为开关函数，$s=1$表示功率开关器件导通，$s=0$表示功率开关器件关断。

为便于利用经典控制理论对该系统进行设计，需对式(4-38)进行“小信号线性化”处理。将方程中各变量等效为稳态直流分量和交流小信号扰动值之和的形式，即令$u_o=U_o+\hat{u}_o$，$i_L=I_L+\hat{i}_L$，$s=D+\hat{d}$。其中，U_o、I_L、D为稳态值，$\hat{u}_o$、$\hat{i}_L$、$\hat{d}$为小信号扰动值。将这些变量代入到式(4-38)中，并由稳态时各变量的关系，可得微分方程形式描述的系统小信号模型如式(4-39) 所示，此步骤为“分离扰动”过程。

$$\begin{cases}\hat{i}_L = C\dfrac{d\hat{u}_o}{dt}+\dfrac{\hat{u}_o}{R}\\ \hat{u}_o=\hat{d}U_i - L\dfrac{d\hat{i}_L}{dt}\end{cases} \tag{4-39}$$

对式(4-39) 进行拉普拉斯变换，整理后可得 Buck 变换器的控制输入（占空比）与直流电压输出间的传递函数关系为

$$G_o(s)=\frac{U_o(s)}{D(s)}=\frac{U_i}{LCs^2+\dfrac{L}{R}s+1} \tag{4-40}$$

由式(4-40) 可知，该模型为一双重极点型控制对象，可利用经典控制理论的频域分析方法，设计相应控制器，实现 Buck 变换器的直流输出电压控制。

三、DC/DC 变换器的控制系统设计

1. Buck 变换器作为被控对象的频率特性

对于某一 Buck 型 DC/DC 变换器，其系统参数为：直流输入电压 $U_i=28\text{V}$，直流输出电压为 15V，直流负载电阻 $R=3\Omega$，滤波电感 $L=50\mu\text{H}$，滤波电容 $C=500\mu\text{F}$。直流输出电压给定值 $U_{ref}=1.5\text{V}$，即电压采样网络 $H(s)=1/10$。对于 PWM 调制环节 $G_m(s)=1/U_m$，其载波信号幅值为 $U_m=1\text{V}$，开关频率 $f_s=100\text{kHz}$。在此条件下，基于经典频域法设计该 Buck 变换器的直流输出电压控制系统，如图 4-118 所示，其中 $G_c(s)$ 为待设计的控制器。

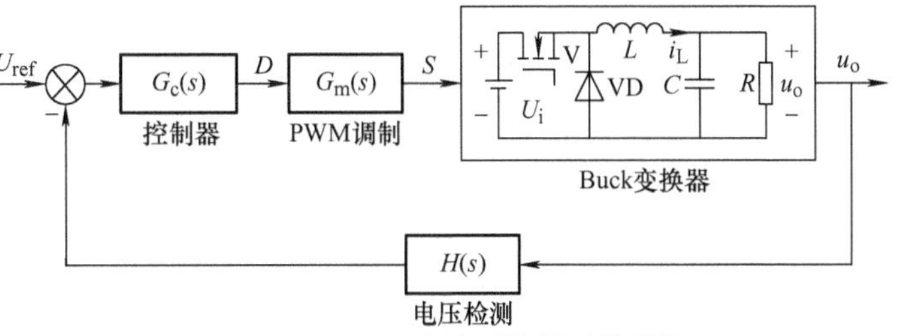

图 4-118 Buck 变换器控制系统结构

将系统参数代入式(4-40) 中，利用 MATLAB 控制系统设计工具箱及相应指令函数，可绘制出被控对象的幅频和相频特性，如图 4-119 所示。

系统的开环传递函数为

$$G(s)=G_c(s)G_m(s)G_o(s)H(s) \tag{4-41}$$

当控制器 $G_c(s)=1$ 时，利用 MATLAB 命令（可参考本章经典控制理论 CAD 中相关内容），可绘制系统开环传递函数的幅频特性和相频特性如图 4-120 所示。由该频率特性曲线，可分析 Buck 变换器的稳定性、稳态性能和动态性能。

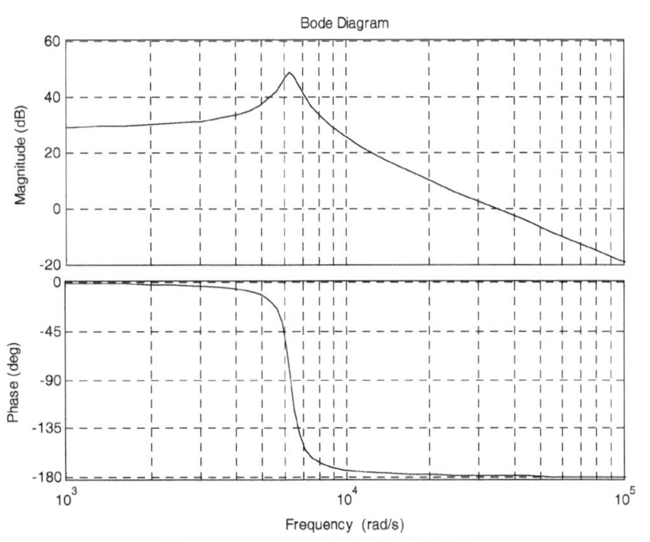

图 4-119 Buck 变换器的伯德图

首先，由图 4-120 可知，系统的剪切频率为 $\omega_c = 12.3 \times 10^3 \text{rad/s}$，相角裕度为 $\varphi_m = 4.2°$。相角裕度较低（接近于零），使得系统虽然理论上是稳定的，但当 Buck 变换器受到一定的参数摄动或外部扰动时，系统将会变得不稳定；其次，系统的直流增益 $G_{u0} = HU_i/U_m = 2.8$，据此可计算出稳态误差为 $1/(1 + G_{u0}) = 26.3\%$，如此大的稳态误差是不能满足实际应用要求的；最后，系统的剪切频率为 $\omega_c = 12.3 \times 10^3 \text{rad/s}$，对应 $f_c = 1.96\text{kHz}$，剪切频率过小，使得系统的动态响应速度很慢。

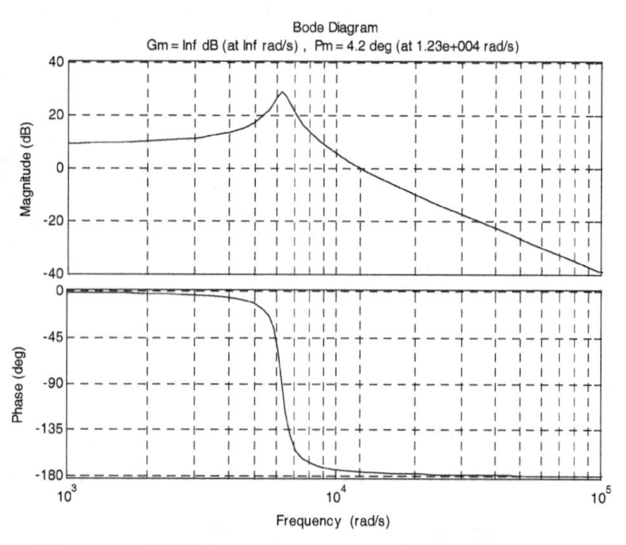

图 4-120 控制器 $G_c(s) = 1$ 时开环传递函数的 Bode 图

在时域分析方面，基于式(4-41)所示系统开环传递函数，当直流输出电压给定值 $U_{ref} = 1.5\text{V}$、控制器 $G_c(s) = 1$ 时，可得此时直流输出电压的时域响应曲线如图 4-121 所示。由图 4-121 可知，此时系统虽然稳定，但动态响应速度很慢，直流输出电压需经多次振荡 15ms 后才可进入稳定状态。稳态时直流输出电压为 11.06V，对应于期望的直流输出电压 15V，此时稳态误差为 26.3%。可见，在时域下的仿真结果与上述频域分析结论是一致的。

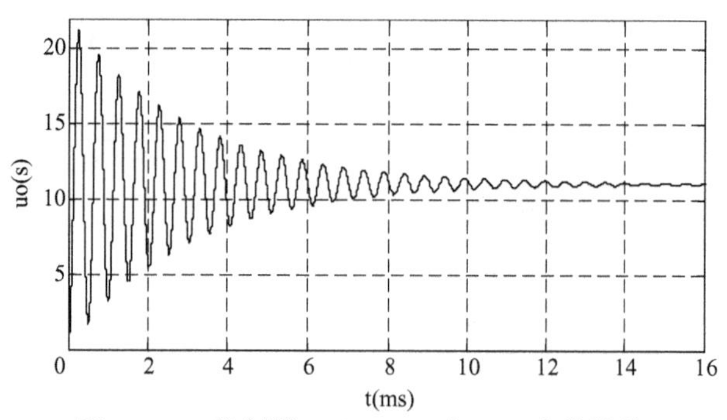

图 4-121 控制器 $G_c(s) = 1$ 时 Buck 变换器的直流输出电压曲线

综上所述，未施加有效的控制时，Buck 变换器不能满足实际应用中“稳、准、快”的需求，需要设计合理的反馈控制系统，以提高系统的综合性能。

2. 经典频域法设计的原理与步骤

在利用经典频域法设计电力电子变换器控制系统时，主要用伯德图来表示被控对象、控制器以及开环传递函数的频率特性。由经典控制理论可知：系统开环传递函数的伯德图可以反映出闭环系统的稳定性、稳定裕度、稳态和动态性能。理想的开环传递函数频率特性在低频段、中频段和高频段应该分别满足如下要求[69,106,107]：

1）低频段：开环传递函数频率特性的低频段反映了系统包含积分环节的个数和直流增益的大小，主要影响系统的稳态性能。对于 DC/DC 变换器等电力电子系统，理想的低频特性是直流增益无限大，低频段以 -20dB/dec 的斜率下降。

2）中频段：开环传递函数频率特性的中频段需以 -20dB/dec 斜率下降并穿越 0dB 线，剪切频率与系统的稳定性、调节时间和超调量等动态性能密切相关。

3）高频段：高频段与系统的稳态和动态性能关系不大，但其反映了系统对高频干扰信号的抑制能力。高频段幅频特性衰减越快，系统的抗干扰能力就越强，一般要求以 -40dB/dec 斜率下降。

电力电子变换器的频域法设计步骤可概括为：把系统的性能指标和技术要求转化为开环传递函数的 Bode 图，即期望特性；根据被控对象的 Bode 图和开环传递函数的 Bode 图确定控制器的 Bode 图；基于控制器的 Bode 图，选择合适的控制器并完成参数设计。

基于上述原理与步骤，下面给出 Buck 型 DC/DC 变换器控制系统设计的完整过程。

3. Buck 变换器的超前校正装置设计

针对前述 Buck 变换器在控制性能方面的不足，这里设计一合理的控制器，以使得闭环控制系统的性能得以改进。提高系统相角裕度的一个有效办法是采用超前校正装置。此时，在小于系统剪切频率处，给控制器增加一个零点，使开环传递函数产生足够的超前相移，可保证系统获得较大的相角裕度；另一方面，在大于剪切频率处，给控制器增加一个极点，提高开环传递函数高频段的下降斜率，可更好地抑制高频噪声；同时，这种控制器也便于工程实现。

系统超前校正装置的传递函数如式(4-42) 所示。

$$G_c(s) = G_{c0}\frac{1+s/\omega_z}{1+s/\omega_p} \tag{4-42}$$

式中，$\omega_z<\omega_c<\omega_p$。

为了提高剪切频率，假设加入超前校正装置后，新系统开环传递函数的剪切频率 f_c' 为开关频率 f_s 的二十分之一，即 $f_c'=f_s/20=5\text{kHz}$。设补偿后新系统的相角裕度 $\varphi_m'=52°$，则超前校正装置的零点、极点以及直流增益计算公式为[69,106,107]

$$\omega_z=\omega_c'\sqrt{\frac{1-\sin\varphi_m'}{1+\sin\varphi_m'}}=2\pi\times5\times\sqrt{\frac{1-\sin52°}{1+\sin52°}}=10.8\times10^3\text{rad/s} \tag{4-43}$$

$$\omega_p=\omega_c'\sqrt{\frac{1+\sin\varphi_m'}{1-\sin\varphi_m'}}=2\pi\times5\times\sqrt{\frac{1+\sin52°}{1-\sin52°}}=91.2\times10^3\text{rad/s} \tag{4-44}$$

$$\begin{aligned}G_{c0}&=\sqrt{\frac{\omega_z}{\omega_p}}LC(\omega_c')^2/G_{u0}\\&=\sqrt{\frac{10.8}{91.2}}\times50\times10^{-6}\times500\times10^{-6}\times(2\pi\times5\times10^3)^2/2.8=3\end{aligned} \tag{4-45}$$

此时系统的开环传递函数为

$$\begin{aligned}G(s)&=G_c(s)\left(\frac{1}{U_m}\right)G_o(s)H(s)\\&=\frac{G_{c0}U_iH}{U_m}\frac{1+\dfrac{s}{\omega_z}}{\left(1+\dfrac{s}{\omega_p}\right)\left(LCs^2+\dfrac{L}{R}s+1\right)}\end{aligned} \tag{4-46}$$

利用 MATLAB 命令可分别绘制超前校正装置和系统开环传递函数的频率特性曲线，如图 4-122 和图 4-123 所示。

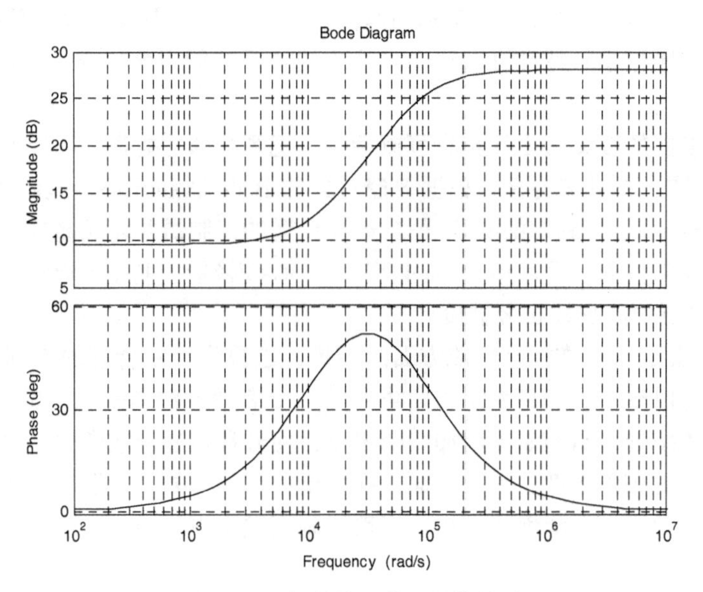

图 4-122 超前校正装置的伯德图

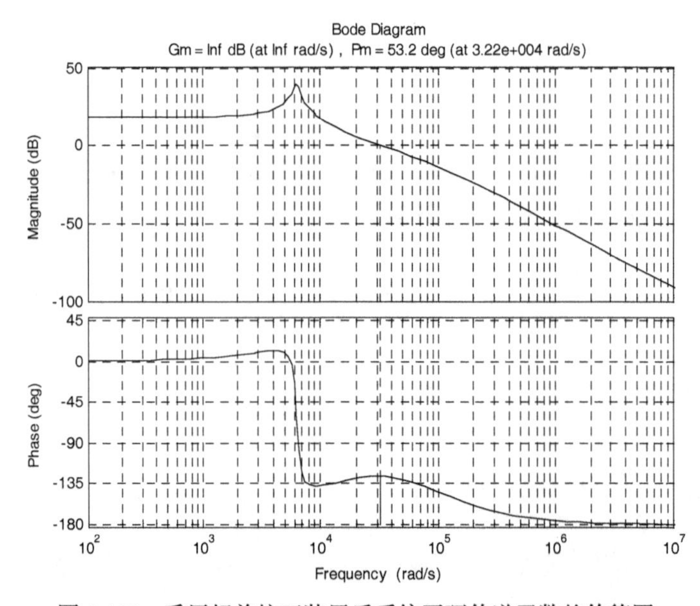

图 4-123 采用超前校正装置后系统开环传递函数的伯德图

由图 4-122 和图 4-123 可知，采用超前校正装置后，实际系统的相角裕度为 $\varphi_{m}'=53.2°$，剪切频率为 $\omega_{c}'=32.2\times10^{3}\text{rad/s}$，即 $f_{c}'=5.12\text{kHz}$；同时，对于中频段的 $10\times10^{3}\text{rad/s}$ 至 $100\times10^{3}\text{rad/s}$ 较大范围，相角裕度均维持在 40°以上，可保证系统受到较大参数摄动和外部扰动时，仍然具有较好的稳定性和动态性能。

然而，系统幅频特性曲线在低频段较为平直，会存在较大的稳态误差，有必要进一步对该超前校正装置进行改进。

4. Buck 变换器的 PID 型校正装置设计

为了解决超前校正装置存在的系统稳态误差较大的问题，可在其传递函数基础上，通过加入倒置零点，改善开环传递函数的低频特性，构成如式(4-47）所示的 PID 型校正装置。

$$G_c(s)=G_{c0}\frac{(1+s/\omega_z)(1+\omega_m/s)}{1+s/\omega_p} \tag{4-47}$$

与前述超前校正装置（可视为 PD 型校正装置）相比，PID 型校正装置仅在低频段有所改变，而在中高频段特性不变。因此，所设计的倒置零点的频率应远离系统的剪切频率，这样系统的相角裕度和剪切频率可基本维持原值，不受其影响。控制器的零点 ω_z、极点 ω_p 以及直流增益 G_{c0} 也可沿用原有值。

倒置零点的频率一般取为

$$\omega_m=\omega_c'/10=3.22\times10^3\text{rad/s} \tag{4-48}$$

此时系统的开环传递函数为

$$\begin{aligned}G(s)&=G_c(s)\left(\frac{1}{U_m}\right)G_o(s)H(s)\\&=\frac{G_{c0}U_iH}{U_m}\frac{\left(1+\dfrac{s}{\omega_z}\right)\left(1+\dfrac{\omega_m}{s}\right)}{\left(1+\dfrac{s}{\omega_p}\right)\left(LCs^2+\dfrac{L}{R}s+1\right)}\end{aligned} \tag{4-49}$$

利用 MATLAB 命令可分别绘制 PID 型校正装置和系统开环传递函数的频率特性曲线，如图 4-124 和图 4-125 所示。

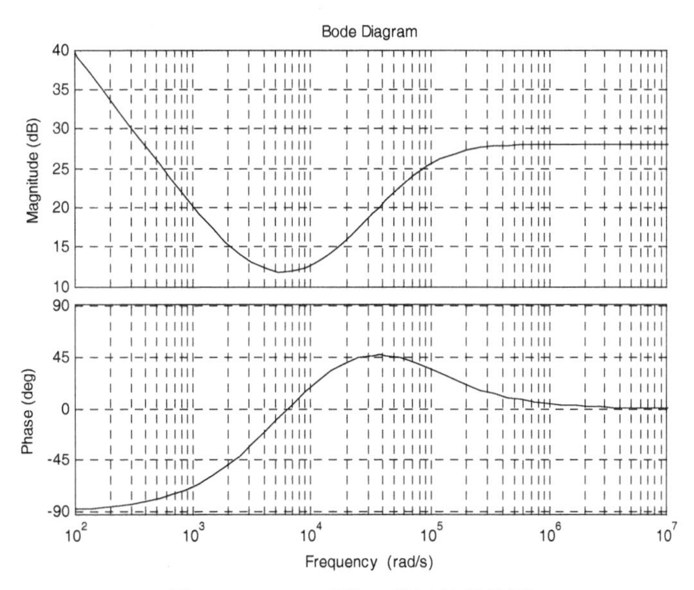

图 4-124　PID 型校正装置的伯德图

由图 4-124 和图 4-125 可知，采用 PID 型校正装置后，系统的中高频特性基本保持不变，系统的相角裕度为 $\varphi_m'=47.5°$，剪切频率 $\omega_c'=32.3\times10^3$rad/s，即 $f_c'=5.14$kHz。在低频段，系统开环传递函数可近似为式(4-50）所示的积分环节，其幅频特性曲线以 −20dB/dec 的斜率下降，保证了系统的稳态性能。

$$G(s)\approx\frac{G_{c0}U_iH\omega_m}{U_m}\frac{1}{s} \tag{4-50}$$

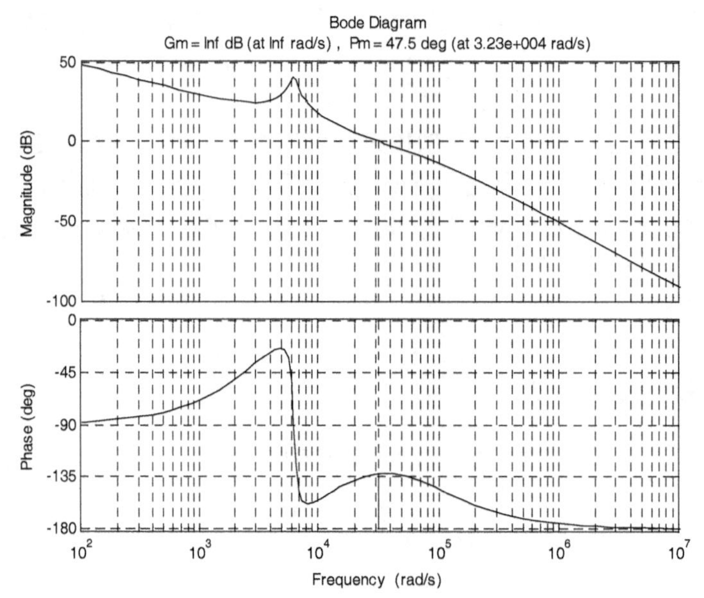

图 4-125 采用 PID 型校正装置后系统开环传递函数的伯德图

至此，完成了 Buck 变换器的直流输出电压闭环控制系统设计。

四、仿真实验

根据 Buck 变换器系统参数及前述设计的控制器传递函数，可在 MATLAB/Simulink 环境下，建立 Buck 变换器控制系统仿真模型，如图 4-126 所示。该仿真模型包括利用 SimPowerSystems 仿真工具箱搭建的 Buck 变换器主电路部分，以及由电压给定环节、控制器、PWM 调制环节和检测环节组成的控制电路部分。利用该仿真模型，可对所设计的 Buck 变换器控制系统进行仿真实验验证。

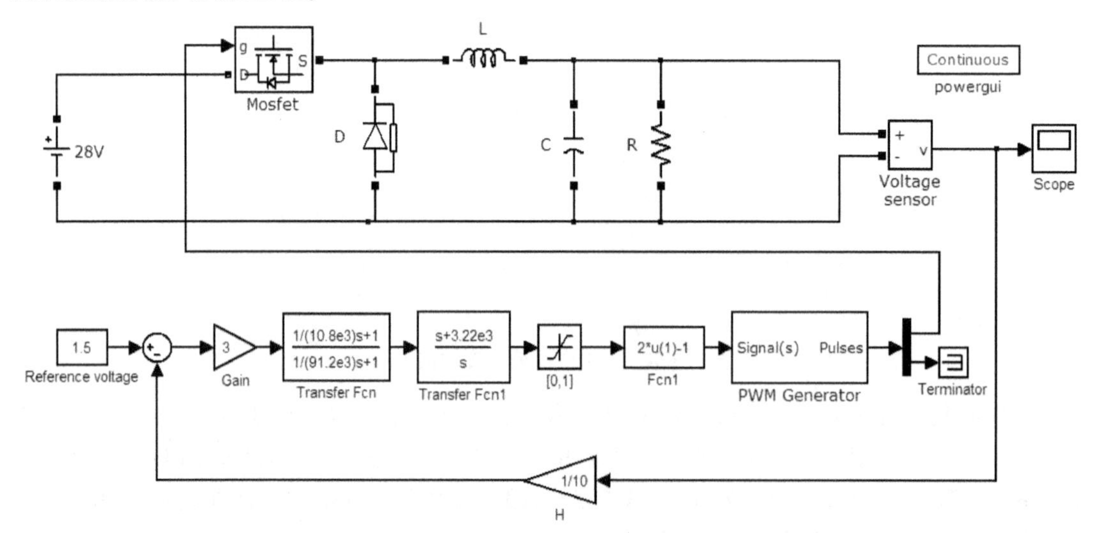

图 4-126 基于 PID 型校正装置的 Buck 变换器控制系统仿真模型

需要说明的是，本节前述内容给出的伯德图也是利用 MATLAB 指令来仿真获取的，其侧重于系统的频域分析。下面，我们将给出系统时域下的仿真结果，其与频域分析存在着一定的对应关系。

仿真模型中，由于电压采样网络 $H(s)=1/10$，因此 Buck 变换器的输出侧若期望获得 15V 的直流电压，则控制系统给定值 $U_{ref}=1.5V$，图 4-127 为采用 PID 型校正装置和超前校正装置的直流输出电压响应曲线。

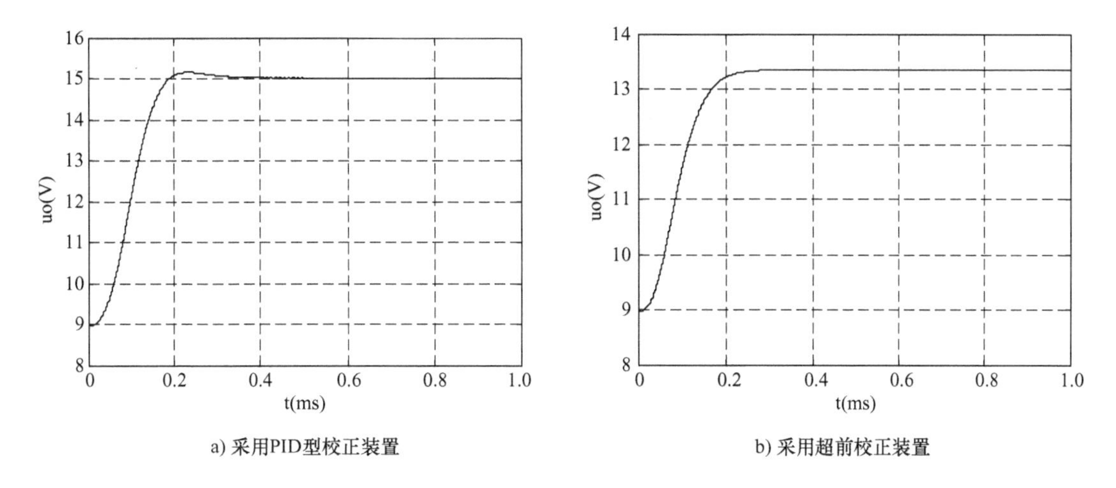

a) 采用PID型校正装置　　b) 采用超前校正装置

图 4-127　Buck 变换器的直流输出电压曲线

由仿真结果可以看出，采用 PID 型校正装置后，Buck 变换器的直流输出电压在 $t=0.3$ms 即达到期望值，具有较快的响应速度，同时无稳态静差。然而，采用超前校正装置，虽然 Buck 变换器可实现稳定控制，并具有较好的快速性，但稳态时直流输出电压仅为 13.34V，存在着 1.66V 的稳态静差。这一实验结果与此前的频域分析相符。另外，需补充说明的是，仿真模型中滤波电容的电压初始值设为9V，以防止初始上电状态下，由于电容电压不能突变而导致的直流输出电压较大过冲，这与实际装置中一般需配置的电容预充电（起动限流）环节是相符的。

为了更好地验证基于 PID 型校正装置的 Buck 变换器控制系统性能，这里考虑系统受到直流负载扰动和直流输入电压扰动两种情况，相关仿真实验结果如图 4-128 所示。

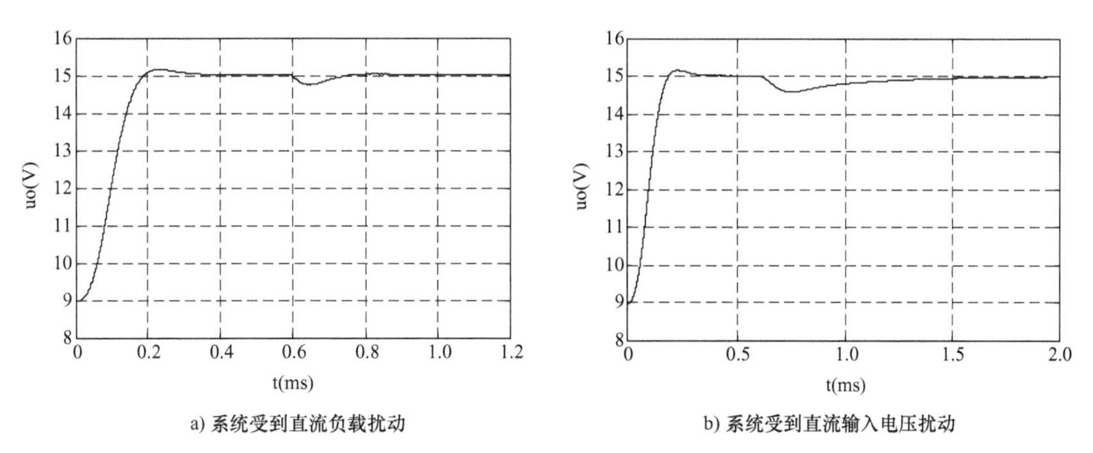

a) 系统受到直流负载扰动　　b) 系统受到直流输入电压扰动

图 4-128　Buck 变换器控制系统的抗扰性能

由仿真结果可见，$t=0.6$ms 时，直流负载从 $R=3\Omega$ 变为 $R=1.5\Omega$，此时仿真实验结果如图 4-128a 所示。$t=0.6$ms 时，直流负载保持 $R=3\Omega$ 不变，直流输入电压从 $U_i=28V$ 变化

为 $U_i=21V$，此时仿真实验结果如图 4-128b 所示。可见，对于直流负载和直流输入电压大范围的扰动，Buck 变换器都能较为快速地回到稳定状态，系统具有一定的抗扰能力。

五、结论

本节以 Buck 变换器为例，给出了基于经典频域法的 DC/DC 变换器控制系统设计过程，这里可得出以下几点结论：

1）结合本章经典控制理论 CAD 和电力电子系统 CAD 两部分内容，利用 SimPowerSystems 仿真工具箱和 MATLAB/Simulink 控制系统分析设计功能，实现了 Buck 变换器控制系统的设计与仿真。

2）给出基于经典频域分析理论的电力电子变换器控制系统设计过程，总结了理想开环传递函数的频率特性（低频段、中频段和高频段）与控制系统稳定性、相对稳定性（相角裕度）、稳态性能（稳态误差）和动态性能（快速性等）间的关系，为电力电子变换器控制系统的频域分析与综合提供了理论指导。

3）以 Bode 图为工具，对 Buck 型 DC/DC 变换器这类单输入单输出系统，利用经典频域法设计其控制器，并进行了仿真实验验证。仿真结果表明：一方面，系统的频域分析与时域响应可互为验证；另一方面，所设计的 Buck 变换器控制系统具有较好的稳态、动态和抗扰性能。

4）设计了 Buck 变换器的电压单闭环控制系统。单闭环系统的优点在于结构简单、设计方便，但也存在扰动下系统响应速度慢等问题（例如图 4-128b 所示直流输入电压扰动后的输出电压曲线）。实际上，为了追求更好的控制性能，在直流输出电压环基础上，可引入电感电流进行内环控制（包括峰值电流控制、平均电流控制和滞环电流控制等），构成双闭环控制系统，只是控制系统的设计要更加复杂。

5）在进行 DC/DC 变换器控制系统实物设计时，还需考虑控制器的硬件实现问题，这里只简要给出其两种实现途径：一种方法是模拟实现，即采用有源校正装置，利用运算放大器和电阻、电容来实现；另一种方法是数字实现，随着高性能嵌入式处理器的飞速发展，这种方法已成为技术主流。

本节所阐述的 Buck 变换器控制系统设计并未考虑滤波电容的串联等效电阻，以及不连续导电模式(Discontinuous Conduction Mode，DCM）工况，对此感兴趣的读者可基于本节内容进一步自行设计完成。

第八节　问题与探究——“球车系统”的建模与控制问题

一、问题提出

一阶直线倒立摆的物理模型是 20 世纪 50 年代由美国麻省理工学院的控制论专家根据火箭发射助推器的控制问题提出的，现已为大家所熟悉。在过去的半个多世纪里，陆续涌现出了多种新结构的倒立摆，如直线倒立摆（二级倒立摆、多级倒立摆）、环形倒立摆、平面倒立摆、旋转倒立摆等，参考文献［92，93］对它们有详细论述。

球车系统的概念产生于 20 世纪 70 年代，但对其的研究一直停留在仿真层面。美国卡普兰大学的 Ka C. Cheok 和 Nan K. Loh 最早对球车系统的实物设计和控制进行了研究，具体可参见参考文献［94，95］。图 4-129 所示的“球车系统”为 1998 年丹麦技术大学 Jan Jantzen 制作的实物平台。

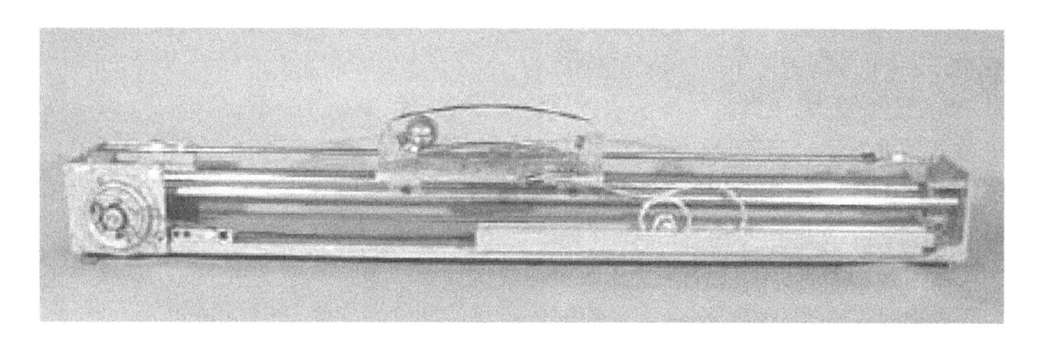

图 4-129 球车系统

“球车系统”的机械结构是由直线滑轨、带有圆弧形滑轨的小车及金属小球三部分组成的。当小车在电动机的控制下在直线滑轨上运动时，金属小球会相对小车上的圆弧形滑轨滚动。系统的控制目标是小车可在直线滑轨上任意移动位置的同时，使金属小球位于圆弧形滑轨的正中央并保持稳定。

对于“球车系统”的控制问题，由于小球在滑轨上位置的测量不能使用传统的旋转电位器或光电编码器，所以对金属小球位置的检测是实物控制系统设计中的一个难点。

二、系统建模

“球车系统”结构如图 4-130 所示。

设小车质量为 M，小球质量为 m，小车位移为 x，圆弧形导轨半径为 R，小球旋转半径为 r，小球转动惯量为 J，作用在小车上的水平方向的力为 F。

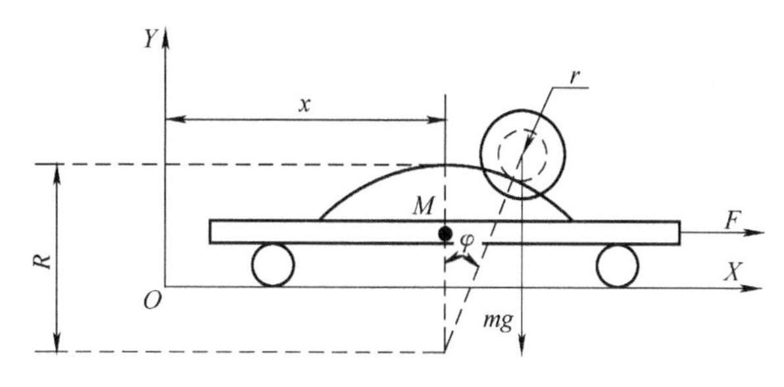

图 4-130 球车系统结构

利用分析力学中的拉格朗日方程，可推导出系统的动力学模型为

$$\begin{cases}(M+m)\ddot{x}+m(R+r)\cos\varphi\cdot\ddot{\varphi}-m(R+r)\sin\varphi\cdot\dot{\varphi}^2=F\\ m(R+r)\cos\varphi\ddot{x}+\left[m(R+r)^2+J\left(\dfrac{R+r}{r}\right)^2\right]\ddot{\varphi}-mg(R+r)\sin\varphi=0\end{cases} \tag{4-51}$$

三、问题探究

1. 建模问题

为了便于系统分析与控制器设计，需要将式(4-51) 所示的系统精确数学模型进行线性化处理，以得到其线性系统的“传递函数”模型。

有人说，根据“类比分析”原理，“球车系统”的数学模型与一阶直线倒立摆系统的数学模型在形式上应该是一致的，即“球车系统”也具有如图 4-131 所示的类似一阶直线倒立摆系统的“传递函数”模型。

若已知“球车系统”参数为：小车质量 $M=3\text{kg}$，小球质量 $m=2\text{kg}$，圆弧轨道半径长 $R=0.9\text{m}$，小球半径长 $r=0.1\text{m}$，重力加速度取 $g=10\text{m/s}^2$。试问：图4-131中的 $G_1(s)$ 与 $G_2(s)$ 是怎样的？

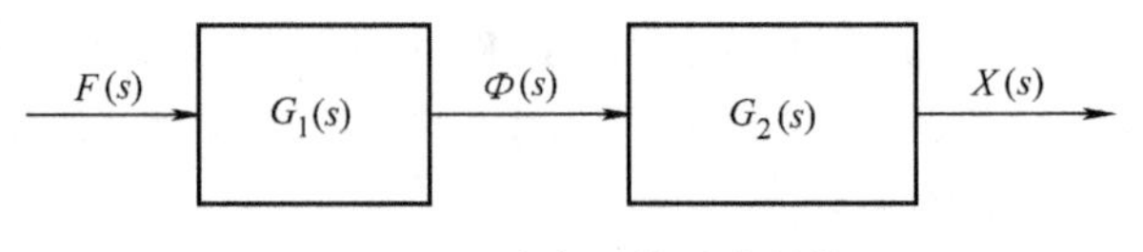

图4-131 球车系统动态结构

感兴趣的读者不妨“类比”一阶直线倒立摆系统模型来探究一下。

2. 检测问题

在“球车系统”中，小车位移的测量可以仿照一阶直线倒立摆系统进行，但金属小球在圆弧上位置的测量却是个难题。

感兴趣的读者不妨自己设计一下金属小球位置检测环节。

本节相关内容的进一步了解，感兴趣的读者可参阅参考文献［95，96］。

小 结

目前，作为推动了几乎所有设计领域革命的CAD技术，已成为理论设计、产品开发与成果展示的利器；MATLAB/Simulink作为最具代表性的控制系统CAD工具软件，已成为控制系统建模、分析与设计的优秀工作平台，是读者应重点掌握的现代工具。同时，如何灵活、高效地运用已有的CAD软件工具，为开展创造性的研发工作铺平道路，是人们今后要面临的主要问题；只有勤于思考、善于总结、努力实践，才能真正体会到控制系统数字仿真与CAD技术带来的巨大效益与乐趣。

本章所涉及的经典控制理论、现代控制理论、电力电子系统CAD内容，是进行控制系统设计与仿真的基础，需要认真地理解与实践；同时，文中给出的一阶直线倒立摆运动控制、起重机防摆控制、DC/DC变换器控制案例，以及球车系统的运动控制问题，为读者提供了深入学习与应用的空间。希望这些教学设计能够让读者独立思考与拓展想象，留下深刻印象。

习 题

4-1 设控制系统的开环传递函数为

$$G(s)H(s)=\frac{K(s+1)}{s(s-1)(s^2+4s+16)}$$

试画出该系统的根轨迹。

4-2 某反馈控制系统的开环传递函数为

$$G(s)H(s)=\frac{K}{s(s+4)(s^2+4s+20)}$$

试绘制其根轨迹。

4-3 已知某系统传递函数为

$$W(s)=\frac{80\left(\frac{1}{100}s+1\right)}{\left(\frac{1}{40}s+1\right)\left[\left(\frac{s}{200}\right)^2+2\times0.3\times\frac{1}{200}s+1\right]}$$

试绘制其Bode图。

4-4　设控制系统具有如下的开环传递函数

$$G(s)H(s) = \frac{K}{s(s+1)(s+5)}$$

试求取当 $K=10$ 时的相角裕度和幅值裕度，并画出其 Bode 图。

4-5　已知某单位反馈系统开环传递函数为

$$G(s) = \frac{1}{s(0.1s+1)(0.02s+1)(0.01s+1)(0.005s+1)}$$

若性能指标要求为：$\gamma=45°$，$K_v=200$，$\omega_c=13.5$，试确定校正装置。

4-6　某过程控制系统如图 4-132 所示，试设计 PID 调节器参数，使该系统动态性能达到最佳。

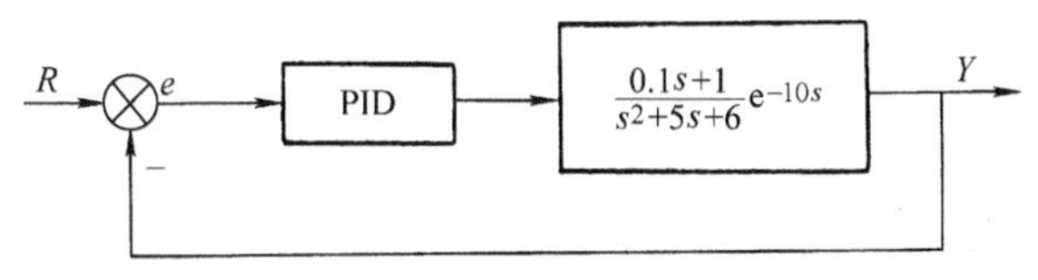

图 4-132　题 4-6 图

4-7　试采用 smith 预估控制方法对题 4-6 所述系统进行重新设计，并用仿真的方法分析滞后参数变化对系统动态性能的影响。

4-8　图 4-133 所示为一带有库仑摩擦的二阶随动系统，试优化设计 K_1 参数，并分析非线性环节对系统动态性能的影响。

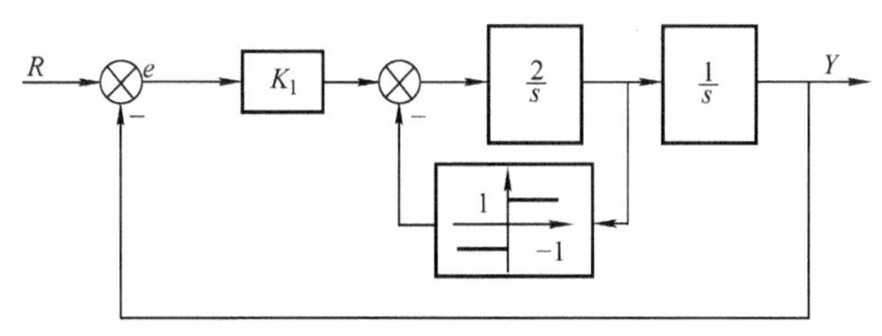

图 4-133　题 4-8 图

4-9　试分析图 4-134 所示系统中死区非线性对系统动态性能的影响。

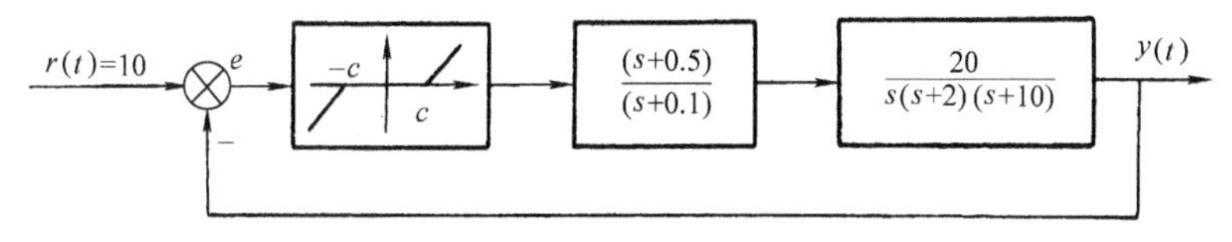

图 4-134　题 4-9 图

4-10　图 4-135 所示为计算机控制系统，试设计一最小拍控制器 $D(z)$，并用仿真的方法分析最小拍控制器对系统输入信号和对象参数变化的适应性。

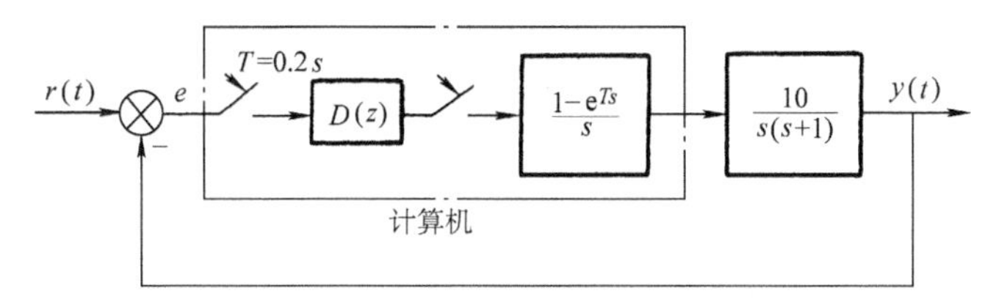

图 4-135　题 4-10 图

4-11　为使图 4-136 所示系统不产生自激振荡，试分析 a、b 取值。

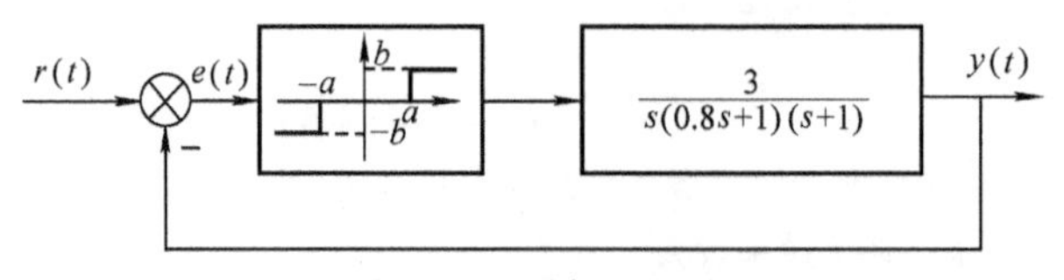

图 4-136 题 4-11 图

4-12 已知某一地区在有病菌传染下的描述三种类型人数变化的动态模型为

$$\begin{cases} \dot{X}_1 = -\alpha X_1 X_2 & X_1(0) = 620 \\ \dot{X}_2 = \alpha X_1 X_2 - \beta X_2 & X_2(0) = 10 \\ \dot{X}_3 = \beta X_2 & X_3(0) = 70 \end{cases}$$

式中，X_1 表示可能传染的人数；X_2 表示已经得病的人数；X_3 表示已经治愈的人数；$\alpha = 0.001$；$\beta = 0.072$。试用仿真方法求未来 20 年内三种人人数的动态变化情况。

4-13 对于高阶系统的设计问题，往往都要进行降阶近似处理，并要验证近似效果。已知某高阶系统模型为

$$G(s) = \frac{194480 + 422964s + 511812s^2 + 278376s^3 + 82402s^4 + 13285s^5 + 10861s^6 + 35s^7}{9600 + 28880s + 37492s^2 + 27470s^3 + 11870s^4 + 3017s^5 + 437s^6 + 33s^7 + s^8}$$

经简化处理后，模型等效为

$$G(s) = \frac{284.98 + 35s}{12.31 + 10.114s + s^2}$$

试比较两个模型在单位阶跃信号作用下的响应情况，并分析近似效果。

4-14 针对如图 4-137 所示的一阶双摆系统，试讨论如下问题（两均匀杆所用材料相同）：

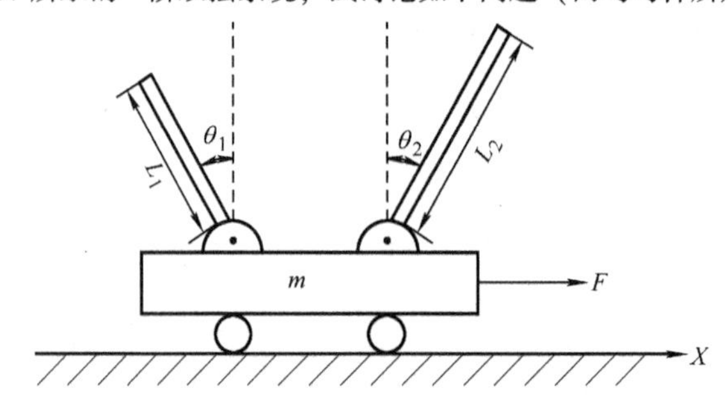

图 4-137 题 4-14 一阶双摆系统原理图

1）控制量 F（施加的作用力）能否在保持双摆不倒的前提下，实现小车的位置伺服控制？

2）试给出你的具体实现方案（提示：说明系统的实物制作原理与控制策略）。

4-15 图 4-138 所示为基于视觉传感器的磁悬浮轴承运动控制系统，它将磁悬浮轴承的控制问题抽象成利用电磁铁将一个金属轴杆悬挂起来的问题。此系统能够利用摄像头采集的图像计算出轴杆与电磁铁之间的距离 x，然后由计算机计算出为实现平衡所需要的控制电流，最后通过驱动电路对驱动电流实施控制。

假设令 i_0 表示平衡点的工作电流，则本运动控制系统的微分方程可以在平衡点处线性化为

$$m\ddot{x} = k_1 x + k_2 i$$

一组合理的参数值为 $m = 0.02\text{kg}$，$k_1 = 20\text{N/m}$，$k_2 = 0.4\text{N/A}$。

试解答下述问题：

1）用极点配置法为此磁悬浮轴承控制系统设计一个控制器，使闭环系统满足如下指标：调整时间 $t_s \leqslant 0.25\text{s}$，对 x 的某一初始偏移的超调量小于 20%。

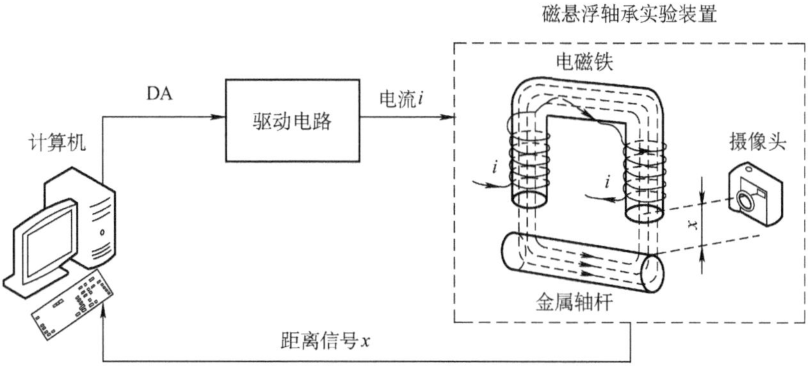

图 4-138　题 4-15 图

2）为你设计的系统绘制关于 k_1 的根轨迹，并讨论能否用你设计的闭环系统平衡各种质量的轴杆。

3）假定一个初始阶跃位移扰动作用于轴杆，且传感器仅能测量距离工作点 ±0.25cm 范围内的 x，驱动电路仅能提供 1A 的控制电流，那么可能控制的最大位移是多少？

4-16　在人类数学文化史中，对圆周率精确值的追求吸引了许多学者的研究兴趣。在众多的圆周率计算方法中，最为奇妙的是法国物理学家布丰（Buffon）在 1777 年提出的“投针实验”（见图 4-139）。根据你对“投针实验”的理解，回答下列问题：

1）试对“投针实验”给出一种简单、形象的物理解释？

2）试用 MATLAB 语言编制“投针实验”的仿真程序，进行仿真实验来证明。

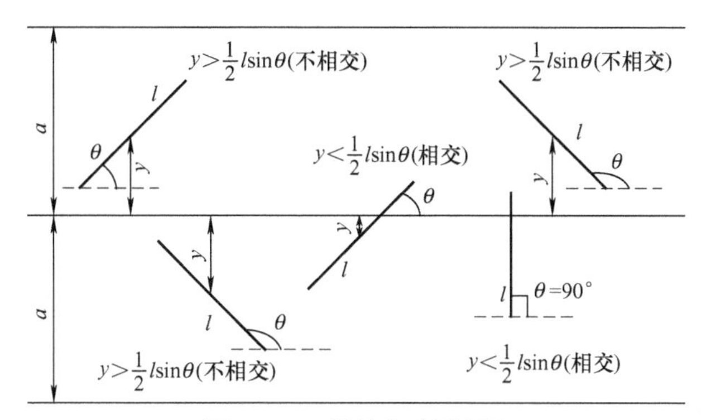

图 4-139　投针实验原理图

4-17　对于如图 4-140 所示的燃煤热水锅炉温度数字控制系统，试问：该离散控制系统的采样/控制时间 T 过大（或过小）会对控制系统产生什么影响？

提示：基于系统建模分析推理，并利用 MATLAB/Simulink 软件仿真验证。

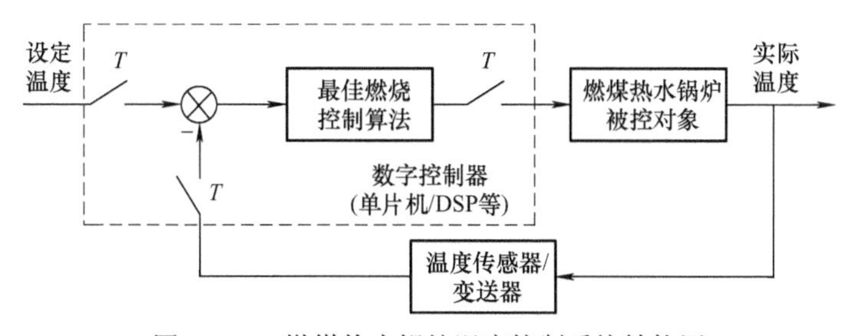

图 4-140　燃煤热水锅炉温度控制系统结构图

4-18 对于如图4-141所示的水箱液位系统，回答下列问题：

1）试根据流体力学基本原理，建立该系统的数学模型。

2）试给出含有控制器和传感器的水箱液位控制系统方案。

3）某同学在上述水箱液位控制系统中，以单片机作为控制器，采用“增量式数字PI控制算法”，如果控制系统在“阶跃给定”下存在稳态误差，试分析其产生的原因，并利用MATLAB/Simulink软件仿真验证。

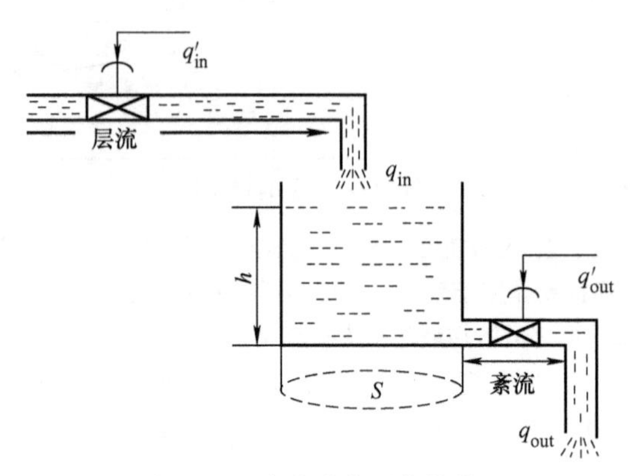

图4-141 水箱液位系统结构图

第五章 数字仿真技术的综合应用

第一节 数字 PID 调节器的鲁棒性设计方法

在当今的自动控制系统中，由于 PID 调节器具有结构简单、性能稳定可靠等优点，广泛为人们所采用。但是，PID 控制在实际应用中仍存在一定的问题，归结起来主要表现为“参数整定困难”。

对于具有某种不确定性的控制系统，传统的 PID 参数整定方法很难使控制效果达到理想境地。因此，人们总是试图在“参数自适应”及“智能化控制”等方面予以推广。而对于确定性系统的 PID 调节器参数的设计又存在着“方法繁杂、应用不便”等问题。

1985 年，匈牙利国家科学院 Cs. Banyasz 等人提出了一种“数字 PID 调节器的鲁棒性设计方法”[32]，由于它是以“使系统稳定裕度最佳”为原则，具有算式简单、易于在数字计算机上应用以实现自适应控制等优点，广为工程控制界所瞩目。下面我们在简要介绍其基本原理的基础上给出该方法在“高精度齿轮量仪”电控系统上的应用结果，从而证明该方法的可行性。

一、数字 PID 调节器的鲁棒性设计

一般情况下，系统控制对象总可以用如下线性差分方程形式来描述

$$A(z^{-1})y(k) = z^{-d}B(z^{-1})u(k) + C(z^{-1})\varepsilon(k) \tag{5-1}$$

也称之为 CARMA 模型。式中

$$A(z^{-1}) = 1 + a_1z^{-1} + a_2z^{-2} + \cdots + a_{n_a}z^{-n_a}$$
$$B(z^{-1}) = b_0 + b_1z^{-2} + b_2z^{-2} + \cdots + b_{n_b}z^{-n_b}$$
$$C(z^{-1}) = 1 + c_1z^{-1} + c_2z^{-2} + \cdots + c_{n_c}z^{-n_c}$$

$y(k)$ 为可测输出量；$u(k)$ 为可测输入量；$\varepsilon(k)$ 为不可测扰动量，且 $E[\varepsilon(k),\varepsilon(k)\varepsilon^{\mathrm{T}}(k)] = E(0,1)$。

通过对系统模型参数进行辨识，总可以确定模型参数 n_a、n_b、n_c 及 a_i、b_i、c_i。根据以上所述的对象模型，当不考虑随机干扰的影响时，设计的控制器有如下结构形式

$$\begin{cases} D(k) = \dfrac{u(k)}{e(k)} = \dfrac{1}{(1 - z^{-1})}\dfrac{G(z^{-1})}{F(z^{-1})} \\ e(k) = R(k) - y(k) \end{cases} \tag{5-2}$$

其中

$$G(z^{-1}) = g_0 + g_iz^{-1} + g_2z^{-2} + \cdots + g_{n_g}z^{-n_g}$$
$$F(z^{-1}) = 1 + f_1z^{-1} + f_2z^{-2} + \cdots + f_{n_f}z^{-n_f}$$

通过以上的设计可知，若控制器参数多项式 $G(z^{-1})$、$F(z^{-1})$ 与对象模型中多项式 $A(z^{-1})$、$B(z^{-1})$ 完全对消，则控制系统结构将会大为简化，从而便于对系统进行调整。下面分两种情况进行讨论。

1）当对象为开环稳定的最小相位系统时，设

$$\begin{cases} G(z^{-1}) = g_0(1 + g'_1 z^{-1} + g'_2 z^{-2} + \cdots + g'_{n_g} z^{-n_g}) = g_0 A(z^{-1}) \\ F(z^{-1}) = 1 + f'_1 z^{-1} + f'_2 z^{-2} + \cdots + f'_{n_f} z^{-n_f} = B(z^{-1})/b_0 \\ n_g = n_a, n_f = n_b \end{cases}$$

则系统闭环传递函数简化为

$$y(k) = \frac{g_0 b_0}{z^d - z^{d-1} + g_0 b_0} R(k) \tag{5-3}$$

对于一步滞后系统（即 $d = 1$），由双线性变换可得闭环系统的稳定条件为

$$0 < g_0 b_0 < 2 \tag{5-4}$$

当取 $g_0 b_0 = 1$ 时，式(5-3) 进一步简化为

$$y(k) = z^{-1} R(k) = R(k-1) \tag{5-5}$$

通过以上分析得出如下结论：

对于开环稳定的最小相位系统，伺服系统控制器可设计成零极点对消的形式，通过控制器参数的适当选取 $\left(\text{如}\ g_0 = \dfrac{1}{b_0}\right)$，可使系统具有最小拍的跟踪特性。

2）当对象为非最小相位系统时，不能进行零极点的对消；这里仅考虑 $n_g = n_a = 2, n_b = 1$ 的情况。设

$$G(z^{-1}) = g_0(1 + g'_1 z^{-1} + g'_2 z^{-2}) = g_0 A(z^{-1})$$

$$F(z^{-1}) = 1$$

则系统闭环传递函数简化成如下形式

$$y(k) = \frac{g_0 b_0 (1 + r z^{-1}) z^{-d}}{1 - z^{-1} + g_0 b_0 z^{-d} + g_0 b_0 r z^{-(d+1)}} E(k) \tag{5-6}$$

式中，$r = b_1/b$。

由式(5-6) 可见，闭环系统的极点分布与 $g_0 b_0$、r 有关；d 值的大小取决于被控对象的滞后步数，对于伺服系统一般有 $d = 1$。

对于式(5-6) 所示的闭环系统，设 $k = g_0 b_0$，选择 k 值，以使系统闭环传递函数的范数为 1，从而有

$$k = \sqrt{\frac{2(1 - \cos x)}{1 + 2r\cos x + r^2}} \tag{5-7}$$

式中，$x = T\omega_0$，T 为采样周期，ω_0 为自振角频率。再选择 x 值，以使超前相位角为 $60°(\pi/3)$，将其近似看作为 1，即有非线性方程

$$x = \frac{1 - 2\arctan[r\sin x/(1 + r\cos x)]}{2d - 1} \overset{\text{def}}{=\!=} g(x) \tag{5-8}$$

根据式(5-7)、式(5-8)，有如下控制器参数设计的迭代法：

1）取迭代方程为

$$x_{i+1} = \frac{1}{2}[x_i + g(x_i)] \tag{5-9}$$

由已知的 r 值及假设的初值 x_0，据式(5-8) 可得 $g(x_0)$，将其代入式(5-9) 可得 x_1，如此反复迭代，直至满足所需的精度为止。一般地，当 $|x_{i+1} - x_i| < \varepsilon$ 时，即停止迭代计算。其中，

ε 值是精度要求，为预先给定的小数。

2）由已知 r 值及迭代所得 x 值，由式(5-7) 可得 k 值。

3）由 $k=g_0b_0$ 可解得 g_0，则由假设条件知 $g_1 = g_0a_1$，$g_2 = g_0a_2$。

至此，伺服系统控制器的设计就完成了，该方法也称为经验的鲁棒性设计法。一般情况下可使伺服系统具有很小的超调量及较短过渡过程等优良性能。

二、"高精度齿轮量仪" 位置伺服系统控制器设计

"高精度齿轮量仪" 电控系统的核心是一双轴联动的位置伺服系统，其中主轴电动机直接驱动被测齿轮这一负载。根据"定位测量"的工艺要求，在一个被测齿面上大约要对2000个点进行采样处理，而且要反复测量10次，以考查其重复测量精度。因此，每一个测量点的定位时间直接影响到整个测量过程的效率。再者，由于被测齿轮的直径变化较大(50~700mm)，即负载的惯量变化较大，所以不同的被测齿轮将使得控制系统对象的参数(主要是机电时间常数) 发生变化。

鉴于上述原因，要求电控系统的控制器具有使系统动态响应快（无振荡)、鲁棒性好(对系统参数变化不敏感) 等特点。而上节所谈的 PID 调节器的设计方法很适于本伺服系统，因此，有必要先对其进行仿真分析，以确定其可行性。

对于所设计的位置伺服系统有如下传递函数形式的对象数学模型

$$G(s) = \frac{K}{s(T_m s + 1)} \tag{5-10}$$

式中，$K = 175$；$T_m = 15\text{ms}$。其脉冲传递函数为

$$W(z) = z\left[\frac{1 - e^{-T\cdot s}}{s}\frac{175}{s(0.015s + 1)}\right] = \frac{0.0492(1 + 0.935z^{-1})}{1 - 1.8187z^{-1} + 0.8187z^{-2}}z^{-1} \tag{5-11}$$

可见，控制对象为二阶、一步滞后系统。

对于最小相位系统，由上节分析结果可得控制器结构为

$$D(z) = \frac{20.33(1 - 1.8187z^{-1} + 0.8187z^{-2})}{(1 - z^{-1})(1 + 0.935z^{-1})} \tag{5-12}$$

即

$$\begin{aligned} u(k) = &u(k-1) + 20.33e(k) - 36.97e(k-1) + 16.644e(k-2) \\ &+ 0.935[u(k-2) - u(k-1)] \end{aligned} \tag{5-13}$$

对于非最小相位系统，由上节分析结果及对象参数可得控制器结构为

$$D(z) = \frac{g_0(1 + g_0'z^{-1} + g_2'z^{-2})}{(1 - z)^{-1}} \tag{5-14}$$

式中，$g_1' = a_1 = 1.8187$，$g_2' = a_2 = 0.8187$。由于 $b_0 = 0.0492$，$b_1 = 0.046$，所以 $r = 0.935$。设 $\varepsilon = 0.001$，令 $x_1 = 0.5$，由迭代法得

$$x_1 = 0.5 \quad x_2 = 0.5086 \quad x_3 = 0.5087 \quad x_4 = 0.50873$$

可见经四步迭代即满足精度要求。将 x_4 代入式(5-7) 得 $k = 0.2687$。所以 $g_0 = k/b_0 = 5.4614$，$g_1 = g_0a_1 = -9.9326$，$g_2 = g_0a_2 = 4.4712$。则式(5-14) 有如下形式的差分方程

$$u(k)=u(k-1)+5.4614e(k)-9.9326e(k-1)+4.4712e(k-2) \tag{5-15}$$

根据以上参数，我们采用 Simulink 进行仿真研究。其结果如图 5-1 所示，其中图 5-1a 为按最小相位系统设计的仿真结果，图 5-1b 为按非最小相位系统设计的仿真结果。

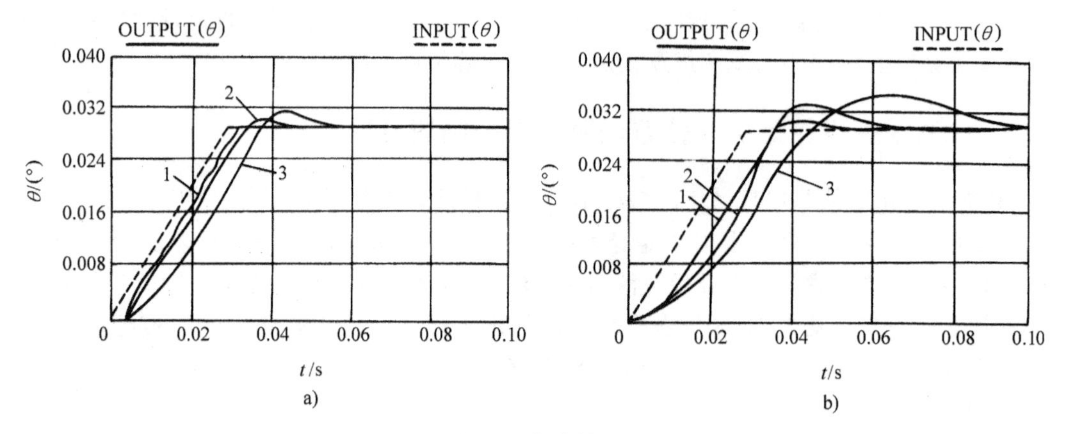

图 5-1 仿真结果

在图 5-1 中，曲线 1 为参数设计准确时的情况，曲线 2、3 为当对象参数（T_m）增加 2 倍和 4 倍时的情况。通过比较可见，就适应系统对象参数变化的能力而言（鲁棒性），前者（图 5-1a）比后者（图 5-1b）要强一些。同传统的 PID 算法相比，式(5-13）所示的控制算法中增加了 $u(k-2)$ 一项，即当前控制的输出要受到“以往”控制输出量的加权约束，其结果使得系统具有某种优良的性能。

从以上的仿真结果可得如下结论：对于模型参数已知的位置伺服系统，所设计的控制器是满足系统要求的，而且具有良好的定位控制性能。

高性能的控制系统需要较为完善的控制方法与手段。本节从实际出发给出了具有良好性能的控制算法，并借助于系统仿真实验为以后的实际工作提供了先验知识。

第二节 “水箱系统”液位控制的仿真研究

在第一章中曾谈到，控制系统的数字仿真实验包括三个基本活动，即模型建立、仿真实验与结果分析。下面，以“水箱系统”液位控制为例逐步完成仿真实验的三个基本活动。

在化工及工业锅炉自动控制系统中，有许多问题最终都可归结为“水箱系统”的液位控制问题，图 5-2 给出了其工艺过程原理。

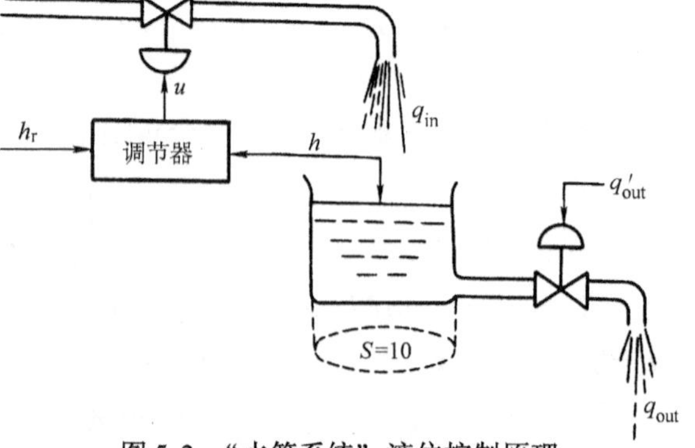

图 5-2 “水箱系统”液位控制原理

图中，入口处的阀门由一个调节器控制，以保持水位不变，出口处的阀门由外部操纵，可将其看成一个扰动量。下面用仿真实验法设计一个适合的调节器并确定调节器的参数。

一、系统建模

对图 5-2 所示系统可抽象成图 5-3 所示的数学模型。图中，取

$$K_1 = 1, K_2 = \frac{1}{S} = 0.1, g = 9.81$$

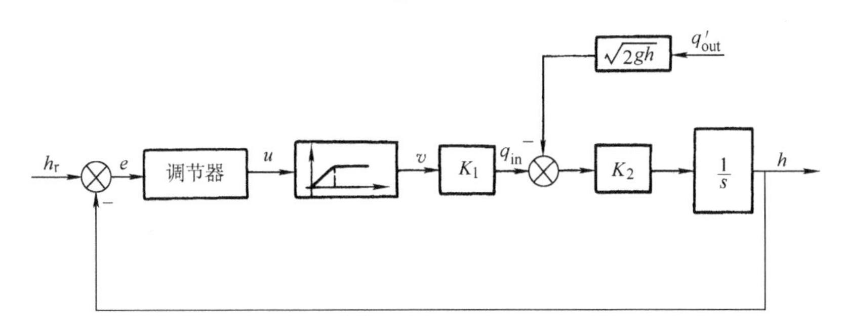

图 5-3 “水箱系统”的数学模型

二、数字仿真

对图 5-3 所示模型，采用 Simulink 进行仿真实验，其中外部干扰信号在 $t = 100$s 时由 0.01 增加到 0.05，调节器采用 PID 算法，当分别采取 P 及 PI 调节规律时，有图 5-4 所示的仿真结果。

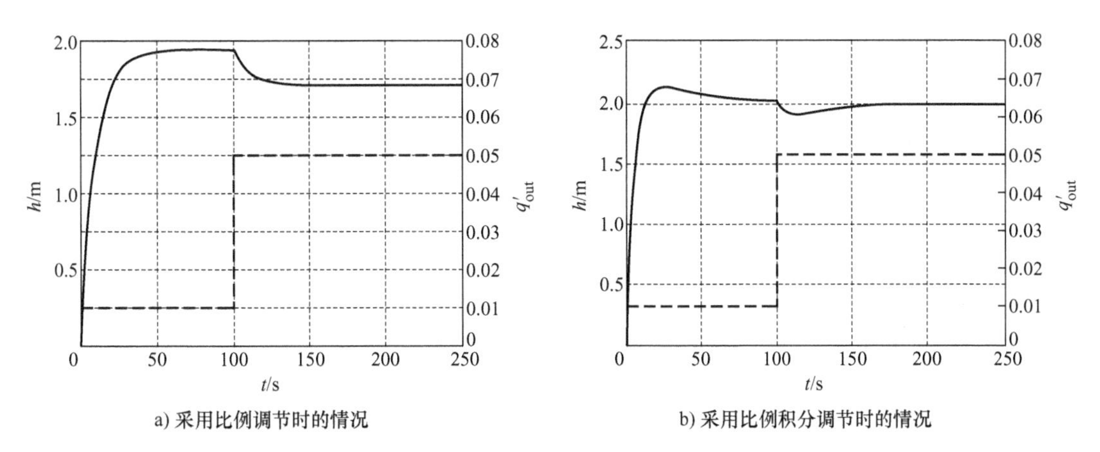

a) 采用比例调节时的情况 b) 采用比例积分调节时的情况

图 5-4 “水箱系统”液位控制仿真结果

三、结果分析

由图 5-4 所示的仿真结果可见：当采用比例调节规律时，系统液位控制存在稳态误差且其随干扰量的增加而增大，而采用比例积分调节规律可有效地消除稳态误差，所以该系统以采用 PI 调节器为好，具体实施时还需对调节器参数做认真修正，以使系统的动态响应时间达到最佳。

第三节 一阶倒立摆系统的双闭环模糊控制方案

一、引言

在人类自然科学的发展历史上，人们总是以追求事物的精确描述为目的来进行研究，并取得了大量的成果。随着科学技术的进步，在社会生产和生活中存在的大量的不确定性开始引起人们的注意。有关模糊不确定性的研究直到1965年，美国的L. A. Zadeh教授首次提出模糊集合的概念之后才得到广泛开展。

“模糊”是与“精确”相对而言的概念，模糊性普遍存在于人类的思维和语言交流中，是一种不确定性的表现；随机性则是客观存在的另一类不确定性。两者虽然都是不确定性，但存在本质上的区别。模糊性主要是人对概念外延的主观理解上的不确定性，而随机性则主要反映客观上的自然的不确定性，即对事件或行为的发生与否的不确定性。

一阶直线倒立摆系统是一个典型的“快速、多变量、非线性、自不稳定系统”，将模糊控制方法应用于一阶倒立摆系统的控制问题，能够发挥模糊控制在非线性系统控制、复杂对象系统控制方面的优势，简化设计，提高控制系统的鲁棒性。

二、模糊理论中的几个基本概念

1. 模糊集合与隶属函数

模糊集合的概念于1965年由Zadeh教授首次提出，它是一个没有精确边界的集合，其定义为：

设X是对象x的集合，x是X的任意元素。X上的模糊子集A定义为一组有序对：$A=\{(x,\mu_A(x))|x\in X\}$，其中，$\mu_A(x)$称为模糊子集$A$的隶属函数（Membership Function，简称MF）。称X为论域。

隶属函数（MF）定义了一种将输入空间映射到［0，1］的函数关系，常用的隶属函数有三角形、梯形、高斯型、sigmoid型等多种形式。

2. 模糊逻辑操作

与经典集合运算类似，模糊集合之间也存在交、并、补等运算关系。设A，B是论域U上的模糊集合，A与B的交集$A\cap B$、并集$A\cup B$和A的补集$\bar{A}$也是论域U上的模糊集合。设任意元素$u\in U$，则u对A与B的交集、并集和A的补集的隶属函数分别定义如下：

交运算：$\mu_{A\cap B}(u)=\min\{\mu_A(u),\mu_B(u)\}$

并运算：$\mu_{A\cup B}(u)=\max\{\mu_A(u),\mu_B(u)\}$

补运算：$\mu_{\bar{A}}(u)=1-\mu_A(u)$

3. 模糊规则与模糊推理

模糊规则与模糊推理是模糊推理系统的基础，是模糊集合理论最重要的建模工具。

（1）模糊（if-then）规则

在模糊推理系统中，模糊规则以模糊语言的形势描述人类的经验和知识，规则是否能正确反映专家的经验和知识，是否能正确反映对象的特性，直接决定模糊推理系统的性能。模糊（if-then）规则（也称之为模糊蕴含、模糊条件句）的形式通常为“if 前件 then 后

件”，即

$$\text{if x is A , then y is B}$$

模糊规则的建立对于构造模糊推理系统是非常关键的，建立模糊规则的一般方法主要有三种：①依据专家、操作人员的经验知识建立模糊规则；②依据过程的模糊模型建立模糊规则；③基于学习的方法，通过设计具有自组织、自学习能力的模糊控制器来自动获取模糊规则。

（2）模糊推理

模糊推理也叫近似推理，是从一组规则和已知事实中得出结论的推理过程。模糊推理的执行结果与模糊蕴含操作的定义、模糊合成规则以及连接词“AND”的操作定义等有关，因而有多种不同的算法。

4. 模糊推理系统

通常，在一个实际的模糊控制系统中，模糊推理系统的功能与模糊控制器的功能是等价的。模糊推理系统（Fuzzy system）的结构如图 5-5 所示，在该模糊系统中，包含所有的应用模糊算法和解决所有相关模糊性的必要成分。它由如下四个基本要素组成：

1）知识库（Fnowledge base）：它包含模糊集、模糊算子的定义和模糊规则映射。

2）推理机制（Inference engine）：它执行所有的输出计算。

3）模糊器（Fuzzifier）：它将真实的输入值表示为一个模糊集。

4）反模糊器（Defuzzifier）：它将输出模糊集转化为真实的输出值，也称之为解模糊。

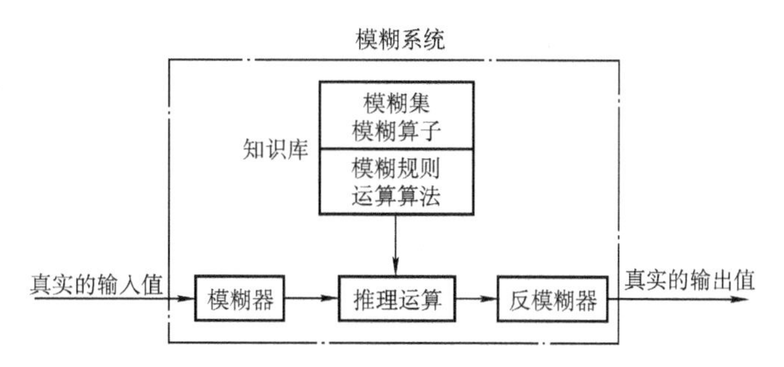

图 5-5　模糊推理系统结构图

与传统的控制方法相比，模糊推理系统有以下特点：①适用于不易获得精确数学模型，或其结构参数不很清楚或难以求得的被控对象，只要求掌握操作人员或领域专家的经验和知识；②它是一种语言变量控制器，控制规则只用语言变量的形式定型表达，构成了被控对象的模糊模型；③系统的鲁棒性强，尤其适用于非线性、时变、滞后系统的控制。

三、一阶倒立摆系统的双闭环模糊控制

1. 问题的提出

一阶倒立摆控制系统共有四个状态变量（θ，$\dot{\theta}$，x，$\dot{x}$），它们均可作为控制器的输入参量。若对这四个输入量定义 5 个模糊子集，则在只有一个模糊控制器的系统中（见图 5-6），由于规则数与输入变量维数成几何关系，模糊规则最多将达到 $5^4=625$ 条，而且每一条规则又由四个前件（条件）和一个后件（结论）组成，这样将使得模糊控制器的设计问题十分复杂，而且在实现过程中对于模糊控制的执行设备（如计算机）的运算速度要求过高，很难实现实时的控制。

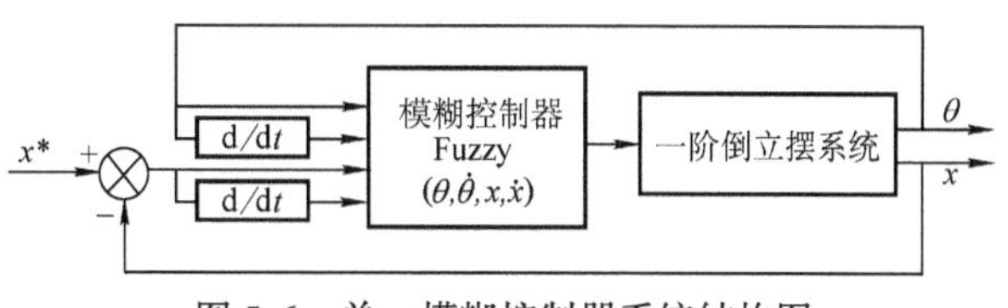

图 5-6　单一模糊控制器系统结构图

为了避免上述的“维数灾难”问题，可以采用如图 5-7 所示的双闭环结构。将系统的摆角和位置分别作为控制系统内外环控制对象。同样在将每个输入变量定义 5 个模糊子集的情况下，每个控制器的控制规则总数最多只有 $5^2=25$ 条，同时，每条规则只有两个前件（条件）和一个后件（结论）。控制规则设计问题将大为简化，控制系统的执行时间也将大大减少，对控制设备的性能要求大为降低。

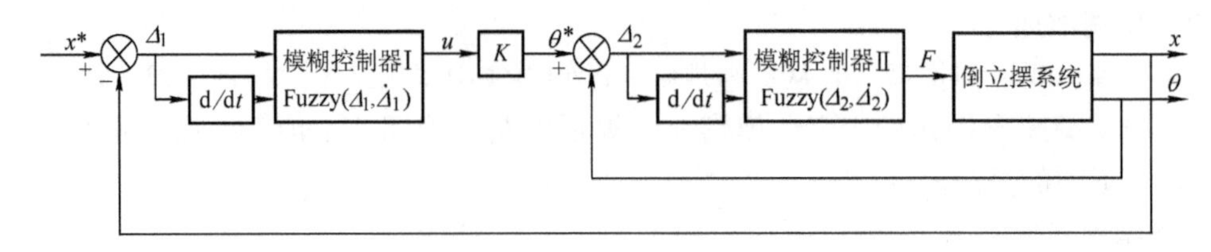

图 5-7　双闭环模糊控制系统结构图

2. 模糊控制器的设计

（1）隶属函数的定义

由模糊控制理论可知，在进行模糊控制算法的设计之前必须将系统精确量的输入输出转换成对应的语言值，即必须首先确定各个输入输出量的论域及隶属函数。

论域的确定可通过对实物装置的测量（如倒立摆的摆角范围和小车位移范围）、实验辨识或者通过经验知识确定（角速度和线速度范围）。

对于隶属函数形式的选择，为了简化运算、缩短控制周期，对输入、输出变量的隶属函数均采用较为简单的形式。输入变量的隶属函数定义成三角形或梯形隶属函数，输出变量则采用单点隶属函数。经过这样的定义后系统的模糊化和解模糊过程将变得十分简单。各变量隶属函数的具体定义如图 5-8 所示。

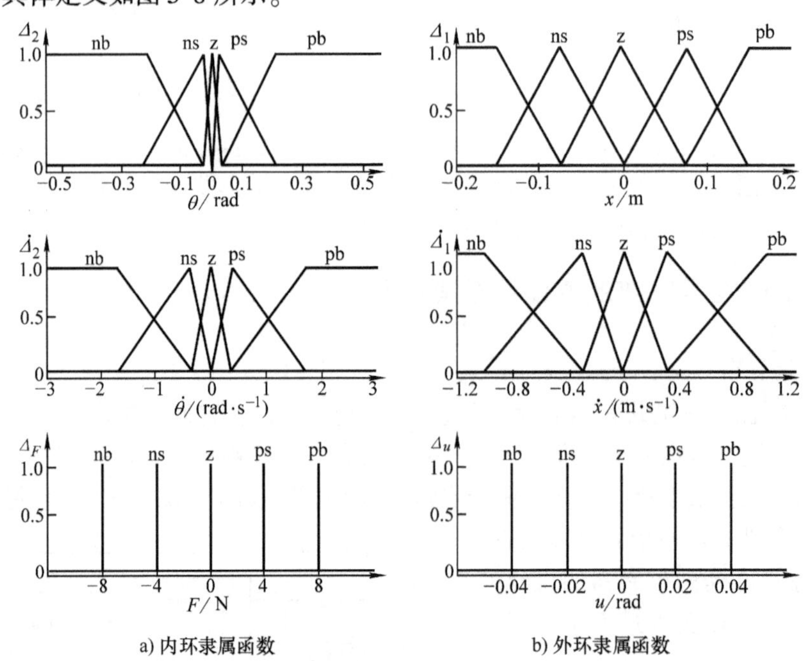

图 5-8　隶属函数定义

（2）模糊控制规则

模糊控制规则是模糊控制器的核心，它是将操作者的实践经验加以总结，而得到的一条条模糊条件语句的集合。在一阶倒立摆双闭环模糊控制系统中，内、外环控制器的输入量均为偏差及其对应的偏差变化率，输出为控制量。在这种情况下，可以借助经验公式设计控制规则：将五个模糊子集 nb，ns，z，ps，pb 分别用数值 -2，-1，0，1，2 代换，则结论的数字大约为两个前件数值代数和的一半。依此经验公式选定控制规则的初值，再经实验调整，即可得到系统内外环的模糊控制规则集。按照上述方法得到的一阶倒立摆系统双闭环模糊控制内外环模糊控制器的具体规则见表 5-1、表 5-2。

表 5-1　内环模糊控制规则

Δ_F		Δ_2				
		nb	ns	z	ps	pb
$\dot{\Delta}_2$	nb	nb	nb	nb	ns	z
	ns	ns	nb	ns	z	ps
	z	nb	ns	z	ps	pb
	ps	ns	z	ps	pb	pb
	pb	ze	ps	pb	pb	pb

表 5-2　外环模糊控制规则

Δ_u		Δ_1				
		nb	ns	z	ps	pb
$\dot{\Delta}_1$	nb	nb	nb	nb	ns	z
	ns	ns	nb	ns	z	ps
	z	nb	ns	z	ps	pb
	ps	ns	z	ps	pb	pb
	pb	ze	ps	pb	pb	pb

（3）解模糊

解模糊过程是模糊化过程的逆过程，即将由模糊控制算法得到的模糊控制输出语言值，依据输出量隶属函数和解模糊规则转换成对应的精确化输出量。

由于在一阶倒立摆双闭环模糊控制系统中，内外环模糊控制器的输出量的隶属函数均为单点集，所以这里采用重心法解模糊的单点公式作为解模糊算法。根据重心法解模糊的单点计算公式可以方便地推导出控制系统内外环解模糊的计算公式分别为

内环解模糊运算公式

$$F = \sum_{i=1}^{25} \mu_i f_i \Big/ \sum_{i=1}^{25} \mu_i$$

外环解模糊运算公式

$$u = \sum_{i=1}^{25} \omega_i s_i \Big/ \sum_{i=1}^{25} \omega_i$$

四、仿真实验

1. MATLAB 模糊逻辑工具箱

使用 MATLAB 模糊逻辑工具箱中的图形界面工具（GUI）可以方便地建立起模糊逻辑系统。MATLAB 模糊逻辑工具箱有五个主要的图形界面工具（GUI），可以用来方便快捷地

建立、编辑和观察模糊推理系统。这五个 GUI 工具中包括三个编辑器：模糊推理系统（FIS）编辑器、隶属函数编辑器、模糊规则编辑器；两个观察器：模糊规则观察器和输出曲面观察器。而且这五个 GUI 工具之间为动态连接——使用中任何一个 GUI 工具中的参数被修改，其他打开的 GUI 工具中的相应参数或性质也将自动改变。

下面首先介绍这五个 GUI 工具的功能及使用方法，以便读者在具体应用时参考。

（1）FIS 编辑器

FIS 编辑器用来处理系统的高级问题，如确定输入、输出变量的数目及其名称，模糊控制器的命名，选择模糊推理方法等。

要打开 FIS 编辑器，可在 MATLAB 工作区键入命令“fuzzy”，也可利用命令“fuzzy + 系统名”直接打开一个已有的模糊推理系统。打开的 FIS 编辑器如图 5-9 所示。下面介绍 FIS 编辑器的各部分功能。

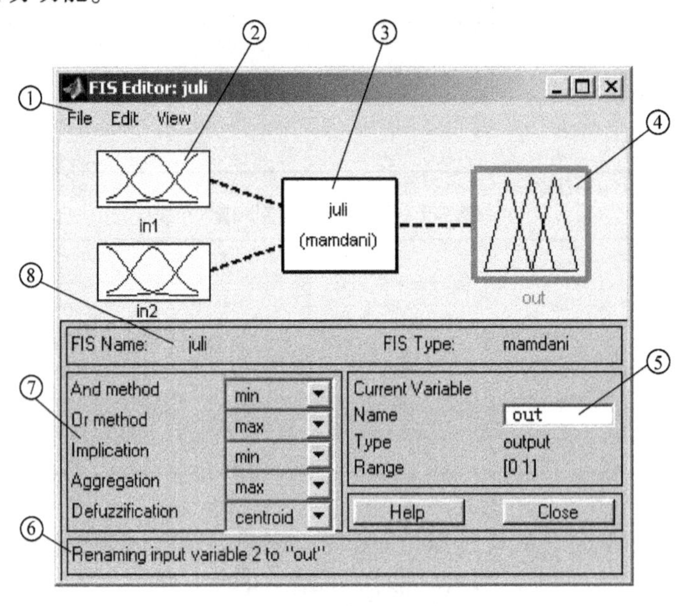

图 5-9 FIS 编辑器图形界面

① File（文件）菜单，在此可进行打开、保存、编辑模糊系统等操作。

② 双击输入变量图标，可打开隶属函数编辑器，定义输入变量的隶属函数。

③ 双击系统图标，可打开模糊规则编辑器。

④ 双击输出变量图标，可打开隶属函数编辑器，定义输出变量的隶属函数。

⑤ 文本框，可对输入输出变量进行命名或改名。

⑥ 状态栏，显示上一步进行的操作。

⑦ 下拉菜单，用于选择模糊推理方法。

⑧ 显示系统名称，要更改系统名称，可在 File（文件）菜单下选择“Save as …”进行。

（2）隶属函数编辑器

先以下面三种方式中的任何一种打开隶属函数编辑器。

1）拉下 View 菜单项，选定“Edit Membership Functions…”。

2）双击输入/输出变量图标。

3）在命令行键入“mfedit”。

打开的隶属函数编辑器如图 5-10 所示。其各区域功能如下：

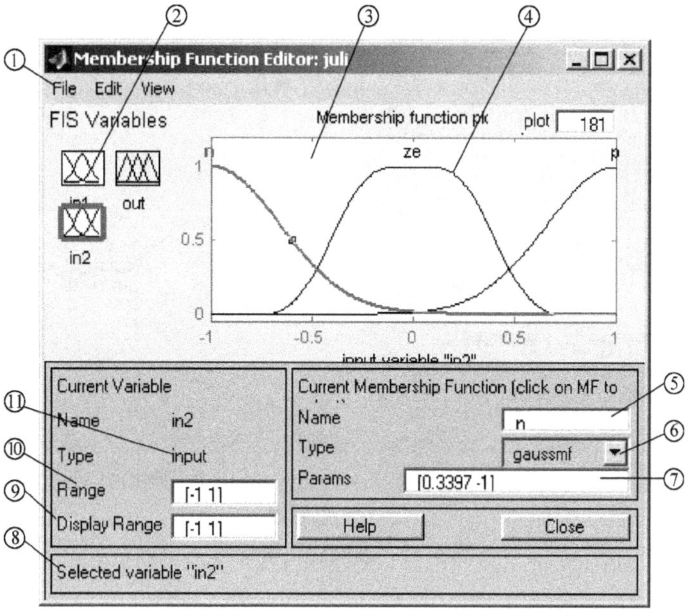

图 5-10 隶属函数编辑器

① File（文件）菜单，在此可进行打开、保存、编辑模糊系统等操作。

② 变量区，显示所有已定义的输入输出变量。单击某变量，使其成为当前变量，就可编辑其隶属函数。

③ 绘图区，显示当前变量的隶属函数。

④ 单击选中一条隶属函数曲线，就可以编辑修改隶属函数的名称、类型、属性及参数。

⑤ 文本框，可改变当前隶属函数的名称。

⑥ 下拉菜单，可用来改变当前隶属函数的类型。

⑦ 文本框，可以改变当前隶属函数的数字参数。

⑧ 状态栏，显示上一步操作。

⑨ 文本框，可设置当前图形的显示范围。

⑩ 文本框，设置当前变量范围。

⑪ 显示当前变量的名称和类型。

（3）模糊规则编辑器

有两种方法可以调用模糊规则编辑器，一是在 FIS 编辑器中的 View 菜单中选定“Edit rules...”命令，二是在命令行键入“ruleedit”。

图 5-11 中的模糊规则编辑器各部分功能如下：

① File（文件）菜单，在此可进行打开、保存、编辑模糊系统等操作。

② 输入输出选择框。

③ 模糊规则显示区。

④ 这两个按钮可调用编辑器的使用帮助和关闭窗口。

⑤ 这三个按钮用于删除、修改和增加模糊规则。

⑥ 选中此按钮模糊规则的输入输出表述将为“非”。

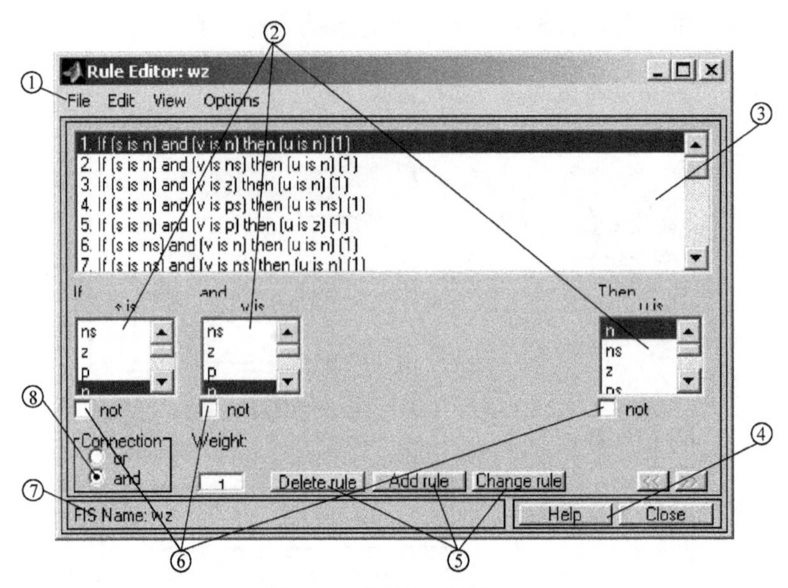

图 5-11　模糊规则编辑器

⑦ 状态栏，显示上一步操作。

⑧ 选择模糊规则中各输入间的“与”“或”关系。

此外，在工作区中键入“ruleview”或从 FIS 编辑器的 View 菜单中选择“View rules...”可进入模糊规则观察器，观察模糊推理图即模糊系统的推理过程是否与预期的相同。在工作区中键入“surfview”或从 FIS 编辑器的 View 菜单中选择“View surface...”可进入输出曲面观察器，从中可以观察输入区间与输出区间的整体对应关系。

2. 一阶倒立摆系统数字仿真模型的建立

下面讨论如何利用 MATLAB 的 GUI 工具及 Simulink 的模糊控制工具箱（Fuzzy Logic Toolbox）进行一阶倒立摆模糊控制系统仿真试验的问题。

（1）建立 Simulink 仿真模型

利用 Simulink 基本模块库和 Fuzzy Logic Toolbox 建立如图 5-12 所示的仿真模型。其中，包含倒立摆模型（inverted pendulum）、内外环模糊控制器（Fuzzy Logic Controller）、差分模块（difference）、增益调整（K）、数据文本输出模块（仿真数据输出到文本 mohu. mat）。

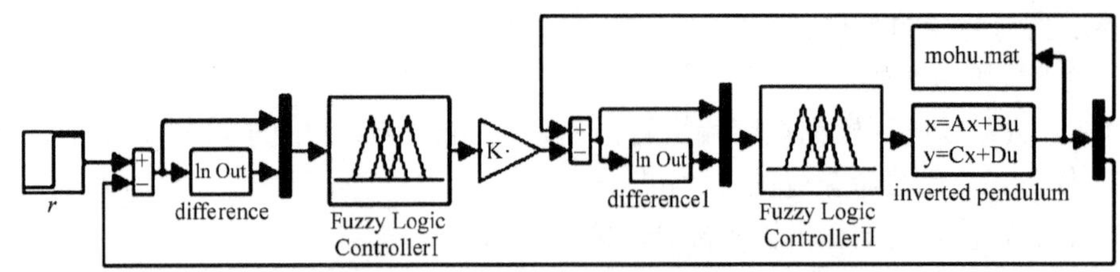

图 5-12　系统仿真模型

作为受控对象的一阶倒立摆模型，这里采用的是系统数学模型的状态空间表达式。模型参数依据实物系统选定为：滑块质量 $M=0.6\text{kg}$，倒摆振子质量 $m=0.085\text{kg}$，倒摆长度 $2L=0.42\text{m}$，重力加速度 $g=9.8\text{m/s}^2$，摩擦因数 $D=0.01\text{N/m}\cdot\text{s}^{-1}$。

系统内环模糊控制器（Fuzzy Logic Controller Ⅱ）和外环模糊控制器（Fuzzy Logic Controller Ⅰ）中的模糊控制规则定义见表 5-1 和表 5-2。各输入输出量的隶属函数定义如图 5-8 所示；内外环模糊控制器均采用 Mamdani 型模糊推理算法及“极大-极小”合成规则进行模糊推理。

系统仿真模型中的差分模块子系统（difference）的内部结构如图 5-13 所示，差分采样时间为 10ms。采用差分计算代替微分模块是出于以下考虑：

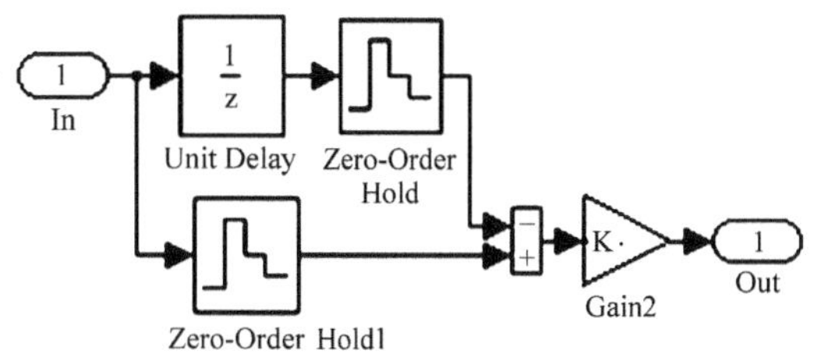

图 5-13　差分模块子系统的内部结构

1）考虑仿真时间问题。采用微分计算系统仿真过程的计算量将变得很大，特别是在系统的暂态过程中，有可能出现某一瞬时系统的微分量很大导致微分计算困难。

2）考虑与实物实验的一致性。在实物平台上由于采用离散的控制器（计算机、DSP 等），实际系统的变量变化率求取同样是采用差分的办法。

差分模块子系统（difference）中采用的零阶采样保持器（Zero-Order Hold）起到了将离散输出量“连续化”的作用。

（2）建立模糊逻辑系统

利用前述的模糊控制理论知识，分别建立系统内外环模糊逻辑控制系统，并将它们分别命名，如“nh”和“wh”，再分别双击 Simulink 系统仿真模型中的内外环模糊控制器模块，在弹出对话框中分别键入两个系统的名称。这样就建立了 MATLAB 模糊逻辑系统与 Simulink 系统仿真模型之间的联系，继而可运行 Simulink 仿真。

（3）利用仿真数据文本绘制仿真曲线

运行 Simulink 仿真结束后，仿真结果被保存到仿真数据文本 mohu. mat 中，可在 MATLAB 中建立一个 m 文件调用此数据文件绘制仿真结果曲线。以下为 m 文件的一个实例。

```
% Inverted pendulum
% signals recuperation
load mohu. mat
t = signals (1,:);
q = signals (2,:);
x = signals (3,:);
% drawing x (t) and theta (t) response signals
figure (1)
hf = line (t, q (:));
grid on
xlabel ('时间 (s)')
ylabel ('摆角 (rad)')
axis ( [0 25 -0.02 0.14])
axet = axes ('Position', get (gca,'Position'), …
            'XAxisLocation','bottom', …
            'YAxisLocation','right','Color','None', …
            'XColor','k','YColor','k');
ht = line (t, x,'color','r','parent', axet);
```

```
ylabel ('位置 (m)')
axis ( [0 25 -0.02 0.14])
title ('\ theta (t) and x (t) Response to a step input')
```

3. 仿真实验结果

利用仿真数据文本 mohu. mat 中的数据，可以绘制相关的仿真结果曲线。当系统的初始状态为系统原点，位置给定位为0.1m，仿真实验结果及摆角响应曲线放大图如图5-14所示。由图中可见，闭环系统运行稳定，并且具有较高的稳态精度。过渡过程中摆角的摆动幅度小于±0.03rad，说明系统运行平稳。

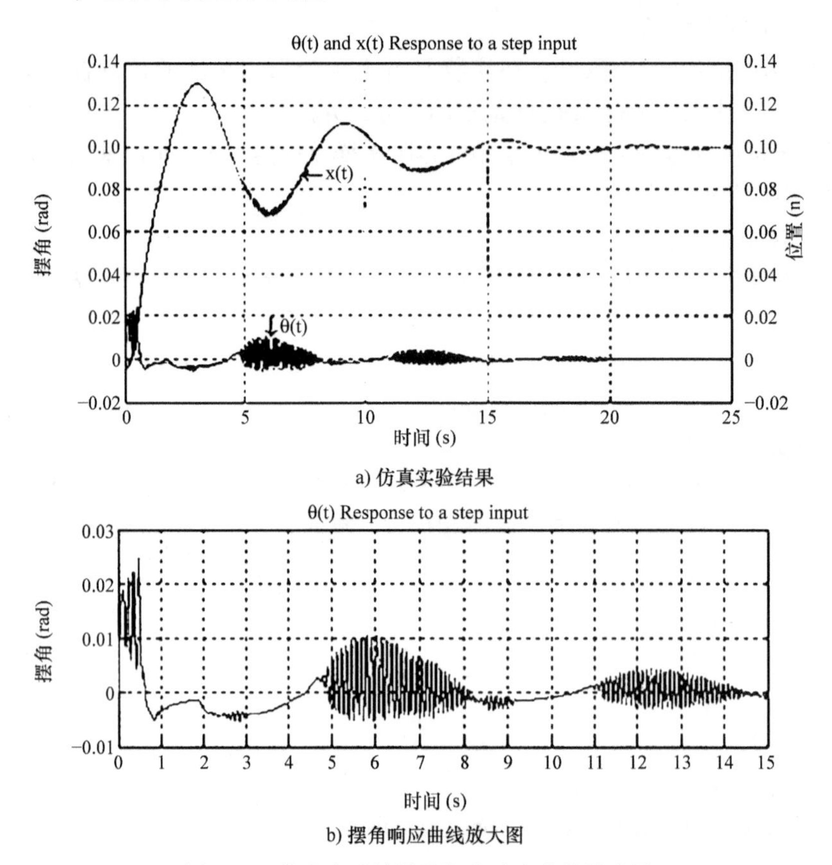

a) 仿真实验结果

b) 摆角响应曲线放大图

图5-14 仿真实验结果及摆角响应曲线放大图

实际上，控制系统的参数、规则等（如输入输出隶属函数的形式和参数、模糊规则的定义）选择都不是唯一的，可以通过反复试验和经验知识来寻求满足系统性能实际要求的具体控制参数。当系统的控制参数改变时，系统的特性也随之改变。比如，将以上实验中内环输出量的隶属函数改变为图5-15的形式，则仿真结果如图5-16所示。

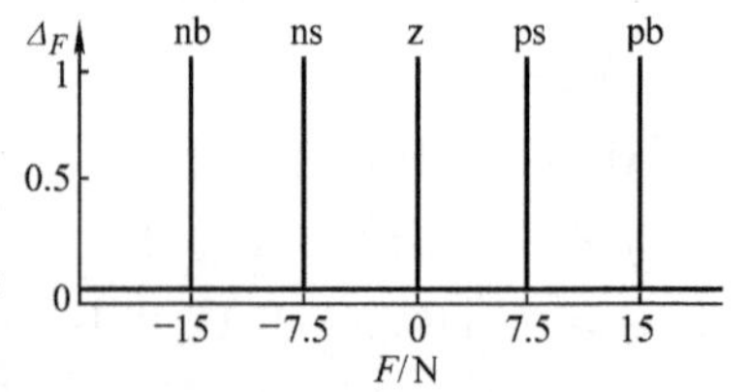

图5-15 内环输出量隶属函数

可见，系统仍为稳定，但系统的超调量明显变大，稳态性能指标与前面的结果也有较大差距，所以，不同隶属函数的选取对控制系统的性能影响较大。

为了进一步验证控制系统的鲁棒性，适当改变被控对象（一阶倒立摆系统）的模型参数，在模糊控制器参数设置不变的情况下进行仿真实验。图 5-17、图 5-18 和图 5-19 分别为对象模型参数做不同变化时的仿真结果。它们对应的模型参数设置见表 5-3。

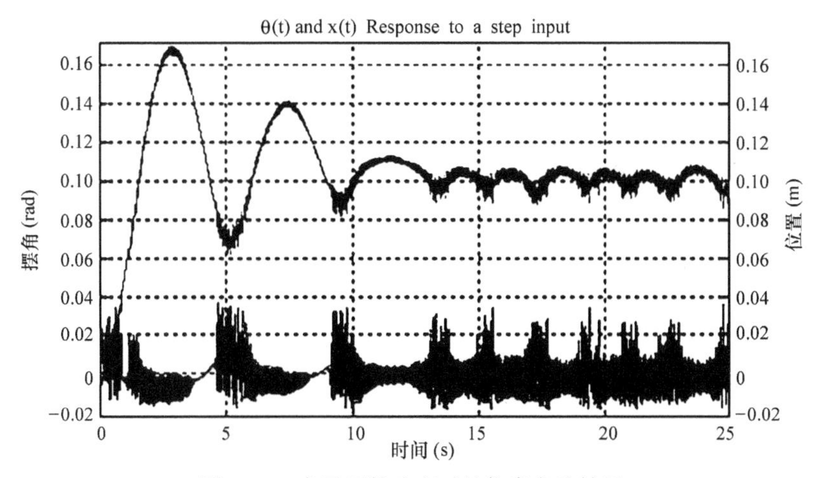

图 5-16 隶属函数改变时的仿真实验结果

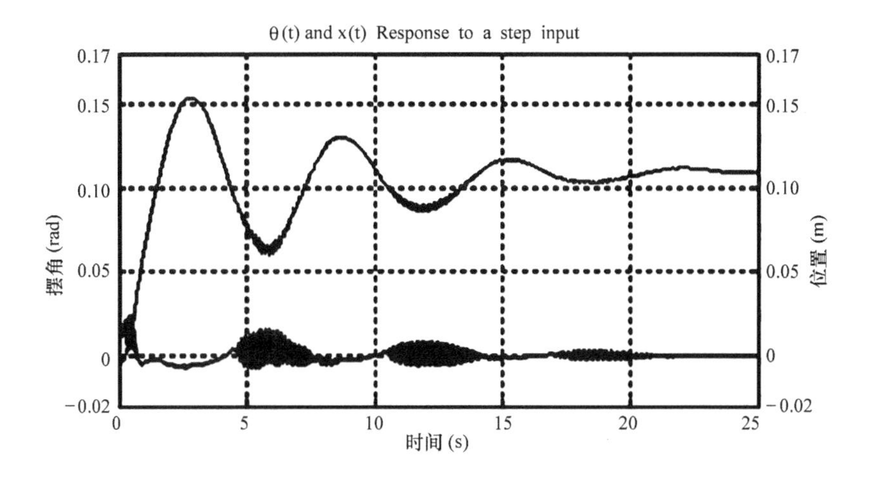

图 5-17 仿真实验结果（情况 1）

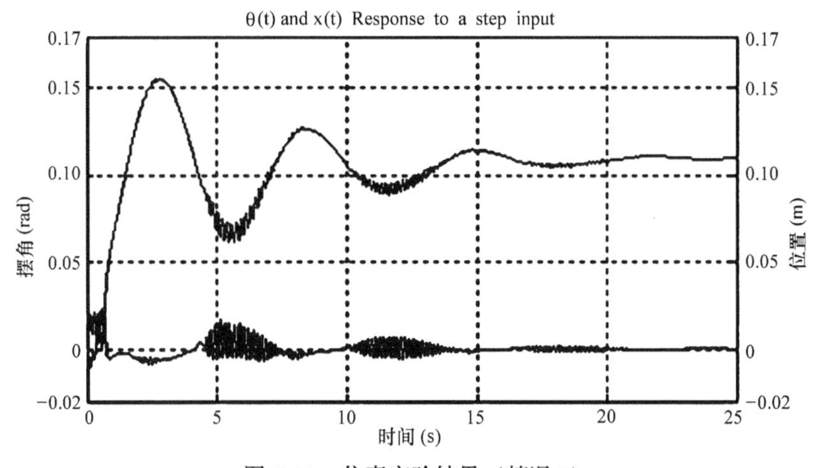

图 5-18 仿真实验结果（情况 2）

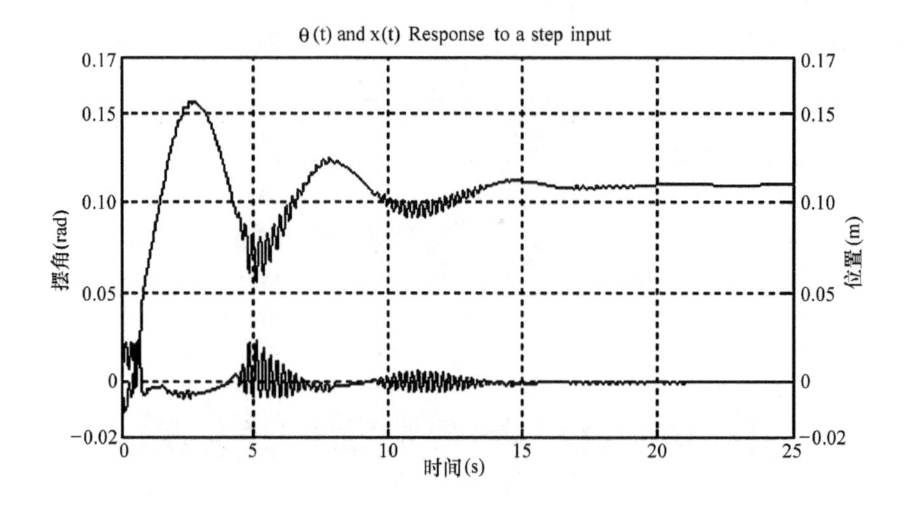

图 5-19 仿真实验结果（情况 3）

表 5-3 模型参数设置

情况	1	2	3
小车质量 M/kg	0.6	0.6	0.6
摆杆质量 m/kg	0.17	0.085	0.25
摆杆长度 $2L$/m	0.42	0.84	1.2

由图 5-17、图 5-18 和图 5-19 仿真结果曲线可见，系统的模糊控制器具有很强的鲁棒性。当控制对象（一阶倒立摆）的参数变化时，随着参数变化的增大，系统响应的超调量和稳态误差稍有加大，而控制器仍然能够有效控制系统的稳定。当摆杆质量和长度均达到实际系统的 2.5 倍时（见图 5-19），模糊控制器依然能够控制系统的平衡，且系统的稳态误差小于 0.01m。模糊控制器鲁棒性强这一特性对于实现一阶倒立摆实物系统的稳定控制是十分有利的。

五、结论

1）双闭环模糊控制方案能够有效控制一阶倒立摆系统的稳定，并且实现小车的有效定位，而且双闭环结构使得系统的控制规则和执行时间大幅减少，大大降低了系统设计和实现难度。

2）仿真实验证明，一阶倒立摆系统的双闭环模糊控制方案具有较强的鲁棒性。

3）本节内容对于一类有多个反馈量、非线性、自不稳定的系统的控制问题具有一定的参考价值。

第四节 三相电压型PWM整流器的单位功率因数控制系统设计

一、引言

整流器作为电力电子设备的前端电路，应用极其广泛。传统的整流装置采用二极管不控整流或晶闸管相控整流方式，具有网侧电流谐波大、功率因数低等缺点，为电网带来了严重的谐波和无功功率污染问题。

三相电压型PWM整流器是一种采用全控型电力电子器件的整流器，借助于控制手段，它能够实现单位功率因数运行，具有网侧电流畸变小、输出电压可调、效率高及能量可双向流动等优点，越来越受到人们的广泛关注。

PWM整流器优良性能的获得依赖于控制系统的设计，由于PWM整流器是非线性系统，采用线性系统理论设计的控制算法存在着控制器参数整定困难、过于依赖系统参数、大范围扰动不稳定等问题。因此，深入研究三相电压型PWM整流器的非线性控制方法，对于提高整流器控制性能、解决电网谐波和无功污染问题、提高电能质量及电能利用效率具有重要意义。本节将采用滑模变结构控制方案，实现对三相电压型PWM整流器的单位功率因数控制。

二、滑模变结构控制

变结构控制理论诞生于20世纪50年代末，作为一种非线性控制理论，与其他控制方法相比，具有控制规律简单，对系统的数学模型精确性要求不高，可以有效地平衡动、静态之间的矛盾以及强鲁棒性等优点，近年来已被广泛应用于处理一些复杂的非线性、时变、多变量耦合及不确定系统，如伺服电机驱动、机器手控制以及飞船控制系统的控制。下面先对滑模变结构控制的一些基本概念进行阐述。

1. 滑动模态

滑模变结构控制是变结构控制系统的一种控制策略。这种控制策略与常规控制的根本区别在于控制的不连续性，即一种使系统结构随时变化的开关特性。该控制特性可以迫使系统在一定条件下沿规定的状态轨迹做小幅度、高频率上下运动，即滑动模态或“滑模”运动。这种滑动模态是可以设计的，且与系统的参数及扰动无关。这样，处于滑模运动的系统自然就具有很好的鲁棒性。

2. 切换函数及切换面

在滑模变结构控制中，需要通过开关的切换，改变系统在状态空间中的切换面$s(x)=0$两边的结构。开关切换的法则称为控制策略，它保证系统具有滑动模态。此时，分别把$s=s(x)$及$s(x)=0$叫作切换函数及切换面。

3. 滑模变结构控制的数学描述

滑模变结构控制可表述成如下形式：

设有一非线性控制系统

$$\dot{x}=f(x,u,t) \qquad x\in R^n,\ u\in R^m,\ t\in R$$

需要确定切换函数向量

$$s(x),\quad s\in R^n$$

具有的维数一般情况下等于控制的维数，并且寻求变结构控制

$$u_i(x)=\begin{cases}u_i^+(x) & 当\ s_i(x)>0\\ u_i^-(x) & 当\ s_i(x)<0\end{cases}$$

这里，变结构体现在 $u^+(x)\neq u^-(x)$，使其满足以下条件：

1）满足到达条件。切换面 $s_i(x)=0$ 以外的相轨迹将于有限时间内到达切换面。

2）切换面是滑动模态区，且滑动运动渐进稳定，动态品质良好。

满足以上条件的控制叫作滑模变结构控制，其基本原理如图 5-20 所示。

4. 滑模变结构控制系统的设计方法

滑模变结构控制系统的设计步骤可概括如下：

1）选择滑模面参数，构成希望的滑动模态。

2）求取不连续控制 u^+_-，保证在切换平面 $s=0$ 上的每一点存在滑动模态，这一平面就被认为是滑动面。

3）控制必须让状态进入滑动面。

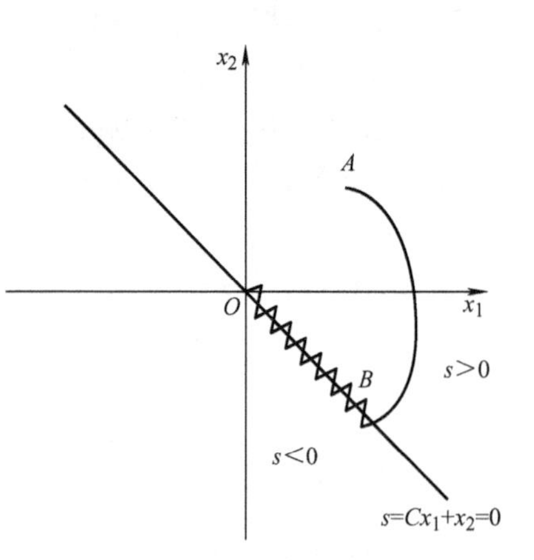

图 5-20 滑模变结构控制的基本原理

滑动模态三要素（即存在、稳定、进入）是靠切换面与控制两者来保证的，一旦切换面选定，则问题转入控制的求取。求取标量变结构控制，要从滑动模态的存在条件出发，即从 $s\dot{s}<0$ 这个关系式出发。按这个关系式所求得的控制，往往是不等式。在选取时，可充分考虑滑动模态的进入条件。对于滑动模态的稳定性问题，由于在选择切换面时已经考虑过，因此不需要再进行讨论[108,109]。

三、系统建模与模型验证

在第二章第二节三相 PWM 整流器系统控制问题中，给出了三相静止坐标系下三相电压型 PWM 整流器的数学模型（为表述方便，在本节中将三相电压型 PWM 整流器统一简称为 PWM 整流器），这里用必要条件法对所建模型进行验证。所谓必要条件法，就是所进行的模型验证实验的结果是依据经验可以判定的，其正确性的结果是正确的模型所应具备的必要性质。

在 MATLAB/Simulink 环境下，按照式(2-52) 所示的 PWM 整流器数学模型搭建其仿真模型，如图 5-21 所示，这里函数 Fun、Fun1、Fun2、Fun3 和 Fun4 的表达式分别为：

Fun：(u[4] - u[11] * u[1] - u[10] * u[7] + u[10] * (u[7] + u[8] + u[9])/3)/u[12]

Fun1：(u[5] - u[11] * u[2] - u[10] * u[8] + u[10] * (u[7] + u[8] + u[9])/3)/u[12]

Fun2：(u[6] - u[11] * u[3] - u[10] * u[9] + u[10] * (u[7] + u[8] + u[9])/3)/u[12]

Fun3：(u[1] * u[7] + u[2] * u[8] + u[3] * u[9] - u[10] /u[14])/u[13]

Fcn4：u[1] * u[7] + u[2] * u[8] + u[3] * u[9]

系统模型方程中的常量 R、L、C、R_L 是可变参数，其可在模型外部进行灵活设置，这里取 $R=0.3\Omega$，$L=20\text{mH}$，$C=990\mu\text{F}$，$R_L=100\Omega$。由 $i_{dc}=i_a s_a+i_b s_b+i_c s_c$，可得不同开关模式时的 i_{dc} 值（见表 5-4）。

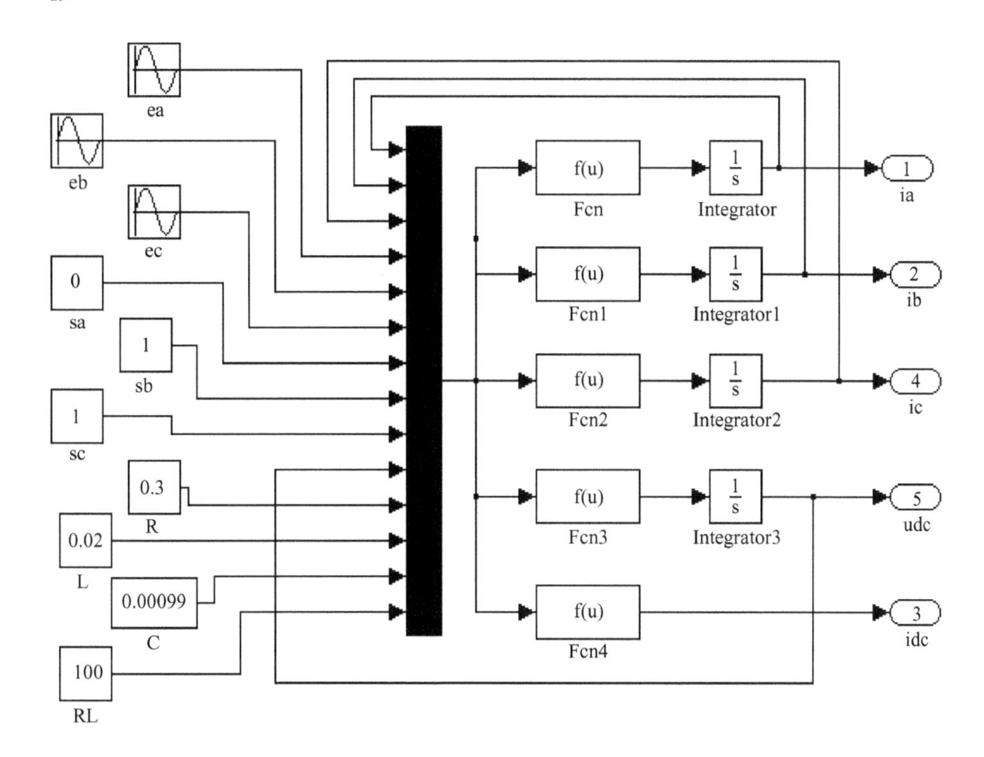

图 5-21　模型验证仿真模型

表 5-4　PWM 整流器不同开关模式时 i_{dc} 的取值

$s_c s_b s_a$	001	010	011	100	101	110	111	000
i_{dc}	i_a	i_b	$-i_c$	i_c	$-i_b$	$-i_a$	0	0

为了检验 PWM 整流器数学模型是否与实际系统相符，下面设计了三个仿真实验，见表 5-5。

表 5-5　模型验证仿真实验

序　号	实验条件	判定依据
实验一	$s_a=s_b=s_c=0$	$i_{dc}=0$
实验二	$s_a=1$，$s_b=s_c=0$	$i_{dc}=i_a$
实验三	$s_a=0$，$s_b=s_c=1$	$i_{dc}=-i_a$

模型验证的仿真实验结果如图 5-22 所示。由实验结果可以看出，该模型行为与理论分析完全符合，因而可在一定程度上证明所建模型的正确性。

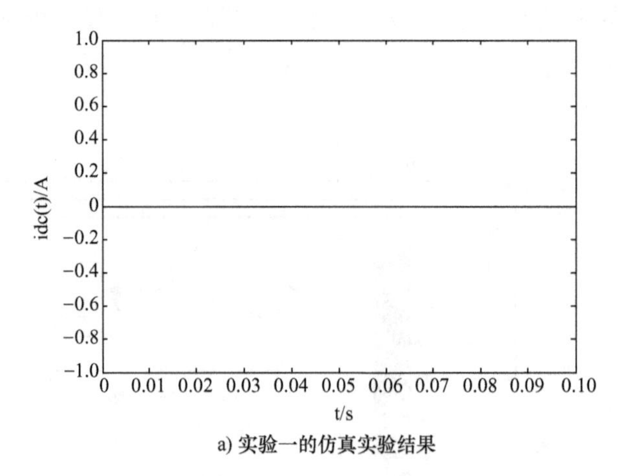

a) 实验一的仿真实验结果

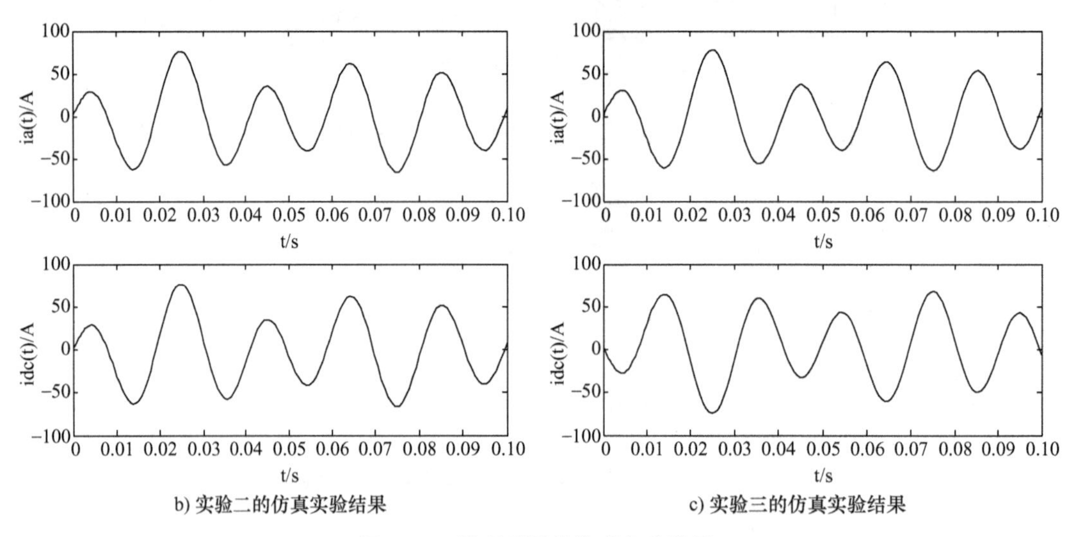

b) 实验二的仿真实验结果　　c) 实验三的仿真实验结果

图5-22　模型验证的仿真实验结果

四、基于滑模变结构控制的PWM整流器控制系统设计

在第二章第二节的三相PWM整流器系统控制问题中，给出了dq同步旋转坐标系下三相电压型PWM整流器的数学模型，即

$$\begin{cases} L\dfrac{\mathrm{d}i_{\mathrm{d}}}{\mathrm{d}t}=-Ri_{\mathrm{d}}+\omega Li_{\mathrm{q}}-s_{\mathrm{d}}u_{\mathrm{o}}+e_{\mathrm{d}} \\ L\dfrac{\mathrm{d}i_{\mathrm{q}}}{\mathrm{d}t}=-\omega Li_{\mathrm{d}}-Ri_{\mathrm{q}}-s_{\mathrm{q}}u_{\mathrm{o}}+e_{\mathrm{q}} \\ C\dfrac{\mathrm{d}u_{\mathrm{o}}}{\mathrm{d}t}=s_{\mathrm{d}}i_{\mathrm{d}}+s_{\mathrm{q}}i_{\mathrm{q}}-\dfrac{u_{\mathrm{o}}}{R_{\mathrm{L}}} \end{cases} \tag{5-16}$$

这里，所设计的PWM整流器滑模变结构控制系统将采用双闭环结构，内环为电流环，控制目标是实现网侧电流正弦化，保证PWM整流器高功率因数运行；外环为电压环，控制目标是实现输出直流电压快速调节，且无稳态误差。因此，控制系统设计包括电流内环控制器设计和电压外环控制器设计两部分，控制系统结构如第二章第二节三相电压型PWM整流

器系统控制问题中的图 2-21 所示。

1. 电流内环控制器的设计

在电流内环控制器设计时，暂不考虑式(5-16) 中的电压方程，即此时被控对象的数学方程为

$$\begin{cases}\dfrac{\mathrm{d}i_\mathrm{d}}{\mathrm{d}t}=\dfrac{1}{L}e_\mathrm{d}-\dfrac{1}{L}s_\mathrm{d}u_\mathrm{o}+\omega i_\mathrm{q}-\dfrac{R}{L}i_\mathrm{d}\\ \dfrac{\mathrm{d}i_\mathrm{q}}{\mathrm{d}t}=\dfrac{1}{L}e_\mathrm{q}-\dfrac{1}{L}s_\mathrm{q}u_\mathrm{o}-\omega i_\mathrm{d}-\dfrac{R}{L}i_\mathrm{q}\end{cases} \tag{5-17}$$

在此数学模型基础上，设计一个多输入向量滑模变结构控制器，使 i_d 和 i_q 都能快速达到给定值。

1）定义两个滑模面：

$$\begin{cases}s_1=\alpha_1(i_\mathrm{d}-i_\mathrm{d}^*)\\ s_2=\alpha_2(i_\mathrm{q}-i_\mathrm{q}^*)\end{cases} \tag{5-18}$$

式中，α_1、α_2 均是正实数；i_d^*、i_q^* 分别是 i_d、i_q 的给定值。

2）采用等速趋近率：

$$\frac{\mathrm{d}s}{\mathrm{d}t}=-\varepsilon\,\mathrm{sgn}(s) \tag{5-19}$$

式中，ε 为正实数，则可保证 $s\cdot\dot{s}<0$，满足广义滑模条件：

$$\begin{cases}\dot{s}_1=-W_1\mathrm{sgn}(s_1)\\ \dot{s}_2=-W_2\mathrm{sgn}(s_2)\end{cases}\qquad W_1>0,W_2>0 \tag{5-20}$$

3）求出控制率。因为

$$\begin{cases}\dot{s}_1=\alpha_1\dot{i}_\mathrm{d}=\alpha_1\left(\dfrac{1}{L}e_\mathrm{d}-\dfrac{1}{L}u_\mathrm{o}s_\mathrm{d}+\omega i_\mathrm{q}-\dfrac{R}{L}i_\mathrm{d}\right)\\ \dot{s}_2=\alpha_2\dot{i}_\mathrm{q}=\alpha_2\left(\dfrac{1}{L}e_\mathrm{q}-\dfrac{1}{L}u_\mathrm{o}s_\mathrm{q}-\omega i_\mathrm{d}-\dfrac{R}{L}i_\mathrm{q}\right)\end{cases} \tag{5-21}$$

所以由式(5-20)，可得电流内环控制器的控制律如下：

$$\begin{cases}s_\mathrm{d}=\dfrac{L}{u_\mathrm{o}}\left[\dfrac{1}{L}e_\mathrm{d}-\dfrac{R}{L}i_\mathrm{d}+\omega i_\mathrm{q}+\dfrac{W_1}{\alpha_1}\mathrm{sgn}(s_1)\right]\\ s_\mathrm{q}=\dfrac{L}{u_\mathrm{o}}\left[\dfrac{1}{L}e_\mathrm{q}-\dfrac{R}{L}i_\mathrm{q}-\omega i_\mathrm{d}+\dfrac{W_2}{\alpha_2}\mathrm{sgn}(s_2)\right]\end{cases} \tag{5-22}$$

2. 电流内环控制器的改进

由式(5-22) 可以看出，电流内环控制器的控制律存在不连续符号函数 $\mathrm{sgn}(s)$，它的存在将带来滑模变结构控制所特有的“抖振”问题。

（1）抖振的产生

在实际工程应用中，滑模变结构控制的开关特性 $u(x)=u^*(x)\mathrm{sgn}[s(x)]$是不可能实现的，时间延迟和空间滞后等因素将使得滑动模态表现为高频抖动形式，这种现象称之为抖振。

抖振问题是变结构控制广泛应用的主要障碍，是影响变结构技术发展的重要原因。这是因为实际控制系统中的执行元件不能承受高频切换，有的系统性能上不允许存在抖振；抖振

的存在还可能激发系统未建模部分的强迫振荡。因此，人们尝试采用各种具有“准滑动模态”的控制系统。所谓准滑动模态（或近似滑动模态、伪滑动模态），是指系统的运动轨迹被限制在理想滑动模态的某一Δ邻域内的模态。

（2）抖振的抑制

抖振发生的本质原因是由于开关的切换动作造成控制系统的不连续性，因此，对于一个现实的滑模变结构控制系统，抖振必定存在。人们可以努力去削弱抖振的幅度，使它减少到工程允许的范围内，但无法完全消除它，因为消除了抖振，也就消除了滑模变结构控制系统的抗干扰能力。由于抖振问题是滑模变结构控制的突出障碍，因此许多学者提出了消抖措施，其中具有代表性的是柔化 $\mathrm{sgn}(s)$ 函数法、边界层法和趋近率法等[88]。

这里采用边界层法，即用连续的饱和函数 $\mathrm{sat}(s)$ 来代替不连续函数 $\mathrm{sgn}(s)$。这种降低抖振的方法，也称为具有饱和函数的准滑模伪变结构控制。由于将继电函数连续化，所以系统不再存在结构变化，故称之为伪变结构。饱和函数 $\mathrm{sat}(s)$ 可写为如下形式

$$\mathrm{sat}(s)=\begin{cases}+1 & s>\Delta\\ ks & |s|\leqslant\Delta\\ -1 & s<-\Delta\end{cases}\tag{5-23}$$

式中，Δ 称为边界层，且 $\Delta\cdot k=1$。$\mathrm{sgn}(s)$ 和 $\mathrm{sat}(s)$ 可用图5-23所示曲线表示。

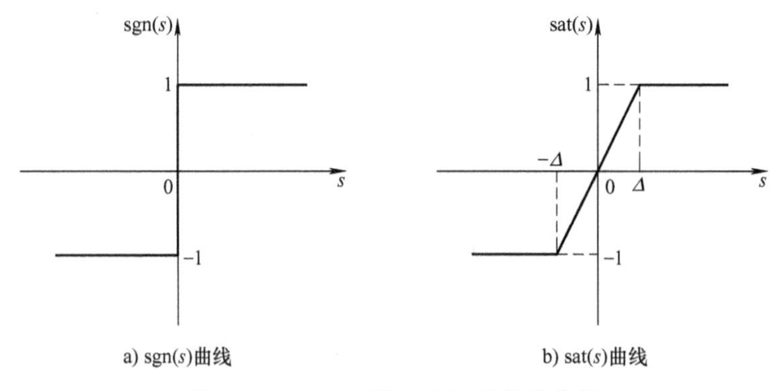

图5-23 sgn(s) 及 sat(s) 连续化曲线

因此，改进后的电流内环控制器如下所示

$$\begin{cases}s_{\mathrm{d}}=\dfrac{L}{u_{\mathrm{o}}}\left[\dfrac{1}{L}e_{\mathrm{d}}-\dfrac{R}{L}i_{\mathrm{d}}+\omega i_{\mathrm{q}}+\dfrac{W_1}{\alpha_1}\mathrm{sat}(s_1)\right]\\ s_{\mathrm{q}}=\dfrac{L}{u_{\mathrm{o}}}\left[\dfrac{1}{L}e_{\mathrm{q}}-\dfrac{R}{L}i_{\mathrm{q}}-\omega i_{\mathrm{d}}+\dfrac{W_2}{\alpha_2}\mathrm{sat}(s_2)\right]\end{cases}\tag{5-24}$$

3. 电压外环控制器设计

PWM整流器控制系统的电压外环通常采用PI控制算法，使得输出直流电压无稳态误差。由于控制系统采用双闭环结构，在进行电压外环控制系统设计时，可假设电流内环响应快速、跟随良好，即 $i_{\mathrm{d}}^*=i_{\mathrm{d}}$，$i_{\mathrm{q}}^*=0$，进而可以简化电压外环控制器设计。下面将根据PWM整流器的交直流功率守恒关系，给出一种简单、方便的电压外环控制器设计方法。

对于PWM整流器，当实现单位功率因数控制时，其将满足如下交直流侧功率守恒关系（此时沿用前面的等功率坐标变换）[64]，即

$$\frac{u_{\mathrm{o}}^{2}}{R_{\mathrm{L}}}+Cu_{\mathrm{o}}\frac{\mathrm{d}u_{\mathrm{o}}}{\mathrm{d}t}=e_{\mathrm{d}}i_{\mathrm{d}} \tag{5-25}$$

为了得到 u_{o} 和 i_{d} 之间的传递函数，对式(5-25) 进行小信号处理，即令 $u_{\mathrm{o}}=U_{\mathrm{o}}+\hat{u}_{\mathrm{o}}$，$i_{\mathrm{d}}=I_{\mathrm{d}}+\hat{i}_{\mathrm{d}}$。这里，$U_{\mathrm{o}}$ 和 I_{d} 为稳态值，$\hat{u}_{\mathrm{o}}$ 和 $\hat{i}_{\mathrm{d}}$ 为小信号扰动值。忽略高阶小信号量，并令 E_{d} 为 e_{d} 的稳态值，则式(5-25) 可转化为

$$\frac{R_{\mathrm{L}}C\mathrm{d}\hat{u}_{\mathrm{o}}}{2\quad\mathrm{d}t}+\hat{u}_{\mathrm{o}}=\frac{E_{\mathrm{d}}R_{\mathrm{L}}}{2U_{\mathrm{o}}}\hat{i}_{\mathrm{d}} \tag{5-26}$$

进一步对式(5-26) 进行拉普拉斯变换，可得 u_{o} 和 i_{d} 之间的传递函数为

$$G_{\mathrm{o}}(s)=\frac{U_{\mathrm{o}}(s)}{I_{\mathrm{d}}(s)}=\frac{E_{\mathrm{d}}R_{\mathrm{L}}}{2U_{\mathrm{o}}}\frac{1}{\frac{R_{\mathrm{L}}C}{2}s+1} \tag{5-27}$$

令电压外环 PI 控制器为

$$G_{\mathrm{c}}(s)=K_{\mathrm{u}}\frac{\tau_{\mathrm{u}}s+1}{\tau_{\mathrm{u}}s} \tag{5-28}$$

则可得电压外环控制系统结构如图 5-24 所示，系统的开环传递函数为

$$G_{1}(s)=G_{\mathrm{c}}(s)G_{\mathrm{o}}(s)=\frac{E_{\mathrm{d}}R_{\mathrm{L}}K_{\mathrm{u}}}{2U_{\mathrm{o}}\tau_{\mathrm{u}}}\frac{1}{\frac{R_{\mathrm{L}}C}{2}s+1}\frac{\tau_{\mathrm{u}}s+1}{s} \tag{5-29}$$

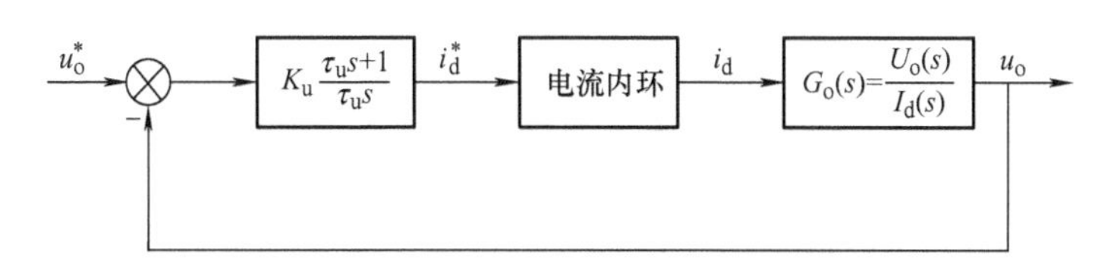

图 5-24　电压外环控制系统结构图

令 $\tau_{\mathrm{u}}=\frac{R_{\mathrm{L}}C}{2}$，$\tau_{1}=\frac{2U_{\mathrm{o}}\tau_{\mathrm{u}}}{E_{\mathrm{d}}R_{\mathrm{L}}K_{\mathrm{u}}}$，则式(5-29) 可进一步简化为

$$G_{1}(s)=G_{\mathrm{c}}(s)G_{\mathrm{o}}(s)=\frac{1}{\tau_{1}s}$$

进而，电压外环控制系统的闭环传递函数为

$$G(s)=\frac{1}{\tau_{1}s+1}$$

此时，根据一阶系统性能指标与传递函数时间常数的关系，即调节时间 $t_{\mathrm{s}}=4\tau_{1}$（阶跃响应到达电压稳态值的 98%），可实现电压外环 PI 控制器的参数整定，即

$$K_{\mathrm{u}}=\frac{2U_{\mathrm{o}}\tau_{\mathrm{u}}}{E_{\mathrm{d}}R_{\mathrm{L}}\tau_{1}}=\frac{8U_{\mathrm{o}}\tau_{\mathrm{u}}}{E_{\mathrm{d}}R_{\mathrm{L}}t_{\mathrm{s}}},\ \tau_{\mathrm{u}}=\frac{R_{\mathrm{L}}C}{2} \tag{5-30}$$

在实际工程应用中，需根据上述工程化设计方法确定电压外环 PI 调节器的基本参数；在此基础上通过适当的参数调整，就可以找到一组系统稳态/动态性能指标兼顾的 PI 参数，这就减少了在实际工程中 PI 参数选择的盲目性。

综上，得到如图 5-25 所示的 PWM 整流器滑模变结构控制系统结构图，下面对其进行仿真实验。

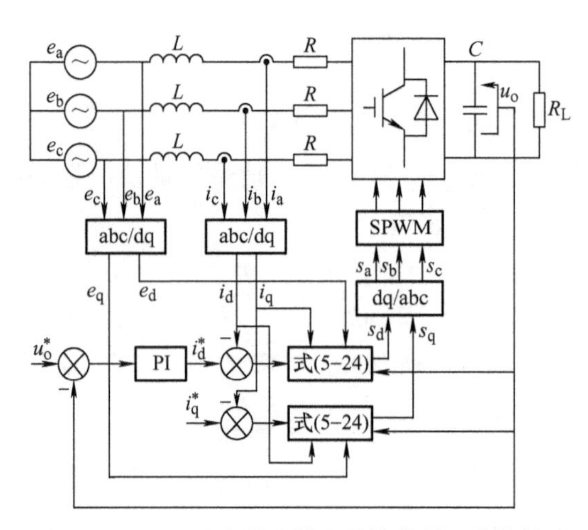

图 5-25 PWM 整流器滑模变结构控制系统结构图

五、仿真实验

1. PWM 整流器滑模变结构控制系统的仿真

利用 SimPowerSystems 仿真工具箱，可在 Simulink 环境下建立 PWM 整流器的仿真模型如图 5-26 所示。这一模型将作为被控对象，在控制系统仿真时使用。

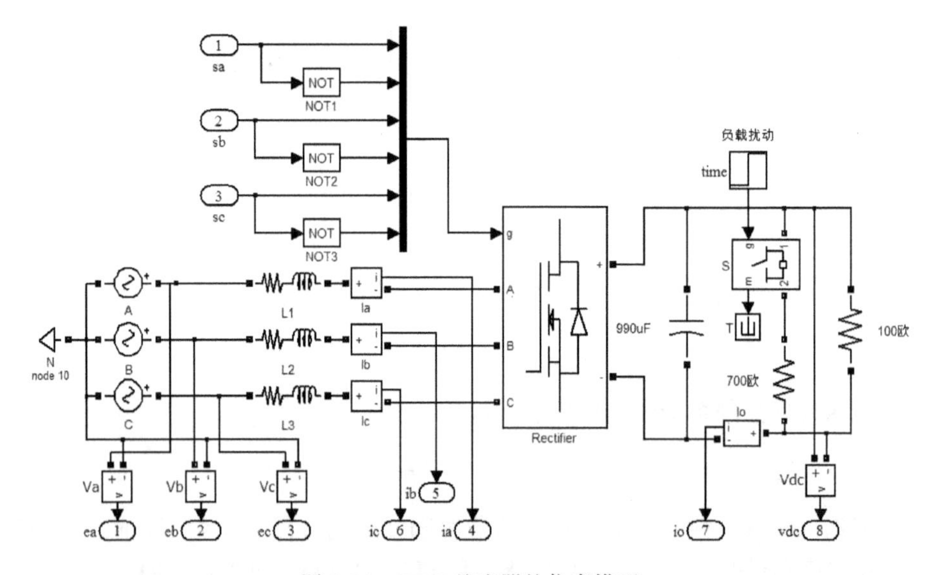

图 5-26 PWM 整流器的仿真模型

根据前面设计的控制器表达式，在 MATLAB/Simulink 环境下，建立 PWM 整流器滑模变结构控制系统仿真模型，如图 5-27 所示。

该仿真模型中，“PI Controller” 为电压外环 PI 控制器，为保证系统稳定运行，对其输出进行了饱和限幅处理。“dq_to_abc Transformation” 为控制信号从同步旋转坐标系到三相静止坐标系的“等功率”坐标变换矩阵。“abc_to_dq Transformation1” 和 “abc_to_dq Transformation2” 分别为三相电流和三相电压从三相静止坐标系到同步旋转坐标系的“等功率”坐

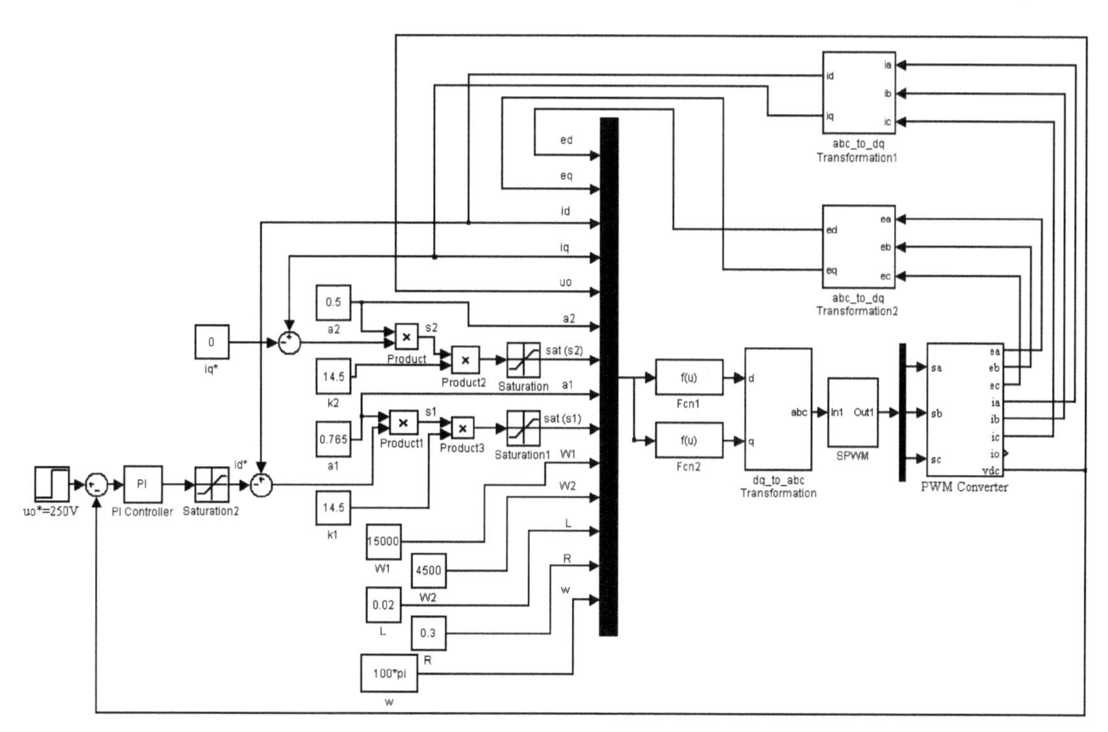

图 5-27　PWM 整流器滑模变结构控制系统仿真模型

标变换矩阵。“SPWM” 为 PWM 调制模块，“PWM Converter” 为被控对象（PWM 整流器）的仿真模型，是将图 5-26 所示的模型进一步封装得到的。Fcn1 和 Fcn2 为式(5-24) 所示的电流内环控制器，其值分别为：

Fcn1：u[12] * (u[1]/u[12] - u[13]/u[12] * u[3] + u[14] * u[4] + u[10] * u[9]/u[8])/u[5]

Fcn2：u[12] * (u[2]/u[12] - u[13] * u[4]/u[12] - u[14] * u[3] + u[11] * u[7]/u[6])/u[5]

对于 PWM 整流器，其参数 $R=0.3\Omega$，$L=0.02\text{H}$，$C=990\mu\text{F}$（电容初始电压设为 129V，为二极管整流状态时的直流电压），$e_a=78\cos\omega t$，$e_b=78\cos(\omega t-120°)$，$e_c=78\cos(\omega t+120°)$，负载电阻 $R_L=100\Omega$。对于滑模变结构控制器，其参数 $\alpha_1=0.765$，$\alpha_2=0.5$，$W_1=15000$，$W_2=4500$，$k_1=k_2=14.5$。对于 PI 控制器，给定电压 $u_o^*=250\text{V}$，控制器参数 $K_u=0.188$，$\tau_u=0.0687$，饱和限幅值 $V_{sat}=\pm 10$。需要注意的是，这里的 PI 参数是在式(5-30) 的理论计算基础上，进一步通过仿真实验得到的最佳参数，其与理论计算值基本相符（假定期望的系统调节时间为 80ms）。控制系统仿真实验结果如图 5-28 所示。

从上述仿真结果可以看出：

1）系统具有较快的动态响应速度，有功、无功电流和直流侧输出电压于 $t=0.08\text{s}$ 时达到稳态期望值。

2）从直流侧输出电压波形可以看出，稳态时输出直流电压无静差。

3）从功率因数波形可以看出，在 $t=0.01\text{s}$ 之前，由于存在电流波形畸变，导致功率因数较低（在 0.966 左右），达到稳态之后，功率因数为 0.9994，实现了单位功率因数控制。

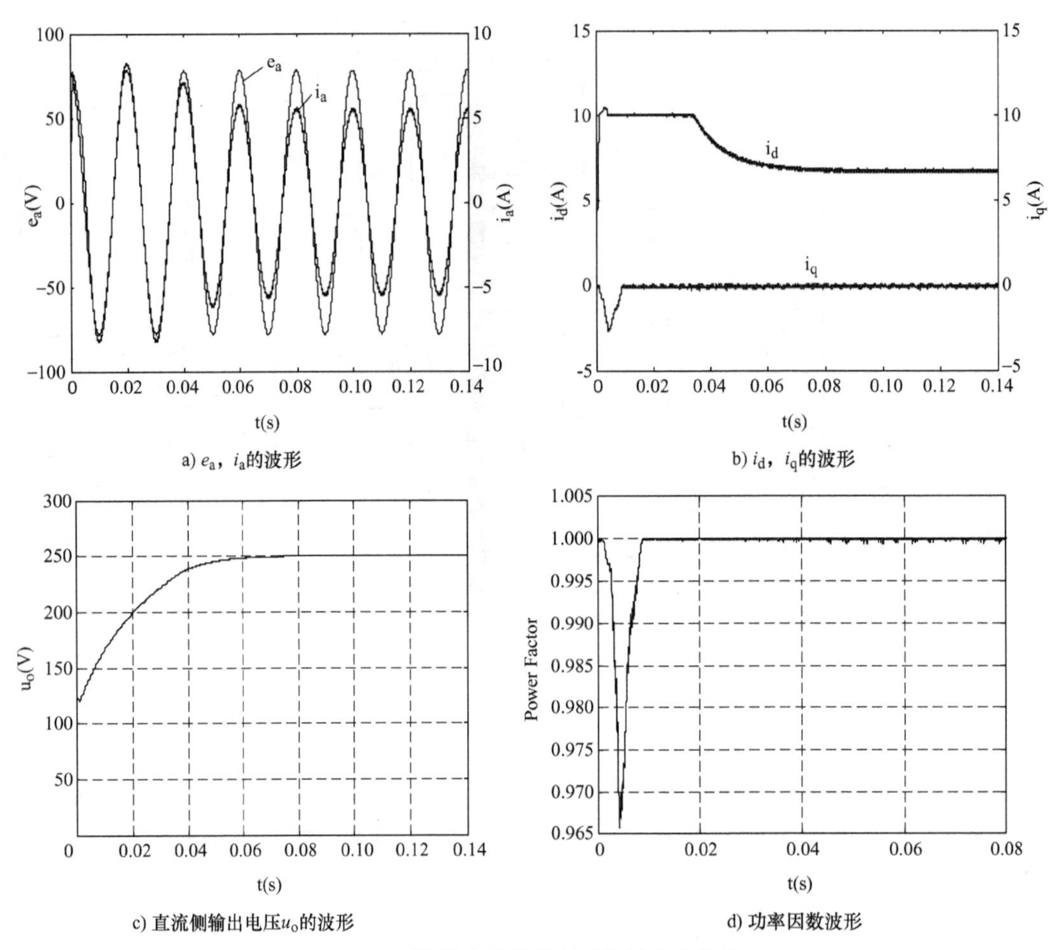

a) e_a，i_a的波形

b) i_d，i_q的波形

c) 直流侧输出电压u_o的波形

d) 功率因数波形

图 5-28　滑模变结构控制系统的仿真曲线

为更好地验证 PWM 整流器控制系统性能，这里进一步进行负载扰动实验和给定电压突变实验。在 $t=0.15$s 时，负载由 $R_L=100\Omega$ 突变为 $R_L=87.5\Omega$（即再并联一个 700Ω 的电阻）；在 $t=0.45$s 时，直流给定电压由 $u_o^*=250$V 突变为 $u_o^*=280$V，仿真实验结果如图 5-29 所示。从仿真实验结果可以看出，所设计的 PWM 整流器滑模变结构控制系统对于负载变化具有很好的抗扰性能，同时对于给定直流输出电压的变化表现出了很快的动态响应速度。

2. 控制方案比较分析

对于上述实验结果，与传统的“双闭环 PID 控制方案”[110-112]相比较可以发现，滑模变结构控制系统的稳态/动态性能指标要优于传统 PID 控制。由于滑模变结构控制的滑动模态可以自行设计，并且对于系统参数及扰动具有不变性，这就使得滑模变结构控制具有快速动态响应、物理实现简单、对参数变化及扰动不灵敏、鲁棒性强等优点。对于 PWM 整流器，这种强鲁棒性表现为对于负载扰动和电网电压扰动具有很强的抗扰性能。

当然，滑模变结构控制也存在一些缺点，最突出的问题就是控制力的“抖振”现象。在滑模变结构控制的具体工程应用中，可以采用如前所述的一些“消抖”方法，使抖振幅度限定到工程允许范围内。然而，“抖振”现象只能在一定程度上抑制，而无法从根本上消除；消除了抖振，也就消除了滑模变结构控制所特有的强鲁棒性。

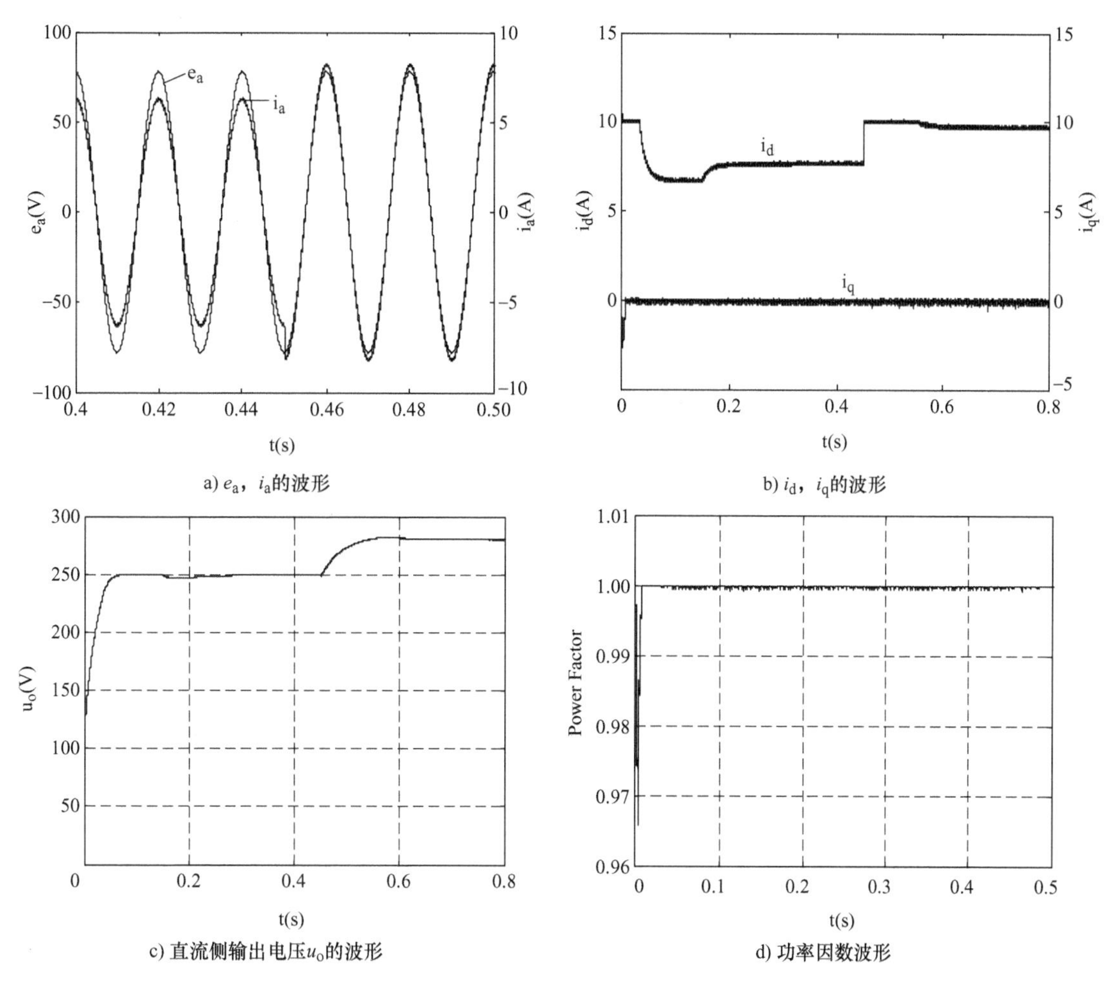

a) e_a，i_a的波形　　b) i_d，i_q的波形

c) 直流侧输出电压u_o的波形　　d) 功率因数波形

图 5-29　负载扰动及电压给定突变实验

六、结论

本节通过对“三相电压型 PWM 整流器”滑模变结构控制系统的设计与仿真实验，可以得出以下几点结论：

1）本节以三相电压型 PWM 整流器为例，探讨了电力电子系统的建模、模型验证、控制器设计及控制系统仿真等问题；利用 SimPowerSystems 仿真工具箱可以较为方便地完成电力电子变换器控制系统仿真，加快电力电子系统研究/开发进度。

2）本节设计了基于滑模变结构控制的 PWM 整流器控制系统，较系统地介绍了滑模变结构控制理论，总结归纳了滑模变结构控制系统的设计方法。它可概括为：首先，选择适当的滑模面参数，构成希望的滑动模态；其次，求取不连续控制 $u^{\pm}$，保证在切换平面 $s=0$ 上的每一点存在滑动模态，并使系统状态进入到滑动平面。同时，为将滑模变结构控制应用于实际系统中，需采取一定的消抖措施。本节所介绍的边界层法是一种简单而有效的消抖方法。

3）仿真实验结果表明，相比于传统的双闭环 PID 控制方法，本节所设计的滑模变结构控制系统具有较快的动态响应速度、较强的抗负载扰动能力和给定电压突变跟随性能，可实现单位功率因数控制。同时，该滑模变结构控制系统设计简单、参数易于整定，便于工程实现。

需要说明的是，本节所阐述的 PWM 整流器控制系统设计是在假定电网电压平衡的条件下完成的。然而，实际工况中三相电网电压在幅值和相位上往往是不平衡的。因而，研究电网不平衡条件下 PWM 整流器的单位功率因数控制问题具有重要的实际意义，同时也具有很大的挑战性。感兴趣的读者可参阅参考文献［113-115］，对此问题进行深入研究。

第五节　基于矢量控制的感应电动机变频调速系统设计

一、问题提出

感应电动机具有结构简单、维护方便、运行可靠、坚固耐用、成本低等优点，适合工作于复杂的工况条件，因此在工农业生产、轨道交通、军事国防和日常生活等诸多领域得到了广泛应用。与此同时，感应电动机在应用中也存在一定问题。

1. 感应电动机应用中存在的问题

（1）功率因数较低

由于感应电动机运行时需要从电网吸收滞后的无功功率来建立磁场，进而致使电网功率因数降低，在轻载的条件下功率因数甚至低于 0.5；针对这一问题，通常人们只能从外部来改善，已有较多的无功补偿技术来提高电网功率因数。

（2）起动性能不佳

感应电动机直接起动（也称全压起动）时存在起动电流大（4～7 倍的额定电流）、起动转矩小的问题。为将起动电流限制在允许范围之内，传统的异步电动机起动控制方法是采取降压起动，即降低电动机端电压来起动电动机，待电动机运行到一定速度后，再切换到额定电压。传统的降压起动方法有星-三角（Y-△）起动和自耦变压器降压起动，其电气原理如图 5-30、图 5-31 所示。

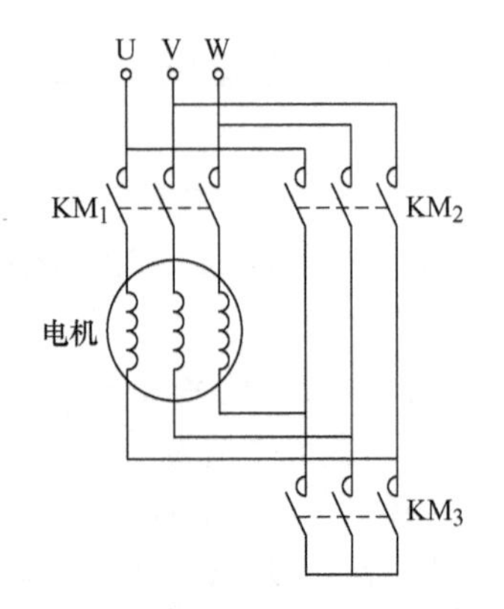

图 5-30　感应电动机“星-三角”降压起动电气原理

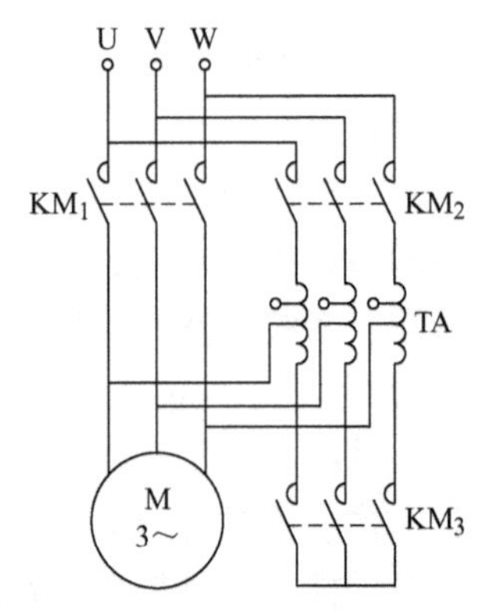

图 5-31　感应电动机自耦变压器降压起动电气原理

然而，上述传统的降压起动方法均属于有级降压起动，电动机在起动瞬间和电压切换过程中还存在着电流冲击问题，起动过程不够平稳。随着电力电子技术的发展，基于晶闸管交流调压器式的感应电动机软起动器以其优良的起动性能得到了广泛应用，其主电路图如图 5-32 所示。软起动有多种起动方法，这里以斜坡电压控制软起动为例进行介绍。

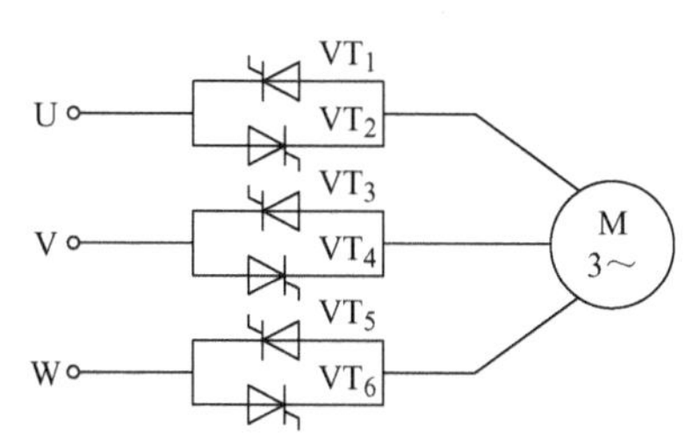

图 5-32　感应电动机软起动器主电路图

斜坡电压控制软起动基本原理：起动电压从较低的起始电压 U_{st}开始，通过调节晶闸管的触发延迟角，使起动电压以固定速率上升，可以实现无级降压起动。图 5-33 给出了三相 380V，2.2kW 感应电动机（额定电流 5.2A）电压斜坡起动的示意图和起动过程中的电流波形（空载），可以看到起动电流得到有效抑制。

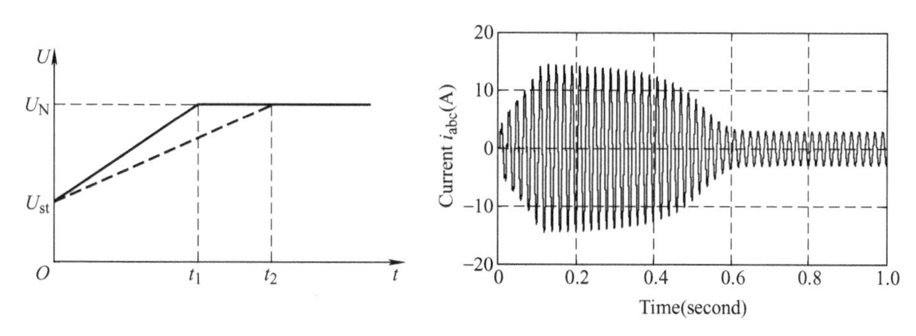

图 5-33　电压斜坡起动特性曲线与仿真波形

（3）转速控制困难

由于感应电动机数学模型具有多变量、非线性、强耦合的特点，因此其速度控制困难。进入 21 世纪，随着电力电子技术和电动机驱动控制技术的发展，感应电动机的变频调速控制技术有了较大进步。下面重点讨论变频调速技术。

2. 感应电动机的转速控制方案

感应电动机的转速公式为

$$n = n_1(1-s) = \frac{60f_1}{n_p}(1-s) \tag{5-31}$$

式中，n 为电动机转速；n_1 为同步转速；s 为转差率；f_1 为电源频率；n_p 为极对数。

可见，感应电动机的调速方法有变极调速（改变 n_p）、变频调速（改变f_1）和变转差率调速（改变 s）。变极调速和变转差率调速在“运动控制系统”课程[6]中有详细的讨论，这里不再重述。如果能够改变供电电源的频率，电动机的同步转速会随之得到改变，电动机的转速也会相应地改变，这就是变频调速的基本原理。

（1）恒电压/频率比转速控制

由感应电动机定子结构可知，感应电动机定子相电压 U_1 为[6]

$$U_1 \approx E_g = 4.44 f_1 k_{w1} N \Phi_m \tag{5-32}$$

式中，E_g 为定子每相感应电动势有效值；k_{w1} 为定子基波绕组系数；N 为定子每相绕组串联匝数；Φ_m 为每极气隙磁通。

由于电动机在设计时，磁路处于微饱和状态，磁通进一步增大会出现过饱和，造成电动机中励磁电流过大，增加励磁损耗；相反，电动机出现欠励时，不能充分利用铁心，将会影响电动机的输出转矩，使电动机带载能力下降。因此，在改变频率的同时，需要改变电压幅值，以保持磁通的幅值不变，即

$$\frac{U_1}{f_1}=常值 \tag{5-33}$$

这就是恒电压/频率比（简称恒压频比）控制方式的基本原理。

感应电动机在低频运行时，由于 U_1 和 E_g 都较小，定子阻抗压降所占比重提升，不能再忽略。因此，为保持电动机在低频时的带载能力，通常可以将 U_1 适当抬高一些，近似补偿定子阻抗压降。感应电动机的恒压频比控制特性如图 5-34 所示。

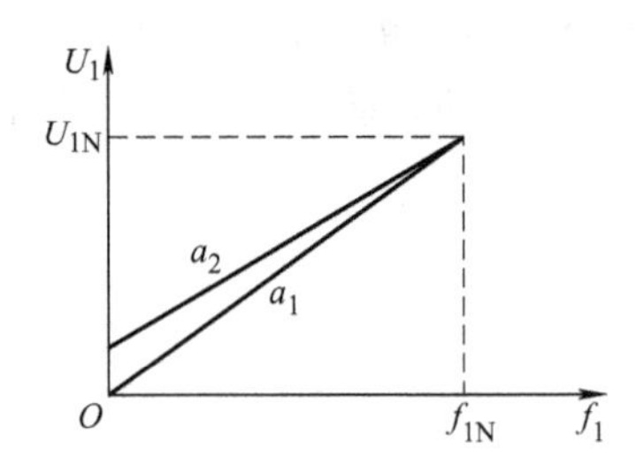

图 5-34 感应电动机恒压频比控制特性

a_1—无定子电压补偿 a_2—带定子电压补偿

感应电动机恒压频比控制方式具有简单实用等优点，在风机、水泵等场合应用广泛。然而，恒压频比控制是一种基于感应电动机稳态模型的开环控制方法，在动态性能要求较高的高精度控制领域应用中还存在一定问题。

（2）恒电压/频率比转速控制方案存在的问题

基于恒压频比的感应电动机控制系统结构如图 5-35 所示，n^* 为给定转速，通过恒压频比曲线得到输出电压给定值，电压相位通过对角频率积分获取。在得到给定电压幅值和相位之后，经过 PWM 调制，驱动电压源逆变器 VSI 给感应电动机供电。可见，图 5-35 所示的异步电动机转速控制系统是一个开环控制系统。

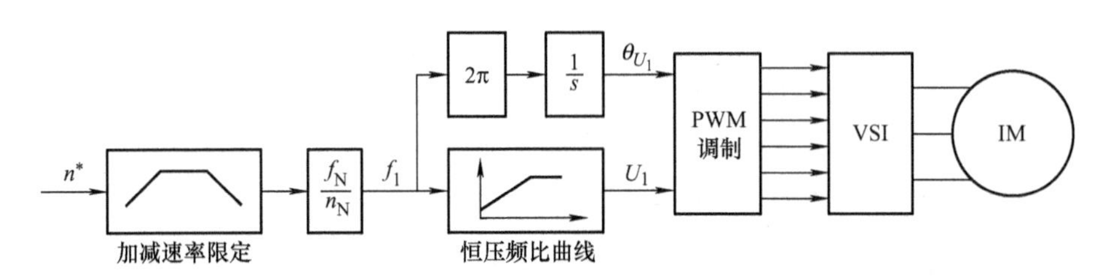

图 5-35 感应电动机恒压频比控制系统结构

为测试恒压频比控制性能，在 MATLAB/Simulink 中搭建感应电动机恒压频比仿真模型，如图 5-36 所示，感应电动机仿真模型主要参数设置见表 5-6，模拟负载突变和转速突变实验。

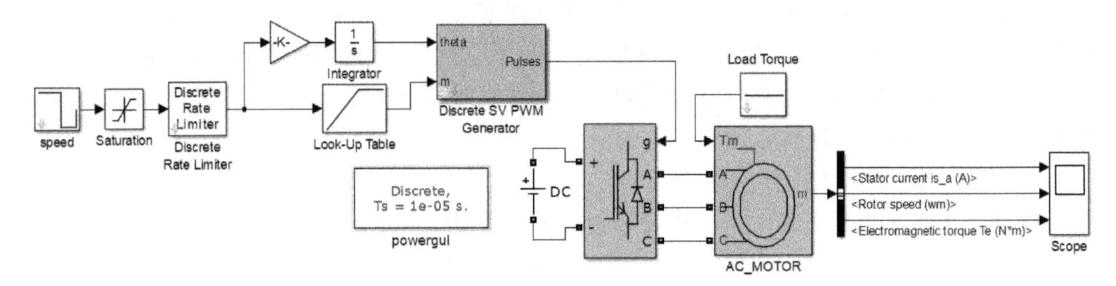

图 5-36 基于恒压频比控制的感应电动机变频调速系统仿真模型

表 5-6　感应电动机仿真模型中的主要参数设置

参　数	数　值	参　数	数　值
额定功率 P_n	2.2kW	额定电压 U_n	380V
额定频率 f_n	50Hz	互感 L_m	0.4109H
定子电阻 R_s	2.31Ω	转子电阻 R_r	1.938Ω
定子漏感 L_{ls}	0.0123H	转子漏感 L_{lr}	0.0123H
定子电感 L_s	0.4232H	转子电感 L_r	0.4232H
转动惯量 J	0.00437kg·m²	磁极对数 n_p	2

负载突变实验：转速给定 1200r/min，初始负载转矩 0.5N·m，在 2s 时突变为 5N·m，在 3.5s 时又突变为 1.5N·m，仿真结果如图 5-37 所示。

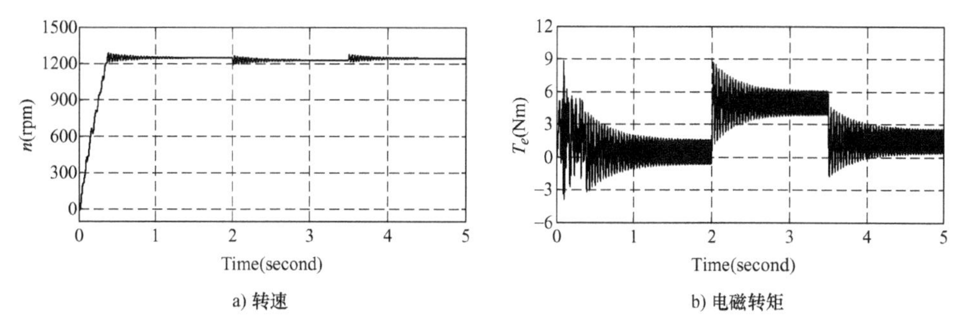

a) 转速　　b) 电磁转矩

图 5-37　负载突变仿真结果

由图 5-37 可见：当负载突变时，转矩有一段时间的不稳定期，转速有小范围振荡且过渡时间较长，达到稳态后转速有小幅变化。

转速突变实验：负载转矩 0.5N·m，初始转速 1200r/min，在 2s 时突变为 400r/min，在 3.5s 时又突变为 800r/min，仿真结果如图 5-38 所示。

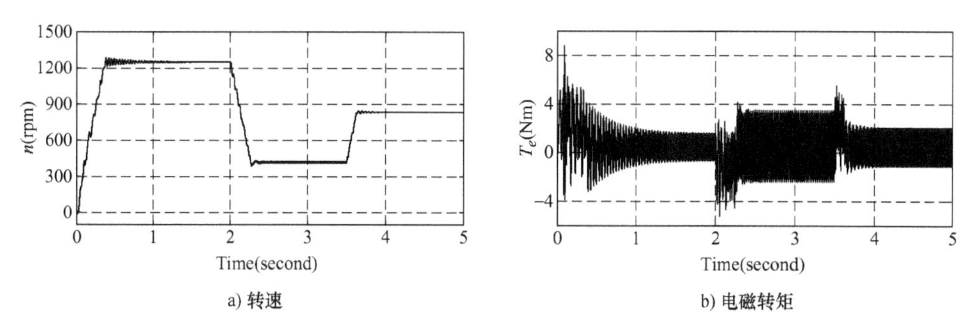

a) 转速　　b) 电磁转矩

图 5-38　转速突变仿真结果

由图 5-38 可见：在加减速过程中，转矩出现较大波动，且有稳态误差。当电动机运行于低速（400r/min）时，转速和输出转矩均不稳定。

综上，感应电动机恒压频比控制存在速度动态性能较差、稳态精度不佳的缺点；同时，电动机在低速工作时，会出现转速和输出转矩脉动加大的问题。因此，恒压频比控制方式适用于对调速精度要求不高的场合，在对动态性能要求较高的高精度控制领域应用受限。

因此，深入研究高性能的感应电动机闭环控制方案，对于提高感应电动机的稳态和动态性能具有重要意义。

二、系统建模

1. 感应电动机的数学建模

本节根据电动机内部电路约束关系，通过基尔霍夫定律建立感应电动机在三相静止坐标系下的数学模型，其中应用到的“Clarke 和 Park 坐标变换”是基于矢量控制的异步电动机变频调速系统设计的核心。

(1) 感应电动机在三相静止坐标系下的数学模型

感应电动机的数学模型主要包括电压方程式、磁链方程式、转矩方程式以及机械运动方程式。

1) 电压方程式。写成矩阵形式的电压方程式为

$$\begin{bmatrix} u_A \\ u_B \\ u_C \\ u_a \\ u_b \\ u_c \end{bmatrix} = \begin{bmatrix} R_s & 0 & 0 & 0 & 0 & 0 \\ 0 & R_s & 0 & 0 & 0 & 0 \\ 0 & 0 & R_s & 0 & 0 & 0 \\ 0 & 0 & 0 & R_r & 0 & 0 \\ 0 & 0 & 0 & 0 & R_r & 0 \\ 0 & 0 & 0 & 0 & 0 & R_r \end{bmatrix} \begin{bmatrix} i_A \\ i_B \\ i_C \\ i_a \\ i_b \\ i_c \end{bmatrix} + \frac{d}{dt} \begin{bmatrix} \psi_A \\ \psi_B \\ \psi_C \\ \psi_a \\ \psi_b \\ \psi_c \end{bmatrix} \tag{5-34}$$

简记为

$$\boldsymbol{u} = \boldsymbol{R}\boldsymbol{i} + \frac{d}{dt}\boldsymbol{\psi} \tag{5-35}$$

式中，$\boldsymbol{u}$ 为定转子相电压瞬时值；$\boldsymbol{R}$ 为每相绕组电阻，$\boldsymbol{i}$ 为相电流瞬时值；$\boldsymbol{\psi}$ 为绕组磁链瞬时值。

2) 磁链方程式。感应电动机定子和转子每相磁链等于其自感磁链和互感磁链之和，表示如下：

$$\begin{bmatrix} \psi_A \\ \psi_B \\ \psi_C \\ \psi_a \\ \psi_b \\ \psi_c \end{bmatrix} = \begin{bmatrix} L_{AA} & L_{AB} & L_{AC} & L_{Aa} & L_{Ab} & L_{Ac} \\ L_{BA} & L_{BB} & L_{BC} & L_{Ba} & L_{Bb} & L_{Bc} \\ L_{CA} & L_{CB} & L_{CC} & L_{Ca} & L_{Cb} & L_{Cc} \\ L_{aA} & L_{aB} & L_{aC} & L_{aa} & L_{ab} & L_{ac} \\ L_{bA} & L_{bB} & L_{bC} & L_{ba} & L_{bb} & L_{bc} \\ L_{cA} & L_{cB} & L_{cC} & L_{ca} & L_{cb} & L_{cc} \end{bmatrix} \begin{bmatrix} i_A \\ i_B \\ i_C \\ i_a \\ i_b \\ i_c \end{bmatrix} \tag{5-36}$$

简记为

$$\boldsymbol{\psi} = \boldsymbol{L}\boldsymbol{i} \tag{5-37}$$

式中，$\boldsymbol{L}$ 为电感矩阵，其对角元素是定转子绕组的自感，其余各元素是绕组之间的互感，各个电感值随转子位置变化而变化，是系统时变参数。

3) 转矩方程式。感应电动机的电磁转矩等于其磁场储能对机械角位移的偏导数，据此，可以推导出电磁转矩的表达式如下：

$$\begin{aligned} T_e = & -n_p L_{ms}[(i_A i_a + i_B i_b + i_C i_c)\sin\theta_r + (i_A i_b + i_B i_c + i_C i_a)\sin(\theta_r + 2\pi/3) \\ & + (i_A i_c + i_B i_a + i_C i_b)\sin(\theta_r - 2\pi/3)] \end{aligned} \tag{5-38}$$

式中，n_p 为电动机的磁极对数；θ_r 为空间角位移（电角度）；L_{ms} 为与定子一相绕组交链的最大互感磁通对应的定子互感。需注意的是，表 5-6 中的互感 L_m 表示的是定子与转子同轴

等效绕组间的互感，并满足 $L_m = 1.5L_{ms}$（由于坐标变换所致）。

4）机械运动方程式。根据旋转运动中的牛顿第二定律，可得感应电动机传动系统的转矩平衡方程式如下：

$$T_e = T_L + \frac{J}{n_p}\frac{d\omega_r}{dt} \tag{5-39}$$

式中，T_L 为负载转矩；J 为电动机的转动惯量；ω_r 为转子角速度。

（2）坐标变换

根据式(5-34）和（5-36）可知，在三相静止坐标系下，感应电动机的电感参数与磁场位置有关，不是固定值，这给系统性能分析和控制器设计带来很大困难。为便于分析，可采用“两相同步旋转坐标变换”的方法来消除“电感参数时变”对控制系统设计的影响；坐标变换主要包括从三相静止坐标系到两相静止坐标系的 Clarke 变换和从两相静止坐标系到两相同步旋转坐标系的 Park 变换。基于 Clarke 和 Park 坐标变换的感应电动机变频调速控制方案，通常称之为“基于矢量控制的感应电动机变频调速控制”。

1）Clarke 变换及其逆变换。三相对称电流流经三相对称绕组产生空间合成旋转磁动势，由于三相绕组在空间上具有冗余性，为简单起见，可以采用相互垂直的两相绕组等效其作用效果，只需保证二者产生的磁动势相同即可。两相绕组通过的电流相位相差 90°，以保证磁动势矢量做圆周运动，具体的变换关系见式(5-40）和（5-41）。

$$\begin{bmatrix} i_\alpha \\ i_\beta \end{bmatrix} = \frac{2}{3}\begin{bmatrix} 1 & -\frac{1}{2} & -\frac{1}{2} \\ 0 & \frac{\sqrt{3}}{2} & -\frac{\sqrt{3}}{2} \end{bmatrix}\begin{bmatrix} i_A \\ i_B \\ i_C \end{bmatrix} \tag{5-40}$$

$$\begin{bmatrix} i_A \\ i_B \\ i_C \end{bmatrix} = \begin{bmatrix} 1 & 0 \\ -\frac{1}{2} & \frac{\sqrt{3}}{2} \\ -\frac{1}{2} & -\frac{\sqrt{3}}{2} \end{bmatrix}\begin{bmatrix} i_\alpha \\ i_\beta \end{bmatrix} \tag{5-41}$$

式(5-40）称之为 Clarke 变换，式(5-41）为其逆变换。通过 Clarke 变换将感应电动机的数学模型从三相静止坐标系下变换到两相静止坐标系下，消除了定子三相绕组、转子三相绕组间的相互耦合，进而简化了感应电动机的数学模型。

2）Park 变换及其逆变换。两相静止坐标系下的电流仍为交流量，两坐标轴电流相位相差 90°。为解决交流信号控制的不便，让两坐标轴以同步角速度旋转，由几何关系，可以计算出新建立坐标系下的直流信号，变换方程见式(5-42）和（5-43）。

$$\begin{bmatrix} i_d \\ i_q \end{bmatrix} = \begin{bmatrix} \cos\theta & \sin\theta \\ -\sin\theta & \cos\theta \end{bmatrix}\begin{bmatrix} i_\alpha \\ i_\beta \end{bmatrix} \tag{5-42}$$

$$\begin{bmatrix} i_\alpha \\ i_\beta \end{bmatrix} = \begin{bmatrix} \cos\theta & -\sin\theta \\ \sin\theta & \cos\theta \end{bmatrix}\begin{bmatrix} i_d \\ i_q \end{bmatrix} \tag{5-43}$$

式(5-42）称之为 Park 变换，式(5-43）为其逆变换。通过 Park 变换将感应电动机的数学模型从两相静止坐标系变换到两相同步旋转坐标系下，将绕组中的交流量变为直流量，为模拟直流电动机控制提供了理论依据。

(3) 感应电动机在两相同步旋转坐标系下的数学模型

根据感应电动机基本电磁方程以及上述的坐标变换理论，可以进一步推导出“形式上简化”的两相 d-q 同步旋转坐标系下的感应电动机数学模型，其为磁场定向控制奠定了理论基础。

1) 电压方程：

$$\begin{cases} u_{sd} = R_s i_{sd} + \dfrac{d}{dt}\psi_{sd} - \omega_e \psi_{sq} \\ u_{sq} = R_s i_{sq} + \dfrac{d}{dt}\psi_{sq} + \omega_e \psi_{sd} \\ u_{rd} = R_r i_{rd} + \dfrac{d}{dt}\psi_{rd} - (\omega_e - \omega_r)\psi_{rq} \\ u_{rq} = R_r i_{rq} + \dfrac{d}{dt}\psi_{rq} + (\omega_e - \omega_r)\psi_{rd} \end{cases} \tag{5-44}$$

式中，ω_e 为同步旋转角速度。对笼型感应电动机而言，其满足

$$u_{rd} = u_{rq} = 0 \tag{5-45}$$

2) 磁链方程：

$$\begin{cases} \psi_{sd} = L_s i_{sd} + L_m i_{rd} \\ \psi_{sq} = L_s i_{sq} + L_m i_{rq} \\ \psi_{rd} = L_m i_{sd} + L_r i_{rd} \\ \psi_{rq} = L_m i_{sq} + L_r i_{rq} \end{cases} \tag{5-46}$$

3) 转矩方程：

$$T_e = 1.5 n_p (i_{sq}\psi_{sd} - i_{sd}\psi_{sq}) \tag{5-47}$$

4) 机械运动方程：

$$T_e = T_L + \frac{J}{n_p}\frac{d\omega_r}{dt} \tag{5-48}$$

从上可见，坐标变换消除了感应电动机数学模型中的时变参数，在两相同步旋转坐标系下，感应电动机的电压、电流、磁链等均为“直流量”，系统模型在形式上得到简化，为系统性能分析和控制器的设计打下了基础。

5) 状态方程：

为了应用现代控制理论的方法对感应电动机进行解耦控制，可在 d-q 坐标变换的基础上，选取 ω_r-$\boldsymbol{\psi}_r$-$\boldsymbol{i}_s$ 作为状态变量，可得出如下状态方程：

$$\begin{cases} \dfrac{d\omega_r}{dt} = 1.5\dfrac{n_p^2 L_m}{J L_r}(i_{sq}\psi_{rd} - i_{sd}\psi_{rq}) - \dfrac{n_p}{J}T_L \\ \dfrac{d\psi_{rd}}{dt} = -\dfrac{1}{T_r}\psi_{rd} + (\omega_e - \omega_r)\psi_{rq} + \dfrac{L_m}{T_r}i_{sd} \\ \dfrac{d\psi_{rq}}{dt} = -\dfrac{1}{T_r}\psi_{rq} - (\omega_e - \omega_r)\psi_{rd} + \dfrac{L_m}{T_r}i_{sq} \\ \dfrac{di_{sd}}{dt} = \dfrac{L_m}{\sigma L_s L_r T_r}\psi_{rd} + \dfrac{L_m}{\sigma L_s L_r}\omega_r\psi_{rq} - \dfrac{R_s L_r^2 + R_r L_m^2}{\sigma L_s L_r^2}i_{sd} + \omega_e i_{sq} + \dfrac{u_{sd}}{\sigma L_s} \\ \dfrac{di_{sq}}{dt} = \dfrac{L_m}{\sigma L_s L_r T_r}\psi_{rq} - \dfrac{L_m}{\sigma L_s L_r}\omega_r\psi_{rd} - \dfrac{R_s L_r^2 + R_r L_m^2}{\sigma L_s L_r^2}i_{sq} - \omega_e i_{sd} + \dfrac{u_{sq}}{\sigma L_s} \end{cases} \tag{5-49}$$

式中，σ 为电动机漏磁系数，$\sigma = 1 - L_m^2/(L_s L_r)$；$T_r$ 为转子电磁时间常数，$T_r = L_r/R_r$。

2. 两电平逆变器的数学模型与空间电压矢量

两电平逆变器的拓扑结构如图 5-39 所示。

两电平电压型逆变器直流母线两个电容规格相同 $C_1 = C_2$，两电容端电压 $U_{C1} = U_{C2} = U_{dc}/2$。通过控制三相桥臂六个功率开关管，可实现逆变器直流到交流的电能变换，定义开关函数如下

$$S_a = \begin{cases} 1 & VT_1 \text{导通}, VT_4 \text{关断} \\ 0 & VT_1 \text{关断}, VT_4 \text{导通} \end{cases}$$
$$S_b = \begin{cases} 1 & VT_3 \text{导通}, VT_6 \text{关断} \\ 0 & VT_3 \text{关断}, VT_6 \text{导通} \end{cases}$$
$$S_c = \begin{cases} 1 & VT_5 \text{导通}, VT_2 \text{关断} \\ 0 & VT_5 \text{关断}, VT_2 \text{导通} \end{cases} \tag{5-50}$$

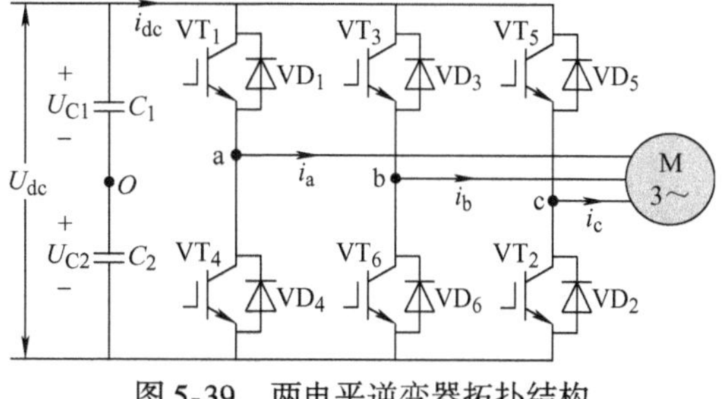

图 5-39　两电平逆变器拓扑结构

根据基尔霍夫定律，可以得到逆变器输出相电压与开关函数的关系为

$$\begin{bmatrix} u_{aN} \\ u_{bN} \\ u_{cN} \end{bmatrix} = \frac{U_{dc}}{3}\begin{bmatrix} 2 & -1 & -1 \\ -1 & 2 & -1 \\ -1 & -1 & 2 \end{bmatrix}\begin{bmatrix} S_a \\ S_b \\ S_c \end{bmatrix} \tag{5-51}$$

定义空间电压矢量如下：

$$\boldsymbol{U}_s = \frac{2}{3}(u_{aN} + u_{bN}e^{j2\pi/3} + u_{cN}e^{j4\pi/3}) = u_{s\alpha} + ju_{s\beta} \tag{5-52}$$

根据开关函数 S_a、S_b 和 S_c 的不同状态组合，结合式(5-51) 与(5-52) 可以得到八个“空间电压矢量”，包含六个有效电压矢量（$\boldsymbol{U}_1 \sim \boldsymbol{U}_6$）与两个零电压矢量（$\boldsymbol{U}_0$，$\boldsymbol{U}_7$）。有效电压矢量将整个 $\alpha\beta$ 平面划分为六个扇区（Ⅰ～Ⅵ），如图 5-40 所示。

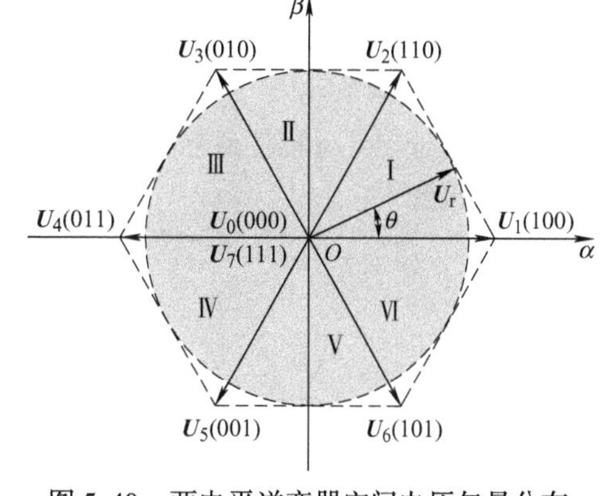

图 5-40　两电平逆变器空间电压矢量分布

空间电压矢量的定义为圆形旋转磁场的建立创造了一个简单而形象的表达方法，是基于矢量控制的交流变频调速技术的基本概念。

三、感应电动机的矢量控制系统设计

1. 转子磁场定向矢量控制原理

对于感应电动机，所谓矢量控制是通过“转子磁场定向”来实现电动机转子磁链和电磁转矩之间的动态解耦，把定子电流分解为转矩分量和励磁分量。这样即可参考“直流电动机转速/电流双闭环控制系统设计”的方法设计感应电动机矢量控制系统，其大大简化了多变量强耦合交流电动机调速系统设计问题。

采用转子磁场定向控制策略时，有如下关系式成立[6]

$$\begin{cases}\psi_{rd}=\psi_r\\ \psi_{rq}=0\\ \psi_r+T_r\mathrm{d}\psi_r/\mathrm{d}t=L_m i_{sd}\\ T_e=1.5(n_p L_m\psi_r/L_r)i_{sq}\end{cases} \tag{5-53}$$

由以上各式可知，转子磁链幅值和励磁电流之间的传递函数是一阶惯性环节，励磁电流对转子磁链具有直接的调节作用，在转子磁链稳定的条件下，电磁转矩与转矩电流成正比。

综上，可以设计转速和转子磁链两个独立的闭环，转矩电流和励磁电流分别作为两个独立闭环的内环部分，在动态过程中起到加快系统响应速度的作用。

2. 转子磁链的计算

由于感应电动机的转子磁链难以通过传感器直接检测出来，故在实际的控制系统中，可采用感应电动机电压、电流、转速等信息将其“间接”计算出来，磁链幅值用于磁场的闭环控制，其稳定性决定了电动机电磁转矩是否稳定。磁链相角决定了磁场定向是否准确，直接影响系统的性能。

感应电动机磁链计算方法主要有电压法、电流法以及电压和电流相结合的方法。电压法在高速时精度较高，但在低速时精度低。电流法不论电机转速高低均能适用，但易受转子电阻等参数变化影响，且计算过程需要转速信息。近年来，滑模观测器和模型参考自适应等先进控制方法也被应用到磁链观测中。磁链计算一般采用两相静止坐标系或两相同步旋转坐标系。

本节采用基于 d-q 同步旋转坐标系的电流法磁链计算方法。

基本方程如下：

$$\psi_r+T_r\mathrm{d}\psi_r/\mathrm{d}t=L_m i_{sd} \tag{5-54}$$

$$\omega_{sl}=\frac{L_m}{T_r\psi_r}i_{sq} \tag{5-55}$$

$$\theta=\int\omega_e\mathrm{d}t=\int(\omega_{sl}+\omega_r)\mathrm{d}t \tag{5-56}$$

式(5-54) 通过定子电流励磁分量计算转子磁链的幅值，二者之间的传递函数是一阶惯性环节，需要用到定转子互感和转子时间常数。式(5-55) 通过定子电流转矩分量来计算转差频率 ω_{sl}，转子磁链幅值恒定时，转差频率正比于定子电流转矩分量。转差频率与转子旋转角频率之和为同步角频率，再对同步角频率进行积分得到磁链相角，用于坐标变换和解耦控制。

3. 建立基于 SVPWM 算法的旋转磁场

SVPWM 算法在电力传动领域应用广泛，它从电动机转速控制的角度出发，利用逆变器“基本开关状态”的适时组合来生成给定的“空间电压矢量”（Space Voltage Vector，通常简写成 SV)，以建立幅值不变的圆形旋转磁场，使电动机具有较好的控制性能。相比于逆变器的正弦波调制方式(SPWM)，SVPWM 在提高了直流电压利用率的同时，更易于在实际系统中“数字实现”。

下面给出 SVPWM 算法的具体实现过程：

(1) 判断扇区

由系统中励磁电流控制器和转矩电流控制器的输出经过反 Park 变换得到两个分量 $U_{s\alpha}$ 和 $U_{s\beta}$，进而得到参考电压矢量 $\boldsymbol{U}_r = U_{s\alpha} + jU_{s\beta}$。根据参考电压矢量的相位将整个复平面平分为六个扇区（Ⅰ～Ⅵ），如图 5-40 所示。

(2) 电压矢量作用时间计算

参考电压矢量 $\boldsymbol{U}_r$ 由相邻两个有效电压矢量和两个零矢量叠加合成。以第Ⅰ扇区为例，如图 5-40 所示，$\boldsymbol{U}_r$ 由 $\boldsymbol{U}_1$、$\boldsymbol{U}_2$、$\boldsymbol{U}_0$ 和 $\boldsymbol{U}_7$ 合成。则根据伏秒平衡原理

$$T_s\boldsymbol{U}_r = T_1\boldsymbol{U}_1 + T_2\boldsymbol{U}_2 + T_z\boldsymbol{U}_z \tag{5-57}$$

式中，T_s 为 PWM 周期；T_1、T_2 分别代表一个采样周期内有效电压矢量 $\boldsymbol{U}_1$、$\boldsymbol{U}_2$ 的作用时间；T_z 代表零矢量 $\boldsymbol{U}_0$ 和 $\boldsymbol{U}_7$ 的作用时间 T_0、T_7 之和，且满足

$$\begin{cases} T_s = T_1 + T_2 + T_z \\ T_0 = T_7 = 0.5T_z \end{cases} \tag{5-58}$$

根据矢量合成的基本原则，可以推导出 T_1、T_2 和 T_z。

$$\begin{cases} T_1 = \sqrt{3}T_s|\boldsymbol{U}_r|\sin(\pi/3-\theta)/U_{dc} \\ T_2 = \sqrt{3}T_s|\boldsymbol{U}_r|\sin\theta/U_{dc} \\ T_z = T_s - T_1 - T_2 \end{cases} \tag{5-59}$$

考虑电动机在起动时（或高速重载运行时）可能出现 T_1 和 T_2 之和超过 PWM 周期 T_s（简称为饱和），需要对饱和情况进行修正，修正方法如下：

设定两个变量 T_{11} 和 T_{12}，如果 $T_1 + T_2 > T_s$，则 $T_{11} = T_1T_s/(T_1+T_2)$，$T_{12} = T_2T_s/(T_1+T_2)$，再令 $T_1 = T_{11}$，$T_2 = T_{12}$。

其他扇区所选的电压矢量作用时间可通过相同原理推导。

(3) 确定每相导通时间 T_a、T_b、T_c

为减小开关频率，降低开关损耗和抑制谐波，开关模式需满足：①每次开关状态切换时，只允许其中一相的开关管动作；②前一个采样周期的末状态是下一个采样周期的始状态。

因此，选用“七段式”开关状态切换顺序如图 5-41 所示（以第Ⅰ扇区为例）。

根据图 5-41 可以得到 T_a、T_b、T_c 的表达式为

$$\begin{cases} T_a = T_z/4 \\ T_b = T_z/4 + T_1/2 \\ T_c = T_z/4 + T_1/2 + T_2/2 \end{cases} \tag{5-60}$$

(4) PWM 输出

载波选用单极性三角波 T_{ri}：幅值 $U_p = 0.5T_s$，频率 $f = 2\text{kHz}$，可根据如下逻辑关系确定每相开关管的导通与截止，其原理如图 5-42 所示。

如果 $T_{ri} > T_a$，则 $S_a = 1$，否则 $S_a = 0$；

如果 $T_{ri} > T_b$，则 $S_b = 1$，否则 $S_b = 0$；

如果 $T_{ri} > T_c$，则 $S_c = 1$，否则 $S_c = 0$。

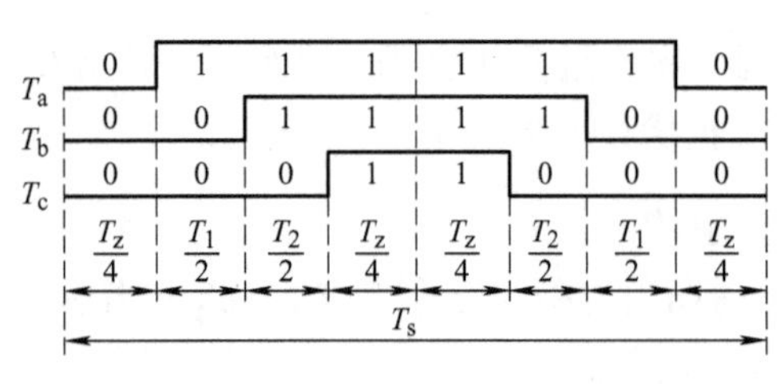

图 5-41 “七段式”开关状态切换顺序

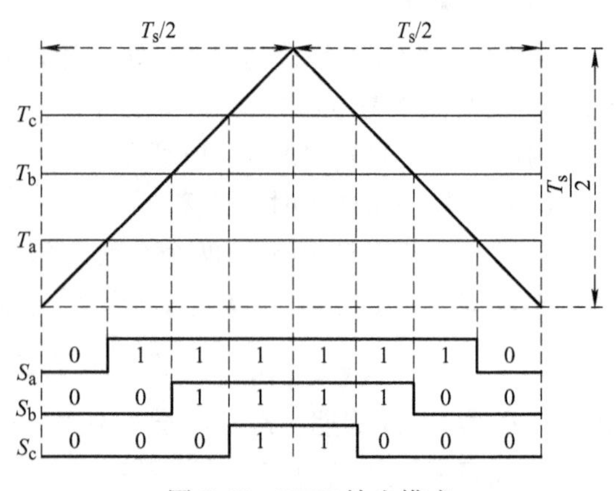

图 5-42 PWM 输出模式

4. 基于矢量控制的感应电动机变频调速系统设计方案

基于矢量控制的感应电动机变频调速系统的控制器主要包括控制算法和调制算法两部分；控制系统设计为转速和磁链双闭环控制方案，内环为电流环，外环为转速环或转子磁链环。参考“运动控制系统”课程中的控制器设计方法[6]，内外环控制器均采用 PI 调节器，这样可把电流环校正成典型Ⅰ型系统，转速环校正成典型Ⅱ型系统。调制部分通过 SVPWM 调制策略产生相应的开关信号。最后，通过三相逆变器作用在电动机上。

在实际系统中，采用光电编码器检测电动机转速，以构成转速闭环控制，对电流反馈信号进行坐标变换，得到励磁电流和转矩电流分量，用于电流闭环控制和转子磁链观测。控制系统整体设计方案如图 5-43 所示。

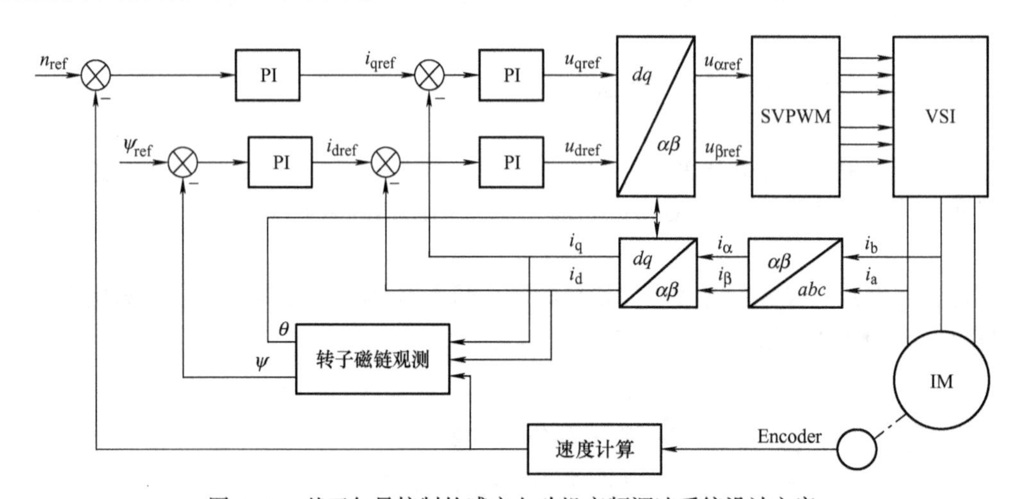

图 5-43 基于矢量控制的感应电动机变频调速系统设计方案

5. 数字仿真实验

（1）基于矢量控制的感应电动机变频调速系统仿真模型的建立

在 MATLAB/Simulink 环境下，利用 Simulink 基本模块库和 SimPowerSystems 模块库，建立基于矢量控制的感应电动机变频调速系统仿真模型如图 5-44 所示，感应电动机参数见表 5-6。

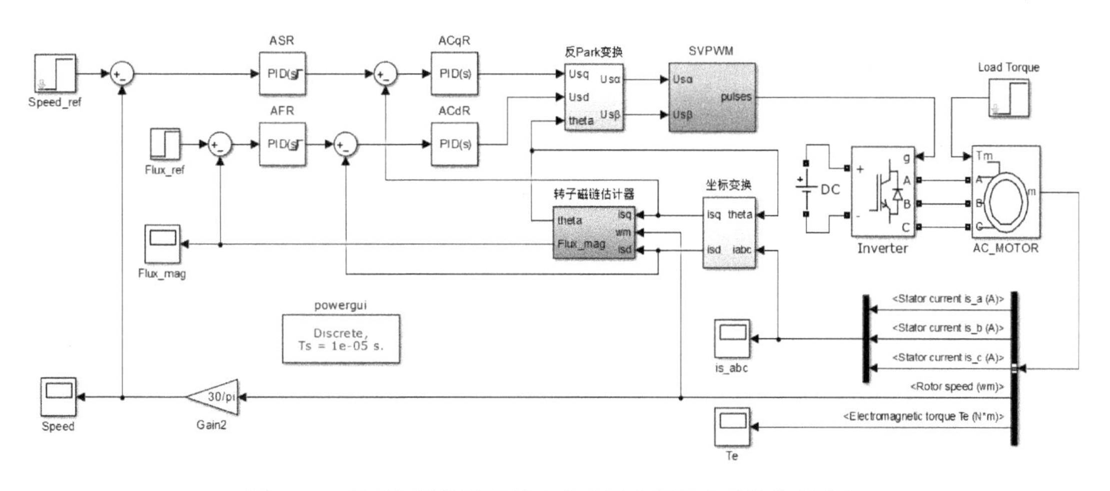

图 5-44　基于矢量控制的感应电动机变频调速系统仿真模型

在仿真模型中，感应电动机、电压源逆变器和直流电压分别采用 SimPowerSystems 下 Machines 中的“Asynchronous Machines SI Units”、Electrical Sources 中的“DC Voltage Source”和 Power Electronics 中的“Universal Bridge”。双击电机模块得到图 5-45，选择“Parameters”选项区域，根据表 5-6 进行电动机参数设计；双击通用桥模块得到图 5-46，设计相关参数。

Block Parameters: AC_MOTOR

Asynchronous Machine (mask) (link)

Implements a three-phase asynchronous machine (wound rotor, squirrel cage or double squirrel cage) modeled in a selectable dq reference frame (rotor, stator, or synchronous). Stator and rotor windings are connected in wye to an internal neutral point.

Configuration　Parameters　Advanced　Load Flow

Nominal power, voltage (line-line), and frequency [Pn(VA),Vn(Vrms),fn(Hz)]:
[2200, 380, 50]

Stator resistance and inductance[Rs(ohm) Lls(H)]:
[2.31 0.01227]

Rotor resistance and inductance [Rr'(ohm) Llr'(H)]:
[1.938 0.01227]

Mutual inductance Lm (H):
0.41088

Inertia, friction factor, pole pairs [J(kg.m^2) F(N.m.s) p()]:
[0.00437 0 2]

Initial conditions
[1 0 0 0 0 0 0 0]

☐ Simulate saturation　Plot

[i(Arms) ; v(VLL rms)]: [8367 , 230, 322, 414, 460, 506, 552, 598, 644, 690]

OK　Cancel　Help　Apply

图 5-45　感应电动机参数设计

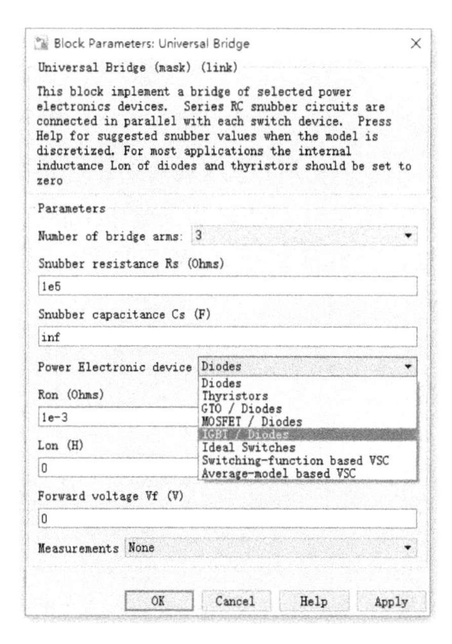
Block Parameters: Universal Bridge

Universal Bridge (mask) (link)

This block implement a bridge of selected power electronics devices. Series RC snubber circuits are connected in parallel with each switch device. Press Help for suggested snubber values when the model is discretized. For most applications the internal inductance Lon of diodes and thyristors should be set to zero

Parameters

Number of bridge arms: 3

Snubber resistance Rs (Ohms)
1e5

Snubber capacitance Cs (F)
inf

Power Electronic device: Diodes
Diodes
Thyristors
GTO / Diodes
MOSFET / Diodes
IGBT / Diodes
Ideal Switches
Switching-function based VSC
Average-model based VSC

Ron (Ohms)
1e-3

Lon (H)
0

Forward voltage Vf (V)
0

Measurements: None

OK　Cancel　Help　Apply

图 5-46　逆变器参数设计

坐标变换包括 Clarke 变换和 Park 变换，计算公式如式(5-40) 和式(5-42)，其计算模型如图 5-47 所示。

转子磁链幅值和相位可根据式(5-54) ~ 式(5-56) 得到，其计算模型如图 5-48 所示。

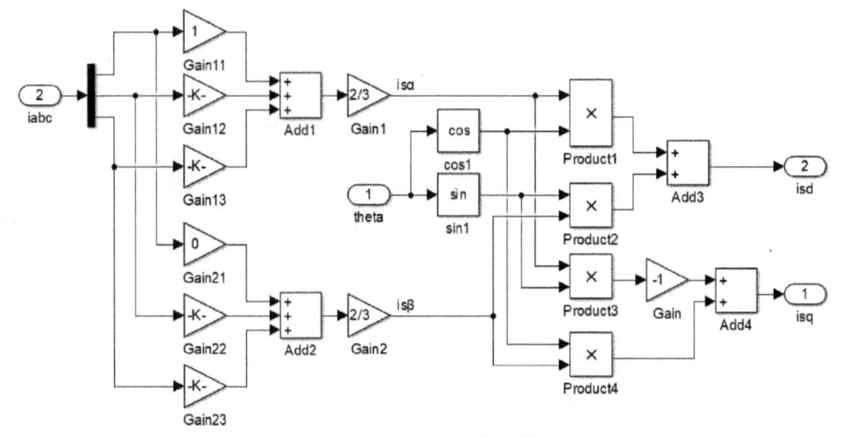

图 5-47　坐标变换计算模型

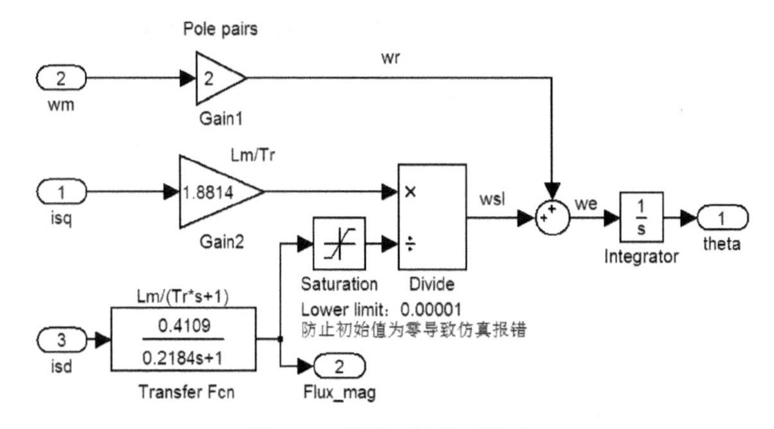

图 5-48　转子磁链估计模型

根据前文所述的 SVPWM 算法建立整体仿真模型如图 5-49 所示。图 5-50 给出扇区判断模型；图 5-51 给出电压矢量作用时间计算模型；图 5-52 给出每相导通时间 T_a、T_b、T_c 计算模型；图 5-53 给出 PWM 信号输出模型。

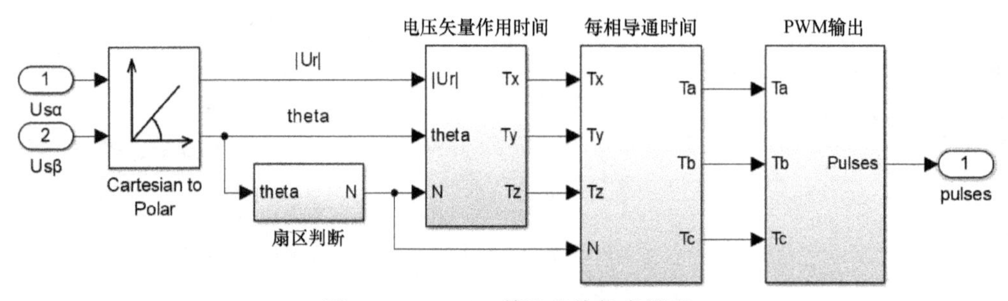

图 5-49　SVPWM 算法整体仿真模型

（2）仿真结果分析

感应电动机参数见表 5-6。基于典型系统控制器设计方法[6,116]，可得微调后的 PI 控制器参数：转速环比例系数 1，积分系数 0.02，输出限幅 ±7；磁链环比例系数 1000，积分系数 10，输出限幅 ±2.25；转矩电流环和励磁电流环比例系数 1200，积分系数 50。可得如下仿真实验结果。

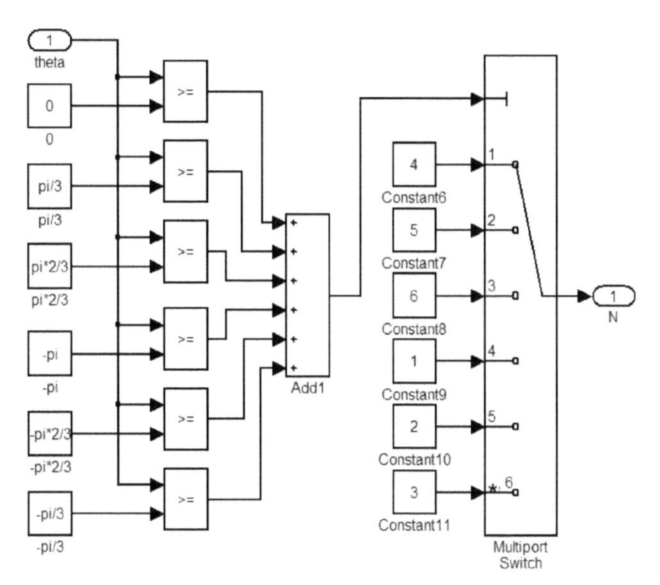

图 5-50　扇区判断

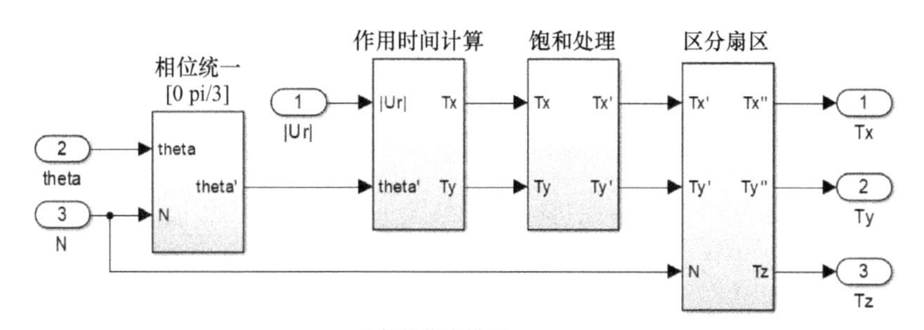

a) 整体仿真模型

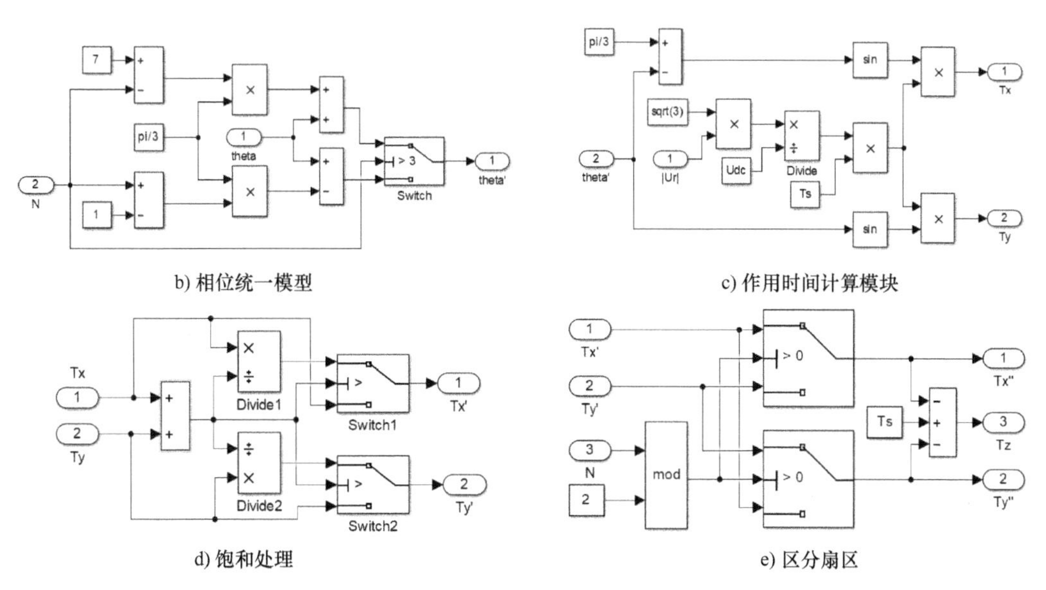

b) 相位统一模型　　　　c) 作用时间计算模块

d) 饱和处理　　　　e) 区分扇区

图 5-51　电压矢量作用时间计算模型

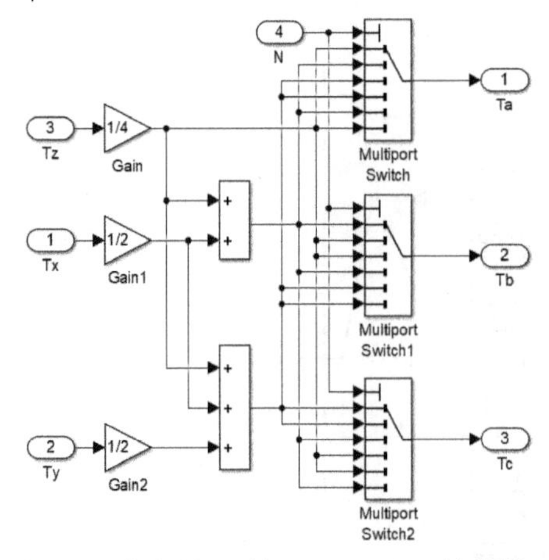

图 5-52 每相导通时间 T_a、T_b、T_c 计算模型

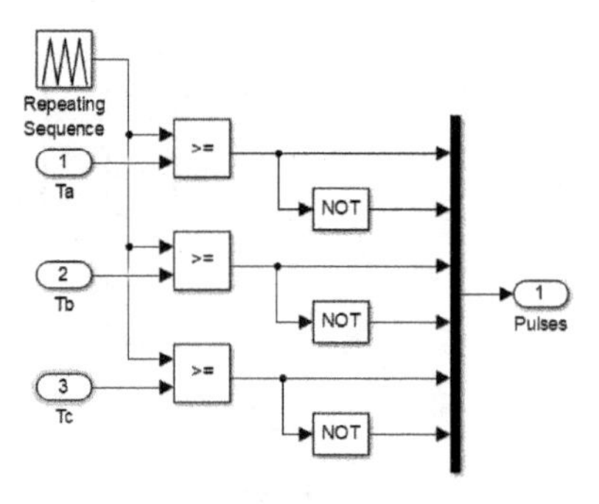

图 5-53 PWM 信号输出模型

1）起动和稳态特性分析。转速给定为 1200r/min，转子磁链给定为 0.4Wb，感应电动机带 0.5N · m 负载起动时转速、电磁转矩、转子磁链幅值和定子电流的波形如图 5-54 所示。

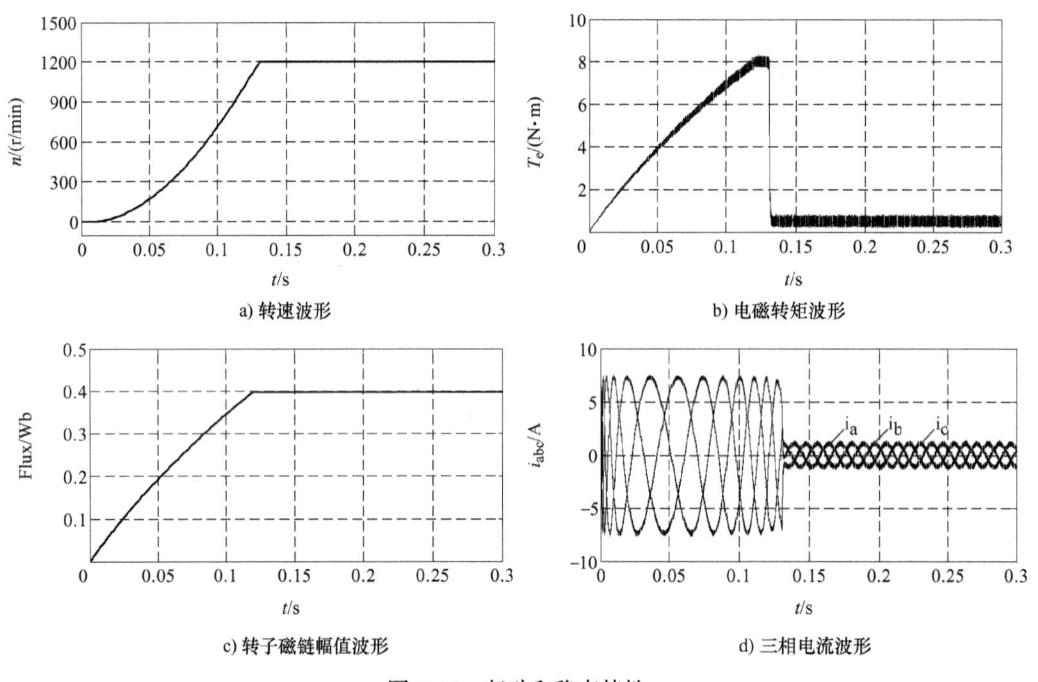

图 5-54 起动和稳态特性

由图 5-54 可知，起动过程中电流保持在所限定的最大值，并快速建立磁场和提升输出转矩。转速约为 0.13s 达到设定值且没有超调，进入稳态后，转速几乎没有波动。

对比前述开环恒压频比控制系统的性能可见：基于矢量控制的变频调速系统转速上升时间显著缩短且无超调，同时具有更好的稳态性能。

2）负载突变抗扰特性分析。电动机轻载起动（0.5N·m），0.4s 时负载转矩由 0.5N·m 突加为 5N·m，0.6s 时负载转矩由 5N·m 突减为 1.5N·m，转速、电磁转矩、转子磁链幅值和三相电流波形如图 5-55 所示。

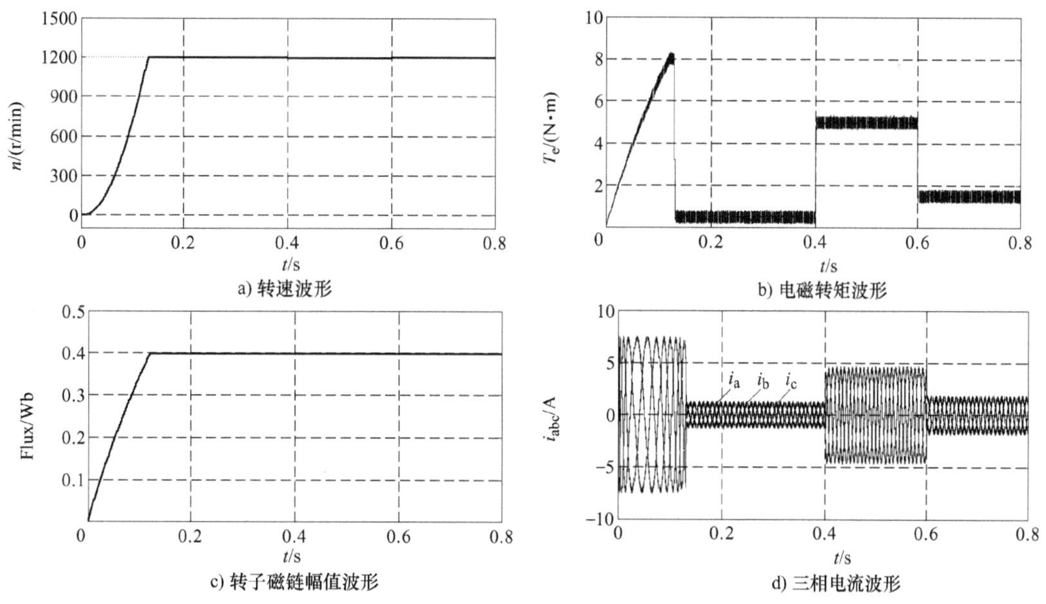

图 5-55　负载突变抗扰特性

由图 5-55 可知，在负载发生突变时，电流快速增大，进而确保输出转矩能够快速跟踪负载变化，且调节过程中磁链和转速几乎保持不变。因此，系统对负载突变具有很好的抗干扰性能。

对比前述开环恒压频比控制系统的性能可见：基于矢量控制的变频调速系统对负载突变具有更快的响应速度，更好的抗干扰性能。

3）转速给定突变特性分析。电动机轻载起动（0.5N · m），0.4s 时给定转速由 1200r/min 变为 400r/min，0.6s 时给定转速由 400r/min 变为 800r/min，转速、电磁转矩、转子磁链幅值和三相电流波形如图 5-56 所示。

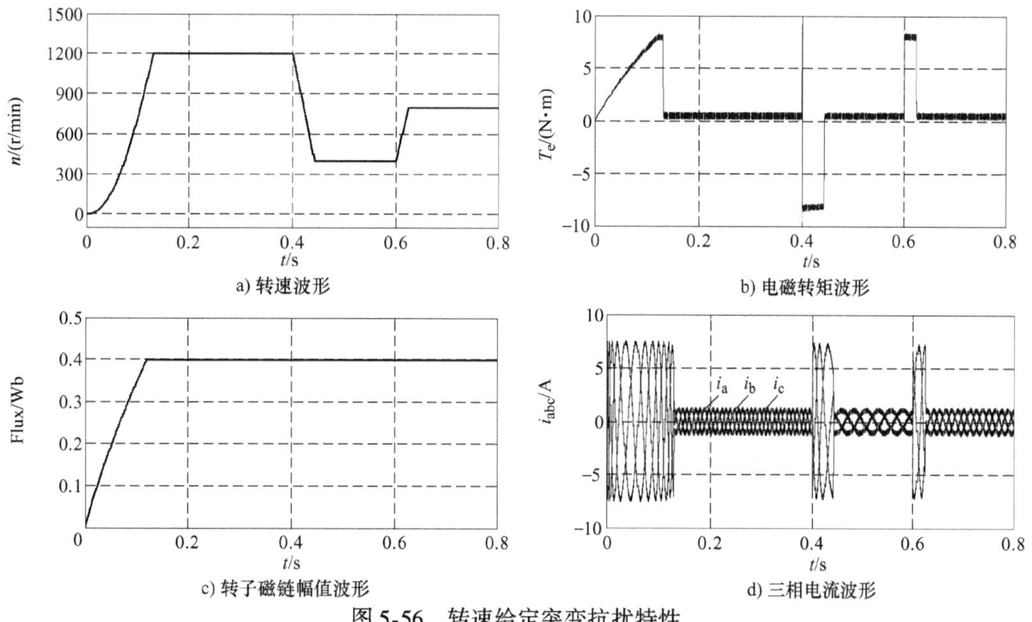

图 5-56　转速给定突变抗扰特性

由图 5-56 可知，在转速给定突变时，转矩快速提升至最大输出值，实现快速的加减速过渡，转速无超调，动态性能良好。在低速 400r/min 运行时，电动机运行平稳，输出转矩稳定。因此，系统对转速给定突变具有很好的跟随性能。

对比前述开环恒压频比控制系统的性能可见：基于矢量控制的变频调速系统对转速突变具有更快的跟踪性能，可实现更准确和稳定的转速输出；同时，在低速段具有更好的稳态性能。

四、结论

本节完成了基于矢量控制的感应电动机变频调速系统设计与仿真实验，具体工作可以归纳出以下几点：

1）基于坐标变换理论建立了三相静止坐标系和两相同步旋转坐标系下感应电动机的数学模型，系统地阐述了转子磁场定向矢量控制原理和转子磁链估计方法，为感应电动机变频调速系统的转速和磁链双闭环控制方案设计奠定了理论基础。

2）基于基尔霍夫定律建立了两电平逆变器的数学模型，给出了两电平开关状态与对应的空间电压矢量关系，及其分布情况，详细给出了 SVPWM 算法的设计方法；结合转速/磁链双闭环控制算法和 SVPWM 调制算法，设计了基于矢量控制的感应电动机变频调速控制系统。

3）详细给出了基于矢量控制的感应电动机变频调速系统仿真模型的建立过程，并进行了仿真验证。仿真结果表明：相比于传统的基于恒压频比开环控制调速方案，本节所设计的基于矢量控制的感应电动机变频调速控制系统具有较好的动态性能，对负载突变和转速给定突变具有很好的抗扰和跟随性能；同时，电机运行于低速段时，也能获得良好的稳态性能。

需要说明的是：本节所阐述的基于矢量控制的感应电动机变频调速系统设计是在假定电动机参数已知且保持不变的条件下完成的；然而，在实际工况中，感应电动机参数会随着磁饱和程度、电动机温度变化、集肤效应等因素偏离其标称值，进而导致转子磁链和电磁转矩在控制上产生耦合影响，从而降低系统动态跟踪速度和稳态控制精度。因此，进一步研究电机参数摄动条件下感应电动机的矢量控制问题，具有重要的实际意义。感兴趣的读者可参阅文献［117-119］。

第六节　基于效率最优的永磁同步电动机驱动控制系统设计

一、问题提出

永磁同步电动机（见图 5-57）是一种采用永磁体励磁的交流电动机，由于省去了转子励磁绕组，永磁同步电机具备了体积小、质量轻、功率密度与效率高等优点；同时，永磁同步电动机也存在着起动困难、高速运行不易控制等不足之处，限制了其在民用、工业等领域的推广应用。近年来，随着电力电子技术的迅速发展与数字处理器性能的大幅提升，永磁同步电动机的起动控制与全速域范围调速性能不断提高，已在工业、民用、航空航天和军事等领域得到了广泛应用。

永磁同步电动机按照永磁体安装位置的不同主要分为两种，即表贴式永磁同步电动机与内置式永磁同步电动机，如图 5-58 所示。

内置式永磁同步电动机的永磁体安装于电动机转子内部，电动机机械结构牢固、磁路气

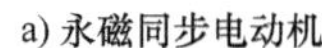

a) 永磁同步电动机

b) 用于电力机车的永磁同步牵引系统

图 5-57　永磁同步电动机及其应用

隙小、可靠性高，已在多元化的市场需求中占得一席之地，成为电力传动的前沿技术产品。目前，国内外研究人员已针对不同结构永磁同步电动机的控制、调制、参数辨识等课题内容进行了深入的研究。为简化永磁同步电动机控制系统结构，传统永磁同步电动机双闭环 PID 控制系统中通常采用“零 d 轴电流控制方案”[6]；但是，对于内置式永磁同步电动机而言，零 d 轴电流控制方案消去了电动机的磁阻转矩，使得电动机无法工作在最优效率点（所谓电动机的最优效率，就是利用最小的定子电流生成与负载相匹配的电磁转矩）。为充分发挥永磁同步电动机高效率的优势，本节将设计一种基于效率最优的永磁同步电动机驱动控制方案，采用最大转矩电流比控制策略，提高永磁同步电动机的运行效率。

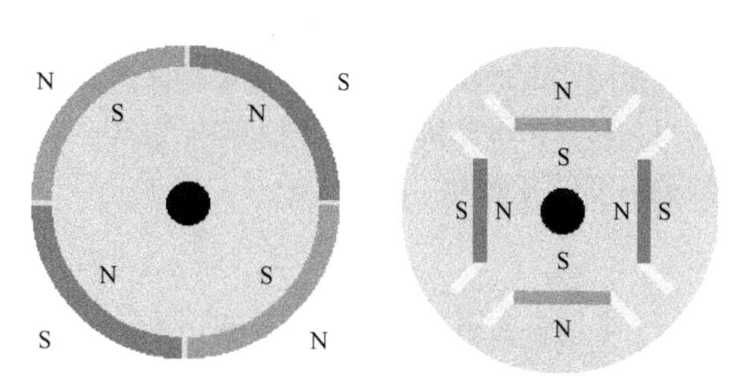

a) 表贴式　　b) 内置式

图 5-58　两种永磁同步电动机结构

二、系统建模

为简化分析，假设永磁同步电动机满足如下条件：

1）假设电动机中三相绕组对称，电流为对称的三相正弦电流。

2）忽略电动机中的磁路饱和，即三相绕组电感恒定不变。

3）忽略电动机铁心损耗。

三相静止坐标系下，永磁同步电动机的电压方程为

$$\begin{cases} u_A = Ri_A + \dfrac{d\psi_A}{dt} \\ u_B = Ri_B + \dfrac{d\psi_B}{dt} \\ u_C = Ri_C + \dfrac{d\psi_C}{dt} \end{cases} \tag{5-61}$$

式中，u_A、u_B、u_C 为三相绕组的相电压；i_A、i_B、i_C 为三相电流；R 为三相绕组的电阻，ψ_A、ψ_B、ψ_C 为三相绕组的磁链。为便于设计永磁同步电动机闭环控制系统，通常选择在同步旋转坐标系下建立数学模型。详细的坐标变换方法（Clarke 变换与 Park 变换）请读者参

考本章第五节。

对式(5-61) 进行 Clarke 变换与 Park 变换，定子电压方程可以变换为

$$\begin{cases} u_{d} = Ri_{d} + L_{d}\dfrac{di_{d}}{dt} - \omega_{e}\psi_{q} \\ u_{q} = Ri_{q} + L_{q}\dfrac{di_{q}}{dt} + \omega_{e}\psi_{d} \end{cases} \tag{5-62}$$

式中，u_d、u_q 为定子电压的 dq 轴分量；i_d、i_q 为电流的 dq 轴分量；ψ_d、ψ_q 为磁链的 dq 轴分量；ω_e为电动机转子电角速度。定子磁链方程可以表示为

$$\begin{cases} \psi_{d} = L_{d}i_{d} + \psi_{f} \\ \psi_{q} = L_{q}i_{q} \end{cases} \tag{5-63}$$

式中，ψ_f为电动机永磁体磁链。

永磁同步电动机的电磁转矩是永磁体磁链与定子电流相互作用而在转子上形成的旋转力矩。与三相异步电动机类似，经过坐标变换，永磁同步电动机的电磁转矩 T_e与 dq 轴定子电流的关系可以表示为

$$T_{e} = \frac{3}{2}n_{p}i_{q}[(L_{d} - L_{q})i_{d} + \psi_{f}] \tag{5-64}$$

式中，n_p为电动机极对数。对于表贴式永磁同步电动机，电感 dq 轴分量满足 $L_d = L_q$，其电磁转矩可以简化为

$$T_{e} = \frac{3}{2}n_{p}\psi_{f}i_{q} \tag{5-65}$$

对于内置式永磁同步电动机，由于 d 轴方向与 q 轴方向气隙不均匀（也称作凸极效应)，电动机 q 轴电感大于 d 轴电感，即 $L_d < L_q$。因此，内置式永磁同步电动机电磁转矩方程不可简化。

此外，电动机的机械运动方程为

$$J\frac{d\omega_{m}}{dt} = T_{e} - T_{L} - F\omega_{m} \tag{5-66}$$

式中，J 为电动机转动惯量；ω_m为电动机机械角速度；T_L为电动机负载转矩；F 为阻尼系数。电动机的电角速度与机械角速度的关系可以表示为 $\omega_e = n_p\omega_m$。

综上，式(5-62) ~ 式(5-66) 即为永磁同步电动机的数学模型。

三、基于最大转矩电流比的永磁同步电动机驱动控制

1. 转速/电流双闭环 PID 控制系统设计

由于永磁同步电动机的转子采用了永磁体，其磁链值为定值，因此与异步电动机相比，永磁同步电动机的闭环控制系统中可以省去磁链环。永磁同步电动机双闭环 PID 控制系统主要包括三部分，即转速控制器、d 轴电流控制器与 q 轴电流控制器，控制系统结构框图如图 5-59 所示。

为简化控制系统结构并充分利用永磁体产生的转矩，采用传统零 d 轴电流控制方案。为提高电流内环的快速性与转速外环的抗扰性，根据控制理论中典型 Ⅰ/Ⅱ 型系统设计方法，dq 轴电流与转速控制均采用 PI 控制器，控制器参数工程整定方法与感应电机控制系统类似，具体过程请参考文献 [6]。

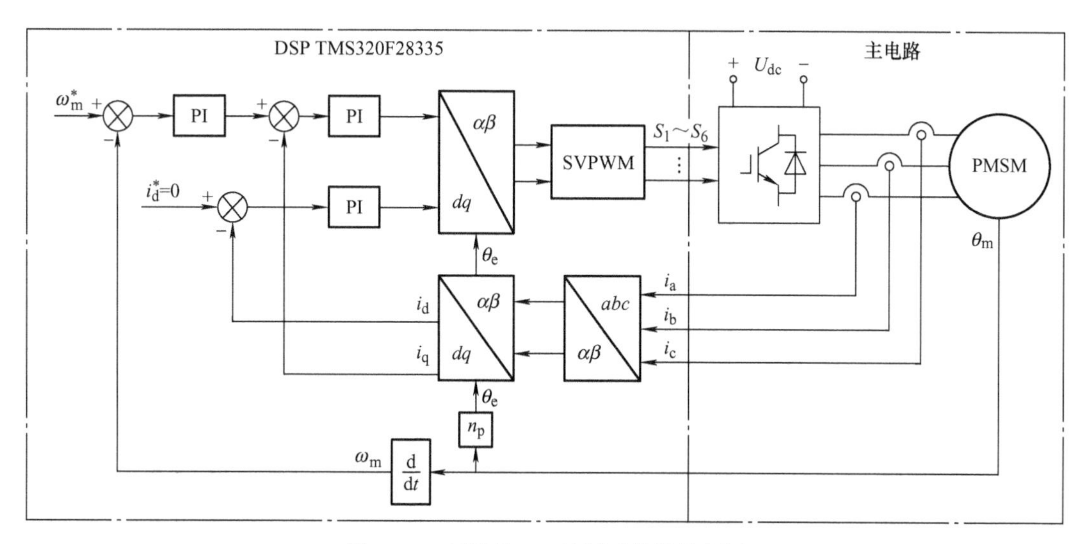

图 5-59　双闭环 PID 控制系统结构框图

为验证所设计的转速/电流双闭环 PID 控制方案的有效性，在 MATLAB/Simulink 环境下搭建永磁同步电动机控制系统仿真模型，如图 5-60 所示。仿真中选用一台轨道交通电力牵引 150kW 永磁同步电动机，仿真参数如表 5-7 所示。其中，永磁同步电动机模型采用 SimPowerSystems— Specialized Technology—Machines 中的 Permanent Magnet Synchronous Machine 模型。双击模型，在 Configuration 选项卡中，Number of phases 设置为 3（三相），Back EMF waveform 设置为 Sinusoidal（正弦反电动势），Rotor type 设置为 Salient－pole（对应内置式永磁同步电动机），Mechanical output 设置为 Torque Tm（电磁转矩）。在 Parameters 选项卡中，参数设置方法与异步电机类似，其中 Inertia 设置为 $5\text{kg} \cdot \text{m}^2$。

表 5-7　仿真参数与取值

参　　数	取　　值	参　　数	取　　值
额定功率	150kW	额定电流	300A
定子电阻	0.06Ω	直流母线电压 U_{dc}	1500V
d 轴电感	1.5mH	电流控制器 PI 参数	30，100
q 轴电感	4mH	转速控制器 PI 参数	15，300
永磁体磁链	0.65Wb	电流控制器限幅值	±1000
极对数	4	转速控制器限幅值	±300

初始时刻给定电动机转速为 500r/min，负载转矩 800N·m，在 $t=1.2\text{s}$ 时刻将给定转速突增至 750r/min，$t=2\text{s}$ 时刻将负载转矩突降至 500N·m，所得电动机转速、电磁转矩与三相电流波形如图 5-61 所示。

由图 5-61 可知，经过约 0.75s，电动机转速升至给定值 500r/min；在 $t=1.2\text{s}$ 施加转速给定值突变后，电动机转速经过 0.3s 升至新的给定值 750r/min；在 $t=2\text{s}$ 施加负载突变后，电磁转矩迅速下降至 500N·m 以平衡新的负载转矩，三相电流幅值小幅下降，电动机转速稳定在给定值 750r/min。

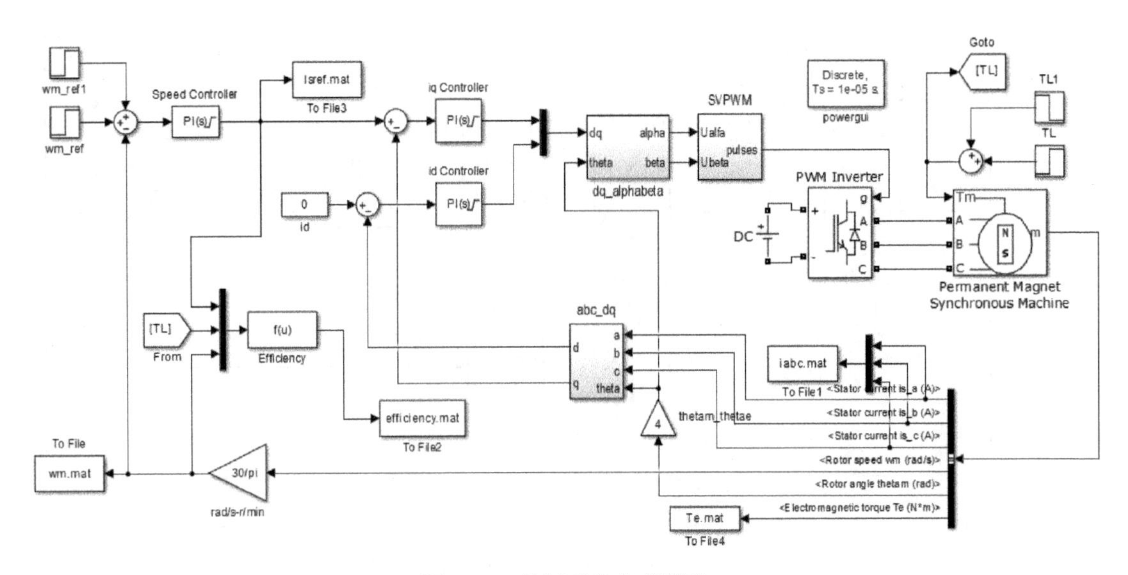

图 5-60　控制系统仿真模型

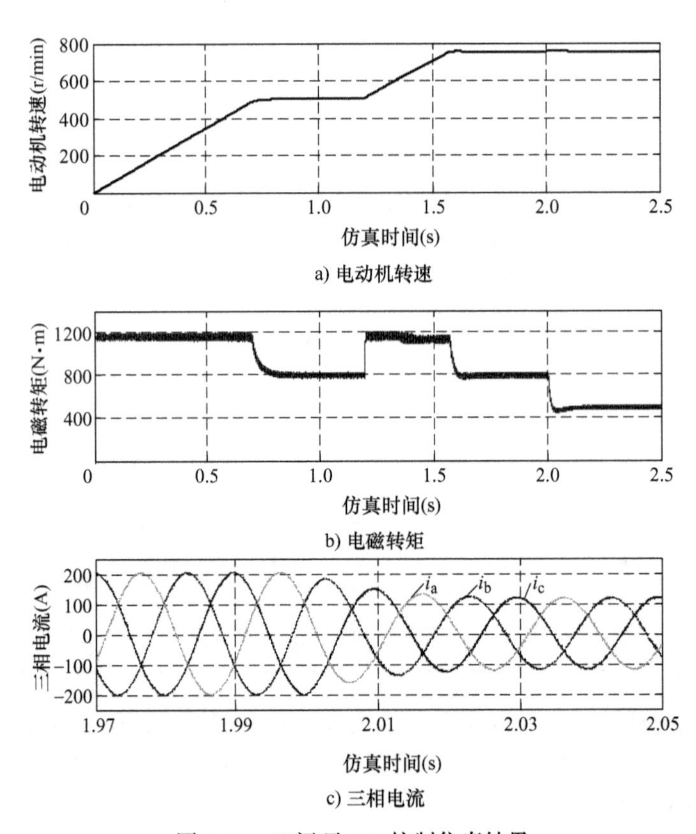

a) 电动机转速

b) 电磁转矩

c) 三相电流

图 5-61　双闭环 PID 控制仿真结果

综上，电动机电流与电磁转矩控制能够快速准确跟踪给定值，转速环控制体现了良好的抗扰性，仿真结果验证了所设计的双闭环 PID 控制方案的有效性。

2. 基于最大转矩电流比的永磁同步电动机驱动控制方案设计

由式(5-64) 可知，永磁同步电动机的电磁转矩由两部分组成：q 轴电流与永磁体磁链相互作用产生的转矩分量，称为永磁转矩；由电动机凸极效应（$L_d < L_q$）产生的转矩称为磁阻转矩[6]。对于表贴式永磁同步电动机而言，由于 $L_d = L_q$，其磁阻转矩为0，因此，图5-59所示的零 d 轴电流双闭环 PID 控制方案可以充分利用永磁体转矩，实现电动机的稳定运行。但是，对于内置式永磁同步电动机，若仍采用零 d 轴电流控制方案，其磁阻转矩项将被消去，因此，图5-59所示的“零 d 轴电流双闭环 PID 控制方案”不能充分利用电机的磁阻转矩，限制了电动机的运行效率。

为解决此问题，1986 年，美国学者 Thomas M. Jahns 提出了永磁同步电动机最大转矩电流比控制策略（Maximum Torque Per Ampere，MTPA），即利用最小的电流生成与负载相匹配的电磁转矩，以实现电动机效率的最优。永磁同步电动机最大转矩电流比轨迹示意图如图5-62 所示。

为研究最大转矩电流比控制，先要引入最优矢量角的概念。同步旋转坐标系下定子电流与其 dq 轴分量的关系如图5-63 所示，其中，γ 为定子电流矢量角，定子电流的 dq 轴分量可以由下式求出

$$\begin{cases} i_d = i_s\cos\gamma \\ i_q = i_s\sin\gamma \end{cases} \tag{5-67}$$

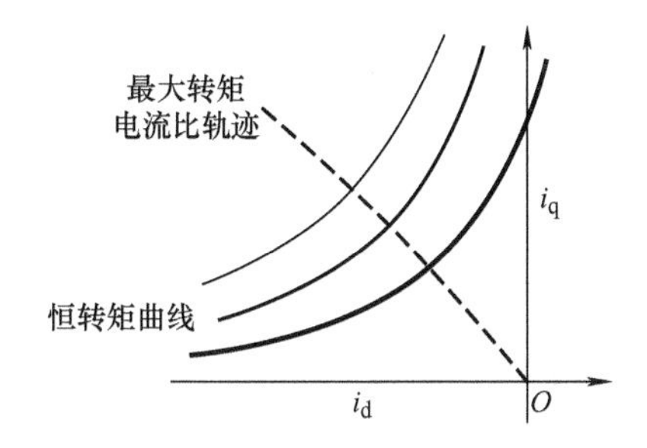

图5-62　最大转矩电流比轨迹

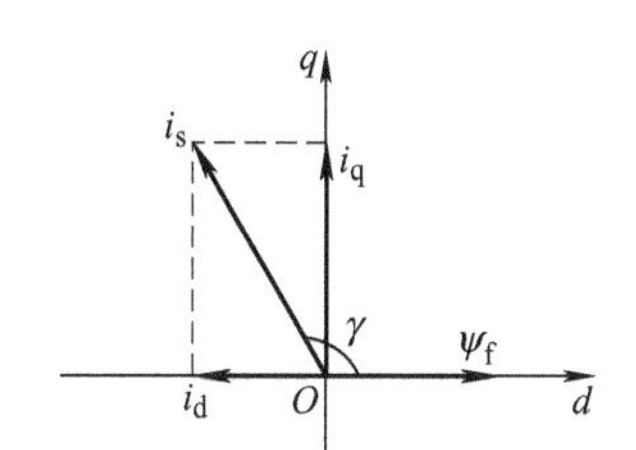

图5-63　定子电流及其矢量角

将式(5-67) 代入式(5-64)，电磁转矩方程可以改写为

$$T_e = \frac{3}{2}n_p i_s \sin\gamma[(L_d - L_q)i_s\cos\gamma + \psi_f] \tag{5-68}$$

根据图5-62 与图5-63，对于第二象限的电流矢量角以及任意给定负载转矩，存在唯一电流矢量角，使定子电流幅值最小，此时的矢量角称为最优矢量角。此结论也可以通过电磁转矩方程中，电流幅值相对于电流矢量角的函数凹凸性来推导。为求得此最优矢量角，将电磁转矩相对于电流矢量角求偏微分可得

$$\frac{\partial T_e}{\partial\gamma} = \frac{3}{2}n_p i_s[(L_d - L_q)i_s\cos2\gamma + \psi_f\cos\gamma] \tag{5-69}$$

令其等于0，解得 dq 轴电流关系式如下：

$$i_d = \frac{-\psi_f + \sqrt{\psi_f^2 + 4(L_d - L_q)^2 i_q^2}}{2(L_d - L_q)} \tag{5-70}$$

将式(5-67) 代入式(5-70)，所得到的电流矢量角即为最优矢量角 γ_M：

$$\gamma_M = \arccos\left(\frac{-\psi_f + \sqrt{\psi_f^2 + 8(L_d - L_q)^2 i_s^2}}{4(L_d - L_q) i_s}\right) \tag{5-71}$$

在求出最大转矩电流比工况下定子电流的最优矢量角后，即可改进图 5-59 所示的零 d 轴电流双闭环 PID 控制方案，在速度环控制器输出处增加一个最大转矩电流比控制环节，改进后的永磁同步电动机控制系统结构框图如图 5-64 所示。

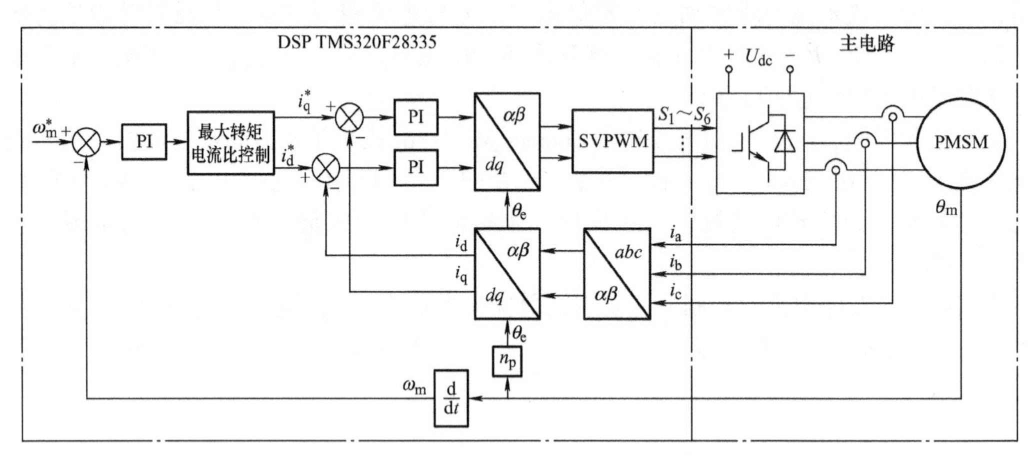

图 5-64 基于最大转矩电流比控制的永磁同步电动机控制系统结构框图

在求得最优矢量角后，由式(5-67) 即可算出 dq 轴电流的给定值，用于后级 dq 轴电流的 PI 控制。通过采用最大转矩电流比控制，求出定子电流 dq 轴分量的最优组合，即可通过合理分配永磁同步电动机的永磁转矩与磁阻转矩，提高电动机运行效率。

为验证所设计的最大转矩电流比控制方案的有效性，在 MATLAB/Simulink 环境下搭建仿真模型，仿真参数与表 5-7 一致，双闭环控制系统模型如图 5-65 所示，所增加的最大转矩电流比控制部分已封装为子系统 “MTPA”，该子系统仿真模型如图 5-66 所示。其中，子系统中 “arccos from MTPA” 环节用到的函数 f(u) 为式(5-71) 对应的最优矢量角计算公式，其具体形式为：acos((-u(4) + sqrt(u(4) * u(4) +8 * (u(2) -u(3)) * (u(2) -u(3)) * u(1) * u(1)))/(4 * (u(2) -u(3)) * u(1)))；而子系统中 “angle” 环节的函数 f(u) 为弧度制到角度制的转换函数，其具体形式为：u(1)/pi * 180。

与上一节设计的仿真实验相似，初始时刻给定电动机转速为 500r/min，负载转矩 800N · m，在 t = 1.2s 时刻将给定转速突变至 750r/min，t = 2s 时刻将负载转矩突变至 500N · m，所得仿真结果如图 5-67 所示。

根据图 5-67，电动机转速经过 0.4s 升至给定值 500r/min，施加转速给定值突变后经过 0.2s 跟踪至新的给定值 750r/min；电磁转矩在电动机加速后稳定在 800N · m 以平衡负载转矩，在施加负载转矩突变后，迅速下降至 500N · m；三相电流幅值小幅下降。与图 5-61 所示仿真结果类似，最大转矩电流比控制也可以实现电流内环的快速动态响应，同时保证电动机转速环具有较强的抗扰性。

3. 仿真实验对比分析

通过对比图 5-61 与图 5-67 可知，与零 d 轴电流控制方案相比，在相同的负载转矩下，基于最大转矩电流比的控制方案三相电流幅值较小，即可以采用更小的电流生成所需的电磁转矩，其效率更优。

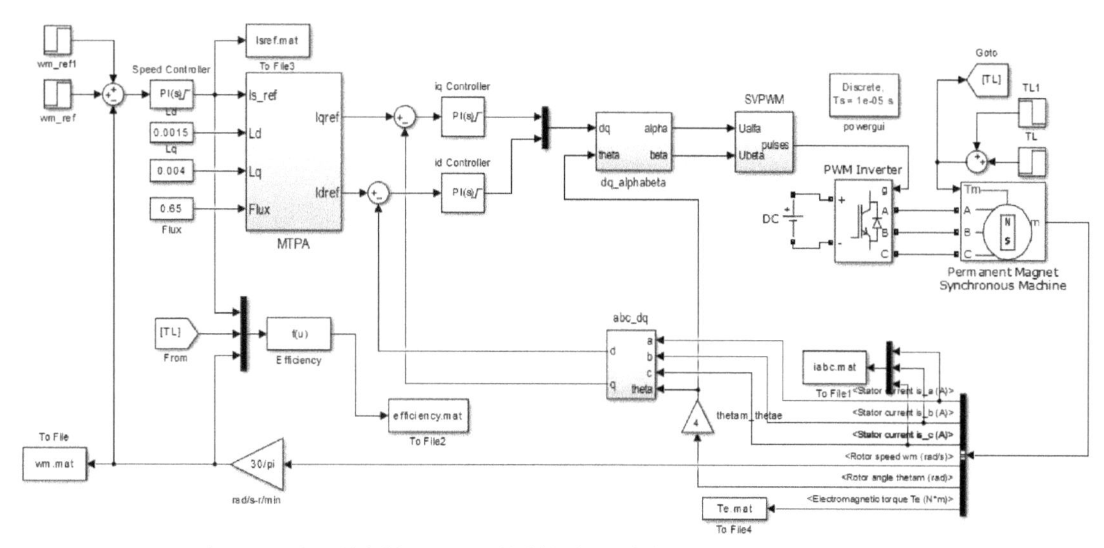

图 5-65　基于最大转矩电流比控制的永磁同步电动机控制系统仿真模型

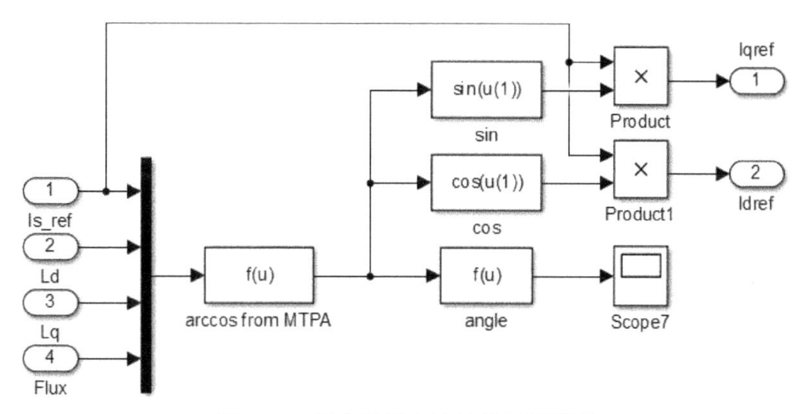

图 5-66　最大转矩电流比控制子模型

为定量分析所提出的最大转矩电流比控制方案的有效性，以及其对电动机运行效率的提升，下面将在相同的运行工况下对零 d 轴电流双闭环 PID 控制方案与最大转矩电流比控制方案之间进行对比分析。

再给定电动机转速为 750r/min，负载转矩为 800N · m，电动机起动后，在 $t=2$s 时刻，将负载转矩突降至 500N · m，两种控制方案的仿真结果（定子电流幅值与电机运行效率）分别如图 5-68 与图 5-69 所示。在 MATLAB/Simulink 仿真的电动机效率计算中，忽略电动机的涡流与磁滞损耗，只考虑电动机的铜损，即定子电阻上的损耗。效率计算为仿真模型中的 f(u) 函数模块，其具体形式为：(u(2) * u(3)/9550)/(u(2) * u(3)/9550 + 3 * u(1) * u(1)/2 * 0.06/1000)。

对比图 5-68 与图 5-69 可知，当采用最大转矩电流比控制时，对于突变前 800N · m 的负载转矩，定子电流幅值可以从 203A 降至 176A，电动机运行效率从 94.4% 提升至 95.7%。负载突变后，定子电流幅值可以从 128A 降至 118A，电动机运行效率从 96.4% 提升至 96.9%。仿真实验对比分析表明，在相同的负载转矩条件下，最大转矩电流比控制方案可以有效降低所需的定子电流幅值，提升电机运行效率。

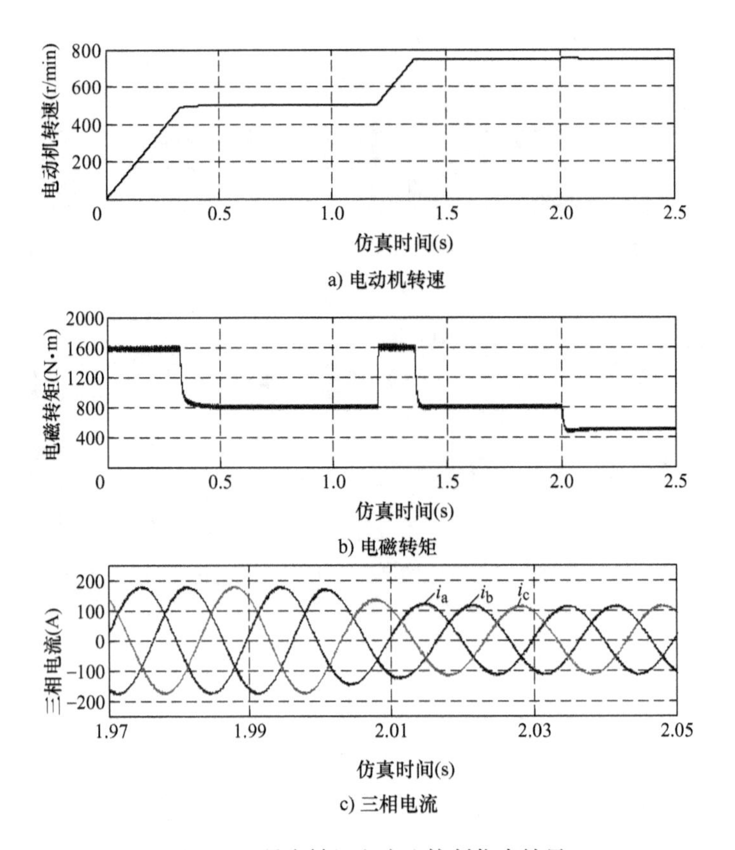

图 5-67 最大转矩电流比控制仿真结果

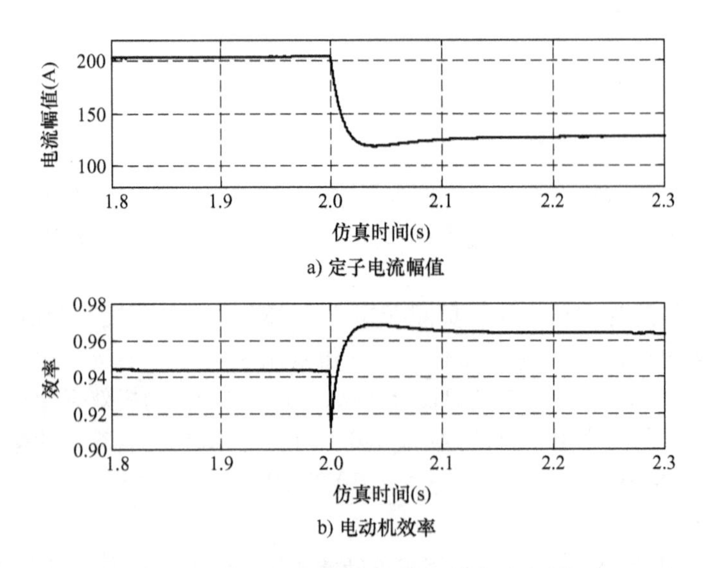

图 5-68 零 d 轴电流双闭环 PID 控制仿真结果

综上，仿真结果验证了所设计的永磁同步电机最大转矩电流比控制方案的有效性。

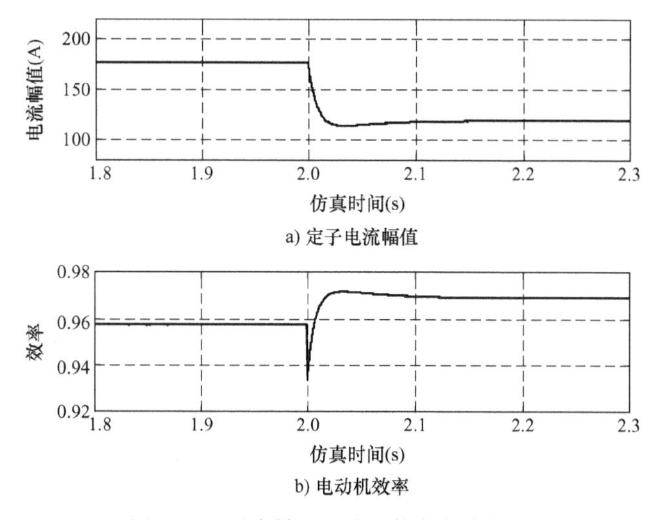

图 5-69　最大转矩电流比控制仿真结果

四、结论

本节针对基于效率最优的永磁同步电动机驱动控制系统的设计问题，从系统建模与分析入手，就两种控制方案进行了分析与探讨。概括起来，可以得出以下几点结论：

1）建立了表贴式和内置式两种结构永磁同步电动机的数学模型，分析了内置式永磁同步电动机的凸极效应与磁阻转矩之间的关系。

2）在永磁同步电动机传统零 d 轴电流双闭环 PID 控制方案的基础上，设计了基于效率最优的最大转矩电流比控制方案，给出了电动机定子电流最优矢量角的计算公式。

3）两种控制策略的 MATLAB 仿真结果对比表明，与传统零 d 轴电流双闭环 PID 控制方案相比，最大转矩电流比控制方案在保证电动机良好的动态、稳态性能的基础上，可以在给定负载转矩条件下输出更小的定子电流，有效地提升了电动机运行效率。同时也看到，最大转矩电流比控制系统的结构并不复杂，十分易于工程实现。

需要说明的是，由式(5-71) 直接计算最优矢量角时需要用到电动机永磁体磁链、电感等电动机电磁参数；在电动机实际运行中，由于环境温度变化、永磁体失磁等摄动因素的影响，电动机电磁参数将偏离预存值，进而使电流矢量角的计算结果偏离实际的最优值，降低电动机的运行效率。近十年来，电磁参数摄动条件下永磁同步电动机的自适应最大转矩电流比控制技术已经取得了长足发展，最新提出的控制策略包括在线查找表法、虚拟信号注入法、直接信号注入法等。感兴趣的读者可参阅文献［120－122］，对自适应最大转矩电流比控制方法进行深入研究。

第七节　问题与探究——两轮电动车自平衡控制问题

一、问题提出

2001 年夏天的美国新罕布什尔州，一台外形奇特、能够自己保持平衡并随着驾乘者身体重心变化而做出相应运动的两轮电动车吸引了全世界关注的目光，人们称其为 Segway，如图 5-70 所示。Segway 之所以能够保持自身平衡的秘密在于其内置的 5 个精密陀螺仪，它们实时地监控车身倾角状态并将其传给微处理器，后者通过分析接收到的状态信号计算出相应的指令，驱动电动机工作保持车身平衡。

Segway 的控制原理与一阶直线倒立摆是相似的，当车身（摆杆）前倾时，倾角传感器将这一状态传递给微控制器，微控制器通过内置算法计算出相应控制量驱动电动机运转使车身产生向前的一个加速度以保持自身的平衡状态，反之亦然。与此同时，由于两个车轮分别由相互独立的电动机控制，只要调整两轮转速使其产生转速差即可达到转弯目的，甚至可以完成0半径的原地旋转。

图 5-70　第一代 Segway 产品

相对于传统的城市交通工具，自平衡式两轮电动车由于它独特的机械结构和先进的控制理念有着很多突出的优点：体积小，甚至可以放入汽车的后备箱，这让它在拥挤的城市中如鱼得水；操作便捷，驾驶者能够随心所欲地控制车辆运行，车体仿佛是人体的一部分；清洁环保，电动车能源采用镍氢及锂电池，零排放、无污染，也使得它能进入机场、商场等密封的公共场所。因此，有人一度认为它将创造人类交通工具发展的新时代。

然而，一个新的事物的出现总会伴随着一些新的问题。面对这样一款另类的电动车，人们很难将其归入任何一类传统交通工具，因为在法律上它既不能在机动车道上行驶也不能在自行车道或人行道上行驶，一些城市不得不明令禁止市民驾乘其上路；另外，不菲的价格也使得它难以被大众接受。种种原因致使 Segway 在商业上并不十分成功。

面对窘境，公司也做出了相应改进以求让这颗新星能够得到更多的认可，他们相继推出了适于山地越野的 XT 系列和专为高尔夫球场设计的 GT 系列；与此同时在宣传上他们也做足功夫，Segway 在媒体和影视剧中频频亮相，相信看过《超市特警》一片的人都会被主人公那匹“良驹”深深吸引，如图 5-71 所示。

2009 年初，Segway 联手 GM（通用汽车）公司推出了一款坐式 Segway 概念车——PUMA（见图 5-72），它在控制理念上继承了前几代 Segway 产品的思想，而在外形及时速上更贴近普通机动车，并可两人同时乘坐。这一概念车一经提出就在业界产生振动，因为它在某种程度上弥补了原有 Segway 的缺陷，也将为 Segway 公司的产品拓展市场。

同时，PUMA 概念车的推出也为控制工程师们提出了许多挑战性的问题。

图 5-71　《超市特警》中的 Segway 剧照

图 5-72　Segway 与 GM 公司联手设计的 PUMA

二、系统建模

分析 PUMA 的机械结构及人体的运动特点，可以得到以下结论：人的腰部及脊椎有一定的柔韧性，在乘车时会因惯性而出现前倾和后仰等情况，所以当驾乘者由站立改为坐姿时，其身体不能简单等效为一根直杆。本书用一段劲度系数较高的弹簧来等效人的腰椎，模拟人在乘坐自平衡式两轮电动车时出现的腰椎轻微弯曲变形。

图 5-73 为人乘坐电动车时的等效模型，车身包括：人体与车身接触紧密的腰椎以下部分，称为下杆，质量为 m_1，其质心到地面距离为 l_1；人的腰椎部分称为弹簧，质量为 m_2，其质心到下杆顶端距离为 l_2；脊椎以上部分称为上杆，质量为 m_3，其质心到弹簧顶端距离为 l_3；θ_1 为下杆倾角，θ_2 为上杆倾角，F 为系统外力。设 x_1 为系统直行位移。

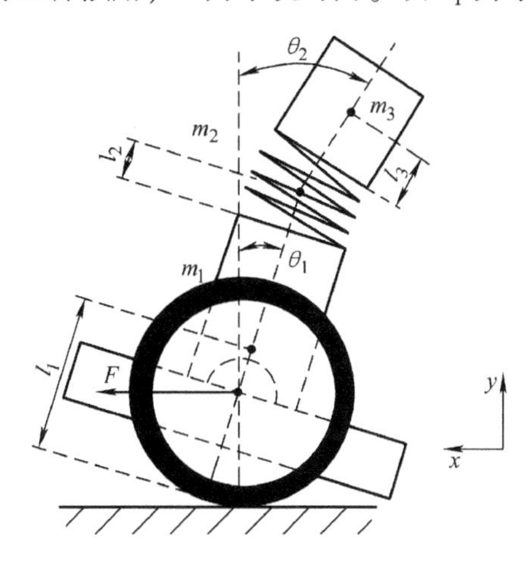

图 5-73　PUMA 系统等效图模型

为运用拉格朗日方程建模，首先求出车身各部分的速度，然后求取系统的动能和重力势能及广义力，最后代入方程求解。

下杆的动能为

$$T_1 = \frac{1}{2}m_1\left[(\dot{x}_1 - \dot{\theta}_1 l_1\cos\theta_1)^2 + (\dot{\theta}_1 l_1\sin\theta_1)^2 + \frac{1}{3}(2l_1\dot{\theta}_1)^2\right]$$

弹簧的动能为

$$T_2 = \frac{1}{2}m_2[\dot{x}_1 - \dot{\theta}_1(2l_1 + l_2)\cos\theta_1]^2 + \frac{1}{2}m_2[\dot{\theta}_1(2l_1 + l_2)\sin\theta_1]^2 + \frac{1}{4}m_2 l_2^2(\dot{\theta}_1^2 + \dot{\theta}_2^2)$$

上杆的动能为

$$T_3 = \frac{1}{2}m_3[\dot{x}_1 - \dot{\theta}_1(2l_1 + l_2)\cos\theta_1 - \dot{\theta}_2(l_2 + l_3)\cos\theta_2]^2 + \frac{1}{6}m_3(2l_3)^2\dot{\theta}_2^2$$
$$+ \frac{1}{2}m_3[\dot{\theta}_1(2l_1 + l_2)\sin\theta_1 + \dot{\theta}_2(l_2 + l_3)\sin\theta_2]^2$$

系统总动能为

$$T = T_1 + T_2 + T_3$$

系统的重力势能为

$$V = m_1 g l_1\cos\theta_1 + m_2 g(2l_1 + l_2)\cos\theta_1 + m_3 g[(2l_1 + l_2)\cos\theta_1 + (l_2 + l_3)\cos\theta_2]$$

选取广义坐标 θ_1、θ_2、x_1。在 θ_1 方向上系统不受广义力，x_1 方向上受到外力 F，θ_2 方向

上受到弹簧弹力作用，设弹簧弯矩系数为 k，表达为 $k(\theta_2-\theta_1)$，且系统会受到一定阻尼力作用 $f(\dot{\theta}_2-\dot{\theta}_1)$。在三个方向上分别应用拉格朗日方程 $Q_i=\frac{\mathrm{d}}{\mathrm{d}t}\frac{\partial L}{\partial \dot{q}_i}-\frac{\partial L}{\partial q_i}$ 得到以下三个方程：

$$\begin{aligned}&\ddot{\theta}_1\left[\frac{7}{3}m_1l_1^2+m_2\left(4l_1^2+4l_1l_2+\frac{3}{2}l_2^2\right)+m_3(2l_1+l_2)^2\right]\\&\quad-\dot{\theta}_2^2m_3(2l_1+l_2)(l_2+l_3)\sin(\theta_2-\theta_1)+\ddot{\theta}_2m_3(2l_1+l_2)(l_2+l_3)\cos(\theta_2-\theta_1)\\&\quad-(\ddot{x}_1\cos\theta_1+g\sin\theta_1)[m_1l_1+m_2(2l_1+l_2)+m_3(2l_1+l_2)]=0\end{aligned} \tag{5-72}$$

$$\begin{aligned}&\ddot{\theta}_2\left[\frac{1}{2}m_2l_2^2+m_3(l_3+l_2)^2+\frac{4}{3}m_3l_3^2\right]+\ddot{\theta}_1m_3(2l_1+l_2)(l_2+l_3)\cos(\theta_2-\theta_1)\\&\quad-\dot{\theta}_1^2m_3(2l_1+l_2)(l_2+l_3)\sin(\theta_2-\theta_1)-(\ddot{x}_1+g)m_3(l_2+l_3)(\cos\theta_2+\sin\theta_2)\\&\quad=k(\theta_2-\theta_1)+f(\dot{\theta}_2-\dot{\theta}_1)\end{aligned} \tag{5-73}$$

$$\begin{aligned}&(m_1+m_2+m_3)\ddot{x}_1-[m_1l_1+(m_2+m_3)(2l_1+l_2)](\ddot{\theta}_1\cos\theta_1-\dot{\theta}_1^2\sin\theta_1)\\&\quad-m_3(l_2+l_3)(\ddot{\theta}_2\cos\theta_2-\dot{\theta}_2^2\sin\theta_2)=F\end{aligned} \tag{5-74}$$

以上式(5-72)、式(5-73)、式(5-74) 即为系统的精确模型。

三、问题探究

1. 建模问题

式(5-72)、式(5-73)、式(5-74) 给出的是系统模型的微分方程形式，为了便于人们应用已有的控制理论与方法来进行控制系统的设计，还需要做进一步的近似与线性化处理，建立起系统的传递函数模型，如图 5-74 所示。

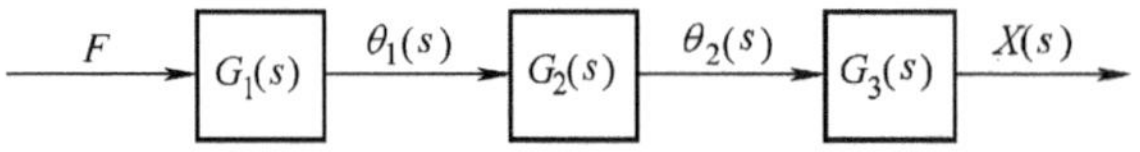

图 5-74 系统传递函数模型

思考：图 5-74 中的 $G_1(s)$、$G_2(s)$ 与 $G_3(s)$ 具体表达式是什么？

2. 控制问题

如何实现图 5-72 所示"两轮电动车"的运动控制？

如何实现车体在自平衡条件下的直线运动与转弯运动？

建议：可以借鉴倒立摆的平衡控制方案或应用"人工智能控制"与"非线性控制"等理论方法进行探究。

3. 系统实现问题

搭建自平衡式两轮电动车实物系统时，我们将会遇到以下几个问题：

1）电动机的选取问题。考虑到整体系统的各项性能，选取何种类型、多大尺寸、多少功率的电动机才最为恰当呢？

2）倾角传感器的选择问题。为了实时精确地监测车身姿势状态，倾角传感器应当具有高精度与高频响等特性，那么该如何考虑具体的技术指标呢？

3）操控机构的选择问题。采用“方向盘”还是“操纵杆”来实现车体的直线与转弯运动？

以上问题，读者可以参考以下几个网站：

Segway 官方网站：http：//www. segway. com/；

MIT 的研制情况：http：//web. mit. edu/first/segway/。

小　　结

学习与掌握“控制系统数字仿真与 CAD”技术的目的在于有效地提高控制系统分析、设计与制造过程中的效率，以使最终的工作结果有所保障。

本章通过对几个实际问题的分析与仿真实验研究，验证了有关参考文献介绍的控制算法（PID 调节器的鲁棒性设计方法），领会了建立过程控制对象（水箱液位控制问题）模型的意义，证明了所提出的控制策略（一阶直线倒立摆系统的双闭环模糊控制方案）的有效性，并给出了 PWM 整流器的单位功率因数控制问题、感应电动机的变频调速控制问题、永磁同步电动机驱动控制的效率最优化问题的参考解决方案；对这些实际问题的理解与仿真实践，可以使读者进一步领会控制系统数字仿真与 CAD 技术的重要意义。

对于科学研究与产品开发中不可缺少的现代仿真工具（软件），数字仿真实验的科学性与有效性需要读者不断地在实践中总结、领会与提高，只有对所研究问题全面、深入地理解与设计，才能使最终的仿真实验结果具有实际意义。在本章最后的习题中，给读者设计的几个问题都是从实际工作中抽象出来的，希望它们对大家的学习能够有所启迪与帮助。

习　　题

5-1　如图 5-75 所示“旋转倒立摆系统”，试讨论如下问题：

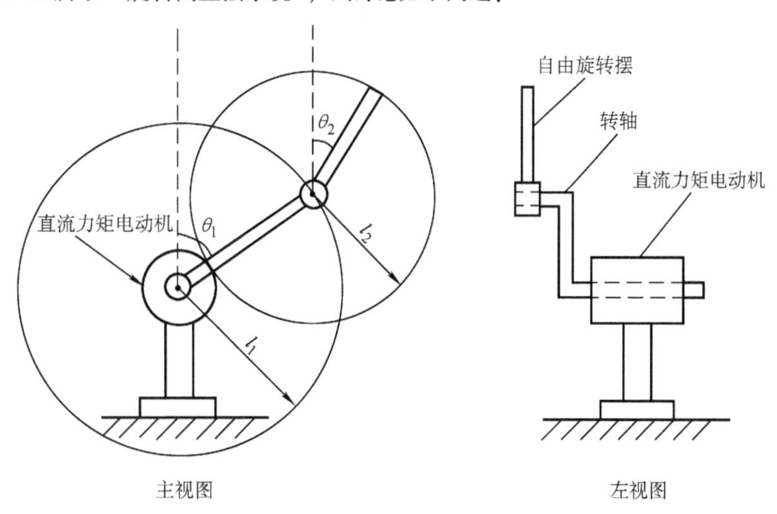

图 5-75　题 5-1 旋转倒立摆系统原理图

1）能否通过控制直流力矩电动机的输出转矩来实现“自由旋转摆”的垂直倒立（即 $\theta_1=\theta_2\approx0$）？

2）能否实现“自由旋转摆”在平面的适当移动（即 $\theta_1 \approx c$（常数），$\theta_2 \approx 0$）？

3）试给出你的具体实现方案。

5-2 在如图5-76所示的某高精度齿轮测量机系统中，为保证主轴系统的回转精度，采用了“过盈量轴承”的装配技术，从而使主轴控制电动机在低速下的机械特性呈现图5-76b所示的情况（带有随机因素影响的非线性库仑摩擦特性）。若电动机选用低速大惯量永磁力矩电动机（基本参数：额定电压36V，额定转速30r/min，瞬时最大转矩50N·m），回转角度检测选用分辨率为0.25″（角度）的高精度圆光栅，试分析回答如下问题：

1）若系统要求控制电动机达到（1r/10h～1r/min）的调速范围，试设计电控系统的主回路（即电动机的驱动器）、数字式给定电路以及数字控制器。

2）若测量工艺要求伺服系统定位精度达到±1个脉冲（0.25″），定位步长为0.1°，试利用数字仿真技术设计该伺服系统，使得其动态性能具有“快速-无超调”的特点。

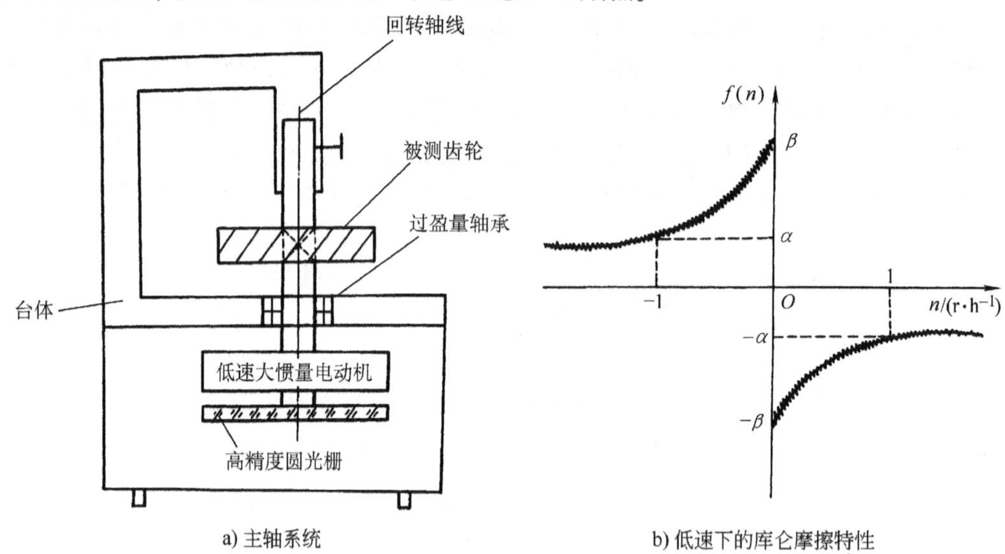

a) 主轴系统　　b) 低速下的库仑摩擦特性

图5-76 题5-2高精度齿轮测量机主轴系统结构图

5-3 如今，在大型货场及码头的集装箱搬运中，广泛采用“龙门起重机”或“轮式搬运起重机”，我们将其“搬运—定位—安放”过程抽象为图5-77所示情况。若小车质量为 m_1，控制作用为 $F(t)$（可视为拖动力），重物质量为 m_0，绳索长度为 $L(t)$，试利用仿真实验的方法讨论如下问题：

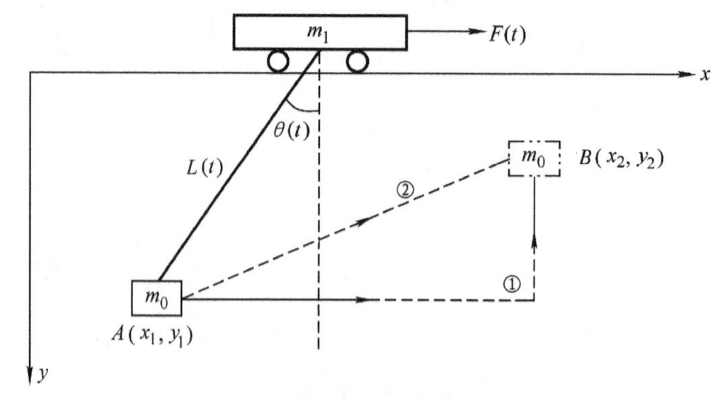

图5-77 题5-3龙门起重机重物定位过程示意图

1）把重物由 A 点提升至 B 点（或由 B 点放下至 A 点）的两种“负载位置伺服控制”方案哪种时间最

短？（提示：方案1为“定摆长消摆位置控制方案”，方案2为“变摆长消摆位置控制方案”）

2）试给出你的具体实现方案。（提示：说明系统的实物制作原理与控制策略）

5-4 在大型立体化仓库中经常采用图5-78所示的搬运机器人，由于H值较高，水平方向位置检测码盘又装在顶部，所以在定位过程中往往会产生“位置抖动”（用θ来描述）现象，从而影响定位的精度，降低了定位过程的效率。试针对这一问题研究如何建立最佳控制规律$u(t)$（运行速度），以使机器人从A点运行定位到B点所用的时间最短，同时又满足一定的定位精度要求。

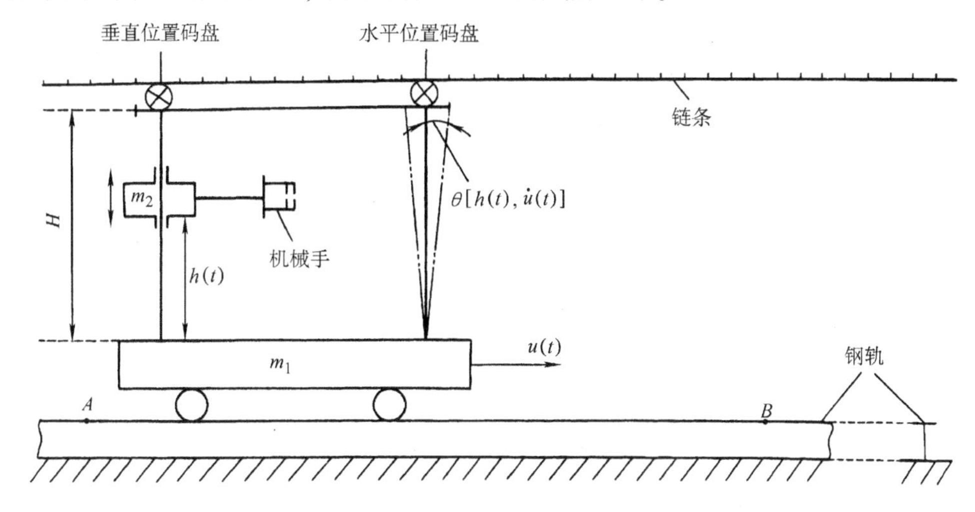

图5-78 题5-4立体化仓库搬运机器人结构图

（提示：本题所讨论的问题可抽象为图5-79所示的物理模型——具有弹性立杆的移动小车问题）

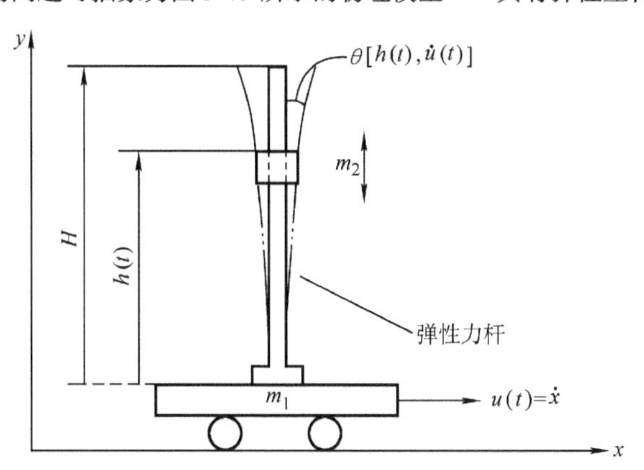

图5-79 具有弹性立杆的移动小车问题示意图

5-5 设某32层公寓已有三部运载电梯（均由计算机控制），为提高其工作效率（能量消耗最少、候梯时间最短），特增设管理与控制计算机一台，利用网络通信的方法将三部电梯连接起来。试设计管理计算机中的“电梯运行最佳调度”软件，以使该公寓电梯运行的效率达到最佳，并用数字仿真的方法证明之。

5-6 大功率三相交流感应电动机的起动控制一般包括三种方式：①直接起动；②星形-三角形降压起动（见图5-80a）；③软起动器起动（见图5-80b）。对于大功率感应电动机的起动问题，试用MATLAB/Simulink软件仿真说明：

1）直接起动方式存在的问题。

2）星形-三角形降压起动的运行效果。

3）基于晶闸管控制的软起动器的运行性能如何？并与星形-三角形起动方案相比较。

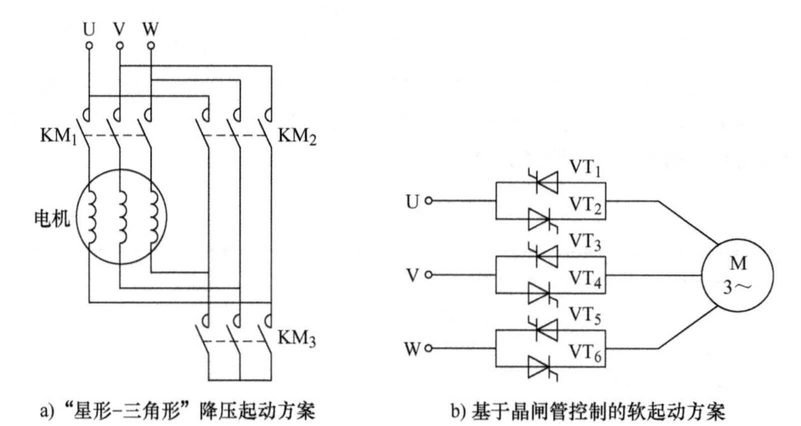

a)“星形-三角形”降压起动方案　　b) 基于晶闸管控制的软起动方案

图 5-80　大功率感应电动机的起动方式

5-7　试针对图 5-81 所示的大型鼓风机/引风机控制系统，说明如下问题：

1）当风道中的手动阀门闭合或全开时，两种状态下哪种情况电机的工作电流比较大？为什么？

2）对鼓风量/引风量控制通常有阀门/挡板调节和变频调速控制两种方案，试从经济性、可靠性、节能与环保等多个角度进行理论分析，再用数字仿真实验验证两种方案并说明哪种方案更好。

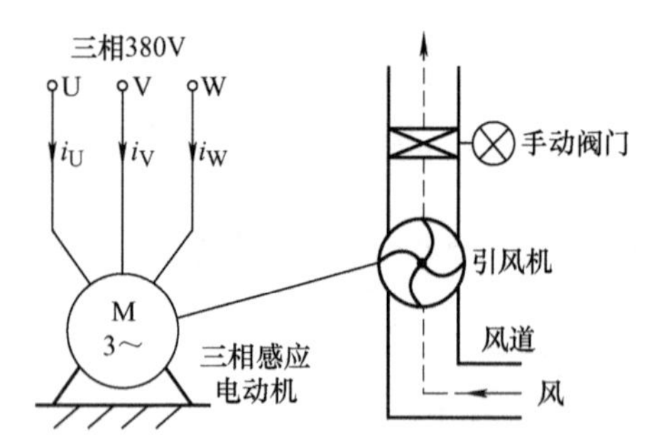

图 5-81　大型鼓风机/引风机控制系统示意图

参 考 文 献

[1] 任兴权. 控制系统计算机仿真[M]. 北京：机械工业出版社，1988.
[2] 夏德钤. 自动控制理论[M]. 北京：机械工业出版社，1990.
[3] 曹克民. 自动控制原理学习指导[M]. 西安：西安地图出版社，1995.
[4] 徐士良. 计算机常用算法[M]. 北京：清华大学出版社，1995.
[5] 黄柯棣，等. 系统仿真技术[M]. 长沙：国防科技大学出版社，1998.
[6] 阮毅，杨影，陈伯时. 电力拖动自动控制系统——运动控制系统[M]. 5 版. 北京：机械工业出版社，2016.
[7] 熊光楞. 控制系统数字仿真[M]. 北京：清华大学出版社，1982.
[8] 涂健. 控制系统的数字仿真与计算机辅助设计[M]. 武汉：华中工学院出版社，1985.
[9] 史忠科，卢京潮，等. 自动控制原理常见题型解析及模拟题[M]. 西安：西北工业大学出版社，1998.
[10] 韩九强. MATLAB 高级语言及其在控制系统中的应用[M]. 西安：西安交通大学出版社，1997.
[11] 施阳，李俊，等. MATLAB 语言工具箱——TOOLBOX 实用指南[M]. 西安：西北工业大学出版社，1998.
[12] 张志涌，刘瑞桢，杨祖樱，等. 掌握和精通 MATLAB[M]. 北京：北京航空航天大学出版社，1998.
[13] 张培强. MATLAB 语言——演算纸式的科学工程计算语言[M]. 合肥：中国科学技术大学出版社，1995.
[14] 薛定宇. 控制系统计算机辅助设计——MATLAB 语言及应用[M]. 北京：清华大学出版社，1996.
[15] 楼顺天，于卫，等. 基于 MATLAB 的系统分析与设计——控制系统[M]. 西安：西安电子科技大学出版社，1998.
[16] 楼顺天，李博菡. 基于 MATLAB 的系统分析与设计——信号处理[M]. 西安：西安电子科技大学出版社，1998.
[17] 施阳，等. MATLAB 语言精要及动态仿真工具 SIMULINK[M]. 西安：西安工业大学出版社，1997.
[18] 楼顺天，于卫，闫华梁，等. MATLAB 程序设计语言[M]. 西安：西安电子科技大学出版社，1997.
[19] 陈怀琛，黄道君，等. 控制系统 CAD 及 MATLAB 语言[M]. 北京：电子工业大学出版社，1996.
[20] 巴斯. 计算机算法：设计和分析引论[M]. 朱洪，等译. 上海：复旦大学出版社，1985.
[21] 李庆杨，等. 数值分析[M]. 武汉：华中理工大学出版社，1986.
[22] 普雷斯，等. 数值方法大全——科学计算的艺术[M]. 王璞，等译. 兰州：兰州大学出版社，1991.
[23] 阿特金森. 数值分析引论[M]. 匡蛟勋，等译. 上海：上海科技大学出版社，1986.
[24] 叶庆凯. 控制系统计算机辅助设计[M]. 北京：北京大学出版社，1990.
[25] 翁思义. 控制系统计算机仿真与辅助设计[M]. 西安：西安交通大学出版社，1987.
[26] 韩慧君. 系统仿真[M]. 北京：国防工业出版社，1985.
[27] 吴重光. 控制系统计算机辅助设计[M]. 北京：机械工业出版社，1986.
[28] 吴智铭. 控制系统计算机辅助设计[M]. 北京：电子工业出版社，1986.
[29] DUANCE A，BRUCE L. 精通 MATLAB 综合辅导与指南[M]. 李人厚，张平安，译. 西安：西安交通大学出版社，1998.
[30] 奥斯特隆姆，威顿马克. 计算机控制系统理论与设计[M]. 北京：科学出版社，1987.
[31] 周斌，等. 自动控制系统实验技术[M]. 北京：机械工业出版社，1986.
[32] CS B. An adaptive PID regulator dedicated for microprocessor lased Compart Contollers[J]. The 7th IFAC Symposium of Identification and system paramter Estimation, Preprints.
[33] 李士勇. 模糊控制·神经控制和智能控制论[M]. 哈尔滨：哈尔滨工业大学出版社，1996.
[34] 冯纯伯，史维. 自适应控制[M]. 北京：电子工业出版社，1986.

[35] 袁震东. 自适应控制理论及其应用[M]. 上海：华东师范大学出版社，1988.
[36] 金先级. 机电系统的计算机仿真[M]. 北京：清华大学出版社，1991.
[37] 王正中. 系统仿真技术[M]. 北京：科学出版社，1986.
[38] 江裕钊. 数学模型与计算机模拟[M]. 西安：电子科技大学出版社，1989.
[39] 汪端芳. 连续系统仿真及应用技术[M]. 重庆：重庆大学出版社，1986.
[40] 薛嘉庆. 最优化原理与方法[M]. 北京：冶金工业出版社，1986.
[41] 陈佳实. 微机控制与微机自适应控制[M]. 北京：电子工业出版社，1987.
[42] 张晓华. 伺服系统调节器参数优化设计的一种直接方法[J]. 机械工业自动化，1989 (4).
[43] ZHANG X, ZHOU X. Research on Predictive Fuzzy Control of Pipeline Robot[J]. Journal of HIT, 1998, 5 (2).
[44] 张晓华，付庄. 基于视觉传感器的管内作业机器人位置检测[J]. 机器人，1997，19 (5).
[45] 张晓华，王卓军. 立体库搬运机械手逻辑控制系统设计[J]. 电气自动化，1997，19 (3).
[46] KATSUHIKO O. 现代控制工程[M]. 3 版. 北京：电子工业出版社，2000.
[47] RICHARD C D. 现代控制系统[M]. 8 版. 北京：高等教育出版社，2001.
[48] MOHAND M. MATLAB 与 SIMULINK 工程应用[M]. 北京：电子工业出版社，2002.
[49] GENE F F. 动态系统的反馈控制[M]. 4 版. 北京：电子工业出版社，2004.
[50] 薛定宇. 反馈控制系统设计与分析——MATLAB 语言应用[M]. 北京：清华大学出版社，2000.
[51] 薛定宇. 基于 MATLAB/SIMULINK 的系统仿真技术与应用[M]. 北京：清华大学出版社，2002.
[52] 费雷德里克. 反馈控制问题——使用 MATLAB 及其控制系统工具箱[M]. 西安：西安交通大学出版社，2001.
[53] 末松良一. 机械控制入门[M]. 北京：科学出版社，2000.
[54] 细江繁幸. 系统与控制[M]. 北京：科学出版社，2001.
[55] 王子才. 应用最优控制[M]. 哈尔滨：哈尔滨工业大学出版社，1989.
[56] 蔡增威. 一阶直线倒立摆运动控制技术的研究[D]. 哈尔滨：哈尔滨工业大学. 2004.
[57] 熊永波. 吊车防摆实物仿真技术研究[D]. 哈尔滨：哈尔滨工业大学，2003.
[58] 哈尔滨工业大学理论力学教研室. 理论力学：下册[M]. 3 版. 北京：高等教育出版社，2000.
[59] 张晓华. 系统建模与仿真[M]. 2 版. 北京：清华大学出版社，2015.
[60] 郑建容. ADAMS-虚拟样机技术入门与提高[M]. 北京：机械工业出版社，2002.
[61] 王国强，张进平，马若丁. 虚拟样机技术及其在 ADAMS 上的实践[M]. 西安：西北工业大学出版社，2002.
[62] 李虎林，易湘斌. 产品开发中的多软件联合仿真技术[J]. 机械设计与制造，2008 (4)：55-56.
[63] 王晓东，毕开波，周须峰. 基于 ADAMS 与 Simulink 的协同仿真技术及应用[J]. 计算机仿真，2007，24 (4)：271-274.
[64] 张兴，张崇巍. PWM 整流器及其控制[M]. 2 版. 北京：机械工业出版社，2012.
[65] TZANN-SHIN L. Lagrangian Modeling and Passivity-Based Control of Three Phase AC/DC Voltage-Source Converters[J]. IEEE Transactions on Industrial Electronics, 2004, 51(4): 892-902.
[66] ORTEGA R, LORIA A, NICKLASSON P J. Passivity-based Control of Euler-Lagrange Systems: Mechanical, Electrical and Electromechanical Applications[M]. London: Springer-Verlag, 1998.
[67] ORTEGA R, SCHAFT A, MASCHKE B, et al. Interconnection and Damping Assignment Passivity-based Control of Port-controlled Hamiltonian Systems[J]. Automatica, 2002, 38 (4): 585-596.
[68] 鞠儒生，陈宝贤，陈燕. 一种新型 PWM 整流器[J]. 电工技术学报，2002，17 (6)：48-52.
[69] 徐德鸿. 电力电子系统建模及控制[M]. 北京：机械工业出版社，2006.
[70] 蔡宣三. PWM 开关稳压电源的瞬态分析与综合（一）[J]. 电力电子，2006 (2)：47-50.
[71] 蔡宣三. PWM 开关稳压电源的瞬态分析与综合（二）[J]. 电力电子，2006 (3)：56-63.
[72] 蔡宣三. PWM 开关稳压电源的瞬态分析与综合（三）[J]. 电力电子，2006 (4)：54-59.
[73] 冯慈璋，马西奎. 工程电磁场导论[M]. 北京：高等教育出版社，2000.

[74] 吕峰，丁予展，高澜庆. 磁悬浮轴承的原理和应用[J]. 机械，1994，21（6）：40-43.
[75] 朱熀秋，等. 永磁偏置径向—轴向磁悬浮轴承工作原理和参数设计[J]. 中国电机工程学报，2002，22（9）：54-58.
[76] 曹建荣，虞烈，谢友柏. 主动磁悬浮轴承的解耦控制[J]. 西安交通大学学报，1999，33（12）：44-46.
[77] 邱杰，原渭兰. 数字计算机仿真中消除代数环问题的研究[J]. 计算机仿真，2003，20（7）：33-35.
[78] 姚俊，马松辉. SIMULINK 建模与仿真[M]. 西安：西安电子科技大学出版社，2002.
[79] 郭云芳，等. 计算机仿真技术[M]. 北京：北京航空航天大学出版社，1991.
[80] 耿华，杨耕. 控制系统仿真的代数环问题及其消除方法[J]. 电机与控制学报，2006，10（16）：632-635.
[81] WUJIANQIANG L. An IGBT Model Base on Study of Nonlinear Capacitances[J]. Journal of Harbin Institute of Technology，1999，6（2）：20-24.
[82] ALLEN R H. Modeling Buffer Layer IGBT' s for Circuit Simulation[J]. IEEE Trans On P E，1995，10（2）：111-123.
[83] ALLEN R H. Analytical Modeling of Device-Circuit Interactions for the Power Insulated Gate Bipolar Transistor（IGBT）[J]. IEEE Trans on I A，1990，26（6）：995-1005.
[84] CHANG SU M，ALLEN R H，DAN Y C，et al. Insulated Gate Bipolar Transistor（IGBT）Modeling Using IG-Spice[J]. IEEE Trans on I A，1993，30（1）：24-33.
[85] ALLEN R H. A Dynamic Electro-Thermal Model for the IGBT[J]. IEEE Trans on I A，1994，30（2）：294-405.
[86] ALLEN R H，DAVID L B. Simulating the Dynamic Electrothermal Behavior of Power Electronic Circuits and Systems[J]. IEEE Trans on P E，1993，8（4）：376-385.
[87] HEFNERTT R，BLACKBURNT D L，GALLOWAYTT K F. The Effect Of Neutrons On The Characteristics Of The Insulaed Gate Bipolar Transistor（IGBT）[J]. IEEE Trans on N S，1986，33（6）：1428-1434.
[88] 向博，高丙团，张晓华，等. 非连续系统的 Simulink 仿真方法研究[J]. 系统仿真学报. 2006，18（7）：1750-1754、1762.
[89] 华克强，高淑玲，朱齐丹. 吊车防摆技术的研究[J]. 控制理论与应用，1992（6）：631-637.
[90] 高为炳. 变结构控制基础[M]. 北京：科学出版社，1989.
[91] 向博. 基于滑模变结构的吊车防摆技术研究[D]. 哈尔滨：哈尔滨工业大学，2005.
[92] BERNHARD S，LADISLAV K，SAFER M. Balancing of an Inverted Pendulum with a SCARA Robot[J]. IEEE/ASME Transactions on mechatronics，1998，3（2）：91-97.
[93] WILLIAM G H. Electromagnetic Design of a Magnetic Suspension System[J]. IEEE Transactions on education，1997，40（2）：124-130.
[94] JOSE MARIA GIRON-S. A Simple Device and a Project for the Nonlinear Control Systems Laboratory[J]. IEEE Transactions on education，2001，44（2）：144-150.
[95] KA C C，NAN K L. A Ball-Balancing Demonstration of Optimal and Disturbance Accommodating Control[J]. IEEE Control systems magazine，1987.
[96] JAN J. Analysis of a Pendulum Problem[J]. Tech report no 98-E 863（cartball），1998（8）.
[97] 王兆安，刘进军. 电力电子技术[M]. 5 版. 北京：机械工业出版社，2009.
[98] 宋文胜，冯晓云. 电力牵引交流传动控制与调制技术[M]. 北京：科学出版社，2014.
[99] GE B，LI X，ZHANG H，et al. Direct instantaneous ripple power predictive control for active ripple decoupling of single-phase inverter[J]. IEEE Transactions on Industrial Electronics，2018，65（4）：3165-3175.
[100] 杨剑友. 基于 Buck 变流器的高效率功率因数校正技术研究[D]. 杭州：浙江大学，2011.
[101] 丁辉. 单相光伏并网逆变系统 MPPT 与重复控制策略的设计与仿真研究[D]. 天津：天津大

学, 2011.
[102] 王管建. 直流集成光伏模块并网系统的研究[D]. 杭州: 浙江大学, 2016.
[103] 周国华, 许建平. 开关变换器调制与控制技术综述[J]. 中国电机工程学报, 2014, 34 (6): 815-831.
[104] THEUNISSE T, CHAI J, SANFELICE R G, et al. Robust Global Stabilization of the DC-DC Boost Converter via Hybrid Control[J]. IEEE Transactions on Circuits and Systems I: Regular Papers, 2015, 62 (4): 1052-1061.
[105] SINGH S, FULWANI D, KUMAR V. Robust Sliding-mode Control of DC/DC Boost Converter Feeding a Constant Power Load[J]. IET Power Electronics, 2015, 8 (7): 1230-1237.
[106] ERICKSON R W, MAKSIMOVIC D. Fundamentals of Power Electronics[M]. Berlin: Springer Science & Business Media, 2001.
[107] 张卫平. 开关变换器的建模与控制[M]. 北京: 中国电力出版社, 2005.
[108] 赵葵银. PWM 整流器的模糊滑模变结构控制[J]. 电工技术学报, 2006, 21 (7): 49-53.
[109] FERNANDO SILVA J. Sliding-Mode Control of Boost-Type Unity-Power-Factor PWM Rectifiers[J]. IEEE Transactions on Industrial Electronics, 1999, 46 (3): 594-603.
[110] 杨德刚, 赵良炳, 刘润生. 三相高功率因数整流器的建模及闭环控制[J]. 电力电子技术, 1999, 33 (5): 49-51.
[111] 朱永亮, 马惠, 张宗濂. 三相高功率因数 PWM 整流器双闭环控制系统设计[J]. 电力自动化设备, 2006, 26 (11): 87-91.
[112] 熊健, 张凯, 陈坚. PWM 整流器的控制器工程化设计方法[J]. 电工电能新技术, 2002, 21 (3): 44-48, 69.
[113] 张永昌, 曲昌琦. 不平衡电网下脉宽调制整流器模型预测直接功率控制[J]. 电力系统自动化, 2015, 39 (4): 69-75.
[114] 郭小强, 李建, 张学, 等. 电网电压畸变不平衡情况下三相 PWM 整流器无锁相环直流母线恒压控制策略[J]. 中国电机工程学报, 2015, 35 (8): 2002-2008.
[115] SONG H, NAM K. Dual Current Control Scheme for PWM Converter under Unbalanced Input Voltage Conditions[J]. IEEE Transactions on Industrial Electronics, 1999, 46 (5): 953-959.
[116] 马小亮. 高性能变频调速及其典型控制系统[M]. 北京: 机械工业出版社, 2010.
[117] 赵海森, 杜中兰, 刘晓芳, 等. 基于递推最小二乘法与模型参考自适应法的鼠笼式异步电机转子电阻在线辨识方法[J]. 中国电机工程学报, 2014, 34 (30): 5386-5394.
[118] 曹朋朋, 张兴, 杨淑英, 等. 异步电机基于 MRAC 的转子时间常数在线辨识算法的统一描述[J]. 电工技术学报, 2017, 32 (19): 62-70.
[119] CHEN J, HUANG J. Online Decoupled Stator and Rotor Resistances Adaptation for Speed Sensorless Induction Motor Drives by a Time-Division Approach[J]. IEEE Transactions on Power Electronics, 2017, 32 (6): 4587-4599.
[120] NICOLA BEDETTI, SANDRO CALLIGARO, CHRISTIAN OLSEN, et al. Automatic MTPA Tracking in IPMSM Drives: Loop Dynamics, Design, and Auto-Tuning[J]. IEEE Transactions on Industry Applications, 2017, 53 (5): 4547-4558.
[121] SUN TIANFU, KOC MIKAIL, WANG JIABIN. MTPA Control of IPMSM Drives Based on Virtual Signal Injection Considering Machine Parameter Variations[J]. IEEE Transactions on Industrial Electronics, 2018, 65 (8): 6089-6098.
[122] LI KE, WANG YI. Maximum Torque Per Ampere (MTPA) Control for IPMSM Drives Based on a Variable-Equivalent-Parameter MTPA Control Law[J]. IEEE Transactions on Power Electronics, 2019, 34 (7): 7092-7102.